教育部林业职业教育教学指导委员会
高职园林类专业工学结合"十二五"规划教材

园林花卉

YUANLINHUAHUI

张树宝 李 军 ◎主编

中国林业出版社

内 容 简 介

园林花卉是园林植物的重要组成部分,是园林绿化美化工程的重要材料。本教材根据高等职业院校园林类专业人才培养目标的要求,从高职学生认知角度构建教材内容体系,重点培养学生具备识别、鉴定常见花卉的技能,使学生能正确合理地应用园林花卉,为后续专业课程学习以及从事园林工作打下坚实的基础。全书共分为12个学习单元,包括园林花卉概述,园林花卉分类,园林花卉生长发育环境条件,园林花卉应用,一、二年生花卉,宿根花卉,球根花卉,水生花卉,室内花卉,仙人掌及多浆植物,兰科花卉,实践教学。

教材配有出版《园林花卉识别彩色图册》,以方便学生在实践中使用。

图书在版编目(CIP)数据

园林花卉 / 张树宝,李军主编. – 北京:中国林业出版社,2013.8(2016.7重印)
教育部林业职业教育教学指导委员会高职园林类专业工学结合"十二五"规划教材
ISBN 978-7-5038-7107-8

Ⅰ.①园…　Ⅱ.①张… ②李…　Ⅲ.①花卉 – 观赏园艺 – 高等职业教育 – 教材　Ⅳ.①S68

中国版本图书馆 CIP 数据核字(2013)第 150565 号

国家林业局生态文明教材及林业高校教材建设项目

中国林业出版社·教育出版分社

策划编辑:牛玉莲　康红梅　田　苗
责任编辑:田　苗　康红梅
电　　话:(010)83143557
传　　真:(010)83143516

出版发行　中国林业出版社(100009　北京市西城区德内大街刘海胡同7号)
　　　　　E-mail:jiaocaipublic@163.com　电话:(010)83143500
　　　　　http://lycb.forestry.gov.cn
经　　销　新华书店
印　　刷　三河市祥达印刷包装有限公司
版　　次　2013年8月第1版
印　　次　2016年7月第2次印刷
开　　本　787mm×1092mm　1/16
印　　张　21.25
字　　数　531千字
定　　价　42.00元

教育部林业职业教育教学指导委员会
高职园林类专业工学结合"十二五"规划教材
专家委员会

主　任

丁立新（国家林业局）

副主任

贺建伟（国家林业局职业教育研究中心）
卓丽环（上海农林职业技术学院）
周兴元（江苏农林职业技术学院）
刘东黎（中国林业出版社）
吴友苗（国家林业局）

委　员　（按姓氏拼音排序）

陈科东（广西生态工程职业技术学院）
陈盛彬（湖南环境生物职业技术学院）
范善华（上海市园林设计院有限公司）
关继东（辽宁林业职业技术学院）
胡志东（南京森林警察学院）
黄东光（深圳市铁汉生态环境股份有限公司）
康红梅（中国林业出版社）
刘　和（山西林业职业技术学院）
刘玉华（江苏农林职业技术学院）
路买林（河南林业职业学院）
马洪军（云南林业职业技术学院）
牛玉莲（中国林业出版社）
王　铖（上海市园林科学研究所）
魏　岩（辽宁林业职业技术学院）
肖创伟（湖北生态工程职业技术学院）
谢丽娟（深圳职业技术学院）
殷华林（安徽林业职业技术学院）
曾　斌（江西环境工程职业学院）
张德祥（甘肃林业职业技术学院）
张树宝（黑龙江林业职业技术学院）
赵建民（杨凌职业技术学院）
郑郁善（福建林业职业技术学院）
朱红霞（上海城市管理职业技术学院）
祝志勇（宁波城市职业技术学院）

秘　书

向　民（国家林业局职业教育研究中心）
田　苗（中国林业出版社）

《园林花卉》
编写人员

主　编

张树宝

李　军

副主编

殷华林

刘丽馥

编写人员（按姓氏拼音排序）

李　军（云南林业职业技术学院）

刘丽馥（辽宁林业职业技术学院）

田丽慧（杨凌职业技术学院）

徐海霞（河南林业职业学院）

杨玉芳（山西林业职业技术学院）

殷华林（安徽林业职业技术学院）

张树宝（黑龙江林业职业技术学院）

我国高等职业教育园林类专业近十多年来经历了由规模不断扩大到质量不断提升的发展历程，其办学点从 2001 年的全国仅有二十余个，发展到 2010 年的逾 230 个，在校生人数从 2001 年的 9080 人，发展到 2010 年的 40 860 人；专业的建设和课程体系、教学内容、教学模式、教学方法以及实践教学等方面的改革不断深入，也出版了富有特色的园林类专业系列教材，有力推动了我国高职园林类专业的发展。

但是，随着我国经济社会的发展和科学技术的进步，高等职业教育不断发展，高职园林类专业的教育教学也显露出一些问题，例如，教学体系不够完善、专业教学内容与实践脱节、教学标准不统一、培养模式创新不足、教材内容落后且不同版本的质量参差不齐等，在教学与实践结合方面尤其欠缺。针对以上问题，各院校结合自身实际在不同侧面进行了不同程度的改革和探索，取得了一定的成绩。为了更好地汇集各地高职园林类专业教师的智慧，系统梳理和总结十多年来我国高职园林类专业教育教学改革的成果，2011 年 2 月，由原教育部高职高专教育林业类专业教学指导委员会（2013 年 3 月更名为教育部林业职业教育教学指导委员会）副主任兼秘书长贺建伟牵头，组织了高职园林类专业国家级、省级精品课程的负责人和全国 17 所高职院校的园林类专业带头人参与，以《高职园林类专业工学结合教育教学改革创新研究》为课题，在全国林业职业教育教学指导委员会立项，对高职园林类专业工学结合教育教学改革创新进行研究。同年 6 月，在哈尔滨召开课题工作会议，启动了专业教学内容改革研究。课题就园林类专业的课程体系、教学模式、教材建设进行研究，并吸收近百名一线教师参与，以建立工学结合人才培养模式为目标，系统研究并构建了具有工学结合特色的高职园林类专业课程体系，制定了高职园林类专业教育规范。2012 年 3 月，在系统研究的基础上，组织 80 多名教师在太原召开了高职园林类专业规划教材编写会议，由教学、企业、科研、行政管理部门的专家，对教材编写提纲进行审定。经过广大编写人员的共同努力，这套总结 10 多年园林类专业建设发展成果，凝聚教学、科研、生产等不同领域专家智慧、吸收园林生产和教学一线的最新理论和技术成果的系列教材，最终于 2013 年由中国林业出版社陆续出版发行。

该系列教材是《高职园林类专业工学结合教育教学改革创新研究》课题研究的主要成果之一，涉及 18 门专业（核心）课程，共 21 册。编著过程中，作者注意分析和借鉴国内已出版的多个版本的百余部教材的优缺点，总结了十多年来各地教育教学实践的经验，深入研究和不同课程内容的选取和内容的深度，按照实施工学结合人才培养模式的要求，对

高等职业教育园林类专业教学内容体系有较大的改革和理论上的探索，创新了教学内容与实践教学培养的方式，努力融"学、教、做"为一体，突出了"学中做、做中学"的教育思想，同时在教材体例、结构方面也有明显的创新，使该系列教材既具有博采众家之长的特点，又具有鲜明的行业特色、显著的实践性和时代特征。我们相信该系列教材必将对我国高等职业教育园林类专业建设和教学改革有明显的促进作用，为培养合格的高素质技能型园林类专业技术人才作出贡献。

教育部林业职业教育教学指导委员会

2013 年 5 月

园林花卉种类繁多，观赏性强，自古以来，中外园林无园不花。随着科技的进步，经济的发展，人们对生存环境质量要求的不断提高，花卉需求量迅速增长。花卉业作为一项新兴的"朝阳"产业也应运而生，花卉产品也正向着专业化、标准化、商品化的方向发展。同时，花卉业对技术技能型人才的需求也在快速增长。

"园林花卉"是高职院校园林类专业的专业基础课程。按照课程标准，"园林花卉"以传授理论知识为主，重点培养学生识别、鉴定常见花卉的技能，使其能正确合理地应用园林花卉，为后续专业课程学习以及从事园林工作打下坚实的基础。

本教材由12个单元构成，内容包括：园林花卉概述，园林花卉分类，园林花卉生长发育环境条件，园林花卉应用，一、二年生花卉，宿根花卉，球根花卉，水生花卉，室内花卉，仙人掌及多浆植物，兰科花卉，实践教学。书后附有常见花卉花色、花期表和花卉园艺工职业标准。

本教材在编写的过程中，力求做到内容丰富、翔实，资料新，覆盖面广，兼顾南北方。书中介绍了逾200种常用花卉，同时在单元后面附有拓展知识、自主学习资源库、自测题等，便于学生对内容进行很好地理解和掌握。为了帮助学生识别园林花卉种类，增加对花卉的感性认识，教材配套出版《园林花卉识别彩色图册》，供教师教学和学生在学习时使用。

本教材供高等职业院校园林类专业学生"园林花卉"课程教学使用。学时分配建议：总学时70～75学时。相关专业和不同层次的教学，可酌情选择内容。也可作为园艺、种植专业相关课程教学参考用书。

本教材由张树宝、李军担任主编，殷华林、刘丽馥担任副主编。编写的具体分工为：李军，单元1、单元4、单元6；张树宝，单元2、单元3、单元12、附录1、附录2；刘丽馥，单元5；殷华林，单元7；徐海霞，单元8、单元10、单元11；田雪慧，9.1；杨玉芳，9.3；张树宝、田雪慧，9.2。本教材由黑龙江林业职业技术学院周鑫教授主审。

本教材中部分插图引自《常见园林植物认知手册》《园林花卉》《园林植物栽培手册》，在此对以上图书的作者表示诚挚的感谢。

由于编者水平有限，疏漏和不当之处在所难免，敬请广大读者批评指正。

编　者

2013年3月

Contents

目录

目录

单元 9　室内花卉　　　　　　　　　　　　　　　　　　　　　　　178

9.1　室内花卉应用概述　　　　　　　　　　　　　　　　　　　　178

9.2　室内观花花卉识别与应用　　　　　　　　　　　　　　　　　182

9.3　室内观叶花卉识别与应用　　　　　　　　　　　　　　　　　218

9.4　室内观果花卉识别与应用　　　　　　　　　　　　　　　　　251

单元 10　仙人掌及多浆植物　　　　　　　　　　　　　　　　　　255

10.1　仙人掌及多浆植物概述　　　　　　　　　　　　　　　　　255

10.2　常见仙人掌及多浆植物识别及应用　　　　　　　　　　　　258

单元 11　兰科花卉　　　　　　　　　　　　　　　　　　　　　　277

11.1　兰科花卉概述　　　　　　　　　　　　　　　　　　　　　277

11.2　常见兰科花卉识别及应用　　　　　　　　　　　　　　　　279

---

* 本单元实训与前文具体单元内容相对应。

单元 1
园林花卉概述

学习目标 | 【知识目标】
（1）掌握花卉和园林花卉的概念。
（2）理解园林花卉的作用。
（3）了解国内外园林花卉应用发展现状。
【技能目标】
（1）在花卉的实际应用中能正确运用园林花卉的广义性与狭义性。
（2）能熟悉花卉市场基本的营销形式。

1.1 园林花卉含义及研究内容

1.1.1 园林花卉含义

　　花是被子植物的繁殖器官，卉是草的总称。花卉的概念包括狭义与广义两个方面。狭义的花卉，是指具有观赏价值的草本植物，如一串红、矮牵牛、菊花、凤仙花、香石竹等。广义的花卉是指具有一定观赏价值，达到观花、观叶、观果、观茎和观姿目的，并能美化环境，丰富人们文化生活的草本、木本、藤本等植物的总称，如麦冬类、牡丹、玉兰、杜鹃花、山茶、紫藤、棕榈等。

1.1.2 园林花卉研究内容

　　园林花卉的研究内容主要是园林花卉的分类、常用花卉的形态特征、观赏特性、生态习性、主要繁殖技术、园林应用及花文化等。

1.2 园林花卉作用

1.2.1 花卉在园林绿化中的作用

　　花卉美丽的色彩和细腻的质感，使其形成细致的景观，常常作前景或近景，形成亮丽的色彩景观。在园林应用中，花卉是绿化、美化、彩化的重要材料。它可以用作盆栽和地

栽。盆栽装饰厅堂、布置会场和点缀房间；地栽布置花坛、花境和花台等。从植或孤植强调出入口和广场的构图中心，点缀建筑物、道路两旁、拐角和林缘，在烘托气氛、丰富景观方面有其独特的效果。

1.2.2　花卉在改善环境中的作用

园林花卉能够改善和保护生存环境。主要表现在花卉通过光合作用吸收二氧化碳，增加空气中的氧气；通过蒸腾作用增加空气相对湿度，降低空气温度；一些花卉能够吸收有害气体或自身释放杀菌素而净化空气；花卉的叶表可吸附空气中的灰尘起到滞尘作用；栽植花卉能覆盖地面，其根系固持土壤，涵养水源，减轻水土流失。

1.2.3　花卉在人们精神生活中的作用

花卉给人美的享受，随着社会的进步和人民生活水平的不断提高，花卉已经成为现代人生活中不可缺少的消费品之一。花卉是人类文明的象征，除了大量应用于园林绿化外，还可用来进行厅堂布置和室内装饰，也可以用作盆花和切花。花卉美化了人民的生活环境，陶冶情操，净化心灵，提高了人们的精神文化生活水平。

近年来，花卉对人体生理的影响越来越受到关注，"园艺疗法"应运而生。园艺疗法是指人们从事园艺活动时，在绿色的环境里得到的情绪平复和精神安慰，在清新的空气和浓郁的芳香中增添乐趣，从而达到治病、保健和益寿的目的。因此，在医院、家庭、社区和公园等专门开辟绿地用于园艺疗法，这是花卉的一种应用形式。

1.2.4　花卉在经济生产中的作用

花卉作为商品本身就具有重要的经济价值，花卉业是农业产业的重要内容，而且花卉业的发展还带动了诸如基质、肥料、农药、容器、包装和运输等许多相关产业链的发展。如盆花生产、鲜切花生产、绿化苗木、种子、球根和花苗等的生产，其经济价值超过一般的农作物。鲜切花一般每公顷产值在 15 万～45 万元及以上，年销盆花产值一般在 45 万～75 万元及以上，种苗生产效益更高，故花卉生产有着较高的经济效益，花卉业已成为高效农业之一，已发展成为一种重要产业。

另外，许多花卉具除观赏效果外，还具有药用、香料和食用等多方面的实用价值。同时也带动了观光农业与旅游业的发展，这些是园林绿化结合生产从而取得多方面综合效益的重要内容。

1.3　园林花卉产业发展状况

1.3.1　世界花卉业发展趋势

花卉是世界各国农业中唯一不受配额限制的农产品，也是 21 世纪最有希望的农业产业之一，被誉为"朝阳产业"。花卉产品逐渐成为国际贸易的大宗商品。随着品种的改进，包装、保鲜、物流技术的不断提高，花卉市场日趋国际化。花卉生产规模化、专业化，管理现代化，产品系列化，周年供应等已成为花卉生产发展的主要特色。在花卉出口贸易方面，发达国家占绝对优势，约占世界出口销售总额的 80%，而发展中国家仅占 20%。世界最大花卉出口国是荷兰，约占世界出口额的 59%；哥伦比亚位居第二，占 10% 左右；以色列占 6%；其次是丹麦、比利时、意大利、美国等。世界盆花出口，荷兰占 48%，丹麦占 16%，法国占 15%，比利时占 10%，意大利占 4%。在国际花卉进口贸易方面，也是发达国家主导，世界最大的花卉进口国是德国，其次是法国、英国、美国和日本。世界花卉产业发展的趋势如下：

（1）种植面积扩大，并向发展中国家转移

随着花卉需求量的增加，世界花卉种植面积在不断扩大。为了降低成本，花卉生产基地正向世界各地转移，如哥伦比亚、新加坡、泰国等已成为新兴花卉生产和出口大国。目前，荷兰、美国、日本的一些花卉公司已在哥伦比亚、马来西亚及中国等地建立了大型花卉生产基地，以降低成本，扩大其国际市场的销售份额。

（2）随着国际贸易的日趋自由化，花卉贸易将真正实现国际化、自由化

荷兰占领了欧洲市场，每年花卉出口额达 40 多亿美元。美国是哥伦比亚花卉的最大出口国，进口的花卉占哥伦比亚全国总产量的 95%。日本每年鲜切花销售额达 130 亿美元，但近几年，由于生产成本不断增加，进口比例也不断上涨。

（3）世界花卉生产和经营企业由独立经营向合作经营发展

合作经营或联合经营主要表现为生产上的合作和贸易上的合作两方面。如荷兰的 CAN 和 IBC 等合作组织，农民加入后，该组织就高额投资购置大型设备，为农民提供生产加工的场地和生产花卉必需的设备，从而实现利益共享、风险共担，最大限度地保护生产者和经营者的利益。欧美多数国家的花卉企业均采取了不同程度的合作，这已成为现代花卉企业的发展方向。一些贸易公司或实业公司开始向花卉业投资，为世界花卉业的发展补充新鲜血液。

（4）国际花卉生产布局基本形成，世界各国纷纷走上特色道路

荷兰逐渐在花卉种苗、球根、鲜切花生产方面占有绝对优势，其中以郁金香为代表的球根花卉，已成为荷兰的象征；美国在草花及花坛植物育种及生产方面走在世界前列，同时在盆花、观叶植物方面也处于领先地位；日本凭借"精致农业"的基础，在育种和栽培上占有绝对优势，对花卉的生产、储运、销售能做到标准化管理，其市场最大的特点就是优质优价；泰国的兰花实现了工厂化生产，每年大约有 1.2 亿株兰花销往日本，在日本的兰花市场上占有 80% 的份额；其他如以色列、意大利、哥伦比亚、肯尼亚等国则在温带鲜切花生产方面实现专业化、规模化生产。

（5）花卉生产的品种由传统花卉向新优花卉发展，同时品种日趋多样

世界切花品种从过去的四大切花为主导发展为以月季、菊花、香石竹、百合、郁金香等为主要种类，以球根秋海棠、印度橡皮树、凤梨科植物、龙血树、杜鹃花、万年青、一品红等盆栽植物最为畅销。近年来，一些新品种受到欢迎，如乌头属、风铃草属、羽衣草属、虎耳草属等花卉以及在南美、非洲和热带地区开发的花卉种类。

1.3.2 中国花卉业发展状况

中国花卉业发展非常迅速，花卉产值年均增长 20% 以上，种植面积、产值、出口额大幅度增加。2009 年，中国花卉生产总面积为 8673hm^2，比 2008 年的 8225hm^2 增加了 7.6%；

销售总额 719.8 亿元人民币，比 2008 年增加了 7.9%；出口额 4.1 亿美元。经过"十一五"跨越式发展，中国已成为世界最大的花卉生产基地，花卉种植面积和产量均居世界第一位。中国花卉产业表现出以下特点和发展趋势。

（1）花卉品种结构向高档化发展，价格日趋合理

近年来大量引进并生产优新品种，鲜切花如非洲菊、鹤望兰、百合、郁金香、鸢尾、热带兰、高档切叶等；盆花如凤梨类、一品红、安祖花、蝴蝶兰、大花蕙兰等，品种逐渐高档化，花色则多样化。花卉市场的价格稳中有降，尤以香石竹、月季等大宗鲜切花产品的合理性降幅较大。

（2）产业形成区域性分工，花卉流通形成大市场

从国内花卉的生产格局和中远期发展趋势来看，鲜切花生产将以云南、广东、上海、北京、四川、河北为主；浙江、江苏等地的绿化苗木在国内占有重要份额；盆花则遍地开花，并涌现一批地方优势名品，如江苏华盛的杜鹃花、天津的仙客来、广东的兰花、福建的多浆植物等。目前，昆明、上海是香石竹、月季和满天星等的主产地，云南省鲜花种植面积就已发展到 2.4 万亩[*]，鲜切花产量达 22 亿枝；广东则利用其气候优势大量生产冬季的月季、菊花、唐菖蒲及高档红掌、百合等，成为国内最大的冬春鲜花集散地。随着采后低温流通和远距离运输业的迅速发展，这些地区的优势更加明显，必然出现大生产、大市场的格局。

（3）花卉产品从价格竞争转向品质竞争

国内花卉产品的种类已十分丰富，新品种上市速度几乎与国际市场同步。随着花卉产量的不断提高，花卉产品的市场竞争越来越激烈，数量和价格的竞争将逐步成为产品质量的竞争，优质优价的概念已被消费者普遍接受。企业间花卉产品质量的个体差异将会越来越小，产品的一致性提高，花卉产品的整体水平将会有一个质的飞跃。

（4）信息网络和市场流通体系初具规模

目前，中国拥有花卉信息网站数百个，加上其他涉及花卉信息的网站，网上可查询到大量的花卉信息，许多花卉基地实现了网上交易。重点花卉产区还依托基地办市场，形成了基地、物流、批发市场、超市连锁、鲜花速递及零售花店互联的流通网络。如昆明的斗南花卉市场、北京的莱太花卉市场、广东的陈村花卉大世界、沈阳的北方花城、大连的鲜花总汇等。

（5）花卉产品进出口贸易更加活跃

近年来，中国花卉产品进出口贸易呈"双升"态势。2011 年全年，中国花卉出口总额约为 2.15 亿美元。其中，出口额位居前五位的国家分别为日本、荷兰、韩国、美国和泰国。日本继续保持中国花卉的最大出口国地位，出口产品类别包括鲜切花、鲜切枝叶、盆栽植物、种球、种苗等。在中国对外花卉出口数量排前十位的国家中，越南、泰国、马来西亚三国在同比增长率上位居前三，由此也可以看出在东南亚国家经济增长的同时，其对中国花卉产品的需求也增长迅速。2011 年，中国花卉进口总额为 1.28 亿美元。进口总额排名前五位的国家和地区分别为荷兰、泰国、中国台湾、智利和美国。其中荷兰依然是中国花卉进口的首选地，其进口量及进口额都遥遥领先。

---

[*] 1 亩=666.7m^2。

小 结

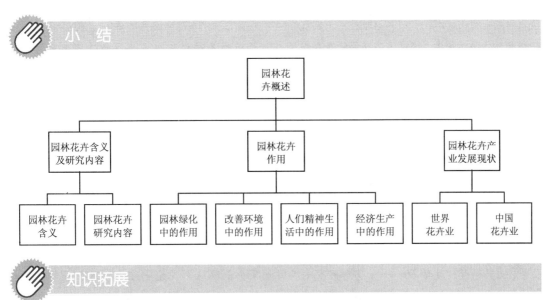

知识拓展

荷兰花卉业发展的成功经验

荷兰的花卉业誉满全球,花卉不仅作为馈赠亲友的礼品,而且作为主要出口产品,成为荷兰重要的收入来源之一。目前,荷兰花卉业占本国农业总产值的42%,每年出口鲜切花、球茎和观赏植物总值达60亿美元,其中鲜切花为35亿美元,花卉出口占世界花卉出口量的70%。荷兰的球茎贸易占全球贸易额的80%,盆花占50%,鲜切花占60%。花卉品种已超过1.1万个,种球出口到100多个国家和地区。花卉业在荷兰经济中也是一个重要的消费产业,每年花卉生产者购买价值15亿美元的生产原料(玻璃温室系统、机械设备、繁殖材料、电力);花卉球茎、观赏树木和园林苗圃的种植者每年要购买价值300万美元的生产原料。整个花卉业提供了5.7万个全日工作岗位,估计这一行业还为供应公司制造了1.5万个全日工作岗位。

荷兰花卉业的发展,首先得益于政府有效的宏观调控:采取直接管理和授权中介机构间接管理相结合的方式,充分体现了小政府、大社会和政府宏观管理与行业组织微观管理相结合的特点。其次得益于发达的中介组织:这些组织不仅数量多,而且门类齐全,有官方的、半官方的,而更多的是民间形式的花卉零售商协会等组织。可以说,在荷兰花卉生产、流通领域的各个环节及各类花卉中,都设有专门的中介机构。充分发挥分工明确、协调一致的各种花卉中介组织的管理作用,是荷兰花卉产业健康、有序发展的关键。此外,荷兰花卉业实现了高度的专业化大生产和科学的社会化分工协作,这样就使专业化、规模化生产达到顶峰。

荷兰花卉业的成功还有诸多决定因素。悠久的生产历史,完善的花卉栽培教育、推广和研究,极大地提高了花农的技术水平;持续的科学研究使荷兰的花卉业不断地开发出新技术和新产品;在荷兰,所有的花卉生产者都可以直接获得最优秀的繁育材料;在生产链中,高效检验服务和质量控制系统确保了花卉生产的最佳质量;完善的基础设施和配套服务以及成功的配送系统使花卉种植者走向专业化生产,形成良好的经济效益。

健全高效的花卉流通体系也是荷兰花卉业的一大亮点。这包括七大拍卖市场、近800家批发公司和1.4万家零售店。荷兰花卉出口额中的80%是在拍卖市场进行的,这也是荷兰花卉销售的主渠道。同时,由于拍卖市场对花卉保鲜、包装、检疫、海关、运输、结算等服务环节实现了一体化和一条龙服务，确保了成交的鲜花在当天晚上或第二天到达世界各地的花店里，不仅降低了交易成本和风险，而且提高了效率。

同时，荷兰花卉业的科研推广和生产市场需求高度结合。荷兰花卉的科技含量一直处于世界领先水平，这在很大程度上得益于设置合理的科研体系和有效的运作机制，其核心是注重实用，科研、推广与生产、市场高度结合。荷兰花卉科研机构主要分大学的研究所、国立研究所和各公司自办的研究所3个层次。仅各大花卉公司自办的研究所就有60多个，从事研究的科研人员达6000多人，主要从事应用型技术和理论研究，如花卉育种、栽培技术、种质资源引进和开发等，研究的成果可立即用于生产。

荷兰花卉界也非常重视对花卉资源的收集和新品种选育。在荷兰，几乎每种花都有专门的花卉育种公司，这些公司专门收集市场上出现的各种花卉品种，并每年都进行成千上万个组合品种的杂交，将选育出的新品种提交荷兰植物品种权利委员会，申请新品种鉴定，经过测试后推广。荷兰政府十分重视对植物新品种权利的保护，专门成立了荷兰植物品种权利委员会，负责新品种的选育和权利保护事宜。

荷兰还注重适度规模的集约化经营。荷兰在花卉产业发展实践中，确定了稳定种植面积、适度规模经营、高度集约化管理、发展高新技术产品的发展战略。目前荷兰花卉生产已普遍实现了机械化和自动化设施栽培。全国70%的花卉生产面积采用温室栽培，使花卉生产中的温度、湿度、光照、施肥、喷药等，实现了计算机自动控制。大部分生产企业都应用了无土栽培技术、分子育种技术、克隆技术等。

荷兰拥有健全严格的花卉质量监控体系。荷兰通过健全质量监控机构、制定严格质量标准、实行质量认证制度和产品质量信誉认可等措施来确保花卉产品质量。不同花卉产品的质量标准，由各花卉中介组织依据农产品质量法案分别制定，相应机构颁发产品质量认可证书后，产品方可上市流通。由于荷兰采取了严格的质量保证措施，使其花卉产品在全球激烈的市场竞争中始终立于不败之地。

 自主学习资源库

1. 观赏园艺概论. 郭维明. 中国农业出版社，2001.
2. 花卉栽培. 曹春英. 中国农业大学出版社，2008.
3. 花卉图片信息网：http://www.fpcn.net.
4. 花之苑：http://www.cnhua.net.

 自测题

一、名词解释

花卉，园林花卉。

二、简答题

1. 中国花卉产业的现状如何？怎样才能使中国成为世界花卉大国？
2. 世界花卉生产发展的趋势如何？

单元 2
园林花卉分类

学习目标

【知识目标】
（1）熟练掌握花卉按植物系统分类的方法。
（2）掌握常见花卉按原产地分类的方法。
（3）熟练掌握花卉按生物学性状分类的方法。
（4）掌握花卉实用分类方法。

【技能目标】
（1）熟练确定常见花卉的科属。
（2）能用实用分类方法对常见花卉进行不同的分类。
（3）能熟练运用花卉生物学性状对常见花卉进行准确分类。

花卉种类繁多，分布广泛，从苔藓、蕨类到种子植物都有所涉及；其生态习性多样，有土生、水生、附生等多种类型；其观赏特性多样，有观叶、观花、观果、观茎等类型；栽培方式多样化，有观赏栽培、生产栽培、无土栽培、盆花栽培、切花栽培等。人们在生产、栽培和应用中为了交流的方便，对花卉依据不同的原则进行了分类，由此产生了各种分类方法，常见的有以下几类。

2.1 按植物系统分类

按植物系统分类是植物学研究中常用的分类方法，也称自然分类法。它是以植物进化途径和亲缘关系为依据进行的分类，将植物排列由界（regnum）、门（divisio）、纲（classis）、目（ordo）、科（familia）、属（genus）、种（species）进行分类的方法。实际应用中，通常掌握花卉的所属科属即可，如万寿菊（*Tagetes erecta*）为菊科万寿菊属；薰衣草（*Lavandula pedunculata*）为唇形花科薰衣草属；杜鹃花（*Rhododendron simsii*）为杜鹃花科杜鹃花属；郁金香（*Tylipa gesneriana*）为百合科郁金香属。

植物系统分类法的优点是系统、科学、简便易行、便于查找；分类位置准确固定、不重复、不交叉。在花卉遗传育种上具有实际指导意义，许多亲缘关系相近的花卉，具有相同或相近的地理起源、生态习性，可依据它们的相同点采用相同或相近的管理措施。同时，亲缘关系越近的花卉，越容易进行杂交育种和嫁接繁殖。

7

2.2 按花卉原产地气候特点分类

自然界中花卉资源极其丰富，它们分布于热带、温带，还有极少数分布于寒带，原产地的自然环境条件差异很大。花卉的生态习性与原产地的环境条件密切相关，其中温度和水分因子在花卉分布中起主导作用。我们现在栽培的花卉是由分布于世界各地的野生花卉经过人工引种、驯化培育而来的，因此，了解花卉的原产地对于栽培和引种的顺利进行具有重要意义。花卉依据原产地气候型可分为以下几类。

2.2.1 中国气候型花卉

中国气候型花卉亦称大陆东岸气候型。这一气候型的特点是夏热冬寒，年温差大，夏季降雨较多。属于此气候型的地区有：中国的大部分、日本、北美东部、巴西南部、大洋洲东部、非洲东南部等地。依冬季气温的高低可分为温暖型和冷凉型。

（1）温暖型

属于温暖型的地区包括中国长江以南、日本西南部、北美东南部等地。原产地花卉有：中国石竹、天人菊、美女樱、福禄考、堆心菊、一串红、报春花、半枝莲、矮牵牛、凤仙花、马蹄莲、非洲菊、松叶菊、杜鹃花、山茶、百合、石蒜、中国水仙等。

（2）冷凉型

属于冷凉型的地区包括中国北部、日本东北部、北美东北部等地。原产地花卉有：翠菊、金光菊、黑心菊、芍药、牡丹、荷包牡丹、矢车菊、向日葵、花菖蒲、铁线莲、菊花、荷兰菊、蔷薇等。

2.2.2 欧洲气候型花卉

欧洲气候型花卉亦称大陆西岸气候型。这一气候型的特点是冬季温暖，夏季气温不高，一般气温不超过 15～17℃，年温差小；降雨不多但四季均匀。主要包括欧洲大部分地区、北美洲西海岸中部、南美洲西南角、新西兰南部等。原产地花卉有：丝石竹、勿忘草、羽衣甘蓝、高山飞燕草、毛地黄、雏菊、剪秋罗、三色堇、楼斗菜、铃兰、亚麻、喇叭水仙等。

2.2.3 地中海气候型花卉

地中海气候型的气候特点是冬季温暖，最低气温 6～7℃，夏季温度 20～25℃。从秋季到翌年春末为降雨期，夏季降雨少，为干燥期。属于该气候型的地区主要包括地中海沿岸、南非好望角附近、大洋洲东南和西南、南美洲中部、北美洲西南部。该区是世界上多种秋植球根花卉的分布中心。原产地花卉有：郁金香、风信子、葡萄风信子、地中海蓝钟花、小苍兰、网球花、白头翁、水仙、鸢尾、仙客来、君子兰、蒲包花、鹤望兰、天竺葵、紫罗兰、金鱼草、风铃草、瓜叶菊、紫花鼠尾草、麦秆菊等。

2.2.4 墨西哥气候型花卉（热带高原气候型花卉）

墨西哥气候型的气候特点是周年温度在 14～17℃，温差小；降水量因地区不同，有的雨量充沛均匀，也有的集中在夏季。属于该气候型的地区包括墨西哥高原、南美洲安第斯山脉、非洲中部高山地区、中国云南省等地。原产地花卉有：藿香蓟、百日草、万寿菊、藏报春、晚香玉、大丽花、一品红、金莲花、球根海棠等。

2.2.5　热带气候型花卉

热带气候型的气候特点是常年气温较高，约 30℃，温差小；空气湿度较大；有雨季与旱季之分。该区是不耐寒一年生花卉及观赏花木的分布中心，原产地木本花卉、宿根花卉在温带均需室内栽培。此气候型又可分为两个地区。

（1）亚洲、非洲、大洋洲的热带地区

原产地花卉有：鸡冠花、彩叶草、凤仙花、虎尾兰、非洲紫罗兰、鹿角蕨、猪笼草、万代兰等。

（2）中美洲和南美洲热带地区

原产地花卉有：大岩桐、紫茉莉、美人蕉、椒草、竹芋、水塔花、朱顶红、卡特兰、长春花、大花牵牛、火鹤花、豆瓣绿、四季秋海棠、喜林芋、文心兰等。

2.2.6　寒带气候型花卉

寒带气候型的气候特点是气温偏低，冬季漫长寒冷，夏季短暂凉爽，植物生长期只有 2～3 个月。年降水量很少，但在生长季节湿度较大。属于该气候型的地区包括阿拉斯加、西伯利亚、斯堪的纳维亚等寒带地区及高山地区。原产地花卉有：龙胆、雪莲、细叶百合、绿绒蒿、镜面草等。

2.2.7　沙漠气候型花卉

沙漠气候型的气候特点是年降水量少，气候干旱，土壤质地多为沙质或以沙砾为主，多为不毛之地。夏季白天长，风大，植物常成垫状。该区是仙人掌和多肉多浆植物的分布中心。属于该气候型的地区包括非洲、大洋洲中部、墨西哥西北部及中国海南岛西南部。原产地花卉有：仙人掌类、芦荟、龙舌兰、霸王鞭、伽蓝菜、光棍树、龙须海棠、条纹十二卷等。

2.3　按生物学性状分类

2.3.1　草本花卉

草本花卉的茎为草质，木质化程度低，柔软多汁易折断。按其形态分为 6 种类型。

（1）一、二年生花卉

① 一年生花卉　是指在一年内完成其生命周期的花卉。这类花卉在春天播种，当年夏秋季节开花、结果、种子成熟，入冬前植株枯死。如万寿菊、百日草、矮牵牛、凤仙花、鸡冠花、孔雀草、翠菊、波斯菊、千日红、半枝莲、紫茉莉等。

② 二年生花卉　是指在两个生长季内完成生命周期，即需跨年度才能完成生命周期的花卉。这类花卉一般在秋季播种，第二年春季开花、结果、种子成熟，夏季植株死亡。如金鱼草、金盏菊、紫罗兰、羽衣甘蓝、三色堇、雏菊、虞美人等。

（2）宿根花卉

宿根花卉是指可以生活几年到许多年而没有木质茎的植物。可分成两大类：

① 耐寒性宿根花卉　地下根系为须根系或直根系，不发生变态，植株入冬后，地上部分枯死，根系在土壤中宿存越冬，第二年春天萌芽生长开花或秋季开花的一类花卉。如菊花、芍药、荷兰菊、楼斗菜、落新妇、萱草、玉簪、荷包牡丹、宿根福禄考、蜀葵等。

② 常绿性宿根花卉　冬季茎叶仍为绿色，但温度低时停止生长，呈半休眠状态，温度适宜则休眠不明显，或只是生长稍停顿。耐寒力弱，在北方寒冷地区不能露地越冬，多作温室栽培。主要原产于热带、亚热带或温暖地区，如竹芋、冷水花、君子兰、吊兰、万年青、文竹、凤梨科花卉等。

（3）球根花卉

花卉地下根或地下茎变态为肥大球状、块状或根状等，以其贮藏水分、养分度过休眠期。球根花卉按形态的不同分为5类：

① 鳞茎类　指地下茎极度短缩，呈扁平的鳞茎盘，其上有许多肉质鳞叶相互聚合或抱合成球的一类花卉。如水仙、风信子、郁金香、百合、朱顶红等。

② 球茎类　指地下茎膨大呈球形，表面有环状节痕，顶端有肥大的顶芽，侧芽不发达的一类花卉。如唐菖蒲、小苍兰、番红花、狒狒花、香雪兰等。

③ 块茎类　指地下茎膨大呈块状，它的外形不规则，表面无环状节痕，块茎顶部有几个发芽点的花卉。如仙客来、大岩桐、球根海棠、白头翁、马蹄莲、彩叶芋等。

④ 根茎类　指地下茎膨大呈粗长的根状茎，外形具有分枝，有明显的节和节间，节上可发生侧芽的一类花卉。如美人蕉、蕉藕、鸢尾、荷花、睡莲等。

⑤ 块根类　指地下根膨大呈块状，其芽仅生在块根的根茎处而其他处无芽。如大丽花、花毛茛等。这类球根花卉与宿根花卉的生长基本相似，地下变态根新老交替，呈多年生状。由于根上无芽，繁殖时必须保留原地上茎的基部（根茎）。

（4）蕨类植物

蕨类植物指叶丛生状，叶片背面着生有孢子囊，可以依靠孢子繁殖的一类观叶花卉。蕨类植物作盆栽观叶或插花装饰，日益受到重视。如肾蕨、铁线蕨、鸟巢蕨、鹿角蕨等。

2.3.2　木本花卉

木本花卉是指茎坚韧，木质部发达，主要以观花、观叶为主的木本植物。根据形态分为3类。

（1）乔木类

乔木类指植株高大，地上部分有明显的主干，主干与侧枝区别明显的花卉。如樱、梅、桃、海棠、石榴、白兰花、广玉兰、桂花、山茶、印度橡皮树等。其中有些种类也适合于盆栽，盆栽后植株矮化，如山茶、桂花、印度橡皮树等。

（2）灌木类

灌木类是指植株低矮，地上部无明显主干，由基部发生分枝，各分枝无明显区分，呈丛生状枝条的花卉。如牡丹、月季、杜鹃花、含笑、米兰、栀子、八仙花、蜡梅、贴梗海棠等。大多数种类适合盆栽。

（3）藤木类

藤木类指茎细长木质，不能直立，需缠绕或攀缘其他物体上生长的花卉。如紫藤、凌霄、常春藤、三角梅（叶子花）、金银花、络石等。

2.3.3　多肉、多浆植物

广义的多肉、多浆植物是仙人掌科及其他 50 多科多肉植物的总称。这些植物茎叶具有发达的储水组织，呈肥厚多汁变态，有些种类的叶退化成针状刺，其抗干旱、耐瘠薄能力强。该类花卉大多原产于热带沙漠或半沙漠地带。包括仙人掌科、景天科、大戟科、龙舌兰科、番杏科、萝藦科等植物，常见的有仙人掌、仙人球、仙人指、量天尺、龙骨花、麒麟掌、金琥、昙花、令箭荷花、芦荟、龙舌兰、虎皮兰、石莲花、虎刺梅、松叶菊、景天、燕子掌、毛叶景天等。

2.4　按观赏部位分类

2.4.1　观花花卉

观花花卉是指以观花为主的花卉。这类花卉开花繁多，花色艳丽，花型奇特而美丽。如牡丹、月季、山茶、菊花、杜鹃花、郁金香、木槿、大丽花、一串红、瓜叶菊、三色堇、郁金香等。

2.4.2　观叶花卉

观叶花卉是指以观叶为主的花卉。这类花卉花形不美，颜色平淡或很少开花，但叶形奇特，挺拔直立，叶色翠绿，有较高观赏价值。如彩叶草、吊兰、龟背竹、万年青、苏铁、变叶木、非洲茉莉、印度橡皮树、散尾葵、棕竹、蒲葵、马拉巴栗、龙血树、榕树类、竹芋类、蕨类植物等。有许多种类成为北方室内主要的观叶花卉，占据北方花卉市场份额的 1/2 以上。

2.4.3　观茎花卉

观茎花卉是指以观茎为主的花卉。这类花卉的茎、枝奇特，或变态为肥厚的掌状或节间短缩膨大。如仙人掌、山影拳、麒麟掌、佛肚竹、光棍树、霸王鞭、珊瑚树、富贵竹等。

2.4.4　观果花卉

观果花卉是指以观果为主的花卉。这类花卉果形奇特，果实鲜艳、繁茂，挂果时间长。如冬珊瑚、火棘、佛手、石榴、金橘、南天竹、无花果、观赏辣椒、乳茄等。

2.4.5　其他观赏类

除花、叶、茎、果外，其他部位有观赏价值的花卉。如观赏银芽柳毛笔状、银白色的芽；三角梅、象牙红、一品红鲜红色的苞片；鸡冠花膨大的花托；马蹄莲、红鹤芋的佛焰苞；猪笼草叶中脉延长为卷须，末端膨大成瓶状等。

2.5 按花卉对环境的要求分类

2.5.1 按花卉对温度的要求分类

以花卉的耐寒力不同将其分为 3 类：

（1）耐寒性花卉

耐寒性花卉是原产于寒带和温带以北的二年生及宿根花卉。在 0℃ 以下的低温能安全越冬，部分能耐 -10～-5℃ 以下的低温。如三色堇、雏菊、金鱼草、玉簪、羽衣甘蓝、菊花等。

（2）半耐寒性花卉

半耐寒性花卉是指能耐 0℃ 的低温，0℃ 以下需保护才能安全越冬的花卉。它们原产于温带较温暖处，在中国北方需稍加保护才能安全越冬。如石竹、福禄考、紫罗兰、美女樱等。

（3）不耐寒性花卉

不耐寒性花卉是指在北方不能露地越冬，10℃ 以上的温度条件才能安全越冬的花卉。一年生花卉、原产于热带及亚热带地区的多年生花卉多属此类。这类花卉在北方地区只能在一年中的无霜期内生长发育，其他季节必须在温室内完成（称为温室花卉）。如富贵竹、散尾葵、竹芋、马拉巴栗、矮牵牛、三角梅、扶桑等。

2.5.2 按花卉对光照的要求分类

（1）按对光照强度的需求分类

① 喜光花卉 在阳光充足的条件，才能生长发育良好并正常开花结果的花卉。光照不足会使植株节间伸长，生长纤弱，开花不良或不能开花。如月季、荷花、香石竹、一品红、菊花、牡丹、梅、半枝莲、鸡冠花、石榴等。

② 中性花卉 一般喜阳光充足，但在微阴条件下生长良好。如扶桑、仙人掌、天竺葵、朱顶红、晚香玉、景天、虎皮兰等。

③ 阴性花卉 只有在一定庇荫环境下才能生长良好的花卉。在北方 5～10 月需遮阳栽培，在南方需全年遮阳栽培，一般要求庇荫度 50% 左右，不能忍受强烈直射光。如秋海棠、万年青、八仙花、君子兰、何氏凤仙、山茶、杜鹃花、海桐等。

④ 强阴性花卉 要求庇荫度在 80% 左右，1000～5000lx 光照强度下才能正常生长的花卉，在南、北方都需全年遮阳栽培。如兰科花卉、蕨类植物等。

（2）按对光周期的要求分类

① 短日照花卉 每天光照时数在 12h 及 12h 以下才能正常进行花芽分化和开花，而在长日条件下则不能开花的花卉。如菊花、蟹爪兰、一品红、三角梅、大丽花等。在自然条件下，秋季开花的一年生花卉多属此类。

② 长日照花卉 与短日照花卉相反，只有每天光照时数在 12h 以上才能正常花芽分化和开花的花卉。如紫茉莉、唐菖蒲、八仙花、瓜叶菊等。在自然条件下，春夏开花的二年生花卉属此类。

利用上述两类花卉开花对日照时数长短的反应，可以人工调节光照时数，使花卉提早或延迟开花，以达到周年开花的目的。

③ 日中性花卉 花芽分化和开花不受光照时数长短的限制，只要其他条件适宜，即能完成花芽分化和开花。如仙客来、香石竹、月季、一串红、非洲菊、扶桑、茉莉、天竺葵、矮牵牛等。

2.5.3 按花卉对水分的要求分类

（1）旱生花卉

旱生花卉是适应干旱环境下生长发育的花卉。原产于干旱或沙漠地区，耐旱能力强，只要有很少的水分便能维持生命或进行生长。如仙人掌类、景天类及许多肉质多浆花卉等。在生产中应掌握"宁干勿湿"的原则。

（2）中生花卉

中生花卉指原产于温带地区，既能适应干旱环境，也能适应多湿环境的花卉。大多数花卉都属此类，如月季、菊花、山茶、牡丹、芍药等。最适宜于有一定的保水性，但又排水良好的土壤。在生产中应掌握"干透浇透"的原则。

（3）湿生花卉

湿生花卉指原产于热带或亚热带，喜欢土壤疏松和空气多湿环境的花卉。这类花卉根系小而无主根，须根多，水平状伸展，吸收表层水分。大多通过多湿环境补充植物水分，保持体内平衡。如兰花、杜鹃花、栀子、茉莉、马蹄莲、竹芋等。

（4）水生花卉

这类花卉的整个植物体或根部必须生活在水中或潮湿地带，遇干旱则枯死，主要有以下几类：

① 挺水植物 根生于泥水中，茎叶挺出水面。如荷花。

② 浮水植物 根生于泥水中，叶片浮于水面或略高于水面。如睡莲、王莲等。

③ 漂浮植物 根伸展于水中，叶浮于水面，随水漂浮流动，在水浅处可生根于泥水中。如浮萍、凤眼莲（水葫芦）等。

④ 沉水植物 根茎生于泥中，整个植株沉入水体之中，通气组织发达。叶多为狭长或丝状，对水质有一定的要求。如黑藻、金鱼藻、狐尾藻、苦草、菹草之类。

2.6 按自然花期分类

2.6.1 春花类

春花类指在2～4月盛开的花卉。如郁金香、虞美人、金盏菊、山茶、杜鹃花、牡丹、芍药、梅、报春花、君子兰、雏菊等。

2.6.2 夏花类

夏花类指在5～7月盛开的花卉。如凤仙花、荷花、石榴花、月季、紫茉莉、萱草、鸢尾、虞美人、茉莉等。

2.6.3　秋花类

秋花类指在 8～10 月盛开的花卉。如大丽花、菊花、桂花、翠菊、波斯菊、唐菖蒲、荷兰菊等。

2.6.4　冬花类

冬花类指在 11 月至翌年 1 月期间盛开的花卉。如水仙花、蜡梅、一品红、仙客来、蟹爪兰、鹤望兰等。

2.7　按栽培方式分类

2.7.1　露地栽培

露地花卉是指在露地播种或在保护地育苗，但主要的生长开花阶段在露地栽培的一类花卉。如一串红、鸡冠花、万寿菊、翠菊、大花萱草、大丽花等。

2.7.2　盆花栽培

盆花栽培是花卉栽植于花盆或花钵的生产栽培方式。北方的冬季实行温室栽培生产，南方实行遮阳栽培生产。盆花是国内花卉生产栽培的主要类型。

2.7.3　切花栽培

用于插花装饰的花卉称为切花，这类花卉的生产栽培称为切花栽培。切花生产一般采用保护地栽培，生产周期短，见效快，可规模生产，能周年供应鲜花，是国际花卉生产栽培的主要类型。

2.7.4　促成栽培

为满足花卉观赏的需要，人为运用技术处理，使花卉提前开花的生产栽培方式叫作促成栽培。如牡丹的自然花期在 4 月，要使牡丹提前到春节开花，可采用人工加温的方法，使打破休眠的牡丹在高温下栽培 2 个月，花期即可提前到春节。

2.7.5　抑制栽培

为满足花卉观赏的需要，人为运用技术处理，使花卉延迟开花的生产栽培方式叫作抑制栽培。如一品红的自然花期是在 12 月至翌年 2 月，要使一品红在国庆节时开花，可提前40～50d 采用遮光处理的方法，"十一"期间一品红就能达到盛花。

2.7.6　无土栽培

无土栽培是指运用营养液、水、基质代替土壤栽培的生产方式。在现代化温室内用于规模化生产栽培。如郁金香、风信子、仙客来、唐菖蒲、马蹄莲、香石竹等花卉已能利用无土栽培技术进行工厂化生产。

2.8 按用途分类

2.8.1 按园林用途分类

（1）花坛花卉

花坛花卉主要是用于布置花坛的花卉，以一、二年生草花为主，如一串红、万寿菊、矮牵牛、鸡冠花等。

（2）花境花卉

花境花卉主要是用于布置花境的花卉，以宿根、球根和木本花卉为主，如芍药、萱草、牡丹、大丽花等。

（3）盆栽花卉

盆栽花卉主要用于室内外盆栽观赏。以温室花卉为主，如仙客来、君子兰、吊兰、杜鹃花、红掌等；也可是一、二年生草本花卉栽植于盆内，然后布置室外平面花坛或立体花坛，体现花卉盛花时的景观，如一串红、矮牵牛、三色堇、四季海棠等。

（4）切花花卉

切花花卉指主要用于切花生产的花卉，如百合、红掌、唐菖蒲、香石竹、霞草、月季、非洲菊等。

（5）岩生花卉

岩生花卉是指适合于岩石园栽培的花卉，一般是抗逆性强、耐干旱瘠薄的花卉。如石竹、景天、半枝莲、丛生福禄考等。

（6）地被花卉

地被花卉是指植株低矮、适应性强，用于覆盖地面的花卉。如三叶草、半枝莲、酢浆草、沿阶草等。

2.8.2 按经济用途分类

（1）食用花卉

食用花卉指有一定食用价值的花卉。如百合、仙人掌、黄花菜、莲藕、玫瑰、桂花等。

（2）药用花卉

药用花卉指有一定药用功能的花卉。如金银花、菊花、鸡冠花、牡丹、芍药、百合、天门冬、凤仙花等。

（3）香料花卉

香料花卉指能散发香味可作香料的花卉，如茉莉、桂花、白兰花、栀子、晚香玉、蜡梅等。

（4）茶用花卉

茶用花卉指能用于花茶的花卉，如茉莉、桂花、兰花、玫瑰、千日红等。

小 结

园林花卉分类方法汇总表

分类标准	类别		实例
按植物分类系统分类	科 属		一串红：唇形科鼠尾草属 郁金香：百合科郁金香属
按花卉原产地气候特点分类	中国气候型花卉	温暖型	中国石竹、天人菊、美女樱、福禄考、堆心菊、麦秆菊、一串红
		冷凉型	芍药、牡丹、荷包牡丹、矢车菊、向日葵、花菖蒲
	欧洲气候型花卉		丝石竹、勿忘草、羽衣甘蓝、高山飞燕草、毛地黄、雏菊
	地中海气候型花卉		郁金香、风信子、葡萄风信子、地中海蓝钟花、小苍兰
	墨西哥气候型花卉		藿香蓟、百日草、万寿菊、藏报春、晚香玉、大丽花
	热带气候型花卉	亚洲、非洲、大洋洲的热带地区	鸡冠花、彩叶草、凤仙花、虎尾兰、非洲紫罗兰
		中美洲和南美洲热带地区	大岩桐、紫茉莉、美人蕉、椒草、竹芋、水塔花、朱顶红、卡特兰
	寒带气候型花卉		龙胆、雪莲、细叶百合、绿绒蒿、镜面草
	沙漠气候型花卉		仙人掌类、芦荟、龙舌兰、霸王鞭、伽蓝菜、光棍树、龙须海棠、条纹十二卷
按生物学性状分类	草本花卉	一、二年生花卉	万寿菊、百日草、矮牵牛、凤仙花、鸡冠花、波斯菊、千日红、半枝莲、紫罗兰、羽衣甘蓝
		宿根花卉	菊花、芍药、荷兰菊、耧斗菜、落新妇、萱草、玉簪
		球根花卉	水仙、风信子、唐菖蒲、小苍兰、仙客来、大岩桐、球根海棠、美人蕉、鸢尾、荷花、睡莲、大丽花、花毛茛
		多年生常绿草本花卉	君子兰、吊兰、万年青、文竹、蕨类、兰科、凤梨科花卉
		水生花卉	荷花、睡莲、萍蓬草、凤眼莲、香蒲
		蕨类植物	肾蕨、铁线蕨、鸟巢蕨、鹿角蕨
	木本花卉	乔木类	樱、梅、桂花
		灌木类	牡丹、月季、杜鹃花、含笑、米兰、栀子
		藤本类	紫藤、凌霄、常春藤、三角梅、金银花、络石
	多肉多浆类花卉		仙人掌、仙人球、仙人指、量天尺、龙骨、麒麟掌、金琥、昙花、令箭荷花、芦荟、龙舌兰、虎皮兰
按观赏部位分类	观花花卉		牡丹、月季、山茶、菊花、杜鹃花、郁金香
	观叶花卉		彩叶草、吊兰、龟背竹、万年青、苏铁、变叶木
	观茎花卉		佛肚竹、光棍树、霸王鞭、富贵竹
	观果花卉		冬珊瑚、火棘、佛手、石榴、金橘、南天竹、无花果、观赏辣椒、乳茄
	其他观赏类		观赏银芽柳毛笔状、银白色的芽；观赏三角梅、象牙红、一品红鲜红色的苞片；观赏鸡冠花膨大的花托；观赏马蹄莲、红鹤芋的佛焰苞

（续）

分类标准	类别		实例
按花卉对环境的要求分类	按花卉对温度的要求分类	耐寒性花卉	三色堇、雏菊、金鱼草、玉簪、羽衣甘蓝、菊花
		半耐寒性花卉	石竹、福禄考、紫罗兰、美女樱
		不耐寒性花卉	富贵竹、散尾葵、竹芋、马拉巴栗、矮牵牛、三角梅、扶桑
	按花卉对光照强度的需求分类	喜光花卉	月季、荷花、香石竹、一品红、菊花、牡丹、梅、半枝莲、鸡冠花、石榴
		中性花卉	扶桑、仙人掌、天竺葵、朱顶红、晚香玉、景天、虎皮兰
		阴性花卉	秋海棠、万年青、八仙花、君子兰、何氏凤仙、山茶、杜鹃花、海桐
		强阴性花卉	兰科花卉、蕨类植物
	按花卉对光周期的要求分类	短日照花卉	菊花、蟹爪兰、一品红、叶子花、大丽花
		长日照花卉	紫茉莉、唐菖蒲、八仙花、瓜叶菊
		日中性花卉	仙客来、香石竹、月季、一串红、非洲菊、扶桑、茉莉、天竺葵、矮牵牛
	按花卉对水分的要求分类	旱生花卉	仙人掌类、景天类及许多肉质多浆花卉
		中生花卉	月季、菊花、山茶、牡丹、芍药
		湿生花卉	兰花、杜鹃花、栀子、茉莉、马蹄莲、竹芋
		水生花卉	荷花、睡莲、王莲、浮萍、凤眼莲
按自然花期分类	春花类		郁金香、虞美人、金盏菊、山茶、杜鹃花、牡丹花、芍药、梅、报春花
	夏花类		凤仙花、荷花、石榴、月季、紫茉莉、萱草
	秋花类		大丽花、菊花、桂花、翠菊、波斯菊、唐菖蒲、荷兰菊
	冬花类		山茶、水仙、蜡梅、一品红、仙客来、蟹爪兰、鹤望兰
按栽培方式分类	露地栽培		一串红、鸡冠花、万寿菊、翠菊、大花萱草、大丽花
	盆花栽培		君子兰、仙客来、报春花
	切花栽培		月季、百合、霞草、唐菖蒲、香石竹
	促成栽培		牡丹在春节开花
	抑制栽培		一品红在"十一"开花
	无土栽培		郁金香、风信子、仙客来、唐菖蒲、马蹄莲、香石竹
按用途分类	按园林用途分类	花坛花卉	一串红、万寿菊、矮牵牛、鸡冠花
		花境花卉	芍药、萱草、牡丹、大丽花
		盆栽花卉	仙客来、君子兰、吊兰、杜鹃花、红掌
		切花花卉	百合、红掌、唐菖蒲、香石竹、霞草、月季、非洲菊
		岩生花卉	石竹、景天、半枝莲、丛生福禄考
		地被花卉	三叶草、半枝莲、酢浆草、沿阶草
	按经济用途分类	食用花卉	百合、仙人掌、黄花菜、莲藕、玫瑰、桂花
		药用花卉	金银花、菊花、鸡冠花、牡丹、芍药、百合、天门冬、凤仙花
		香料花卉	茉莉、桂花、白兰花、栀子、晚香玉、蜡梅
		茶用花卉	茉莉、桂花、兰花、玫瑰、千日红

知识拓展

中国花卉的地理分布概况

花卉类别	分布区域	所属气候型	花卉举例
一、二年生花卉	部分喜温暖的一、二年生花卉分布于长江以南地区	中国气候型温暖型	凤仙花属、报春花属、中华石竹、蜀葵
宿根花卉	部分不耐寒的宿根花卉分布于长江以南地区	中国气候型温暖型	吉祥草属、麦冬属、万年青属、沿阶草属、石蒜属
	较耐寒宿根花卉分布于华北及东北东南部地区	中国气候型冷凉型	菊属、芍药属、鸢尾属、秋海棠属、翠菊属、荷包牡丹、补血草属
球根花卉	部分喜温暖的球根花卉分布于长江以南地区	中国气候型温暖型	百合属、石蒜属、中国水仙、银链花属
	较耐寒球根花卉分布于华北及东北东南部地区	中国气候型冷凉型	郁金香、绵枣儿、贝母属
木本花卉	部分喜温暖的木本花卉分布于长江以南地区	中国气候型温暖型	梅、杜鹃花属落叶种、山茶属、紫薇、扶桑、南天竹、十大功劳、含笑、铁线莲、火棘
	部分喜温暖的木本花卉分布于云南等地	墨西哥气候型，即热带高原气候型	杜鹃花属常绿种、云南山茶、月季花、香水月季
	较耐寒木本花卉分布于华北及东北东南部地区	中国气候型冷凉型	牡丹、贴梗海棠、丁香属、蜡梅
水生花卉	部分喜温暖的水生花卉分布于长江以南地区	中国气候型温暖型	荷花、睡莲
	较耐寒水生花卉分布于华北及东北东南部地区	中国气候型冷凉型	香蒲、泽泻、雨久花
仙人掌及多浆植物	部分仙人掌及多浆植物分布于海南岛西南部地区	沙漠气候型	仙人掌属、量天尺、龙舌兰属、光棍树、霸王鞭
	部分多浆植物分布于长江以南地区	中国气候型温暖型	佛甲草、落地生根
观叶植物	部分观叶植物分布于长江以南地区	中国气候型温暖型	铁线蕨、鸟巢蕨、广东万年青、棕竹
兰科花卉	部分兰科花卉分布于长江以南地区	中国气候型温暖型	春兰、蕙兰、建兰、寒兰、墨兰、多花兰、独占春、美花兰、虎头兰、兔耳兰、兜兰属、蝶兰属、虾脊兰属、鹤顶兰属、白芨属、石斛属、万代兰属、蜘蛛兰属、多花指甲兰、火焰兰、假万代兰、凤兰
	部分兰科花卉分布于云南等地	墨西哥气候型，即热带高原气候型	兜兰属、蝶兰属、鸟舌兰属、钻喙兰属

 自主学习资源库

1. 花卉图片信息网：http://www.fpcn.net.

2. 中国花卉网：http://www.cnhuahui.cn.

自测题

1. 什么是一、二年生花卉，宿根花卉，球根花卉，水生花卉，多肉多浆花卉？各列举 5 种以上花卉。

2. 花卉按其对温度的要求可分哪几类？它们对温度有何要求？各列举 5 种以上花卉。

3. 花卉按其对光照强度的要求可分哪几类？它们对有光照强度有何要求？各列举 5 种以上花卉。

4. 花卉按其对水分的要求可分哪几类？它们对水分有何要求？生产中怎样掌握？

单元 3
园林花卉生长发育的环境条件

学习目标	【知识目标】

【知识目标】

熟练掌握园林花卉生长发育对温度、光照、水分、土壤、养分、空气条件的要求。

【技能目标】

（1）能根据花卉对生长环境条件的要求，正确进行花卉养护。

（2）能利用温度、光照等条件进行花期调控。

（3）能在不同有害气体污染区域合理选择和正确应用花卉。

　　园林花卉应用的主要目的是营造花卉形成的各种园林景观。而美丽景观的形成首先要有生长健康的花卉，这样才能充分表达花卉固有的生物学特性和观赏特性。保证花卉健康生长有两个重要方面：一是选择适宜的花卉种类或品种，二是给予良好的栽培和养护管理。这两方面都要求充分了解花卉的生长发育过程和环境条件对其的影响。只有满足花卉生长发育的环境条件，才能培育出健康的花卉，达到最佳的景观表达效果。

　　花卉的遗传基因和生态环境共同决定了花卉的生长发育过程。不同种或品种的花卉生物学特性和生态习性不同，如花色、花形、花期、株高、株型等各有特点，因此园林中才有万紫千红、千姿百态的花卉。由于生态习性的差异，不同种或品种的花卉在生长发育过程中对环境的要求也不同，即使同一种或同一品种的花卉在其不同的生长发育阶段对环境的要求也不相同。对环境条件要求严格的花卉，在不同的环境中，其生物学特性的表达会发生较大差异，如花期、株高等明显不同，严重时生长不良或不能开花直至死亡；而适应性较强的花卉，生长发育过程受环境影响较小，在多种环境中能够正常生长，即所谓的抗逆性强的一类花卉。因此，实践中会发现，一些花卉比较容易栽培，而另外一些花卉相对困难。

　　影响花卉生长发育的环境条件又称环境因子，主要是指温度、光照、水分、土壤、营养及空气条件等。因此，充分了解不同花卉生长发育过程，总结其生长发育的规律，掌握花卉与这些环境条件的关系，合理进行调节和控制，才能达到科学栽培，创造最高的经济效益和最理想的园林景观效果。

3.1　温度条件

温度是影响花卉生长发育最重要的环境因子之一，它不仅影响花卉的分布，而且还影响花卉的生长发育和植物体内的生理代谢，如酶的活性、呼吸作用、光合作用、蒸腾作用等。因此，在花卉引种、栽培和应用时，首先要考虑的就是温度条件。

3.1.1　花卉生长发育对温度的要求

3.1.1.1　不同花卉生长发育对温度的要求

（1）花卉对温度"三基点"的要求

温度的"三基点"是指花卉生命活动中的最低温度、最适温度和最高温度。在最适温度下，花卉生长发育迅速良好；在最低温度和最高温度下，花卉生长发育十分迟缓或近于停滞，但仍能维持生命。如果低于最低温度或高于最高温度，超出花卉忍受的范围，就会对花卉产生危害，甚至导致死亡。"南花北养"或"北花南种"时最易发生此类现象。由于原产地的不同，花卉生长的温度条件差异也很大。温带花卉，最适宜的温度为 15～25℃；原产于热带的花卉，最适生长温度为 30～35℃。因此，温度也是影响花卉在自然界中分布的重要因素。

依据不同原产地花卉耐寒力的强弱，可将花卉划分为以下 3 种类型。

① 耐寒性花卉　花卉抗寒性强，能耐-5～-10℃低温，甚至在更低温度下也能安全越冬。能在北方寒冷地区露地栽培，无须特殊防护。包括原产于寒带和温带以北的许多花卉。如常见的木本花卉蔷薇、榆叶梅、丁香、连翘等；宿根花卉芍药、荷兰菊、大花萱草、玉簪等；球根花卉卷丹百合、桔梗等。

② 不耐寒性花卉　不能忍受 0℃以下温度，甚至在 5℃或 10℃以下即停止生长或死亡，如三角梅、竹芋、绿巨人、龟背竹、吊兰、虎尾兰、一品红、红掌等。

这类花卉原产于热带或亚热带地区，包括一年生花卉、多年生常绿草本及木本花卉。其中多年生常绿草本及木本花卉，在北方不能露地越冬，仅限于室内栽培，称为室内花卉或温室花卉。如山茶、杜鹃花、蝴蝶兰等。

③ 半耐寒性花卉　耐寒力介于耐寒性和不耐寒性花卉之间，生长期内能短期耐受 0℃左右的低温，通常越冬温度在 0℃以上。在北方地区冬季需加防寒保护才能安全越冬。如非洲菊、瓜叶菊、一叶兰、月季、石榴等。

（2）花卉对积温的要求

每种花卉都有其生长的下限温度。当温度高于下限温度时，它才能生长发育。这个对花卉生长发育起有效作用的高出的温度值，称为有效温度。有效积温是指花卉在某个或整个生育期内的有效温度总和。一般花卉，特别是感温性较强的花卉，在各个生育阶段要求的有效积温是比较稳定的。

温度总量包含着年平均温度、冬季最低温度和生长期的积温。各种花卉对积温要求有所不同，这是与它本身的生态习性、生长期长短、昼夜温差大小等密切相关的。例如，月季从现蕾到开花需要积温 300～400℃，杜鹃花则需要 600～750℃，这与原产地的温度情况相仿。

3.1.1.2 温度对花卉生长发育的影响

（1）温度影响花卉种子萌发

种子萌发是一个强烈的生理过程，包括一系列物质转化，除必需的水分和充足的空气条件外，还需要适宜的温度。温度可以影响花卉植物体内酶的活性，而种子萌发是在各种酶的催化作用下进行的一系列生化反应，在一定温度范围内，温度的升高可以提高酶的活性，从而提高催化效率；如果温度降低，酶的催化功能也随之降低。但温度过高会使酶蛋白失活，影响种子萌发。通常一年生花卉种子萌发温度在 20～25℃，如万寿菊、一串红、矮牵牛、百日草等；不耐寒性花卉种子萌发温度在 25～30℃，如茉莉、苏铁；耐寒性花卉的种子萌发温度在 10～15℃，如花毛茛。

（2）温度影响花芽分化与成花

花芽分化是花卉生殖生长的重要环节，它决定着花卉能否形成花器官。不同种类的花卉受到原产地气候条件的影响，其花芽分化需要的温度也不同，因此会在不同季节进行花芽分化。

① 高温下进行花芽分化　一年生花卉、宿根花卉中夏秋开花的种类、球根花卉的大部分种类，在较高的温度条件下进行花芽分化，如美人蕉、唐菖蒲、一串红、矮牵牛、鸡冠花、金光菊、紫菀、醉蝶花、波斯菊、长春花等。还有很多木本花卉，均在 25℃以上高温时进行花芽分化，如山茶、杜鹃花、桃、梅等。

② 低温下进行花芽分化　有些花卉在20℃以下低温条件下进行花芽分化，如金盏菊、雏菊、小苍兰、卡特兰、石斛兰等。二年生花卉、宿根花卉中早春开花的种类，则需要经过一段时间的低温才能成花。这种低温对植物成化的促进作用称为春化作用。如月见草、毛地黄、罂粟、虞美人、紫罗兰等需 0～10℃低温持续一段时间才能形成花芽。

（3）温度影响花卉的生长

花卉生长的不同时期对温度的要求也不同。花卉幼苗生长前期要求较低的土壤温度，当进入旺盛生长高峰时，对土壤温度要求也提高。适当提高土壤温度可以使植物体内的各种酶类活化，生理反应速率提高，花卉进入最佳的生长状态。

温度的昼夜变化对花卉生长会产生明显的影响。一般适度的昼夜温差对花卉生长有利。白天温度高，花卉进行旺盛的光合作用，积累有机物质；夜晚温度降低，花卉的呼吸作用也减弱，从而减少能量的消耗，使得花卉净生长量增加，植株生长茂盛。

对于不同类型的花卉，低温和高温都可能诱导花卉进入休眠。对于多年生宿根花卉，秋季不断降低的温度使生长速度减缓，营养物质积累增加，伴随地上部分枯萎，花卉进入休眠。炎热的夏季气温和土温都很高，球根花卉生长缓慢，生理代谢减弱，多以休眠的方式度过高温季节，如仙客来、朱顶红、球根海棠等。

（4）温度影响花色与花期

温度对花色的影响，有些花卉表现明显，有些不明显。一般花青素系统的色素受温度影响较大，如大丽花、翠菊、百日草、月季在温暖地区栽培，即使夏季开花，花色也较暗淡，到秋季气温凉爽时，花色才艳丽。有些花卉在高温条件下，色彩艳丽，如荷花、矮牵牛、半枝莲等。

通常花期气温较高，高于最适温度，则花期缩短，花朵提前凋萎；较低的温度有利于已经盛开的花卉延长花期。

3.1.2　温度的调节

温度影响花卉的生长发育，为了满足花卉对温度的要求，创造最佳的生长发育温度，调节控制环境温度是十分必要的。

温度的调节措施包括防寒、保温、增温、降温等。在花卉生产中，现代化的栽培设施已经实现了对温度的自动调节，使花卉可以进行周年生产，随时供应市场。现代化栽培设施中主要通过安装加热设备和通风设备实现控温，安装空调和加湿设备的人工气候室，对温度的控制更加精确。

在花卉园林应用中，利用地面覆盖物、落叶等可以起到防寒作用。但最重要的应是根据花卉应用地区的温度变化特点，选择适宜的花卉。如一年生花卉不耐寒，整个生长发育过程都在无霜期内进行，就可以灵活选择适宜的播种、栽培时间。喜冷凉的虞美人，在华北地区早春或秋季播种，在夏季到来时生活史结束；在西北地区则可春播，利用其夏季凉爽的季节进行栽培应用。南方不耐寒的花卉引种到北方，可以作室内观赏花卉。

3.2　光照条件

光是植物生存的必需条件。它不仅为光合作用提供能量，还作为外部信号调节花卉的生长发育。光影响花卉种子的萌发、营养器官的建成、花芽分化以及休眠等生理活动。光照对花卉生长发育的影响主要体现在 3 个方面：光照强度、光照长度和光质。

3.2.1　光照强度对花卉生长发育的影响

光照强度及其规律性变化（季节变化、日变化）对观赏植物的生长发育具有非常重要的影响。

大多数园林花卉需光量较大，喜阳光充足，在较高光照强度下生长健壮，花大色艳。如郁金香、香豌豆表现明显，它们大多原产于平原、高原的南坡、高山的阳面。有些花卉需光量较少，喜欢半阴的光照条件，过强的光照不利于其生长发育，如竹芋类、蕨类植物、玉簪、铃兰等。这些花卉主要来自热带雨林、林下、阴坡。光照强度对花卉的影响主要体现在以下几个方面。

（1）光照强度影响花卉种子的萌发

大多数花卉种子在光下和黑暗中都能萌发，但有些花卉种子还需要一定的光照刺激才能萌发，这类种子称为喜光种子，如毛地黄、非洲凤仙，种子埋在土里不见光则不能萌发；有的花卉在光照下萌发受到抑制，在黑暗中易发芽，这类种子称为嫌光性种子，如黑种草。

（2）光照强度影响花卉的生长

不同种类的花卉对光照强度有不同的要求。花卉在不适宜个体生长所需要的光照条件下生长不良。光线过弱，不能满足光合作用的需要，营养器官发育不良，瘦弱、徒长，易感染病虫害；光线过强，生长受到抑制，产生灼伤，严重时造成死亡。依据花卉对光照强度要求的不同，将花卉划分为 3 种类型。

① 喜光花卉　原产于热带及温带高原地区，必须在全光照下生长，其光饱和点高，不能忍受庇荫，否则生长不良。喜光花卉包括多数露地栽培的一、二年生花卉，宿根，球根，

木本花卉，多肉多浆类植物等。如万寿菊、矮牵牛、鸡冠花、百日草、菊花、芍药、大丽花、郁金香、牡丹、石榴、月季、夹竹桃、扶桑、木槿、仙人掌类、景天类植物等。

② 阴性花卉　又称耐阴花卉。这类花卉要求生长环境适度庇荫，庇荫度在50%～80%，其光饱和点低，不能忍受强烈的直射光线，植株体内通常含水量较大，多生长在热带雨林下或林下及阴坡。如蕨类、兰科花卉、竹芋类、天南星科花卉。

③ 中性花卉　这类花卉对光照要求不严格，介于喜光花卉和阴性花卉之间，它们在阳光充足和少量遮阴的环境下都能正常生长，对环境的适应能力更强。如紫罗兰、萱草、桔梗、紫茉莉、三色堇、香雪球、翠菊、忍冬、海桐、山茶、樱花、蜡梅等。

（3）光照强度影响花蕾的开放

光照强度对花卉花蕾的开放有影响。通常花卉都在光照下开放，有些花卉需在强光下开放，如半枝莲、酢浆草；有些是在弱光下开放，如紫茉莉、月见草、晚香玉等在傍晚开放，第二天日出后闭合；有些需在光线由弱到强的晨曦中开放，如牵牛花；个别花卉需在夜间开放，如昙花。

（4）光照强度影响花色

以花青素为主的花卉，在光照充足的条件下，花色艳丽。一般生长在高山上的花卉比低海拔的花卉花色艳丽；同一种花卉，在室外栽培比室内栽培开花艳丽。因为花青素在直射光、强光下易形成，而弱光、散射光下不易形成。

3.2.2　光照长度对花卉生长发育的影响

光照时间（光周期）是指一日中白昼与黑夜的交替时数，或指一天内的日照长度。光周期现象是指花卉的生长发育尤其是花芽的分化对日照长短的反应。光周期不仅可以控制某些花卉的花芽分化、发育和开放过程，而且还可以影响花卉的其他方面，如分枝、器官的衰老、脱落和休眠、球根类花卉地下器官的形成等。

不同种类的花卉都依赖于一定的日照长度和黑夜长度的相互交替，才能诱导花的发生和开放。依据花卉对日照时数的要求不同，可以将花卉分为长日照花卉、短日照花卉和中性花卉。

（1）长日照花卉

长日照花卉在14～16h日照长度下促进成花或开花，短日照条件下不开花或延迟开花。如藿香蓟、福禄考、瓜叶菊、紫罗兰、金盏菊、天人菊。一般这类花卉原产于离赤道较远的高纬度地区和北温带地区。

（2）短日照花卉

这类花卉在8～12h日照长度下促进成花或开花，长日照条件下不开花或延迟开花。如一品红、秋菊、蟹爪兰、长寿花、波斯菊、金光菊等。

（3）中性花卉

成花或开花过程不受日照长短的影响，只要在一定的温度和营养条件下即可开花的花卉叫作中性花卉。大多数花卉属于此类。如凤仙花、一串红、香石竹、牡丹、月季、栀子、木槿等。

日照长短还能影响某些花卉的营养繁殖。如某些落地生根属的花卉，其叶缘上的幼小植株体只能在长日照下产生；虎耳草腋芽只能在长日照条件下发育成匍匐茎。日照长短还能影响禾本科类花卉的分蘖，长日照有利于形成分蘖。日照长短会影响球根类花卉地下部分的形成和生长，一般短日照能促进块根、块茎的形成和生长，如菊芋在长日照下只能产生葡匐茎，不能使之加粗，只有短日照条件下才能发育成块茎；大丽花的块根发育对日照长短也很敏感，在正常日照条件下不易产生块根，但经过短日照处理后就能诱导形成块根，并且在以后长日照中也能继续形成块根。

日照长短对温带花卉的休眠也有重要影响。通常短日照促进休眠，长日照促进生长。但有一部分花卉也有在长日照下进入休眠的，如水仙、仙客来、小苍兰、郁金香、石蒜等。

现代花卉培育技术中，已经广泛应用日照长短与花卉成花开花的关系，通过人为调节光照长短，达到调控花期的目的。

3.2.3 光质对花卉生长发育的影响

太阳光由不同波长的可见光谱与不可见光谱组成，波长范围在 150～4000nm。其中可见光（红、橙、黄、绿、青、蓝、紫）的波长在 400～760nm，占全部太阳辐射的 52%；不可见光中，红外线波长大于 760nm，占 43%；紫外线波长小于 400nm，占 5%。不同波长的光会对花卉生长发育产生一定影响。

红橙光有利于碳水化合物的合成，加速长日照花卉的生长发育，延迟短日照花卉的发育。红橙光在散射光中所占比例较大，因此，散射光对阴性花卉及弱光下生长的花卉效用大于直射光。

蓝光有利于蛋白质的合成，蓝紫光可抑制茎的伸长，使植株矮小，同时促进花青素的形成。

紫外线还可促进发芽，抑制徒长，促进种子发芽和果实成熟，促进花青素的形成。在自然界中，高山花卉因受蓝、紫光及紫外线的辐射较多，花卉一般都具有节间缩短、植株矮小、花色艳丽的特点。红外线的主要功能是被花卉植物吸收转化为热能，使地面增温，影响花卉体温和蒸腾作用。

3.2.4 光照的调节

随着花卉栽培设施的不断发展，现在可以实现人工调节光照，来满足不同花卉种类的成花要求。对于需要长日照或强光照射才能成花的种类，在育苗期间可以使用白炽灯、荧光灯、高压钠灯等不同类型的光源在没有自然光的情况下进行补光。不同的光源可以满足花卉对光照强度和不同波长光线的需要。对于需要短日照长黑暗或弱光条件的花卉，可以使用黑布、遮阴网或其他材料进行遮光处理，达到缩短光照时间、减弱光照强度的目的。通过人工调节光照可以有效控制花卉的生长，调控花期，实现花卉周年生产，提高花卉经济价值。

3.3 水分条件

水分是植物体的组成部分，草本植物体重的 70%～90% 是水。环境中影响花卉生长发育的水分主要是土壤水分和空气湿度。花卉必须有适当的空气湿度和土壤水分才能正常地生

长和发育。不同种类花卉需水量差别很大，这种差异与花卉原产地及分布地的降水量和空气湿度有关。

3.3.1 花卉对水分的要求

水是植物体生命活动过程中不可缺少的物质，植物体的生理活动都必须有水的参与才能进行，细胞间代谢物质的传送，根系吸收的无机营养物质输送，光合作用形成的碳水化合物分配，都是以水为介质的。水对细胞产生膨胀压，使得植物体保持其结构状态，当水分缺乏时，枝叶发生萎蔫，如果缺水时间过长则导致器官或植株死亡。依据花卉对水分需求的差异将花卉划分为4种类型，即湿生花卉、旱生花卉、中生花卉和水生花卉。

（1）湿生花卉

湿生花卉对水分需求量大，原产地多为潮湿、雨量充沛、水源充足的环境，如热带沼泽或阴湿森林。它们为适应潮湿的环境在体内有发达的通气组织，可以保证与外界环境的气体交换。马蹄莲、龟背竹、黄菖蒲、海芋、再力花、蕨类、热带兰类和凤梨科的植物均属此类。

（2）旱生花卉

旱生花卉能够适应长期干旱的环境条件，耐寒性强。它们普遍具有发达的根系、叶小多毛、角质层厚、气孔少并下陷、细胞具有较高的渗透压等旱生性状。原产于沙漠地区的仙人掌类、景天类、龙舌兰均属旱生类型。

（3）中生花卉

中生花卉是介于湿生和旱生类型之间的花卉种类，它们对水分比较敏感，根系和传导组织发达，但没有完善的通气组织，不耐积水，浇水过多易出现烂根，在水分缺乏时容易出现萎蔫。此类花卉在栽培过程中浇水要适时、适量，同时要使用疏松、肥沃、通气良好的土壤。中生花卉包括大多数木本花卉，一、二年生花卉，多年生宿根和球根花卉，如矮牵牛、菊花、月季、木槿、茉莉、石榴等。

（4）水生花卉

水生花卉要求饱和的水分供应，一般通气组织非常发达，它们的根、茎、叶内多有通气组织的气腔与外界互相通气，吸收氧气以供给根的需要，植物体部分或整体没在水中时才可正常生长。此类花卉常见的有荷花、睡莲、凤眼莲、王莲、香蒲、金鱼藻、萍蓬草等。

3.3.2 水分对花卉生长发育的影响

3.3.2.1 土壤水分对花卉生长发育的影响

土壤水分是大多数花卉所需水分的主要来源，也是花卉根际环境的重要因子，它不仅本身提供花卉需要的水分，还影响土壤空气含量和土壤微生物活动，从而影响根系的发育、分布和代谢，健康苗壮的根系和正常的根系生理代谢是花卉地上部分生长发育的保证。

（1）对花卉生长的影响

花卉在整个生长发育过程中都需要一定的土壤水分，只是在不同生长发育阶段对土壤含水量要求不同。一般情况下，种子发芽需要的水分较多，幼苗需水量减少，随着生长，对水分的需求量逐渐减低。因此，花卉育苗多在花圃中进行，然后移栽到园林中的应用场所，以便提供良好的花卉生长发育环境。

不同的花卉对水分要求不同，园林花卉的耐旱性不同。一般宿根花卉较一、二年生花卉耐旱，球根花卉又次之。虽然球根花卉膨大的球根是耐旱结构，但由于球根花卉的原产地有明确的雨季旱季之分，其旺盛生长的季节，雨水充足，因此大多不耐旱。

（2）对花卉发育的影响

土壤含水量影响花卉花芽的分化。花卉花芽分化要求有一定的水分供给，在此前提下，控制水分供给，可以控制一些花卉的营养生长，促进花芽分化。球根花卉表现尤为明显，一般情况下，球根含水量少，花芽分化较早。因此，同一种球根花卉，生长在旱地，其球根含水量低，花芽分化早，开花就早。栽植在较湿润的土壤中则开花较晚。

（3）对花色的影响

形成花卉花色的各种色素中，除了不溶于水的类胡萝卜素以质体的形式存在于细胞质中，其他色素如类黄酮、花青素、甜菜红色素都溶解在细胞的细胞液中。因此，花卉的花色与水分密切相关。花卉在适当的细胞含水量下才能呈现出各自应有的色彩。一般缺水时花色变浓，水分充足时花色正常。

3.3.2.2　空气湿度对花卉生长发育的影响

花卉可以通过气孔或气生根直接吸收空气中的水分，这对于原产于热带和亚热带雨林的花卉，尤其是一些附生花卉更为重要；对于大多数花卉而言，空气中的含水量主要影响花卉的蒸发，进而影响花卉从土壤中吸收水分，影响花卉生长。通常空气湿度过大，易使枝叶徒长、滋生病虫害，并常有落蕾、落花、落果或授粉不良，不结实；空气湿度过低，叶色变黄，叶缘干枯，花期缩短，叶色、花色变淡。

在室内花卉栽培养护中，特别是南花北养时，容易出现空气过分干燥的情况。根据不同花卉对空气湿度的不同要求，可采取往枝叶喷水、地面喷水或空气喷雾等方法增加空气湿度。

一般花卉需要的空气相对湿度在 65%～70%，原产于热带雨林中的花卉对空气相对湿度较高，要求达到 80%，如兰花、蕨类、龟背竹等湿生花卉。

3.3.2.3　水质对花卉生长发育的影响

水质对花卉生长发育也有很大影响，特别是浇灌花卉用水的含盐量和酸碱度会产生明显的影响。水质不良容易导致产量下降、品质变劣和生理障碍。尤其是对盆栽花卉，对水质的要求更严格。优良的水质应达到：pH 值适当、含盐量低、水温适中、溶氧量高、不含有害物质和病原菌。

3.3.3　水分的调节

在园林中大面积的人工空气湿度的调节很难实现，主要是通过合理配置花卉和充分利用小气候来满足花卉的需要。室内和小环境中可以通过换气和喷水来降低或增加空气湿度。

可依靠降雨和各种排灌设施来调节花卉的需水量，也可以通过改良土壤质地来调节土壤持水量。

可以使用酸对水进行酸化处理。有机酸中的柠檬酸、醋酸，无机酸中的磷酸，酸性化合物中的硫酸亚铁等都可以用来酸化水。对含盐量较高的水，需要特殊的水处理设备加以净化后再使用。

3.4 土壤条件

土壤不仅可以固定花卉，还是花卉赖以生存的物质基础，它既为花卉提供水分、养分、气、热，又是各种物质和能量的转化场所。花卉生长发育所需的养分和水分绝大多数由根系从土壤和基质中吸收，因此，土壤的理化性状对花卉的生长发育及观赏品质有重要影响。

土壤的种类很多，理化特性不同，肥力状况、土壤微生物不同，形成了不同的地下环境。土壤的物理特性（土壤质地、土壤温度、土壤水分）和土壤的化学特性（pH 值、土壤氧化还原电位）及土壤有机质、土壤微生物等是花卉地下根系环境的主要因子，因此影响着花卉的生长发育。

适宜花卉生长发育的栽培土壤应是含有丰富的腐殖质、保水保肥能力强，排水好，通气性好，酸碱度适宜的土壤。

3.4.1 土壤质地与花卉的关系

一般将土壤质地划分为沙质土、壤质土和黏质土 3 类。

（1）沙质土类

土壤中含沙粒多，黏粒少，孔隙大，通透性强，排水好，保水保肥性差；有机质分解快，供肥性能好，但腐殖质含量少，后劲不足；土壤升温快，昼夜温差大，土温变化幅度大。因此，沙质土容易出现缺水、脱肥、土温不稳的状态。这类土壤可以栽培一些耐干旱耐贫瘠的花卉，常用于配制培养土或改良黏质土，也可作为扦插用土或栽培不耐肥、需肥少的幼苗。

（2）壤质土类

壤质土中沙粒、黏粒适中，水气协调，通透性、保水保肥性及供肥性均好，有机质含量多，土温比较稳定，适宜大多数花卉的生长，是比较理想的园林用土。

（3）黏质土类

土壤中含沙粒少，黏粒多，孔隙小，有机质分解慢，易于积累贮存养分，保水保肥能力强，有后劲。但通透性差，昼夜温差小，早春土温上升慢，对幼苗生长不利。除适于少数喜黏质土壤的花卉外，对大多数花卉不适宜，主要用于和其他土类混合配制培养土。

3.4.2 土壤酸碱度与花卉的关系

不同种类的花卉有各自不同的土壤酸碱性适宜范围。当土壤的酸碱度超出适宜范围时，花卉就会生长不良甚至死亡。大多数花卉适宜在中性、微酸性或酸性土壤中生长。依据花卉对土壤酸碱度要求的不同，将花卉划分为喜酸性土壤花卉、喜碱性土壤花卉、喜中性土壤花卉 3 类。

（1）喜酸性土壤花卉

这类花卉要求土壤 pH 值在 4.0～6.5，如山茶、杜鹃花、米兰、栀子、棕榈、秋海棠、大岩桐、百合、彩叶草、八仙花、凤梨科花卉、兰科花卉、蕨类植物。

（2）喜中性土壤花卉

这类花卉要求土壤 pH 值在 6.5～7.5，如金盏菊、郁金香、水仙、风信子、四季报春、瓜叶菊、天竺葵、矮牵牛、香豌豆等。

（3）喜碱性土壤花卉

这类花卉要求土壤 pH 值在 7 以上，如菊花、玫瑰、非洲菊、石竹、代代、香堇、天门冬、夹竹桃等。

3.4.3　露地花卉对土壤的要求

一般除沙质土和黏质土只限于栽培少数花卉外，其他土质大多适于栽培多种花卉。

（1）一、二年生花卉

一、二年生花卉最适宜的土壤特征是表土层深厚，地下水位较高，干湿适中，有机质丰富。春播夏花的种类最喜水分充足，忌土壤干燥。秋播的种类喜表层深厚的黏质土，如金盏菊、矢车菊、羽扇豆等。

（2）宿根类花卉

宿根类花卉一般幼苗期喜腐殖质丰富的土壤，第二年以后喜黏质土壤。露地栽培宿根花卉时最好施入较多的有机肥料，维持良好的土壤结构，有利于一次性栽植多年持续开花。

（3）球根类花卉

球根类花卉对土壤的要求严格。大多数适宜生长于富含腐殖质、排水良好的沙质土中。最为理想的类型是下层为排水良好的沙砾土，表层为深厚的沙质壤土。但水仙、百合、石蒜、晚香玉、风信子及郁金香等，则以黏质壤土最适宜。

3.4.4　室内盆栽花卉培养土的配制

室内花卉常局限于盆栽，所用土壤量有限，花卉根系只能在很小的范围内生长，如果土壤状况不良，就会明显影响花卉的生长发育，因此对土壤的要求比露地要高。室内栽培必须使用根据花卉对土壤要求而人工配制的培养土。理想的培养土应具备良好的理化性状，即富含腐殖质，土壤疏松，透水透气性好，保水保肥性好，能长久保持湿润状态，不易干燥，酸碱度适宜。不同种类花卉适宜的培养土配制如下。

（1）一、二年生花卉

通常这类花卉需要多次移栽，幼苗期所用培养土需要加入更多的腐叶土，定植成株所用培养土可适量降低腐叶土的比例。幼苗期培养土配方：腐叶土 5 份、园土 3.5 份、河沙 1.5 份。定植时培养土配方：腐叶土 2~3 份、壤土 5~6 份、河沙 1~2 份。如瓜叶菊、报春花、蒲包花等。

（2）宿根球根类花卉

室内宿根、球根类观赏花卉如仙客来、朱顶红、大岩桐、球根海棠等对腐叶土的需求量较少，其培养土配方：腐叶土 3~4 份、园土 5~6 份、河沙 1~2 份。

（3）木本观花类花卉

这类花卉常用黏性培养土。在播种及扦插育苗期间，要求较多的腐殖质，待长成成株后，腐叶土的量可适当减少，河沙应达到 1~2 份。如含笑、杜鹃花、山茶、白兰花等。

（4）竹芋科、天南星科、棕榈科花卉

这类花卉培养土配方：腐叶土 4 份、园土 4 份、河沙 2 份，或腐叶土 3 份、园土 4 份、锯末 3 份。

（5）凤梨科、多肉多浆类花卉

这类花卉培养土配方：腐叶土6份、园土2份、锯末2份，或腐叶土4份、园土4份、锯末2份。

（6）木本观叶类花卉

这类花卉培养土配方：腐叶土2份、园土6份、河沙2份，或园土4份、黏土3份、锯末3份。如非洲茉莉、印度橡皮树、八角金盘、龙血树等。

配制培养土时还要注意测定和调节其酸碱度，使其符合栽培花卉的生长要求。具体方法为：酸度过高，可在培养土中加入少量石灰粉或草木灰；碱性过高，可加入适量的硫酸铝、硫酸亚铁或硫黄粉。

现代花卉工厂化栽培中，还可以采用一些无机基质作为栽培基质。常见的如珍珠岩、蛭石、陶粒等。其中珍珠岩是一种酸性火山玻璃熔岩，经粉碎、筛分、预热、焙烧后成为多孔粒状物料。陶粒是由陶土焙烧获得的，其颗粒较大，孔隙多，具有一定的保水能力，适于栽培肉质根系的花卉，如热带兰类。

3.5　养分条件

花卉生长发育需要一定的养分，只有满足养分的需求，花卉的生理活动才能完成。目前花卉生长发育所必需的营养元素为16种。根据其在花卉植物体内需要量的不同，又分为大量元素和微量元素两大类。

3.5.1　花卉生长发育所需的营养元素及生理作用

3.5.1.1　大量元素及生理作用

大量元素是指花卉植物生长发育需要量较多的元素，它们的含量能达到植物体干重的0.1%～10%，共有9种，为碳（C）、氢（H）、氧（O）、氮（N）、磷（P）、钾（K）、钙（Ca）、镁（Mg）、硫（S）。

（1）氮（N）

氮为生命元素。可促进花卉的营养生长；有利于叶绿素的合成，使植物叶色浓绿；使叶、花器官肥大。缺氮时，植株生长不良，瘦弱，枝条细长发硬，叶小花小，叶色从下部老叶到上部新叶由浓绿渐变为淡绿，继而出现红紫色，甚至萎黄脱落，严重时全株失去绿色。观花观果类花卉缺少氮素会使花果量减少且易脱落。氮素过量也会产生一些不利影响，如植株延迟开花、茎叶徒长、降低对病虫害的抵抗力。

（2）磷（P）

植物体内的磷元素能促进种子发芽，使开花结实提前，还能使茎叶发育坚韧，不易倒伏；增强根系的发育，增强植株抗逆性和病虫害的能力。缺磷时，植株矮小，幼芽、幼叶生长停滞，叶片由深绿色转变为紫铜色，叶脉、叶柄呈黄带紫色。缺磷阻碍花芽的形成，导致花少、花小、花色淡，观果类还会导致果实发育不良，甚至提早枯萎脱落。

在多雨的年份，寒冷的地区宜适当多施用，促进成熟。球根花卉一般喜磷肥，可适量多施用。

（3）钾（K）

钾增强花卉的抗寒性和抗病性；使花卉生长健壮，增强茎的坚韧性，不易倒伏；可以促进叶绿素的合成而提高光合作用效率；能促进根系发育，使根系扩大，尤其对球根花卉的地下器官的发育有利。过量施用会使花卉节间缩短，叶子变黄；还会诱发缺镁、缺钙。

（4）钙（Ca）

钙可促进根的发育；可增加植株体的坚韧度；可以改进土壤的理化性状，施用后可以使黏质土壤变得疏松，沙质土壤变得紧密；可降低土壤的酸碱度。过量施用会诱发缺磷、缺锌。

（5）镁（Mg）

在叶绿素的形成过程中，镁是不可缺少的，同时镁对磷的可利用性有很大影响。缺镁时，表现为老叶的叶缘两侧开始向内黄化，叶脉保持绿色，可见到明显的绿色网络。严重缺乏时，叶片呈黄色条斑、皱缩、脱落；叶小、花小、花色淡，植株生长受抑制。

（6）硫（S）

硫促进根系的生长，影响叶绿素的形成；促进土壤中豆科根瘤菌的增殖，增加土壤中氮的含量。缺硫时，植株矮小、茎干细弱、生长缓慢，一般新叶均失绿，叶片细小，呈黄白色且易脱落，开花推迟，根部明显伸长。

3.5.1.2　微量元素及生理作用

微量元素是指花卉植物需要量较少的营养元素，一般占植物体干重的 0.0001%～0.001%，共 7 种，包括铁（Fe）、锰（Mn）、铜（Cu）、锌（Zn）、硼（B）、钼（Mo）。

（1）铁（Fe）

铁对叶绿素的合成有重要作用。一般南方土壤不易缺铁，能满足花卉生长发育的需要。在北方石灰质或碱性土壤中，由于铁易转变成无效态，不被植物吸收利用，会出现缺铁现象。花卉植物缺铁时，新叶变黄，叶脉仍为绿色，但叶片会逐渐枯萎。

（2）锰（Mn）

锰对种子萌发和幼苗生长、结实都有良好作用。缺锰时，叶片失绿，出现杂色斑点，组织易坏死，但叶脉仍为绿色，花的色泽暗淡。

（3）铜（Cu）

铜元素参与植物体内酶的形成。花卉植物缺铜时，新生叶失绿发黄，叶尖发白卷曲、坏死，叶片畸形、枯萎发黑；植株生长瘦弱，种子发育不良。

（4）锌（Zn）

锌参与植物体生长素及蛋白质的合成，同时是许多重要酶的活化剂。缺锌时，植株叶小簇生，中下部叶片失绿，主脉两侧有不规则的棕色斑点，植株矮小，生长缓慢。

（5）硼（B）

硼元素与花粉形成、花粉管萌发和受精有密切关系。硼能改善氧的供应，促进根系发育和开花结实。缺硼时，嫩叶失绿，叶片肥厚皱缩，叶色变深，叶缘向上卷曲，根系不发达，枝条和根的顶端分生组织死亡。观花观果类植株受精不良，花器官发育不健全，籽粒减少，落花落果。

（6）钼（Mo）

钼是硝酸还原酶的组成成分，可将硝态氮还原成铵态氮；能改善物质运输的能量供应，

能与有机物形成络合物，因此关系到碳水化合物的合成和运输；钼促进种子和生殖期的呼吸作用，降低早期呼吸强度；可提高叶绿素的稳定性，减少叶绿素在黑暗中的破坏。缺少钼会使老叶叶脉间失绿，有时呈斑点状坏死；有时也会引起缺氮的症状。

3.5.2 花卉栽培常用的肥料

3.5.2.1 无机肥料

无机肥料主要是指化学肥料。常见的有尿素、硫酸铵、硝酸铵、磷酸铵、硫酸钾、过磷酸钙、磷酸二氢钾、硫酸亚铁等。其特点是养分单一，不含有机物；含量高、肥效快、易溶于水、无臭味、施用方便。长期施用会使土壤板结。

（1）尿素

中性肥料，含氮量高达 45%～46%，可作基肥、追肥和叶面肥，一般不作种肥，因其对种子发芽不利。土壤施用浓度为 1%；根外追肥为 0.1%～0.3%。花卉植物生长期可施用，观叶花卉施用量可稍大些。

（2）硫酸铵

生理酸性肥料，含氮 20%～21%。土壤施用浓度为 1%；根外追肥为 0.3%～0.5%；基肥施用量为 30～40g/m²。能促进幼苗生长，但切花生产时，施用过量，会使茎叶柔软降低品质。

（3）硝酸铵

中性肥。易燃易爆，不能与有机肥混合使用，含氮 32%～35%；土壤施用浓度为 1%。

（4）过磷酸钙

过磷酸钙又称"普钙"，是目前常用的一种磷肥。长期施用会使土壤酸化。含磷 16%～18%，易吸湿结块，不宜久放，一般作基肥施用，不能与草木灰、石灰同时施用。

（5）磷酸二氢钾

磷酸二氢钾是磷钾复合肥料。含磷 53%、钾 34%，易溶于水，速效，呈酸性反应，常用 0.1%左右的溶液作根外追肥。在花蕾形成前施用，可促进开花，促使花大、色彩艳丽。

（6）磷酸铵

磷酸铵是磷酸二氢铵和磷酸氢铵的混合物，是氮磷复合肥。含氮 12%～18%，含磷 46%～52%。是高浓度速效肥，适合各种花卉植物，可作基肥和追肥，但不能与碱性肥料同时使用。

（7）硫酸亚铁

呈蓝绿色结晶，用 0.1%～0.5%水溶液和 0.05%柠檬酸水溶液一起喷于黄化植株上，可防治花卉缺铁性黄化症。也可与饼肥、硫酸亚铁和水按 1∶5∶200 的比例配制成"矾肥水"浇灌于杜鹃花、山茶、栀子、玉兰等喜酸性花卉的盆栽土壤中，既可起到增肥作用，又可防止叶片黄化现象的发生。

3.5.2.2 有机肥料

凡是营养元素以有机化合物形式存在的肥料，均称为有机肥料，因含多种元素，故又称为完全肥料。其特点是种类多、来源广、养分完全，不仅含有氮、磷、钾三大营养元素，而且还含有其他微量元素和生长激素等；它能改善土壤的理化性质，肥效释放缓慢而持久。

花卉常用的有机肥料有家畜家禽粪肥、厩肥、饼肥、绿肥、骨粉、草木灰、米糠等。

（1）牛粪

迟效肥。肥效持久。充分腐熟后混于土壤中或用其浸出液作追肥。

（2）鸡粪

完全肥。发酵时发散高热，充分腐熟后施用，不要接触花卉的根部。可加 10 倍水发酵，使用时稀释 10～20 倍追肥。

（3）厩肥及堆肥

含有丰富的有机物，有改良土壤的物理性质的作用。为氮磷钾的全肥，主要用于花卉栽培时作基肥。

（4）饼肥

饼肥是各种植物含油质的果实榨油后的剩余物。含氮量高，容易被植物吸收。既可作基肥，也可作追肥。作追肥时，应加 10 倍水经过 2～3 个月的发酵腐熟后，再取肥液稀释成稀薄肥液施用。

（5）骨粉

主要成分是磷肥，肥效缓慢，多用作盆栽观叶植物的基肥。如果同腐殖土混合使用，还可加速其分解。

（6）草木灰

草木灰是植物的秸秆、柴草、枯枝落叶等经过燃烧后残留的灰分。含钾元素较多，同时含有磷、钙、镁、铁、铜等元素，不含氮素和有机物。它能中和基质中的有机酸，促进有益微生物的活动。草木灰呈碱性，不能与硫酸铵、硝酸铵等铵态氮肥混存、混用。一些常用有机肥料养分含量见表 3-1。

表 3-1　常用有机肥料的主要养分含量　　　　　　　　　　　　　　%

肥料种类	氮（N）	磷（P_2O_5）	钾（K_2O）	肥料种类	氮（N）	磷（P_2O_5）	钾（K_2O）
人　粪	0.80～1.00	0.30～0.40	0.25～0.45	花生饼	6.0～7.0	1.0～1.2	1.5～1.9
人粪尿	0.50～0.70	0.10～0.30	0.20～0.35	大豆饼	6.2～7.0	1.2～1.3	1.0～2.0
厩　肥	0.40～0.60	0.15～0.30	0.40～0.80	棉籽饼	3.0～3.6	1.5～1.7	0.90～1.10
猪　粪	0.45～0.60	0.20～0.40	0.45～0.60	茶籽饼	1.1～1.64	0.32～0.37	0.8～1.1
牛　粪	0.30～0.34	0.20～0.25	0.15～0.40	玉米秆	0.50～0.60	0.30～0.40	1.5～1.7
羊　粪	0.35～0.50	0.15～0.25	0.15～0.30	紫穗槐	3.1～3.0	0.60～0.73	1.7～1.8
鸡　粪	1.5～1.7	1.4～1.6	0.80～0.95	紫云英	0.41～0.48	0.07～0.09	0.35～0.37
鸭　粪	1.0～1.1	1.3～1.5	0.60～0.65	印度豇豆	2.3～2.6	0.40～0.482	2.4～2.6
马　粪	0.45～0.55	0.20～0.40	0.20～0.30	肥田萝卜	0.25～0.30	0.05～0.09	0.35～0.40
鸽　粪	1.5～1.7	1.7～1.8	0.90～1.1	箭舌豌豆	0.60～0.66	0.10～0.12	0.55～0.60
骨　粉	0.05～0.07	40.0～42.9	—	绿豆	0.52～0.56	0.09～0.12	0.70～0.90
塘　泥	0.40～0.50	0.25～0.30	2.0～2.3	木豆	0.60～0.67	0.10～0.13	0.20～0.30
草木灰	—	1.6～2.5	4.6～7.5	蚕豆	0.50～0.60	0.10～0.12	0.45～0.50
谷壳灰	—	0.60～0.80	2.5～2.9	大豆	0.55～0.60	0.08～0.10	0.60～0.70
普通堆肥	0.40～0.60	0.20～0.30	0.30～0.60	花生	0.40～0.50	0.08～0.10	0.35～0.40
菜籽饼	4.50～6.20	2.4～2.9	1.4～1.6	苜蓿	0.60～0.70	0.10～0.12	0.30～0.35

3.6 空气条件

空气也是花卉生长发育必不可少的生态因子。植物光合作用需要的二氧化碳，呼吸作用需要的氧气，根瘤固氮作用需要的氮素都来源于空气。

3.6.1 空气对花卉生长发育的影响

（1）氧气

空气中的含氧量约为 21%，足够满足花卉呼吸作用的需要。在通常状况下，很少出现花卉地上部分缺氧的现象。但地下部分的根系常因土壤板结或浇水过多而缺氧，从而使根系呼吸困难、生长不良而影响整个植株的生长发育。种子萌发时如果氧气不足，会导致酒精发酵毒害种子，使其发芽停止，甚至死亡。因此在栽培花卉过程中要经常保持土壤疏松，防治板结，影响通气。对质地黏重、通气性差的土壤，应及时松土提高土壤的通气性，保证土壤中有足够的氧气含量，还应增施有机肥，改善土壤的物理性状，增强土壤通透性。

（2）二氧化碳

通常空气中二氧化碳仅占 0.03%左右，二氧化碳是花卉光合作用必需的原料，因此其含量直接影响花卉的生长发育。温室栽培的花卉，二氧化碳的调节很重要。可以安置二氧化碳发生器或增施有机肥适当增加空气中二氧化碳的浓度，有效提高光合作用强度；但二氧化碳浓度增加到 2%～5%以上，则对光合作用产生抑制作用，如果土壤中二氧化碳浓度较高，根系生长受到影响，花卉会生长不良甚至死亡。所以应避免使用新鲜厩肥或过多堆肥，注意及时松土和加强通风，防止二氧化碳浓度过高的危害。

（3）氮气

氮气在空气中含量约为 78%，大多数花卉不能直接利用空气中的氮素，只有固氮微生物和蓝绿藻可以吸收固定空气中的氮。固氮菌是一种固氮微生物，它们能将空气中的氮气固定成氨和铵盐，再经硝化细菌的作用转变成硝酸盐或亚硝酸盐，才能被花卉吸收利用。

3.6.2 空气污染对花卉生长发育的影响

随着全球工业化程度的提高，空气污染日益加重，空气中有害气体的种类和浓度不断增加，超出了自然界生态系统自然净化的能力，造成大气污染。有害气体不仅危害人类的健康，也危害花卉的生长。对花卉影响较大的有害气体主要有以下几种：

（1）二氧化硫

二氧化硫主要来源于燃煤的工厂、石油冶炼厂、火力发电厂、有色金属冶炼厂、化肥厂等所排放的烟气及汽车尾气。

当空气中的二氧化硫浓度达到 0.001%以上时，花卉就出现受害症状。二氧化硫从气孔进入叶片内，形成亚硫酸盐破坏叶绿素，使光合作用受到抑制，首先表现叶片失去膨压，叶脉之间的叶片失绿，呈大小不等的点状、条状、块状的坏死区，为灰白色或黄褐色，严重时叶脉也变为白色，甚至整个叶片焦枯死亡。幼叶和老叶受害轻，而生理活动旺盛的功能叶受害较重。不同种类的花卉对二氧化硫的抗性也有所不同（表3-2）。

表 3-2　花卉对二氧化硫的抗性分级

抗性分级	花卉名称
强	丁香、山茶、桂花、苏铁、海桐、鱼尾葵、散尾葵、夹竹桃、美人蕉、石竹、凤仙花、菊花、玉簪、唐菖蒲、君子兰、龟背竹、鸡冠花、大丽花、翠菊、万寿菊、金盏菊、晚香玉、醉蝶花、地肤
中	女贞、榆叶梅、杜鹃花、三角梅、茉莉花、一品红、旱金莲、百日草、蛇目菊、天人菊、鸢尾、四季秋海棠、波斯菊、荷兰菊、一串红、肥皂草、桔梗
弱	木棉、矮牵牛、向日葵、麦秆菊、美女樱、蜀葵、福禄考、金鱼草、月见草、倒挂金钟、瓜叶菊、滨菊、硫华菊

（2）氟化氢

氟化氢主要来源于农药厂、炼铝厂、搪瓷厂、玻璃厂、磷肥厂等。氟化氢首先危害花卉的幼芽和幼叶，急性危害症状与二氧化硫相似，即在叶缘和叶脉间出现水渍斑，以后逐渐干枯，呈棕色或淡黄色的斑块，严重时会出现萎蔫，同时绿色消失变成黄褐色；慢性伤害首先是叶尖和叶缘出现红棕色或黄褐色的坏死斑，在坏死区与健康组织之间有一条暗色狭带。不同种类的花卉对氟化氢的抗性也有所不同（表 3-3）。

表 3-3　花卉对氟化氢的抗性分级

抗性分级	花卉名称
强	丁香、连翘、棕榈、木槿、海桐、柑橘、大丽花、万寿菊、秋海棠、倒挂金钟、牵牛花、紫茉莉、天竺葵
中	桂花、紫藤、凌霄、美人蕉、水仙、百日草、醉蝶花、金鱼草、半枝莲
弱	杜鹃花、唐菖蒲、玉簪、毛地黄、仙客来、萱草、郁金香、鸢尾、凤仙花、万年青、风信子、三色堇

（3）氯气

氯气主要来源于化工厂、农药厂、自来水厂。氯气对花卉的伤害比二氧化硫还要大，能很快破坏叶绿素，使叶片褪色脱落。有时在叶脉间产生不规则的白色或浅褐色的坏死斑点、斑块，有的花卉叶缘出现坏死斑，叶片卷缩，叶子逐渐脱落。不同种类的花卉对氯气的抗性也有所不同（表 3-4）。

表 3-4　花卉对氯气的抗性分级

抗性分级	花卉名称
强	桂花、丁香、夹竹桃、白兰花、杜鹃花、海桐、鱼尾葵、山茶、苏铁、紫薇、千日红、一串红、蕉藕、紫茉莉、金盏菊、翠菊、鸡冠花、唐菖蒲、朱蕉、牵牛花、银边翠、万年青
中	三角梅、八仙花、金鱼草、夜来香、米兰、醉蝶花、一品红、凤仙花、晚香玉、矢车菊、长春花、荷兰菊、万寿菊、波斯菊、百日草
弱	一叶兰、倒挂金钟、茉莉、天竺葵、四季秋海棠、月见草、芍药、瓜叶菊、报春花、天竺葵、福禄考、蔷薇

（4）臭氧

臭氧是强氧化剂，当大气中的臭氧达到 0.1mg/kg，延续 2～3h，花卉就会出现受害症状。臭氧主要危害花卉植物栅栏组织细胞壁和表皮细胞，伤害症状一般出现在成熟叶片的上表面，在叶表面形成红棕色或白色斑点，叶变薄或叶片褪绿，有黄斑，最终叶片卷曲甚至枯死。一般嫩叶不易出现症状。不同种类的花卉对臭氧的抗性也有所不同（表 3-5）。

表3-5 花卉对氯气的抗性分级

抗性分级	花卉名称
强	圆柏、紫穗槐、五角枫
中	金银木、苹果、糖槭
弱	丁香、牡丹、菊花、矮牵牛、三色堇、万寿菊、藿香蓟、香石竹、紫菀、秋海棠

（5）氨气

在保护地栽培花卉时，大量施用肥料就会产生氨气，含量过高会对花卉产生伤害。当空气中的氨气达到0.1%～0.5%时就会发生叶缘灼伤的现象，严重时叶片呈水煮绿色，干燥后保持绿色或转为棕色；含量达到4%时，24h即中毒死亡。施用尿素后也可产生氨气，最好施用后盖土或浇水，以免发生氨害。

此外，还有其他有害气体，如乙烯、乙炔、丙烯、硫化氢、一氧化碳、氯化氢等，即使空气中含量极为稀薄，也可使花卉植物受害。因此，在一些工厂附近，应选择抗性强的花卉进行种植。

 小 结

环境条件对花卉生长发育的影响汇总表

环境因子		标 准	知识要点
温度条件	花卉"三基点"温度	最适温度、最低温度、最高温度	温带花卉，最适宜的温度为15～25℃；原产于热带的花卉，最适生长温度为30～35℃
	依据花卉耐寒力的强弱	耐寒性花卉	能耐-10～-5℃低温。芍药、荷兰菊、大花萱草、玉簪
		不耐寒性花卉	不能忍受0℃以下温度，甚至在5℃或10℃以下即停止生长或死亡。三角梅、竹芋、绿巨人、龟背竹、吊兰、虎尾兰、一品红、红掌
		半耐寒性花卉	耐寒力介于耐寒性和不耐寒性花卉之间，生长期内能短期耐受0℃左右的低温。非洲菊、瓜叶菊、一叶兰、月季、石榴
	温度对花卉的影响	温度影响花卉种子萌发	通常一年生花卉种子萌发温度在20～25℃，如万寿菊、一串红、矮牵牛、百日草等；喜温花卉种子萌发温度在25～30℃，如茉莉、苏铁；耐寒性花卉的种子萌发温度在10～15℃，如花毛茛
		温度影响花芽分化与成花	高温下进行花芽分化：如美人蕉、一串红、矮牵牛、鸡冠花、金光菊、紫菀、醉蝶花、波斯菊、长春花、山茶、杜鹃花、桃花、梅花等。低温下进行花芽分化：有些花卉在20℃以下低温条件下进行花芽分化，如金盏菊、雏菊、小苍兰、卡特兰、石斛兰等
		温度影响花卉的生长	花卉幼苗生长前期要求较低的土壤温度，当进入旺盛生长高峰时，对土壤温度要求也提高，适当提高土壤温度可以使植物体内的各种酶类活化，生理反应速率提高，花卉进入最佳的生长状态
		温度影响花色与花期	低温下花色艳丽：大丽花、翠菊、百日草、月季；高温下花色艳丽：荷花、矮牵牛、半枝莲

（续）

环境因子	标　准		知识要点
光照条件	光照强度的影响	喜光花卉	必须在全光照下生长，其光饱和点高，不能忍受庇荫，否则生长不良。万寿菊、矮牵牛、鸡冠花、百日草、菊花
		阴性花卉	庇荫度在 50%～80%,其光饱和点低，不能忍受强烈的直射光线。蕨类、兰科花卉、竹芋类、天南星
		中性花卉	介于喜光花卉和阴性花卉之间，它们在光充足和少量遮阴的环境下都能正常生长，对环境的适应能力更强。如紫罗兰、萱草、桔梗、紫茉莉、三色堇、香雪球
	光照长度的影响	长日照花卉	日照长度在 14～16h 促进成花或开花，短日照条件下不开花或延迟开花。如藿香蓟、福禄考、瓜叶菊、紫罗兰、金盏菊、天人菊
		短日照花卉	日照长度在 8～12h 促进成花或开花，长日照条件下不开花或延迟开花。如一品红、秋菊、蟹爪兰、长寿花、波斯菊、金光菊
		中性花卉	成花或开花过程不受日照长短的影响，大多数花卉属于此类。如凤仙花、一串红、香石竹、牡丹、月季、栀子、木槿
	光质的影响	红橙光	有利于碳水化合物的合成，加速长日照花卉的生长发育，延迟短日照花卉的发育
		蓝紫光	可抑制茎的伸长，使植株矮小，同时促进花青素的形成
		紫外线	可促进发芽，抑制徒长，促进种子发芽和果实成熟，促进花青素的形成
水分条件	依据花卉对水分需求的差异	湿生花卉	马蹄莲、龟背竹、黄菖蒲、海芋、再力花、蕨类、热带兰类和凤梨科的植物
		旱生花卉	仙人掌类、景天类、龙舌兰类
		中生花卉	矮牵牛、菊花、月季、木槿、茉莉、石榴
		水生花卉	荷花、睡莲、凤眼莲、王莲、香蒲、金鱼藻、萍蓬草
	土壤水分对花卉的影响	对花卉生长的影响	一般宿根花卉较一、二年生耐旱，球根花卉又次之
		对花卉发育的影响	土壤含水量影响花卉花芽的分化。花卉花芽分化要求有一定的水分供给，在此前提下，控制水分供给，可以控制一些花卉的营养生长，促进花芽分化，球根花卉表现明显
		对花色的影响	花卉在适当的细胞含水量下才能呈现出各自应有的色彩。一般缺水时花色变浓，水分充足时花色正常
	空气湿度对花卉生长发育的影响		一般花卉需要的空气相对湿度在 65%～70%,原产于热带雨林中的花卉对空气相对湿度较高，要求达到 80%,如兰花、蕨类、龟背竹等湿生花卉
	水质对花卉生长发育的影响		理想用水：pH 值适当、含盐量低、水温适中、溶氧量高、不含有害物质和病原菌
土壤条件	土壤质地	沙质土类	壤中含沙粒多，黏粒少，孔隙大，通透性强，排水好，保水保肥性差；有机质分解快，供肥性能好，但腐殖质含量少，后劲不足
		壤质土类	壤质土中沙粒、黏粒适中，水气协调，通透性、保水保肥性及供肥性均好，有机质含量多，土温比较稳定，适宜大多数花卉的生长，是比较理想的园林用土

（续）

环境因子	标	准	知识要点
土壤条件	土壤酸碱度与花卉的关系	黏质土类	土壤中含沙粒少，黏粒多，孔隙小，有机分解慢，易于积累贮存养分，保水保肥能力强，有后劲。对大多数花卉不适宜，主要用于和其他土类混合配制培养土
		喜酸性土壤花卉	这类花卉要求土壤pH值在4.0～6.5，如山茶、杜鹃花、米兰、栀子、棕榈、秋海棠、大岩桐、百合、彩叶草、八仙花、凤梨科花卉、兰科花卉、蕨类植物
		喜中性土壤花卉	这类花卉要求土壤pH值在6.5～7.5，如金盏菊、郁金香、水仙、风信子、四季报春、瓜叶菊、天竺葵、矮牵牛、香豌豆等
		喜碱性土壤花卉	这类花卉要求土壤pH值在7以上，如菊花、玫瑰、非洲菊、石竹、代代、香董、天门冬、夹竹桃等
	露地花卉对土壤的要求	一、二年生花卉	最适宜的土壤特征是表土层深厚，地下水位较高，干湿适中，有机质丰富
		宿根类花卉	这类花卉一般幼苗期喜腐殖质丰富的土壤，第二年以后喜黏质土壤
		球根类花卉	大多数适宜生长于富含腐殖质、排水良好的砂质土中。最为理想的类型是下层为排水良好的沙砾土，表层为深厚的沙质壤土
养分条件	大量元素		碳（C）、氢（H）、氧（O）、氮（N）、磷（P）、钾（K）、钙（Ca）、镁（Mg）、硫（S）
	微量元素		铁（Fe）、锰（Mn）、铜（Cu）、锌（Zn）、硼（B）、钼（Mo）、氯（Cl）
	花卉栽培常用的肥料	无机肥料	主要是指化学肥料。常见的有尿素、硫酸铵、硝酸铵、磷酸铵、硫酸钾、过磷酸钙、磷酸二氢钾、硫酸亚铁等
		有机肥料	凡是营养元素以有机化合物形式存在的肥料，均称为有机肥料，因含多种元素，故又称为完全肥料。其特点是种类多、来源广、养分完全
空气条件	空气对花卉生成发育的影响	氧气	空气中的含氧量约为21%，足够满足花卉呼吸作用的需要。在通常状况下，很少出现花卉地上部分缺氧的现象
		二氧化碳	通常空气中二氧化碳仅占0.03%左右，二氧化碳是花卉光合作用必需的原料，因此其含量直接影响花卉的生长发育
		氮气	氮气在空气中含量约为78%，大多数花卉不能直接利用空气中的氮素，只有固氮微生物和蓝绿藻可以吸收固定空气中氮
	空气污染对花卉生长发育的影响	二氧化硫	当空气中的二氧化硫浓度达到0.001%以上时，花卉就出现受害症状。抗性强花卉：丁香、山茶、桂花、苏铁、海桐、鱼尾葵
		氟化氢	抗性强花卉：连翘、棕榈、木槿、海桐、大丽花、万寿菊、秋海棠、倒挂金钟、牵牛花
		氯气	氯气对花卉的伤害比二氧化硫还要大，能很快破坏叶绿素，使叶片褪色脱落。抗性强花卉：万年青、朱蕉、唐菖蒲、千日红、大丽花、紫茉莉、翠菊、金盏菊、银边翠、大花牵牛
		臭氧	当大气中的臭氧达到0.1mg/kg，延续2～3h，花卉就会出现受害症状。抗性强植物：杜鹃花、唐菖蒲、薄荷

知识拓展

如何利用光照、温度条件调控花期

一、利用光照条件调控花期

长日照花卉在日照短的季节,用人工补充光照能提早开花,若给予短日照处理,即抑制开花;短日照花卉在日照长的季节,进行遮光短日照处理,能促进开花,若长期给予长日照处理,则抑制开花。但光照调节,应辅之以其他措施,才能达到预期的目的。如花卉的营养生长必须充实,枝条应接近开花的长度,腋芽和顶芽应充实饱满,在养护管理中应加强磷、钾肥的施用,防止徒长等。否则,对花芽的分化和花蕾的形成不利,难以成功。

1. 光周期处理的日长时数计算

植物光周期处理中,计算日长时数的方法与自然日长有所不同。每日日长的小时数应从日出前20min至日落后20min计算。例如,北京3月9日,日出至日落的自然日长为11h20min,加上日出前和日落后各20min,共为12h。即当做光周期处理时,北京3月9日的日长应为12h。

2. 长日照处理(延长明期法)

用加补人工光照的方法,延长每日连续光照的时数达到12h以上,可使长日照花卉在短日照季节开花。一般在日落后或日出前给以一定时间照明,但较多采用的是日落前做初夜照明。如冬季栽培的唐菖蒲,在日落之前加光,使每日有16h的光照,并结合加温,可使其在冬季或早春开花。用14~15h的光照,蒲包花也能提前开花。人工补光可采用荧光灯,悬挂在植株上方20cm处。30~50lx的光照强度就有日照效果,100lx有完全的日照作用。一般光照强度是能够充分满足的。

(1)唐菖蒲的长日照处理促成栽培技术　种球定植前,必须先打破休眠。其方法有

两种,第一种是低温处理:用3~5℃低温贮藏3~4周,然后移到20℃的条件下促根催芽。第二种是变温处理:先将种球置入35℃高温环境处理15d,再移入2~3℃低温环境处理20d即可定植。如需11~12月开花,8月上中旬排球定植,至11月应加盖塑料薄膜保温,并补充光照。如需春节供花,于9月定植,11月进行加温补光处理。通常种球贮藏在冷库之中,贮藏温度为1~5℃,周年生产可随用随取。每隔15~20d分批栽种,以保证周年均衡供花。唐菖蒲是典型的喜光花卉,只有在较强的光照条件下,才能健壮生长、正常开花,但冬季在温室、大棚内栽植易受光照不足的影响,如果在3叶期出现光照不足,就会导致花萎缩,产生盲花;如在5~7叶期发生光照不足,则少数花蕾萎缩,花朵数会减少。唐菖蒲属于长日照植物,秋冬栽培需要进行人工补光,通常要求每日光照时数14h以上。补光强度要求达到50~100lx,一个100W的白炽灯(加反射罩)具有光照显著效果的有效半径为2.23m。故补光时可每隔5~6m² 设一盏100W白炽灯,光源距植株顶部60~80cm,或设40W荧光灯,距植株顶部45cm。21:00至凌晨3:00加光,每天补光5h,即可取得较好效果。

(2)蒲包花在春节开花的促成栽培技术　8月间播种育苗,在预定开花日期之前100~120d定植。为了使其能在春节开花,从11月起每天太阳即将落山时就要进行人工照明,直至22:00左右,补光处理大约要经过6周。在促成栽培过程中,环境温度不宜超过25℃,当花芽分化后,应该使气温保持在10℃左右,经过4周,能够使植株花朵开得更好。

3. 短日照处理

在日出之后至日落之前利用黑色遮光物，如黑布、黑色塑料膜等对植物进行遮光处理，使白昼缩短、黑夜加长的方法称为短日照处理。主要用于短日照花卉在长日条件下开花。

通常17:00至第二天8:00为遮光时间，使花卉接受日照的时数控制在9~10h。一般遮光处理的天数为40~70d。遮光材料要密闭，不透光，防止低照度散光产生的破坏作用。短日照处理超过临界夜长小时数不宜过多，否则会影响植物正常光合作用，从而影响开花质量。

短日照处理以春季及早夏为宜，夏季做短日照处理，在覆盖下易出现高温危害或降低产花品质。为减轻短日处理可能带来的高温危害，应采用透气性覆盖材料；在日出前和日落前覆盖，夜间揭开覆盖物使之与自然夜温相近。

（1）菊花国庆节开花的促成栽培技术

要使秋菊提前至国庆节开花，宜选用早花或中花品种进行遮光处理。一般在7月底当植株长到一定高度（25~30cm）时，用黑色塑料薄膜覆盖，每天日照9~10h，以5:00到第二天8:30效果为佳。早花品种遮光约50d可见花蕾露色，中花品种约60d，在花蕾接近开放显色时停止遮光。处理时温度不宜超过30℃，否则开花不整齐，甚至不能形成花芽。

（2）三角梅（九重葛叶子花）国庆节开花的促成栽培技术

三角梅是典型的短日照植物，自然花期为11月~翌年6月，其花期控制主要通过遮光处理予以实现。通常在中秋节前70~75d对植株进行遮光，具体时间是每天16:00至第二天8:00，约处理60d后，三角梅的花期诱导基本完成。如果其苞片已变色，即使停止遮光也不会影响其正常开花。在遮光处理过程中，要注意通风，尽量降低环境温度，防止温度过高给植株的发育造成不良影响。

4. 暗中断法

暗中断法也称"夜中断法"或"午夜照明法"。在自然长夜的中期（午夜）给予一定时间的照明，将长夜隔断，使连续的暗期短于该植物的临界暗期小时数。通常晚夏、初秋和早春夜中断，照明小时数为1~2h；冬季照明小时数多，3~4h。如短日照植物在短日照季节，形成花蕾开花，但在午夜1:00~2:00给以加光2h，把一个长夜分开成两个短夜，破坏了短日照的作用，就能阻止短日植物开花。用作中断黑夜的光照，以具有红光的白炽灯为好。

5. 光暗颠倒处理

采用白天遮光、夜间光照的方法，可使在夜间开花的花卉在白天开放，并可使花期延长2~3d。如昙花的花期控制，主要通过颠倒昼夜的光周期来进行处理，在昙花的花蕾长约5cm的时候，每天6:00~20:00用遮光罩把阳光遮住，从20:00至第二天早上6:00，用白炽灯进行照明，经过1周左右的处理后，昙花已基本适应了人工改变的光照环境，就能在白天开放，并且可以延长花期。

6. 全黑暗处理

一些球根花卉要提早开花，除其他条件必须符合其开花要求外，还可将球根盆栽后，在将要萌动时，进行全黑暗处理40~50d，然后进行正常栽培养护。此法多于冬季在温室进行，解除黑暗后，很快就可以开花，如朱顶红可进行这种处理。

二、利用温度条件调控花期

1. 增温处理

（1）促进开花

多数花卉在冬季加温后都能提前开花，如温室花卉中的瓜叶菊、大岩桐等。对花芽已经形成而正在越冬休眠的种类，如春季开花的露地木本花卉杜鹃花、牡丹等，以及一些春季开花的秋播草本花卉和宿根花卉，由于冬季温度较低而处于休眠状态，自然开花需待翌年春季。若移入温室给予较高的温度（20～25℃），并经常喷雾，增加湿度（空气相对湿度在80%以上），就能提前开花。

（2）延长花期

有些花卉在适合的温度下，有不断生长、连续开花的习性。但在秋、冬季节气温降低时，就要停止生长和开花。若在停止生长之前及时地移进温室，使其不受低温影响，提供继续生长发育的条件，常可连续不断地开花。例如，要使非洲菊、茉莉花、大丽花、美人蕉等在秋、初冬期间连续开花就要早做准备，在温度下降之前，及时加温、施肥、修剪，否则一旦气温降低影响生长后，再增加温度则来不及。

2. 降温处理

（1）延长休眠期以推迟开花

耐寒花木在早春气温上升之前，趁还在休眠状态时，将其移入冷室中，使之继续休眠而延迟开花。冷室温度一般以1～3℃为宜，不耐寒花卉可略高一些。品种以晚花种为好，送冷室前要施足肥料。这种处理适于耐寒、耐阴的宿根花卉、球根花卉及木本花卉，但因留在冷室的时间较长，因而植物的种类、自身健壮程度、室内的温度和光照及土壤的干湿度都是成败的重要问题。在处理期间土壤水分管理要得当，不能忽干忽湿，每隔几天要检查干湿度；室内要有适度的光照，每天开灯几小时。至于花卉在冷室中的贮藏时间，要根据计划开花的日期、植物的种类与气候条件，推算出低温后培养至开花所需的天数，从而决定停止低温处理的日期。处理完毕出室的管理也很重要，要放在避风、蔽日、凉爽的地方，逐步增温、加光、浇水、施肥、细心养护，使之渐渐复苏。

（2）减缓生长以延迟开花

较低的温度能延缓植物的新陈代谢，延迟开花。这种处理大多用在含苞待放或初开的花卉上，如菊花、天竺葵、八仙花、瓜叶菊、唐菖蒲、月季、水仙等。处理的温度也因植物种类而异。例如，家庭水养水仙，人们往往想让其在元旦、春节盛开，以增添节日的气氛。虽然可以凭经验分别提前40～50d处理水仙，但是一般都不易适时盛开。为了让水仙在预定的日子准时开花，可在计划前5～7d仔细观察水仙花蕾总苞片内的顶花，如已膨大欲顶破总苞，就应把它放在1～4℃的冷凉地方，一直到节日前1～2d再放回室温15～18℃的环境中，就能使其适时开放。如发现花蕾较小，估计到节日开不了，可以放在温度20℃以上的地方，盆内浇15～20℃的温水，夜间补以60～100W灯泡的光照，就能准时开花。

（3）降温避暑

很多原产于夏季凉爽地区的花卉，在适当的温度下，能不断地生长、开花，但遇到酷暑，就停止生长，不再开花。例如，仙客来和倒挂金钟在适于开花的季节花期很长，如能在6～9月间降低温度，使温度在28℃以下，植株继续处于生长状态，它们也会不停地开花。

（4）进行春化处理提早开花

改秋播为春播的草花，欲使其在当年开花，可用低温处理萌动的种子或幼苗，使之通过春化作用在当年就可开花，适宜的温度为0～5℃。

此外秋植球根花卉若提前开花，也需要先经过低温处理；桃等花木需要经过0℃的人为低温，强迫其经过休眠阶段后才能开花。

3. 变温处理

变温法催延花期，一般可以控制较长的时期。此方法多用于在一年中的元旦、春节、"五一"、"十一"等重大节日的用花上，具体做法是将已形成花芽的花木先用低温使其休眠，原则上要求既不让花芽萌动，又不使花芽受冻。如果是热带、亚热带花卉，给予2～5℃的温度，温带木本落叶花卉则给予-2～0℃的温度。到计划开花日期前约1个月，放到（逐渐增温）15～25℃的室温条件下养护管理。花蕾含苞待放时，为了加速开花，可将温度增至约 25℃。如此管理，一般花卉都能预期开花。

梅花元旦、春节开花的控温处理，可在元旦前 1 个月移到 4℃ 的室内养护，到节前 10～15d 再移到阳光充足、室内温度约 10℃ 的温室，然后根据花蕾绽放的程度决定加温与否，如果估计赶不上节日开花，可逐渐加温至 20℃ 来促花。牡丹的催花稍复杂些，因牡丹的品种很多，一般春节用花，应选择容易催花的品种来催花，其加温促花需经 3～4 个变温阶段，需 50～60d。促花前先将盆栽牡丹浇一次透水，然后移入 15～25℃ 的中温温室；至花蕾长到约 2cm 时，加温至 17～18℃，此时应控制浇水，并给予较好的光照；第三次加温是在花蕾继续膨大呈现出绿色时，温度增加到 20℃ 以上，此时因室温较高，可浇一次透水以促进叶片生长，为了防止叶片徒长和盆土过湿，应勤观察花与叶的生长情况，注意控水；最后一个阶段是在节前 5～6d，主要是看花蕾绽蕾程度，如估计开花时间拖后，可再增温至 25～35℃ 促其开花。如果花期提前，可将初开盆花移入 15℃ 左右的中低温弱光照的地方暂存。

在自然界生长的花木，大多是春华秋实，要想让花木改变花期，推迟到国庆节开放，也需要采用改变温度的方法来控制花期。具体做法是将已形成花芽的花木，在 2 月下旬至 3 月上旬，在叶、花芽萌动前就放到低温环境中，强制其进行较长时间的休眠。一般原产于热带、亚热带的花木温度控制在 2～5℃，原产于温带、寒带的花木控制在 -2～0℃。到计划开花日期前约 1 个月，移到 15～25℃ 的环境中栽培管理，很多种花卉都能在国庆节时开放。如草本花卉中的芍药、荷包牡丹，木本花卉中的樱花、榆叶梅、丁香、连翘、锦带、碧桃、金银花等都能这样处理。

 自主学习资源库

1. 中国花卉网：http://www.china-flower.com.
2. 365 农业网：http://flower.ag365.com.
3. 园艺花卉网：http://www.yyhh.com.

 自测题

1. 影响花卉生长发育的环境因子有哪些？
2. 根据不同花卉对温度的要求可将花卉分为哪几种类型？举例说明。
3. 依据花卉对水分要求的不同可将花卉分为哪几种类型？举例说明。
4. 依据花卉对光照强度的要求不同可将花卉分为哪几种类型？举例说明。
5. 如果你在火力发电厂厂区或附近进行园林绿化工程，在花卉应用方面要注意哪些问题？

单元 4
园林花卉的应用

学习目标

【知识目标】

（1）了解花卉应用中花台、花钵、篱垣与棚架、混合花坛、专类花园、低维护花园、瓶景、室内花园、花圈、佩花的花卉设计形式。

（2）熟悉运用花卉设计的标题式花坛、立体造型花坛、吊篮、组合立体装饰体、花篮、花环。

（3）掌握花丛、花丛式花坛、模纹花坛、花境、盆花布置、组合盆栽、吊篮、花束及插花等花卉设计的形式特点。

【技能目标】

（1）能理解室内、外园林花卉的应用形式。

（2）能依据不同环境特点选择适宜的花卉应用形式。

（3）能运用插花艺术，依据花卉的文化内涵在适宜的场合应用不同的插花作品。

    如图 4-1 所示，假如把景观中的花卉全部拿走，感官效果如何？仅剩呆板的建筑、道路和水景，这样的景观缺少"灵魂"和"血液"，由此可知花卉在园林中是不可缺少的要素。园林花卉有哪些应用形式呢？

图 4-1　园林景观

4.1 园林花卉的地栽应用

园林花卉的地栽应用主要以花丛、花坛、花境、花台、花钵、花带等应用形式构建空间（图4-2）。其植物选材及空间形式各具特色。

花丛花坛　　　　　　　　　　　　花　钵

花　台　　　　　　　　　　　　自然式带状栽培

昆明世博园世纪花坛　　　　　　　组合立体装饰体

花　架　　　　　　　　　　　　婚礼场景装饰

图 4-2　花卉布置实景

4.1.1 花丛

花丛属自然式花卉配置形式，注重表现植物开花时的色彩或彩叶植物美丽的叶色，是花卉应用最广泛的形式。花丛是指将数目不等、高矮及冠幅大小不同的花卉植株组合成丛，种植在适宜的园林空间的一种自然式花卉种植形式。花丛可大可小，适宜布置于自然式园林环境，也可点缀于建筑周围或广场一角。

花丛的植物材料选择，应以适应性强、栽培管理简单，且能露地越冬的宿根和球根花卉为主，既可观花，也可观叶，或花叶兼备，如芍药、玉簪、萱草、鸢尾、百合等。栽培管理简单的一、二年生花卉或野生花卉也可以用作花丛。

花丛内的花卉种类应有主有次，不能太多；在混合种植时，不同花卉种类要高矮有别、疏密有致、富有层次。花丛设计避免大小相等、等距排列、种类太多、配置无序。

4.1.2 花坛

花坛是指在具有几何形状轮廓的植床内种植各种不同色彩的花卉，运用花卉的群体效果来体现图案纹样，以及观赏盛花时景观的一种花卉应用形式，以突出鲜艳的色彩或精美华丽的纹样来体现其装饰效果。

花坛属于规则式种植设计形式，一般具有几何形状的栽植床，因此，多用于规则式园林构图中，着重表现花卉组成的平面图案纹样或华丽的色彩美，而不表现花卉个体的形态美。花坛需随季节更换材料，保证最佳的景观效果。也可运用全年具有观赏价值、生长缓慢、耐修剪的多年生花卉及木本纹样组成花坛。

花坛因表现内容不同，可分为花丛式花坛（盛花花坛）、模纹花坛、标题式花坛、立体造型花坛、混合型花坛等。

（1）花丛式花坛（盛花花坛）

花丛式花坛表现观花的草本花卉盛开时群体的色彩及优美的图案。根据其平面长和宽的比例不同，又分为花丛花坛（花坛平面长宽之比为 1～3）和带状花丛花坛（花坛的宽度超过 1m，且长宽之比为 3～4 甚至更多，或称作花带）。花缘（宽度不超过 1m，长宽之比超过 4 的狭长带状花丛花坛）一般由单一品种组成，内部设有图案纹样。

花丛式花坛主要由观花的一、二年生花卉和球根花卉组成，也可以使用开花繁茂的宿根花卉。要求花卉的株丛紧密、整齐；开花繁茂，花色鲜明艳丽，花序呈平面开展，开花时见花不见叶，高矮一致；花期长而一致。如一、二年生花卉中的三色堇、万寿菊、雏菊、百日草、金盏菊、翠菊、金鱼草、紫罗兰、一串红、鸡冠花等；宿根花卉中的小菊类、荷兰菊、鸢尾类等；球根花卉中的郁金香、风信子、美人蕉、大丽花的小花品种等都可以用作花丛花坛的布置。

（2）模纹花坛

模纹花坛指选择观叶或花叶兼美的植物所组成的精制的图案纹样。因其纹样及植物材料不同而获得的景观效果不同。毛毡花坛（用低矮的观叶植物组成的装饰图案）的表面修剪平整如地毯。浮雕花坛则通过修剪或配置高度不同的植物材料，形成表面凹凸分明的浮雕纹样效果。

不同种类的花坛中，模纹花坛和立体造型花坛需长时期维持图案纹样的清晰和稳定，

因此应选择生长缓慢的多年生植物（草本、木本均可），且以植物低矮、分枝密、发枝强、耐修剪、枝叶细小的种类为宜，植株高度最好低于10cm。尤其是毛毡花坛，以观赏期长的五色苋类等观叶植物最为理想，花期长的四季秋海棠、凤仙类等也是很好的选材；另外也可以选用株型紧密低矮的景天类（*Sedum* spp.）、孔雀草、细叶百日草（*Zinnia linearis*）等。

（3）标题式花坛

标题式花坛指用植物组成具有明确的主题思想的图案，分为文字花坛、肖像花坛、象征性图案花坛等。一般设置为适宜的斜面以便于观赏。

（4）立体造型花坛

立体造型花坛是将枝叶细密的植物材料种植于立体造型骨架上的一种花卉立体装饰形式，常表现为花篮、花瓶、各种动物造型、各种几何造型、建筑或抽象式的立体造型等。常用五色苋、石莲花等耐旱、多肉花卉以及四季秋海棠等枝叶细密且耐修剪的植物种类。

（5）混合型花坛

混合型花坛指将不同类型的花坛组合（如平面花坛与立体造型花坛结合），以及花坛与水景、雕塑结合而形成的综合花坛景观形式。

（6）花台

花台也称为高设花坛，是将花卉种植在高出地面的台座上形成的花卉景观形式。花台一般面积较小，台座的高度多在40～60cm，多设于广场、庭院、阶旁、出入口两边、墙下、窗户下等处。

花台按形式可分为自然式与规则式。规则式花台有圆形、椭圆形、正方形、长方形等几何形状，结合布置各种雕塑以强调花台的主题。自然式花台结合环境与地形，常布置于中国传统的自然园林中，形式较为灵活。

花台的植物选择可以根据花台的形状、大小及所处的环境来确定。规则式及组合式花台常种植一些花色鲜艳、株高整齐、花期一致的草本花卉，如鸡冠花、万寿菊、一串红、郁金香、水仙等；也可种植低矮、花期长、开花繁密及花色鲜艳的灌木，如月季、天竺葵等。常绿观叶植物或彩叶植物的配置，如麦冬类、铺地柏、南天竹、'金叶'女贞等，能维持花台周年具有良好的景观。自然式花台多采用不规则的配置形式，花灌木和宿根花卉最为常用，如兰花、芍药、玉簪、书带草、麦冬、牡丹、南天竹、迎春、梅、五针松、红枫、山茶、杜鹃花以及竹子等，可形成富于变化的视觉效果。

（7）其他花坛形式

花坛依其平面位置不同可分为平面花坛、斜坡花坛、高设花坛（花台）及俯视花坛等；因功能不同又可分为观赏花坛（包括纹样花坛、装饰物花坛及水景花坛等）、主题花坛、标记花坛（包括标志、标牌及标语等）及基础装饰花坛（包括雕塑、建筑及墙基装饰）等；根据花坛所使用的植物材料不同可将其分为一、二年生花卉花坛，球根花卉花坛，宿根花卉花坛，五色花草坛，常绿灌木花坛，混合式花坛等；根据花坛所用植物观赏期的长短不同还可将其分为永久性花坛、半永久性花坛及季节性花坛。

花坛镶边植物、花缘植物选择低矮、株丛紧密、开花繁茂或枝叶茂盛的种类，略匍匐或下垂更佳，保证花坛的整体美，如半枝莲、雏菊、三色堇、垂盆草（*Sedum sarmentosum*）、香雪球（*Lobularia maritima*）、银叶菊等。

4.1.3　花境

花境是模拟野外林缘花卉的自然生长形式，以多年生宿根花卉及矮花灌木为主的半自然式花卉种植形式，以表现植物个体所特有的自然美及其自然组合的群落美为主题。具有一次设计种植，可多年使用，全年 2～4 季有景的特点。

花境的种植床两边的边缘是平行的直线或是遵循几何轨迹的曲线，花境种植床的边缘通常要求有低矮的镶边植物或边缘石。单面观赏的花境通常规则式种植，有背景，常用于装饰围墙、绿篱、树墙等。花境内部的植物配置是自然式和斑块式混交，一般约 20m 为一组花丛，可以重复。每组花丛由 5～10 种花卉组成，每种花卉集中栽植。花境主要表现花卉群丛平面和立面的自然美，是纵向和水平方向交织的视觉效果，平面上的不同种类是块状混交，立面上则高低错落，既表现植物个体的自然美，又表现植物自然组合的群落美。花境内部的植物配置有季相变化，四季（或三季）观赏，每季有 3～4 种花作为主基调开放，形成季相景观。

根据观赏环境与方位不同，花境又可分为单面观赏花境（前低后高）、双面观赏花境（中间高两侧低）、对应式花境（道路两侧左右列式相对应的两个花境，多用拟对称方法）等。依花境所用植物材料特点不同又可分为灌木花境、宿根花卉花境、球根花卉花境、专类植物花境（由一类或一种植物组成的花境）、混合花境（由灌木和耐寒性强的多年生花卉组成）等。其中，混合花境与宿根花卉花境是园林中最常见的花境类型。

一般花境的短轴（宽）便于管理的适宜尺度，如单面观混合花境为 4～5m，单面观宿根花卉花境 2～3m，双面观宿根花卉花境 4～6m。在家庭小花园中，花境可设置 1～1.5m，一般不超过院宽的 1/4。花境边缘可用自然的石块、砖头、碎瓦、木条等垒砌而成，或用低矮植物镶边，以 15～20cm 高为宜。花境前面为园路时用草坪带镶边，宽度至少 30cm。要求花境边缘分明、整齐。还可以在花境边缘与环境分界处 40～50cm 深的范围内以金属或塑料板隔离，防止边缘植物侵蔓路面或草坪。要求花境植物的开花期长或花叶兼美，种类的组合上则考虑立面与平面构图相结合，株高、株形、花序形态等变化丰富，由水平与竖直线条交错，从而形成高低错落有致的景观。花境种类构成还需色彩丰富，质地有异，花期具有连续性和季相变化，从而使整个花境的花卉在生长期次第开放，形成优美的群落景观。

宿根花卉适当选用球根及一、二年生花卉，使得色彩更加丰富，巧妙利用不同花色来创造景观效果。如把冷色调占优势的植物群放在花境后部，在视觉上有加大花境深度、增加宽度之感。花境的夏季景观应使用冷色调的蓝、紫色系花卉，以给人带来凉意；而早春或秋天应使用暖色调的红、橙色系花卉，可给人以暖意。花境色彩设计常用单色系设计、类似色设计、补色设计、多色设计等。设计中根据花境大小选择色彩数量，避免在较小的花境上使用过多的色彩而产生杂乱感。应当列出各个季节或月份的代表花卉种类，在平面种植设计时考虑同一季节不同的花色、株形等，合理地布置于花境各处，如此使花境中开花植物连续不断，以保证各季的观赏效果。

4.1.4　篱垣与棚架

篱垣是指用竹、木等材料做成的墙垣；棚架是用竹、木和铅丝等搭成的架。在现代园林绿地中，多用水泥构建成棚架或花架来美化庭院。

篱垣及棚架绿化，植物材料丰富，设计形式多样，可作园林一景，又有分割空间的作用。所用的攀缘性、蔓性、藤本植物花卉生长迅速，能很快起到绿化效果。在篱垣和拱门上常利用一些花叶密集的宿根花卉或缠绕性植物作垂直绿化，也可垂吊盆栽蔓性花卉，如牵牛花、茑萝、矮牵牛、美女樱、常春藤、落葵等。棚架多用木质藤本和挂果多的植物，如紫藤、葡萄、猕猴桃、常春油麻藤、炮仗花等，经多年生长具有观花观果的效果，同时又兼有遮阴降温的功能。

4.1.5 花卉专类园

专类园是在一定范围内种植同一类观赏植物供游赏、科学研究或科学普及的园地。一些植物变种、品种繁多并有特殊的观赏性和生态习性，其观赏期、栽培技术条件比较接近，管理方便，宜集中于一园专门展示，方便游人饱览其精华。

专类园设于植物园、公园内部，或以公共绿地性质独立设置的以既定主题为内容的花园，即在某一园区以同一类观赏植物进行植物景观设计的园地。目前应用较普遍的各种专类园其在植物学上虽然不一定有相近的亲缘关系，却具有相似的生态习性或形态特征，以及需要相近的特殊栽培条件，如水景园、岩石园、蕨类植物专类园、仙人掌及多浆植物专类园、高山植物专类园、药用植物专类园、观赏果蔬专类园等。也可将植物分类学或栽培学上同一分类单位（如科、属或栽培品种群）的花卉按照它们的生态习性、花期早晚、植株高低以及色彩上的差异等进行种植设计，在一个园中形成专类花园，常见的有木兰园、棕榈园（同一科）、丁香园、鸢尾园、秋海棠园、山茶园、杜鹃花园（同一属）、牡丹园、菊园、梅园（同一种的栽培品种）等。根据特定的观赏特点布置的主题花园，有芳香园、彩叶园（彩色植物专类园）、百花园、冬园、观果园（观果植物专类园）、四季花园（以四季开花为主题）等。

4.1.6 低维护花园

选择适宜当地气候、土壤条件以及花园中光照条件的植物种类，尤其是抗逆性包括抗寒、抗旱、抗贫瘠、抗病虫害较强的乡土植物，是低维护性花卉应用最重要的内容。而且还需尽量选择低矮并生长缓慢的植物，这样可以减少对植物的越冬保护、灌溉施肥、病虫害防治以及修剪等方面的日常养护管理工作，即顺其自然而不是对抗和改变自然。以粗放管理的灌木和多年生花卉的花丛、花境等代替传统的花坛，可避免精细的管理。

4.2 园林花卉的盆栽应用

盆栽花卉是环境装饰的基本材料，具有布置灵活多样，更换随意、挪动方便，种类繁多，观赏期长，观赏效果好，适用范围广泛，四季都有开花的种类，花期容易调控，可满足重大节日和临时性重大活动的用花等应用特点。

4.2.1 盆栽花卉的室外应用

盆栽花卉的室外装饰应用形式主要有盆花布置、吊篮与壁篮、花钵、花球、花柱、花树、花船、花塔等多种形式。

（1）盆花布置

盆花是运用花盆进行花卉栽培的一种方式。因其具有搬移灵活、便于管理、容易调控、花色多样和花期较长等特点，现广泛运用于节日庆典、庭院美化以及开业庆典等方面。根据花卉的生态习性和应用目的，合理地将盆花陈设、摆放。

（2）吊篮与壁篮

吊篮是将花卉栽培于容器中吊于空中或挂置于墙壁上的应用方式。悬吊装饰不仅节省地面空间，形式灵活，还可以形成优美的立体植物景观。其形状多为半球形或球形，是从各个角度展现花材立体美的一种花卉装饰形式。多用金属、塑料或木材等制成网篮，或以玻璃钢、陶土制成花盆式吊篮，广泛应用于门厅、墙壁、街头、广场以及其他空间狭小的地方，因其花卉鲜艳的色彩或观叶植物奇特的悬垂效果成为点缀环境的重要手法。

吊篮侧面宜配置瀑布式植物，如直立天竺葵、波浪系列矮牵牛、常春藤等，易于形成球形效果；中间栽植直立式植物，如直立矮牵牛、长寿花、凤仙花、丽格秋海棠等，突出色彩主题。根据植物的种类和生长习性，25cm 吊篮可配置植物 4～6 株，20cm 吊篮可配置植物 2～3 株，而 15cm 吊篮只能栽植 1～2 株株型较小的植物。

壁篮是固定于墙面的一种悬吊形式。通常是在一侧平直可固定于墙面的壁盆或壁篮中栽植观叶、观花等各种适于悬吊观赏的花卉，固定于墙面、门扉、门柱等处。用于壁挂装饰的容器要求比较轻巧，通常用木质、金属网、竹器、塑料制品等，造型上可以是方形、半球形、半圆形等，固定时要使盆壁与墙面紧贴，不能前倾，否则既不安全也不美观。

（3）花钵

花钵是传统盆栽花卉的改良形式，使花卉与容器融为一体，具有艺术性与空间雕塑感，是近年来普遍使用的一种花卉装饰手法。花钵的构成材料多样，可分为固定式和移动式两大类。除单层花钵以外，还有复层式花钵形式，可通过精心组合与搭配而运用于不同风格的环境中。大型花钵主要采用玻璃钢材质，强度高；外表可以为白色光滑弧面，也可以是仿铜面、仿大理石面；性状、规格丰富多彩，因需求而异。花钵主要用于公园、广场、街道的美化装饰和丰富常规花坛的造型等。

花钵中栽植直立植物，如直立矮牵牛、百日草、长寿花、凤仙花、三色堇、丽格秋海棠、彩叶草等颜色鲜艳的种类，以突出色彩主题；靠外侧宜栽植下垂式植物，使枝条垂蔓而形成立体的效果，也可栽植银叶菊等浅色植物，以衬托中部的色彩。

（4）组合立体装饰体

这种形式包括花球、花柱、花树、花船、花塔等造型组合体。这些组合属于立体花坛，是近年发展起来的一种集材料、工艺与环境艺术为一体的先进装饰手段，故单独列出介绍。组合装饰多以钵床、卡盆等为基本组合单位，结合先进的灌溉系统，进行造型外观效果的设计与栽植组合，装饰手法灵活方便，具有新颖别致的观赏效果，是最能体现设计者的创造力与想象力的一种花卉设计形式。其中，花塔是由从下到上半径递减的圆形种植槽组合而成，除了底层有底面外，其余各层皆通透，形成立体塔形结构，也可以说是花钵的一种组合变异体。其上部可设计挂钩以便于在圃地栽植完成后整体运输至装饰地点。

花塔种植槽内部空间大，可以装载足够的生长基质，从而保证植物根系获取充足的养分，并减少水分的散失。因此可栽植的植物种类十分广泛，一、二年生花卉，宿根花卉及各种观花，观叶的灌木或垂蔓性植物材料均可。

4.2.2 盆栽花卉的室内装饰

盆栽花卉的室内装饰应用形式已发展为单独盆栽、组合盆栽、迷你花园、瓶景、箱景、无土水栽、无土粒石栽培、悬吊栽培、绿雕、盆景、艺栽等多种艺术栽培形式。

（1）盆栽单株花卉

树冠轮廓清晰或具有特殊株型的室内花卉，以盆栽单株花卉的方式布置美化环境，成为室内空间局部的焦点或分隔空间的主要方式。单株盆栽植物不仅应具有较高的观赏价值，布置时还需考虑植物的体量、色彩和造型，与所装饰的环境空间相适宜。

单株盆栽植物常作为空间的焦点，因此对容器的要求较高。目前生产上主要使用各种简易塑料制品的花盆，其质轻，规格齐全，便于运输，但是直接用于室内布置则显不雅。因此，通常在出售前或消费者购买后将植物定植到各种质地、色彩和造型的装饰用容器中。用于室内花卉布置的装饰性容器种类繁多，有陶器、塑料、木制品、玻璃纤维、藤制品、金属制品或玻璃等，颜色也各不相同；容器的形状多为几何图形，如高低、直径不等的圆形，或长、宽、高不同的方形等。室内植物设计选择容器的原则应是首先选择容器的大小、结构能满足不同植物的生长需要，并根据室内环境的设计风格选择适宜的颜色、质地、造型。容器不应喧宾夺主，而应力求质朴、简洁，并能最大限度地衬托植物并与室内总体景观相协调。为了便于复壮及更换植物，布置盆栽花卉时常常直接使用栽培容器，再在外侧使用装饰性套盆。套盆底部通常不具备排水孔，浇水后多余的水分直接流入套盆，也便于维持土壤水分和增加局部小环境的空气相对湿度，因此常用于喜湿植物。

（2）组合盆栽

由于单一品种的盆栽过于单调，满足不了室内花卉设计的需求，一种富于变化的盆栽方式——组合盆栽应运而生。组合栽培是指将一种或多种花卉根据其色彩、株形等特点，经过一定的构图设计，将数株集中栽植于容器中的花卉装饰技艺。可以说组合盆栽是特定空间和尺度内的植物配置，也是对传统艺栽的进一步发展。组合盆栽不仅可以展现某一种花卉的观赏特点，更能显示不同花卉配置的群体美。不同植物相互配合，可以使其观赏特征互为补充。如用低矮、茂盛的植物遮掩其他种类分枝少、花莛高、下部不饱满的欠缺，也可以花、叶互衬或花、果相映，形成一组观赏价值更高的微型景观。组合盆栽由于体量不一、形式多样、趣味性强而广受欢迎，不仅可用于馈赠、家居及会场、办公场所等的美化，也广泛应用于橱窗等商业空间的装饰美化。

各种时令性花卉以及用于室内观赏的各种多年生或木本花卉都可以用于组合盆栽的设计。根据作品的用途、装饰环境的特点等，应选择合适的植物种类。

（3）瓶景及箱景

瓶景及箱景是经过艺术构思，在透明、封闭的玻璃瓶或玻璃箱内构筑简单地形，配置喜湿、耐阴的低矮植物，并点缀石子及其他配件，表现田园风光或山野情趣的一种趣味栽培形式。前者为瓶景，后者为箱景，又统称为"瓶中花园"或"袖珍花园"。

瓶景的设计首先应确定所要表现的内容与主题，进而确定其风格与形式，在此前提下选择容器的性状、植物的种类、配件及栽培基质、栽培方式等。封闭式瓶景应选择适宜的瓶器和植物素材，注意瓶器与植物、配件、山石的比例关系以及植物生长的速度等，使构图在一定观赏期内保持均衡统一。在色彩上应综合考虑装饰物及植物素材等各种相关要素的协调性。开口式瓶器栽培则在植物选材及表现形式等方面有着更为广阔的空间，这种瓶器栽培方式也属组合栽培的范畴，同样需要考虑配置在一起的植物习性。瓶景的摆放应注意与室内空间环境协调。

（4）室内花园

室内花园是以地栽为主的综合性室内植物景观。因建筑功能以及室内植物景观设计的目的不同，室内植物布置一般可分为以植物造景为主的花园式布置（室内花园）和将植物作为点缀的装饰性布置方式。以植物为主体的设计，其目的在于创造具有显著环境效益及游憩功能的室内绿色空间，绿色植物是室内空间的主导要素。这种形式在建筑设计时即考虑了植物的景观及对环境的需求，主要用于展览温室，有采光条件的宾馆、酒店、购物中心、车站、机场等公共建筑的共享空间。而将室内植物作为点缀的装饰性设计，主要应用于各种面积较小或没有良好的专用采光设施的室内空间，如私有的居住空间、办公室、会议室等。这些建筑空间强调特定的使用功能，植物在室内空间成为柔化僵硬建筑和家具线条，点缀和美化环境，营造空间的亲和性与生机的重要元素，也是空间色彩及立体构成的重要内容。

室内花园共享空间通常人流量较大，植物的应用不仅要有环境效益，而且要满足游人休息和游憩的需要。因此，这类空间通常面积较大，具有良好的采光条件，植物的应用多以室内花园的形式构筑景观。共享空间的花卉应用应遵循以人为本的原则，根据实际条件，为人流提供足够的活动和休息空间。综合考虑植物、室内水景、山石及小品、灯光、地面铺装等各种要素，并以植物为主进行景观设计。

室内花园通常采取群植的方式形成大小不等的室内人工群落，有利于栽培管理，并形成局部空气相对湿度较大的小环境以利于植物生长。面积较大的室内共享空间还可以将许多室外园林花卉布置的形式如花坛、花台、花架等进行植物与室内墙壁及柱子的结合等，并结合各种形式的容器栽植，形成平面构图上点、线、面合理分布，竖向空间高低错落，从而构成丰富的室内植物景观。同时，在植物的体量、数量、色彩等方面应主次分明，以获得室内空间构图的多样统一。

4.3　园林花卉的切花应用

4.3.1　鲜切花的应用特点

鲜切花是指从活体花卉植株上剪切下来的具有观赏价值的枝、叶、花、果等的总称。根据切取的花卉材料器官特征，可将鲜切花分为切花类、切叶类、切枝类、切果类 4 类。其特点如下：

（1）离体，不带根，寿命短

鲜切花剪切后脱离母体，失去根压，而本身仍然在蒸腾失水，寿命有限，所以从栽培到采后运输过程中一直要考虑延长寿命的问题。

（2）应用广泛，比较接近群众生活

鲜花以其姿态万千的风采，争奇斗艳的气韵，给人们以美的享受。如各种会议场所、礼宾仪式、婚丧喜庆、娱乐餐饮及生活中各类房间的装饰美化等。在外交场合，无论政要会晤、外事谈判，还是商务往来，都少不了插花点缀；运动员取得优异成绩时，除了授予其奖章、奖杯外，还会送上一束鲜花祝贺；现代婚礼中，从迎亲的彩车到新房的布置，从新娘的头饰到手中的捧花，处处离不了花；情人约会、亲友互访时鲜花又成了感情的桥梁和友谊的象征；甚至在悼念和缅怀的时刻，人们也会借助鲜花，用无声的语言表达敬仰和思念。

（3）可视性强，有较高的观赏价值

鲜切花清新鲜美、润泽水灵、色香宜人，观赏价值较高。

（4）种类丰富，富于变化

鲜切花应用可随季节变化，因地制宜，因时而动。如夏天多用冷色调花卉，而冬天宜选用暖色调花卉。

（5）价格较高，包装、贮运简便

鲜切花为一次性消费商品，价格相对较高。其包装、贮藏和运输相对简便。

4.3.2　鲜切花的应用形式

（1）花束

花束是将3～5枝或更多的花枝包扎成束把状的一种鲜切花制品，具有绿叶和鲜艳的花朵。可分为单面观和四面观两大类，单面观花束可以做成扇形、狭长形等；四面观花束可以做成半球形、锥形、下垂形等。

花束在插作时不需盛载容器，只需用包装纸或礼盒、丝带等装饰即可，所以插作简便、快速且携带方便，是很受欢迎的一种礼仪插花，普遍应用于各类社交活动中，如迎接宾客、探亲访友、婚丧婚嫁、恭祝新禧、颁奖典礼等场合。

（2）花篮

花篮是以各种篮子作为插花容器，对鲜切花进行艺术的加工、设计、创作，制成具有一定表现形式和用途的鲜切花制品。花篮分四面观和单面观两大类，四面观的花篮可以做成圆形、半球形、塔形、放射形等；单面观的花篮可以做成扇形、三角形、新月形等。

花篮携带方便，易于摆置，使用寿命相对较长，用途广泛。大型花篮常用于室外活动场所布置，如开业庆典、周年志庆等；对于室内活动场所，如会场布置、婚礼殿堂、殡仪场馆等，所用花篮大小依据放置位置而定，做到与环境协调一致，可以营造气氛。

（3）花环

花环是指将花用铅丝或丝带串在一起成一圆环，或把花紧密插于圆形底座上，装饰人体或装饰桌面（或墙面）的鲜切制品。

在盛大的欢迎仪式上，人们往往会为贵宾佩戴花环表达对宾客的尊重；颁奖典礼上，为获奖者佩戴花环表示祝贺；在盛大节日里可以用花环挂在门上、墙上或放在餐桌中央，烘托节日气氛。

（4）花圈

花圈是专用于祭悼场合的礼仪插花，通常先用柳条或藤条编制成圆形或椭圆形的底盘，将花泥绑牢在底盘上，再将色彩淡雅的花材和配叶紧密插在花泥上构成一个轮廓规整、清晰、紧凑的平面的鲜切花制品。常用两根竹棍做成支架以便于摆放，并附有一副挽联，用于书写悼词。花圈上应用的花朵色彩，常以冷色花如蓝、紫色，或中性色白色为主，形成宁静、哀悼的气氛。

（5）佩花

佩花是用细铁丝将花朵绑扎，佩戴于胸前或鬓发处作头饰，常细致制作成多种造型，由花和绿叶组成，用绿铁丝和绿胶带加以固定而构成一定形状。宜作佩花的鲜切花，以质地轻柔、花叶纤细，不易凋萎、不污染衣服并具芬芳香气的花朵为佳品。

（6）插花

插花是指将剪切下来的植物之枝、叶、花、果等作为素材，经过一定的技术（修剪、整枝、弯曲）和艺术（构思、造型、色彩等）加工，重新配置成一件精致美丽、富有诗情画意，能再现大自然美和生活美的花卉艺术品。插花具有装饰性强、时间性强、随意性强、作品精致等特点。

由于各国所处的地理位置、文化传统、民族特点的差异，世界各国插花艺术上的风格也各不相同。依据插花艺术的风格可分为西方式插花、东方式插花和现代自由式插花。西方式插花的特点是，整个插花的外形为几何图形，造型简单、大方、色彩艳丽，花材种类多，数量大，作品形体比较高大，表现出热情奔放、华丽的风格，此类插花广泛应用于宾馆、会议，能强烈地烘托热烈、欢腾之气氛。东方式插花的特点是，造型上以自然线条构图为主，形体小巧玲珑，色彩上以淡雅、朴素著称，主题思想明确，力求考虑 3 种境界即生境、画境和意境。生境即师法自然，高于自然；画境则遵循绘画原则和原理，达到美如画的境界；意境即插花的任务和目的，具有一定的主题思想，含蓄深远，耐人寻味和遐思，表现出作者的情怀和寄托。现代自由式插花即吸收东方式和西方式插花之特点，加以提炼而成的另一种简洁、自由插花方式。

 小　结

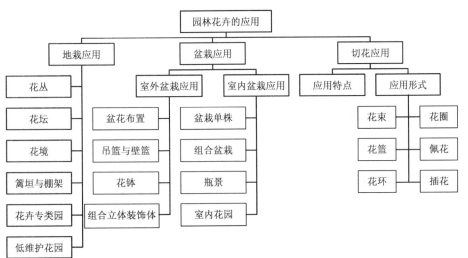

知识拓展

室内植物养护管理技术要点

1. 浇水

室内花卉的水分管理应根据花卉习性及土壤性质、天气情况、植株大小、生长发育阶段、生长状况、季节、容器大小、摆放地点等而定。除水生、沼泽植物外，土壤一般不可积水。湿生花卉须始终保持土壤湿润，并定时喷雾、浇水。中性花卉可保持土壤见干见湿。旱生花卉一般在土壤适度干燥时才浇水。花卉生长旺盛的季节应保持充足的水分供应，但冬季温度较低或者植物处于休眠期时，都须适当减少浇水。

水的 pH 值以酸性或中性为好，对于喜酸性的花卉结合施肥浇矾水或喷施 0.1% ~ 0.2% 硫酸亚铁溶液。浇花宜用软水，自来水需放置 2d 后再用，便于氯气等有害物质挥发。水温和气温的差异不可过低或过高，应保持在 5℃ 左右。

室内花卉的水分管理包括空气相对湿度的控制。大部分室内花卉喜较高的空气相对湿度，夏季应每天早晚用喷雾器各喷其叶面，冬季在供暖干燥期应每天喷 1 次。用套盆或将花盆置于装入砾石、陶粒及水的浅盘上可以局部增湿。另外，适当群植也有利于增加局部小环境的空气相对湿度。使用专用喷雾设施或加湿器则可以更好地控制室内的空气相对湿度。

2. 施肥

由于盆栽花卉营养面积有限，生长旺盛的花卉会因肥料不足而出现生长缓慢、对病虫害的抵抗能力减弱、茎细弱、下层叶片提早掉落、叶褪色或有黄色斑点、花少等现象。施肥一般应掌握"薄肥勤施、适时适量"的原则。生长旺盛期可 10d 结合浇水施 1 次薄肥，花前花后可适当施肥，但在雨季、炎暑或寒冬不宜多施肥。休眠期停止施肥。

3. 松土

室内盆栽花卉同样需要松土。一方面，可以使植物根系的呼吸作用正常进行；另一方面，松土透性改善后还可以提高土壤温度及水分渗透性。对于黏重的栽培基质，松土尤为重要。

4. 通风换气与病虫害防治

通风换气是室内植物养护的重要环节之一。通过气体交换，夏季可以降温，雨季可以降低室内湿度，从而防止感染病害。通过通风换气平衡室内的气体成分，有利于植物正常的光合与呼吸作用。

花卉在室内应用较长时间后，由于温度、湿度以及光照等环境条件不良而产生生理性病害最为常见，应通过合理调控环境条件来防止或减轻生理性病害的发生。对于病理性病害应以预防为主。病虫害轻度发生时，要及时清除病叶、病枝和害虫；病虫害严重时，须将花卉转移至露地或栽培温室进行生物防治和复壮。

 自主学习资源库

1. 花卉应用技术. 沈玉英. 中国农业出版社, 2006.

2. 花卉生产与应用. 曹春英. 中国农业大学出版社, 2009.

3. 中国花卉网: http://www.china-flower.com.

4. 花之苑: http://www.cnhua.net.

自测题

一、填空题

1. 花坛可分为（　　　　）、（　　　　）、（　　　　）、（　　　　）、（　　　　）、（　　　　）。

2. 盆栽花卉的室内应用形式有（　　　　）、（　　　　）、（　　　　）、（　　　　）。

3. 室外盆栽花卉的应用形式有（　　　　）、（　　　　）、（　　　　）、（　　　　）。

4. 鲜切花是指从活体花卉植株上（　　　　）的具有观赏价值的（　　　　）、（　　　　）、（　　　　）的总称。根据切取的花卉材料主题器官特征，可将鲜切花分为（　　　　）、（　　　　）、（　　　　）、（　　　　）4类。

5. 鲜切花的应用形式主要有（　　　　）、（　　　　）、（　　　　）、（　　　　）、（　　　　）。

二、简答题

1. 你认为室外地栽花卉应用形式最多的是哪3种？

2. 试述花坛、花丛、花境3种应用形式的设计要点和植物选择标准。

3. 依据插花艺术风格将插花分为几种？各有何特点？

单元 5

一、二年生花卉

学习目标

【知识目标】

（1）掌握一、二年生花卉的概念及其特点。

（2）掌握常见一、二年生花卉种和品种。

（3）掌握常见一、二年生花卉的形态特征、生态习性、繁殖方法及园林应用。

【技能目标】

（1）能应用所掌握的知识识别常见一、二年生花卉。

（2）能应用专业术语描述一、二年生花卉形态特征。

（3）能根据生态习性和园林应用的要求科学合理地选择应用一、二年生花卉。

花是大自然的精华，也是美的象征。在一年四季里，什么时节植物会带给你身心无限的愉悦？是早春刚露绿意而独具色彩丰富的花带；是夏季千姿百态而独自争奇斗艳布满鲜花的花坛；是秋季万物凋零而却生机盎然开放的花境……这便是一、二年生花卉所呈现给人们的色彩缤纷的世界。很好地应用一、二年生花卉的前提是对其认识、了解并熟知。本单元主要介绍一、二年生花卉的基本概念、园林应用特点和常见的一、二年生花卉。

5.1 一、二年生花卉含义及园林应用特点

5.1.1 一、二年生花卉的含义

（1）一年生花卉

在当地栽培条件下，春播后当年能完成整个生长发育过程的草本观赏植物称为一年生花卉。即指其生活周期在一个生长季内完成，经营养生长至开花结实最终死亡的花卉。一年生花卉一般是春季播种，夏秋开花结实，入冬前死亡。

典型的一年生花卉如鸡冠花、百日草、半枝莲、翠菊、牵牛花等，整个生活周期在当年完成。但是有些多年生花卉，在园艺上认为有些虽非自然死亡但被霜害致死的，经过多年生长不良观赏效果差的，结实率高、当年播种就能开花的也作一年生花卉。如藿香蓟、矮牵牛、金鱼草、美女樱、紫茉莉等。

一年生花卉多数喜光，喜排水良好和肥沃的土壤。花期可以通过调节播种期、光照处

理或加施生长调节剂进行促控。

（2）二年生花卉

秋播后翌年完成整个生长发育过程的草本观赏植物称为二年生花卉。二年生花卉生活周期经两年或两个生长季节才能完成，即播种后第一年仅形成营养器官，翌年开花结实而后死亡。

典型的二年生花卉是从播种至开花、死亡跨越两个年头，第一年进行大量的生长，并形成储藏器官，第二年开花结实、死亡。如风铃草、毛地黄、美国石竹、紫罗兰等。二年生花卉中有些本为多年生但作二年生花卉栽培，主要原因是对栽植地气候不适应，怕热；生长不良或两年后观赏效果差；易结实等。如蜀葵、三色堇、四季报春等。

二年生花卉耐寒力强，有的耐0℃以下的低温，但不耐高温。苗期要求短日照，在0～10℃低温下通过春化阶段；成长过程则要求长日照，并随即在长日照下开花。

5.1.2　一、二年生花卉的园林应用特点

一、二年生花卉一般具有色彩艳丽、生长迅速、栽培简易以及价格便宜等特点。这些花卉多由种子繁殖，有繁殖系数大、自播种至开花所需时间短、经营周转快等优点；也有花期短、管理繁、用工多等缺点。一、二年生花卉为花坛主要材料，或在花境中依不同花色成群种植，也可植于窗台花池、门廊栽培箱、吊篮、铺装岩石间以及岩石园，还适于盆栽和用作切花、干花。

5.2　常见一、二年生花卉识别及应用

1. 矮牵牛 *Petunia hybrida*

别名：碧冬茄、杂种撞羽朝颜、灵芝牡丹　　　　　科属：茄科碧冬茄属

（1）形态特征

多年生草本作一、二年生栽培，为矮牵牛（*P. violacea*）与腋花矮牵牛（*P. axillaris*）的杂交种，株高20～60cm。全株具黏毛，茎稍立或倾卧。叶卵形，全缘，近无柄，上部对生，下部多互生。花单生叶腋或枝端，径约7cm；花萼5深裂；花冠漏斗状，先端具波状浅裂，有紫、红、粉、白等色。蒴果圆形，种子细小。花期4～10月（图5-1）。

（2）分布与习性

原产于南美。喜温暖，不耐寒，较耐干热，喜光，忌多雨。要求通风，不择土壤，但以疏松湿润排水良好的微酸性土为宜。

（3）繁殖方法

播种繁殖，春、秋室内盆播，种子千粒重约0.1g。20℃左右，7～10d萌发。重瓣或大花品种多不结实或实生苗不易保持母株优良性状，可扦插繁殖，气温20～

图5-1　矮牵牛

25℃时容易生根。

（4）常见栽培品种

有单瓣、重瓣（瓣缘皱折或呈不规则锯齿）及大花、矮生等栽培类型及品种。

（5）园林应用

矮牵牛除冬季外，几乎周年可布置花坛、花境、花丛及点缀草地。大花和重瓣品种常盆栽或作切花。温室栽培可四季开花。

（6）其他经济用途

种子入药，有驱虫的功效。

（7）花文化

矮牵牛植物全身布满黏质茸毛，用手触摸会有黏黏的感觉，故花语是安全感，与你同心，有您在我就安心。

2. 一串红 *Salvia splendens*

别名：墙下红、撒尔维亚、草象牙红、爆竹红、西洋红　　　科属：唇形科鼠尾草属

（1）形态特征

多年生草本作一年生栽培，株高为 30～90cm。茎四棱，光滑，茎基木质化，茎节常为紫红色。单叶对生，卵形至心脏形，先端渐尖，叶缘有锯齿，有长柄。顶生总状花序，被红色柔毛，有时分枝达 5～8cm 长；花 2～6 朵轮生；苞片卵形深红色，早落；花萼钟状，宿存，与花冠同色；花冠筒状，伸出萼外，先端唇形，花冠鲜红色。小坚果卵形。花期 7～10 月；果期 8～10 月（图 5-2）。

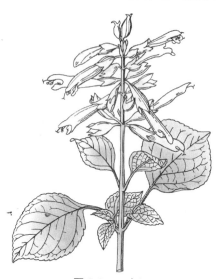

图 5-2　一串红

（2）分布与习性

原产于南美洲，世界各地广泛栽培。较耐寒，忌霜冻，喜阳光，略耐阴，耐干旱，喜疏松、肥沃、排水良好的土壤。最适生长温度为 20～25℃，在 15℃以下叶黄至脱黄，30℃以上则花叶变小，温室栽培一般保持在 20℃左右。

（3）繁殖方法

以春播育苗为主，也可结合摘顶芽扦插，但以播种较多。种子千粒重 3.73g。如要使花期提前，应在 3 月初将种子播于温室或温床。播种床内施以少量基肥，将床面整平并浇透水，水渗后播种，覆一层薄土，播种 8～10d 种子萌发，生长约 100d 开花。

（4）常见栽培变种与同属栽培种

变种有矮一串红，高仅为 20～30cm，花亮红色，还有白、粉及丛生一串红等栽培类型。

同属常见栽培的花卉有：

① 一串紫（*S. splendens* var. *atropurpura*）　高 30～50cm。全株具长软毛。花小，花冠筒长约 1.2cm，淡紫、雪青等色。原产于南欧。

② 一串蓝（*S. farinacea*）　别名粉萼鼠尾草、蓝花鼠尾草。多年生草本，株高为 60～90cm，

全株被细毛。多分枝。轮伞花序，多花密集；花萼矩圆状钟形；花朵浅蓝色或灰白色。

③ 朱唇（*S. coccinea*） 别名红花鼠尾草。高为 30～60cm，全株有毛。花筒长约 2.5cm，深鲜红色，下唇长为上唇的 2 倍。原产于北美南部，适应性强，栽培容易，能自播繁衍。

（5）园林应用

一串红花色鲜艳，花期长，是布置花坛、花境的优良材料；大片种植或盆栽装饰，气氛热烈，效果极好；也可作岩石园、花坛边缘栽培或作地被植物。

（6）其他经济用途

一串红全株可入药，生长期皆可采收，鲜用或晒干备用。主要功效是清热，凉血，消肿。

（7）花文化

一串红花冠及花萼均为鲜红色，花两两相对，似永结连理。因此，一串红花语是恋爱的心。

3. 万寿菊 *Tagetes erecta*

别名：臭芙蓉、蜂窝菊、臭菊、万寿灯　　　　　　科属：菊科万寿菊属

（1）形态特征

一年生草本，株高 20～90cm。茎粗壮、光滑有细棱、多分枝，绿色或棕褐色。单叶对生或互生，羽状全裂，裂片有锯齿，披针形或长圆形，叶缘背面有油腺点，有强臭味，长12～15cm。头状花序顶生，花径 5～8cm，多为蜂窝状，花柄长，上部膨大中空；花色有亮黄、黄、橘黄、橘红、乳白等色；舌状花有长爪。瘦果，种子黑色，有白色冠毛。花期6～10 月；果期 7～9 月（图 5-3）。

（2）分布与习性

原产于墨西哥，现世界各地均有栽培。喜温暖，也耐早霜。喜阳光充足，抗性强，微耐阴，耐干旱，对土壤要求不严。但在雨季多湿、酷暑下生长不良。生长适温 15～20℃，10℃以下生长缓慢，30℃以上徒长、花少。

（3）繁殖方法

种子繁殖为主，种子千粒重 2.56～3.50g，亦可扦插繁殖。

（4）常见同属栽培种

万寿菊园艺种、杂交种较多。近年来，园林中大多应用的矮型、大花、早开的各类优品种。高型品种在园林中应用较少。同属常见观赏栽培种为孔雀草（*T. patula*），为一年生草本，株高 20～40cm；茎细长多分枝，略带紫色；头状花序，径 3～5cm，舌状花黄色、橙黄色、黄红色，基部边缘为红褐色，单瓣、重瓣或半重瓣；花期 6～10 月。

（5）园林应用

万寿菊适应性强，花大色艳，株型紧凑丰满，园林上常作花坛、花丛、花境栽植，也是盆栽和鲜切花

图 5-3　万寿菊

的良好花材。由于在花坛上应用广泛，和一串红、矮牵牛并称为"花坛三大草花"。

（6）其他经济用途

万寿菊含有丰富的叶黄素。叶黄素是一种广泛存在于蔬菜、花卉、水果与某些藻类生物中的天然色素，能够延缓老年人因黄斑退化而引起的视力退化和失明症，以及因机体衰老引发的心血管硬化、冠心病和肿瘤疾病。目前国际市场上，1g天然叶黄素的价格与1g黄金相当。

（7）花文化

万寿菊是一种生命力很强的植物，剪下来的带茎鲜花依然美丽如昔。因此它的花语是友情长久、健康永驻。

4. 百日草 *Zinnia elegans*

别名：百日菊、步步高、鱼尾菊　　　　　　科属：菊科百日草属

（1）形态特征

一年生草本，株高50～90cm。全株被毛，茎直立粗壮。叶对生，全缘，长4～15cm，卵形至长椭圆形，基部抱茎。头状花序单生顶端，具长梗，径为6～10cm；舌状花一至多轮，呈紫、红、黄、白等色，结实；筒状花黄色和橙黄色，边缘5裂，结实；总苞片瓦状。瘦果扁平。花期6～9月；果期7～10月（图5-4）。

（2）分布与习性

原产于墨西哥，中国普遍栽培。性强健，不耐寒；喜温暖，喜光，忌暑热；耐半阴，较耐旱。要求肥沃而排水良好的土壤，土壤瘠薄过于干旱，花朵则显著减少，花色不良而花径小。

（3）繁殖方法

播种繁殖，春播育苗，种子在10℃以上易于发芽，播种后2个月即可开花；盛夏时长势衰退，茎叶杂乱，开花不良。可分期播种，分期定植，延长观赏期。种子千粒重4.67～9.35g。

（4）常见栽培品种与同属栽培种

栽培类型有大花重瓣型，花径在12cm以上，极重瓣；纽扣型，花径仅为2～3cm，圆球形，极重瓣；鸵鸟型，花瓣带状而扭旋；大丽花型，花瓣先端卷曲；斑纹型，花具不规划的复色条纹或斑点；低矮型，高仅为15～40cm。

同属常见栽培种有：

① 小花百日草（*Z. angustifolia*）　株高40～60cm。叶椭圆形至披针形。头状花序小，径达2.5～4.0cm，舌状花单轮，深黄或橙黄色，瓣端及基部色略深，中盘花突起，花开后转暗褐色，观赏价值下降。分枝多，花多。易栽培。

② 细叶百日草（*Z. linearis*）　株高25～40cm。多分枝。叶线状披针形。头状花序金黄色，舌状花单轮，深

图5-4　百日草

黄色，边缘橙黄，中盘花不高起，也为黄色，径4～5cm。分枝多，花多。

（5）园林应用

百日草花从初夏至降霜为止持续开放，是夏秋花境、丛植、列植的重要花卉。矮茎种宜布置花坛或盆株观赏。也可用作切花。

（6）其他经济用途

全株可入药，主要功效是清热、利湿、解毒。主治湿热痢疾。

（7）花文化

百日草的花语是怀念远方的朋友。6～9月开花不断，能开百日之久，象征友谊地久天长。百日草第一朵花开在顶端，然后侧枝顶端开花比第一朵开得更高，所以又得名"步步高"。

5. 翠菊 *Callistephus chinensis*

别名：蓝菊、江西腊、七月菊　　　　　　　科属：菊科翠菊属

（1）形态特征

一年生或二年生草本，株高20～90cm，全株疏生短毛。茎直立，上部多分枝。叶互生，卵形至长椭圆形，叶缘有钝锯齿，下部叶有柄，上部叶无柄。头状花序生枝顶，径为3～15cm；舌状花一至数轮，花色丰富，有蓝、紫、白、红及浅黄等色；筒状花黄色，端部5齿裂，雄蕊5，药囊结合，柱头2裂；总苞片多层，苞片叶状，外层草质，内层膜质。瘦果楔形，浅褐色。春播花期7～10月，秋播花期5～6月（图5-5）。

（2）分布与习性

原产于中国北部和西南部，朝鲜。生于山坡草丛、水边地。喜光，要求夏季凉爽而通风的环境，耐寒性不强，忌酷暑多湿，稍耐阴。喜富含腐殖质而排水良好的沙壤土，浅根性，不宜连作。生长适温为15～25℃，冬季温度不低于3℃。若0℃以下茎叶易受冻害。相反，夏季温度超过30℃，开花延迟或开花不良。长日照植物，对日照反应比较敏感，在每天15h长日照条件下，保持植株矮生，开花可提早。若短日照处理，植株长高，开花推迟。

图5-5 翠　菊

（3）繁殖方法

播种繁殖，3～4月或9～10月播种育苗，以春播为好。种子千粒重1.74g。

（4）常见栽培类型

品种按株高分有：高型种，高为50～100cm，植株强健，生长期长，开花迟，花形、花色多变；中型种，高30～50cm，生长势中等，花型丰富，色彩丰富；矮型种，高10～30cm，生长势较弱，易生病害，叶小，花多，花小，生长期短。按花型分有：舌状花平瓣类有单瓣型、平盘型、菊花型、莲座型、驼羽型；卷瓣类有放射型和星芒型。管状花桂瓣类有领饰型、托桂、球桂和盘桂型等类型和品种。按花期分有早花、中花、晚花3类品种，早花品种播后一般75～90d开花。

（5）园林应用

翠菊花色丰富，品种类型繁多，适宜布置花坛、花境。矮型品种宜盆栽或花坛边缘种植；高型品种是良好的切花材料。

（6）其他经济用途

翠菊花叶均可入药，性甘平，具清热凉血之效。

（7）花文化

翠菊的花语是担心你的爱、我的爱比你的深，追求可靠的爱情、请相信我。

6. 鸡冠花 *Celosia cristata*

别名：红鸡冠、鸡冠　　　　　　　科属：苋科青葙属

（1）形态特征

一年生草本，株高25～90cm。茎直立，粗壮，少分枝，有棱线或沟。叶互生，有柄，长卵形或卵状披针形，宽2～6cm，绿色、黄绿、红绿或红色，全缘或有缺刻，先端渐尖。

穗状花序顶生，肉质、扁平，顶部边缘波状，具绒质光泽，似鸡冠；花序上部花多退化而密被羽状苞片，中下部集生小花，花被片5，干膜质；苞片及花被紫红色或黄色。叶与花色常有相关性。胞果，种子多数，黑色具光泽。花、果期7～11月（图5-6）。

（2）分布与习性

原产于非洲、美洲热带和印度，世界各地广为栽培。喜炎热、干燥、不耐寒，喜阳光充足，忌阴湿。要求肥沃、疏松的沙壤土。生长迅速，栽培容易。

（3）繁殖方法

播种繁殖，春播育苗。能自播繁衍。种子千粒重1.00g。

（4）常见栽培品种与变型

栽培类型很多。按株高分有矮茎种，高为20～30cm；

图5-6　鸡冠花

中茎种，40～60cm；高茎种，60cm以上。按花期分有早花类型和晚花类型。按花序形状分球形和扁球形。按花色有各种黄色、红色、黄红间色或洒金、杂色等。

有两种变型：①圆绒鸡冠（*C. cristata* f. *childsii*）高40～60cm。具分枝，不开展。肉质花序卵圆形，表面流苏状或绒羽状，紫红或玫瑰红色，具光泽。②凤尾鸡冠（*C. cristata* f. *plumosa*）又名芦花鸡冠或扫帚鸡冠。株高60～150cm。全株多分枝而开展。各枝端着生疏松的火焰状大花序；表面似芦花状细穗；花色极为丰富，有银白、乳黄、橙红、玫瑰色至暗紫，单或复色。

（5）园林应用

鸡冠花是夏秋花境、花坛的重要花卉。成片种植或摆设盆花群都十分壮观，还可作切花。矮鸡冠花可盆栽观赏或道路边缘种植。

（6）其他经济用途

鸡冠花的花序、种子都可入药，为收敛剂，有止血、凉血、止泻功效；茎叶可用作

蔬菜。

（7）花文化

鸡冠花色彩丰富，夏秋开花，特别是在秋季，万物待眠，而鸡冠花却生机盎然，充满活力。因此，它的花语是真挚的爱情，永恒的爱。

7. 凤仙花 *Impatiens balsamina*

别名：指甲花、小桃红、急性子　　　　科属：凤仙花科凤仙花属

（1）形态特征

一年生草本，株高20～80cm。茎直立，肥厚多汁，光滑，有分枝，浅绿或晕红褐色，茎色与花色相关。叶互生，长约15cm，狭至阔披针形，缘有锯齿，叶柄两侧具腺体。花大，单朵或数朵簇生于上部叶腋，两侧对称，或呈总状花序状；花径2.5～5cm，花色有白、黄、粉、紫、红等色或有斑点；萼片3，特大1片膨大，中空、向后弯曲为距，花瓣状；花瓣5，左右对称，侧生4片，两两结合，雄蕊5，花丝扁，花柱短，柱头5裂。蒴果尖卵形。果实成熟后易开裂，弹出种子。花期6～9月；果期7～10月（图5-7）。

（2）分布与习性

原产于中国、印度和马来西亚。中国南北各地久经栽培。喜充足阳光、温暖气候，耐炎热，畏霜冻。对土壤适应性强，喜土层深厚、排水良好、肥沃的沙质壤土，在瘠薄土壤上亦能生长。生长迅速。凤仙花对氟化氢很敏感，是一种很好的监测植物。

（3）繁殖方法

种子繁殖，有自播能力。种子千粒重约8.47g。

（4）常见同属栽培种

① 水金凤（*I. noli-tangere*）　一年生草本；花大，黄色，喉部常有橙红色斑点。产于中国华北、华中一带，生荫蔽湿润处。

图5-7　凤仙花

② 大叶凤仙（*I. apalophylla*）　草本；花大，黄色，4～10朵排成总状花序。广西、贵州均有野生种。

③ 华凤仙（*I. chinensis*）　茎下部平卧，上部直立；花较大，粉红色或白色。

（5）园林应用

宜栽于花坛、花境，为篱边庭前常栽草花。矮性品种亦可进行盆栽。

（6）其他经济用途

全草及种子入药，有活血散瘀、利尿解毒等功效；种子可榨油。

（7）花文化

希腊神话中有关于凤仙花的由来。一天，诸神在仙境深处游乐，当10个珍贵的金苹果被端上宴会厅的时候，竟然少了一个，诸神怀疑是一仙女偷的，不等她辩白，就将她逐出仙境。仙女满腹委屈流浪到人间，这时的她已经筋疲力尽，临死前她许下心愿，希望冤屈能被澄清，她死后变成凤仙花，每当凤仙花果实成熟了，只要轻轻一碰，果实马上迸裂开，

仿佛迫不及待地要人看清她的"肺腑"，知道她是清白的，所以人们又叫她"急性子"或"勿碰我"。凤仙花的花语是性急，无耐心。

8. 千日红 *Gomphrena globosa*

别名：火球花、杨梅花、千年红、千日草　　　科属：苋科千日红属

（1）形态特征

图 5-8　千日红

一年生草本，高 20～60cm，全株密被灰色柔毛。茎直立，有分枝。叶对生，长椭圆形至倒卵形，全缘，叶柄长为 1～1.5cm。长圆形头状花序，横径约 2cm，1～3 个簇生于长总梗端；花序基部有 2 枚叶状总苞；小花有 2 个膜质三角状披针形小苞片，干后不落，紫红色，有光泽；密生白色绢毛的 5 枚花被片和基部连生的 5 枚雄蕊均藏于小苞片内侧。胞果。花、果期 7～11 月（图 5-8）。

（2）分布与习性

原产于亚洲热带。喜温暖，不耐寒，耐炎热，干燥气候。喜阳光充足。要求疏松、肥沃的土壤，耐旱性强。

（3）繁殖方法

播种繁殖，春播育苗。种子千粒重约 2.5g。

（4）常见栽培类型

栽培类型有千日粉，花序粉红色；千日白，花序白色；红花千日红，花序红色；千日黄，花序黄色或橙色等。

（5）园林应用

千日红株型整齐，花期长，花色经久不褪，耐炎夏高温与干旱，是夏秋花坛、花境的极佳材料，也是制作干花、装饰花篮、花环的好材料。

（6）其他经济用途

花序入药，有止咳定喘、平肝明目之功效，主治支气管哮喘，急、慢性支气管炎，百日咳，肺结核咯血等症。

（7）花文化

千日红花期长，红色苞片经久不褪，故名。它的花语是不朽的爱。在传统民俗中，千日红是祭祀儿童守护神七娘妈和七仙女用花，七夕时有情男女可相互馈赠。

9. 波斯菊 *Cosmos bipinnatus*

别名：秋英、大波斯菊、扫帚梅　　　科属：菊科秋英属

（1）形态特征

一年生草本，株高 120～200cm。茎直立，不分枝，茎具沟纹，光滑或具微毛，株形开张。叶对生，2 回羽状全裂，裂片线形，全缘，较稀疏，长 5～10cm。头状花序顶生或腋生，径 6～8cm，有长总梗；总苞片 2 层，内层边缘膜质；舌状花一般单轮，截形或有微齿，8 枚，呈粉红、白、深红色，先端呈齿状；管状花黄色，结实。瘦果光滑有喙。花期 9 月至霜降（图 5-9）。

（2）分布与习性

原产于墨西哥，现世界各地广泛栽培。性强健，喜温暖、凉爽、湿润的气候，不耐严寒酷暑，喜光，稍耐阴，耐干旱瘠薄，不耐寒，忌炎热多湿。怕风大，宜种植于背风处，株高品种需支柱扶持。

（3）繁殖方法

播种繁殖，春播，也可初夏播种育苗。能大量自播繁衍。种子千粒重 5.47g。

（4）常见同属栽培种

同属中常见栽培种有硫华菊（C. sulfurous），又称黄波斯菊。一年生，高 1～2m，茎具柔毛，上部多分枝。叶 2～3 回羽状深裂，裂片较波斯菊宽。花比波斯菊略小；舌状花常 2 轮，橘黄色或金黄色，管状花黄色。花期较波斯菊早，但观赏效果及茎叶姿态均不及波斯菊。原产于墨西哥至巴西。

图 5-9 波斯菊

（5）园林应用

波斯菊株形洒脱，叶形雅致，开花繁多，花色丰富，生性强健。可配置花丛、花群、地被，用作花境背景，宅旁散植，点缀山石崖坡。也可与其他花卉混播，形成混合地被，颇有野趣。也很适宜用作切花。

（6）花文化

波斯菊的学名有美好、和谐之意。波斯菊花姿飘逸自然，楚楚动人，招人喜爱，给人纯真的美感。因此它的花语是纯洁、多情。

10. 藿香蓟 *Ageratum conyzoides*

别名：胜红蓟、咸虾花、蓝翠球、臭炉草　　科属：菊科藿香蓟属

（1）形态特征

一年生草本，高 30～60cm。茎稍带紫色，被白色多节长柔毛，基部多分枝，丛生状，幼茎、幼叶及花梗上的毛较密。叶对生，卵形至或菱状卵形，两面被稀疏的白色长柔毛，基部钝、圆形或宽楔形，边缘有钝圆锯齿。头状花序径约 0.6cm，聚伞花序着生枝顶，小花筒状，无舌状花，蓝或粉白；总苞片矩圆形，顶端急尖，外面被稀疏白色多节长毛（图 5-10）。

（2）分布与习性

原产于美洲热带，中国广布长江流域以南各地，低山、丘陵及平原普遍生长。要求阳光充足，适应性强。

（3）繁殖方法

播种繁殖，春播，种子千粒重 0.15g。也可扦插、压条繁殖。为保持品种优良特性，园艺品种多用扦插繁殖，容易生根。

图 5-10 藿香蓟

（4）常见同属栽培种

同属栽培种有心叶藿香蓟（*A. houstoniatum*），多年生草本，株高 15～25cm，丛生紧密。叶皱，基部心形。花序较大，蓝色。

（5）园林应用

藿香蓟花朵繁多，色彩淡雅，株丛有良好的覆盖效果。宜为花丛、花群或小径沿边种植。也是良好的地被植物。

（6）其他经济用途

全株有臭味，药用，清热解毒，消肿止血。

（7）花文化

藿香蓟的属名"*Ageratum*"来自希腊语，是"不老"的意思，指花常开不败。其花语是尊敬、敬爱。

11. 大花三色堇 *Viola×wittrockiana*

别名：蝴蝶花、鬼脸花、猫脸花　　　　　　科属：堇菜科堇菜属

（1）形态特征

多年生草本，作二年生栽培，株高 15～30cm。茎多分枝、光滑，稍匍匐状生长。叶互生，基生叶近心形，茎生叶较狭长，边缘浅波状；托叶大，宿存，基部呈羽状深裂。花大腋生，径达 4～6cm，下垂，两侧对称，花瓣 5，一瓣有短钝之矩，两瓣有线状附属体；花有黄、白、紫三色或单色。近期培育的还有白、乳白、黄、橙黄、粉紫、紫、蓝、褐红、粟等色。蒴果，椭圆形，3 瓣裂。花期 4～6 月；果期 5～8 月（图5-11）。

图 5-11　大花三色堇

（2）分布与习性

原产于欧洲，世界各地广为栽培。较耐寒，喜凉爽，忌酷热，炎热多雨的夏季常生长不良，不能形成种子。要求肥沃、湿润的沙壤土。在昼温 15～25℃、夜温 3～5℃的条件下发育良好。

（3）繁殖方法

播种为主，亦可进行扦插或分株，在适宜条件下一年四季均可进行。种子千粒重 1.40g。

（4）常见同属栽培种

同属的栽培种有：

① 香堇（*V. odorata*）　被柔毛；有匍匐茎；花深紫堇、浅紫堇、粉红或纯白色，芳香。2～4 月开花。产于欧洲、亚洲、非洲各地。

② 角堇（*V. cornuta*）　茎丛生，短而直立；花堇紫色，品种有复色、白、黄色者，距细长，花径 2.5～3.7cm，微香。

（5）园林应用

早春重要花卉，宜植花坛、花境、窗台花池、岩石园、野趣园、自然景观区树下，或作地被、盆栽以及用作切花。

（6）其他经济用途

三色堇全草可以用作药物，茎叶含三色堇素，主治咳嗽等疾病。亦可杀菌，治疗皮肤青春痘、粉刺、过敏问题。

（7）花文化

三色堇的花语是活泼、思念。因它的原种在一朵花上常同时呈现蓝、白、黄 3 种颜色而得名。它的 5 个大花瓣有 4 个分两侧对称排列，形同两耳、两平颊、一嘴，花瓣中央还有一对深色的"眼"，又叫猫脸花、人面花。也被称为"植物寒暑表"。20℃以上时叶面斜向上，15℃时叶子向下运动直至与地面平行，10℃时叶子向下弯曲。

12. 半枝莲 *Portulaca grandiflora*

别名：太阳花、草杜鹃、龙须牡丹、洋马齿苋、 松叶牡丹

科属：马齿苋科马齿苋属

（1）形态特征

一年生肉质草本，株高为 10～30cm。茎下垂或匍匐状斜伸，肉质，节上疏生丝状毛。叶互生，稀疏，肉质圆柱形，长约 2.5cm，无柄。花一至数朵生于枝端，径 2～4cm，单瓣或重瓣；有红、橙、黄、白、粉、玫瑰红、复色及斑纹等花色的栽培类型。蒴果球形盖裂，种子细小，银灰色。花、果期 6～9 月（图 5-12）。

（2）分布与习性

原产于南美巴西、阿根廷、乌拉圭等地，世界各地广为栽培。喜光，喜温暖，不耐寒，耐干旱、瘠薄的土壤，但以疏松湿润的沙壤土为宜。在中午阳光下花朵才能盛开，阴天关闭。

（3）繁殖方法

播种繁殖，宜于春末夏初直播或播种育苗，发芽适温为 25℃左右。能自播繁衍。种子千粒重 0.10g。

图 5-12 半枝莲

（4）常见同属栽培种

同属栽培种有阔叶马齿苋（*P. oleracea* var. *granatus*）。

（5）园林应用

半枝莲植株低矮，花色丰富，栽培容易，是岩石园、草坪和花坛镶边的良好材料，又可盆栽摆设花坛，也是屋顶绿化的良好材料。

（6）其他经济用途

全株可入药，主要功效是清热、解毒、散瘀、止血、利尿消肿。

（7）花文化

花语是阳光、热烈。

13. 雏菊 *Bellis perennis*

别名：马兰头花、春菊、延命菊

科属：菊科雏菊属

（1）形态特征

多年生草本，常作一、二年生栽培，株高 3～15cm。叶基生，匙形或倒长卵形，基部渐狭成叶柄，先端钝，叶缘微有波状齿。花葶自叶丛中抽出，高出叶面；头状花序着生葶端，单生，径为 3～5cm；舌状花平展，线形，淡红色或白色；筒状花黄色，结实；还有单性小花全为筒状花的品种。瘦果扁平。花期 3～6 月；果期 5～7 月（图 5-13）。

（2）分布与习性

原产于西欧、地中海沿岸、北非和西亚。性强健，较耐寒，但重瓣大花品种耐寒力较弱。喜凉爽，忌炎热、多雨。喜肥沃、疏松、排水良好的土壤。

图 5-13　雏　菊

（3）繁殖方法

播种繁殖，一般秋播育苗。种子千粒重 0.17g。播种后 10d 左右萌发。

（4）园林应用

雏菊植株小巧玲珑，花期早，宜布置花坛、花境、草坪的边缘。与三色堇、金盏菊，或春季开花的球根花卉配合应用，效果很好。还可盆栽观赏。

（5）其他经济用途

雏菊是良好的药材；具有挥发油、氨基酸和多种微量元素；黄铜和锡的含量高。

（6）花文化

雏菊娇小玲珑，拉丁属名"*Bellis*"是美丽的意思，花语是清白、守信、天真、和平。是意大利的国花，据说能体现意大利人的君子风度和天真烂漫。

14. 彩叶草 *Coleus blumei*

别名：五彩苏、洋紫苏、锦紫苏

科属：唇形科鞘蕊花属

（1）形态特征

多年生草本，作一年生栽培，高 50～80cm，全株有毛。茎通常紫色，四棱形，具分枝。叶对生，卵形，叶膜质，其大小、形状及色泽变异很大，通常卵圆形，先端长渐尖，缘具钝齿，常有深缺刻，叶有金黄、玫瑰红或混色，或绿色叶着浅黄、鲜红色叶脉，两面被微毛，下面常散布红褐色腺点；叶柄伸长，长 1～5cm，扁平，被微柔毛。轮伞花序顶生，组成圆锥花序；花多，花上唇白色，下唇蓝色，花丝基部连成筒状。小坚果宽卵圆形或圆形，压扁，褐色，具光泽。花期 7 月（图 5-14）。

（2）分布与习性

原产于印度尼西亚爪哇，全国各地普遍栽培。喜温暖、湿润、光照充足环境，适宜肥沃、疏松、排水良好

图 5-14　彩叶草

的沙质土壤。耐寒力较强，生长适温 15～25℃，越冬温度约 10℃，降至 5℃时易发生冻害。

（3）繁殖方法

播种繁殖，也可扦插繁殖。叶色的鲜艳程度与光照呈正相关性。

（4）常见栽培品种

栽培品种繁多，叶色丰富，除蓝色系之外，其他各色应有尽有。

（5）园林应用

叶色美丽，可植于花坛、花带、花境、草坪边缘或山坡图案栽植。也可用于室内装饰和切叶瓶插。

（6）花文化

花语是绝望的恋情。

15. 地肤 *Kochia scoparia*

别名：扫帚草、孔雀松　　　　　　　　科属：藜科地肤属

（1）形态特征

一年生草本，全株被短柔毛。分枝多而细，株形密集呈卵圆至圆球形，高 1～1.5m，茎基部半木质化。单叶互生，叶线形，细密，草绿色，秋凉变暗红色。花小，不显著，单生或簇生于叶腋。花期 9～10 月，无观赏价值。

（2）分布与习性

原产于欧亚两洲，中国北方多见野生。喜阳光，喜温暖，不耐寒，极耐炎热，耐盐碱，耐干旱，耐瘠薄。对土壤要求不严（图 5-15）。

（3）繁殖方法

播种繁殖，常春播。种子千粒重 0.77g。能自播繁衍。

（4）常见栽培变种

变种细叶扫帚草（*K. scoparia* var. *culta*），株型较小，叶细软，色嫩绿，秋转红紫色。

（5）园林应用

宜于坡地草坪自然式栽植，株间勿过密，以显其株型；也可用作花坛中心材料，或成行栽植为短期绿篱之用，成长迅速整齐。

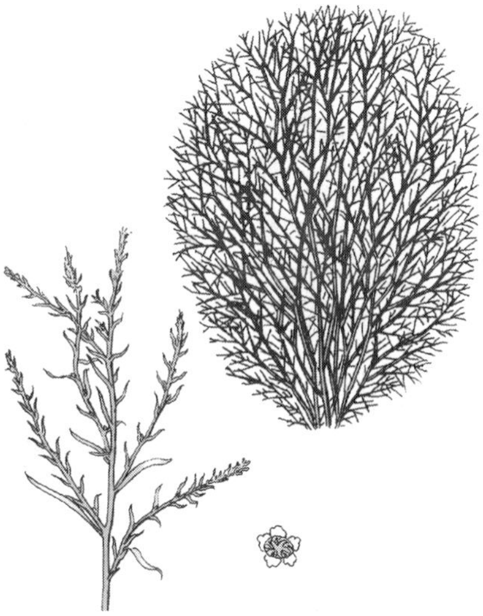

图 5-15　地　肤

（6）其他经济用途

幼苗可作蔬菜；果实称"地肤子"，为常用中药，能清湿热、利尿，治尿痛、尿急、小便不利及荨麻疹，外用治皮肤癣及阴囊湿疹。北方农家常将老株割下，压扁晒干作扫帚用。

16. 牵牛 *Pharbitis nil*

别名：裂叶牵牛、喇叭花　　　　　　　科属：旋花科牵牛属

（1）形态特征

一年生缠绕性藤本，全株具粗毛。叶互生，阔卵状心形，常呈 3 裂，中间裂片特大，两侧裂片有时又浅裂，常具白绿色条斑，长 10～15cm；叶柄长。聚伞花序腋生，花大，呈

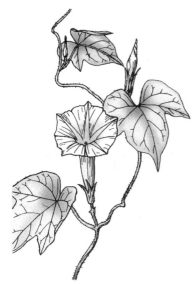

图 5-16 牵 牛

漏斗状喇叭形，萼片狭长，总梗短于叶柄；花冠直径达15cm，檐部常呈皱褶扇贝状，有不同颜色斑驳、镶嵌，或边缘有不同颜色；单或重瓣；花色有白、粉、玫红、紫、蓝、复色等。种子黑色，扁三角形。花期夏秋（图 5-16）。

（2）分布与习性

原产于亚洲热带及亚热带，各地广为栽培。性健壮，喜温暖湿润气候和阳光，稍耐半阴及干旱瘠薄土壤。短日照植物。

（3）繁殖方法

播种繁殖。种子千粒重 43.48g。

（4）常见同属栽培种

同属常见栽培种有：

① 裂叶牵牛（*P. hederacea*） 叶 3 裂，3 裂片大小相当，裂深至叶片中部，长约 6cm。花 1～3 朵腋生；无梗或具短总梗；花冠长 6cm，径约 5cm；花色先蓝紫后变紫红；萼片线形，长至少为花冠筒之半，并向外开展。原产于南美。

② 圆叶牵牛（*P. purpurea*） 叶广卵形，全缘。花小，白、红、蓝等色，花冠长 5cm，径约 5cm，1～5 朵腋生，总梗与叶柄等长，萼片短。原产于美洲，中国南北均有栽培。

（5）园林应用

牵牛为夏秋常见的蔓性草花，花朵朝开夕落，宜植于游人早晨活动之处，也可用于垂直绿化材料，用以攀缘棚架，覆盖墙垣、篱笆；或用作地被，还可盆栽。

（6）其他经济用途

花籽可入药。

（7）花文化

牵牛的花语是爱情、冷静、虚幻。

17. 非洲凤仙 *Impatiens sultanii* × *I.holstii*

别名：洋凤仙　　　　　　　　　　　　　　　科属：凤仙花科凤仙花属

（1）形态特征

多年生草本，作一年生栽培，株高 20～25cm。茎直立，肉质，多分枝，在株顶呈平面开展。叶心形，边缘钝锯齿状。花腋生，1～3 朵，花形扁平，直径 3cm 的花朵可覆盖整个植株，花瓣分单瓣和重瓣，且花色丰富，有杏红、橙红、樱桃红、白和鲜红等 20 多种颜色，可四季开花。蒴果纺锤形，果皮有弹性，熟后卷缩，将种子弹出。花期 6～9 月；果期 7～10 月。

（2）分布与习性

由国外引入中国。性喜阴，耐酷暑，不耐高温和烈日暴晒。适宜湿润环境和疏松、肥沃土壤。生长适温为 17～20℃，冬季温度不低于 12℃，5℃以下植株受冻害。花期室温高于 30℃，会引起落花现象。

（3）繁殖方法

播种繁殖。

（4）常见栽培品系

常见品种有：

①"重音"（"Accent"）系列　株高 7～8cm 始花；分枝性强；花大，花径 6cm，是非洲凤仙中色彩最丰富的系列，有 24 种花色，8 种复色。

②"超级小精灵"（"Super Elfin"）纯色系列　有粉、白、橙、红、玫瑰红、杏黄等。其中'日出'（'Sunrise'）花橙红色，橙色中心，紫色边；'珍珠（Pearl）'花黄白色。

③"沙德夫人"（"Shady Lady"）系列　早花种，植株 10cm 时始花，从播种至开花需 60d，其中'红与白'（'Red & White'）花瓣红色，中央有白色宽纵条，呈星状；'凝涡'（'Swirl'），株高 25～30cm，花径 5cm；桃（'Peach'）花橙红色具深色边。

④"闪电战"（"Blitz"）系列　耐热品种，适用于吊盆栽培。'马赛克'（'Mosaic'），分枝性强；'玫瑰马赛克'（'Mosaic Rose'），花玫瑰红色；'淡紫马赛克'（'Mosaic Lilac'），花淡紫色，为 1998 年新品种；'自豪'（'Pride'），花大，径 6～7cm，是非洲凤仙中花朵最大的系列；'速度'（'Tempo'），为超级早花种，花径 6cm，播种后 50d 开花。

⑤"旋转木马"（"Carousel"）重瓣花系列　适用于吊盆和栽植箱栽培。

⑥"糖果"（"Confection"）重瓣花系列　花色有红、玫瑰红、粉、橙等，适用于盆栽、吊盆和栽植槽栽培。

（5）园林应用

可植于花坛、花带、花境、草坪边缘。用作盆栽、吊篮、花墙、窗盒和阳台栽培。

（6）其他经济用途

可药用，泻热，降火，治小便赤涩。

（7）花文化

非洲凤仙的果皮有弹性，一碰即开。因此，花话是性急。

18. 旱金莲 *Tropaeolum majus*

别名：旱金莲花、草荷花、大红雀　　　　　　　　科属：金莲花科金莲花属

（1）形态特征

多年生稍带肉质草本，作一、二年生栽培。茎细长，半蔓性或倾卧，长可达 1.5m，光滑无毛。叶互生，具长柄，近圆形，长 5～10cm，有主脉 9 条，具波状钝角，盾状着生，叶被蜡质层，形似莲叶。花单生叶腋，左右对称，梗细长；萼片 5，基部合生，其中有 1 枚延伸成距；花瓣 5 枚，具爪，大小不等，上面 2 瓣距常较大，下面 3 瓣较小；花有乳白、浅黄、深紫红、橘红及红棕等色。花期 7～9 月（图 5-17）。

（2）分布与习性

原产于南美，墨西哥、智利等地，中国各地广泛栽培。喜温暖湿润，不耐寒，一般能耐 0℃的低温，越冬温度 10℃以上。喜阳光充足，稍耐阴，宜肥沃而排水良好的沙质土壤，忌过湿或过涝。

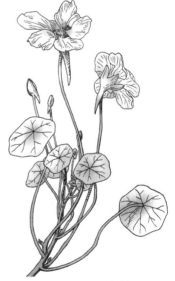

图 5-17　旱金莲

（3）繁殖方法

播种繁殖，种子千粒重约 0.96g。也可扦插繁殖。

（4）常见栽培品种、变种与同属栽培种

有重瓣、无距、具网纹及斑点等品种。有茎直立的矮生变种。

同属栽培种有：

① 小旱金莲（*T. minus*） 比旱金莲矮小，茎近直立或匍地，叶圆状肾脏形，主脉的先端呈短突起状；花径 4cm 以下，花瓣狭，下方 3 枚的中带有暗紫红色斑点。原产于南美，宜盆栽或丛植。

② 盾叶旱金莲（*T. peltophorum*） 茎长，蔓性，全株具毛。花橘红色，上面 2 片花瓣大而圆；下面 3 片小形，具爪及粗锯齿缘。原产于哥伦比亚。可作篱垣装饰或盆栽促成。

③ 五裂叶旱金莲（*T. peregrinua*） 茎细长蔓性；叶五深裂；花黄色，径 1.8～2.5cm，上方 2 枚花瓣大，下部 3 片小，边缘毛状细裂。原产于秘鲁及厄瓜多尔等地。

④ 多叶旱金莲（*T. polyphyllum*） 多年生草本，叶 7～9 深裂，裂片狭；花黄色，具红纹。原产于智利。

（5）园林应用

旱金莲茎叶优美，花大鲜艳，形状奇特，花期较长，可应用于垂直绿化、配置花坛、种植于假山石旁、盆栽。

（6）其他经济用途

旱金莲嫩梢、花蕾及新鲜种子可用作辛辣的调味品。

19. 花菱草 *Eschscholtzia californica*

别名：金英花、人参花　　　　　　　　　科属：罂粟科花菱草属

（1）形态特征

多年生草本，作一、二生栽培，株高 20～70cm，全株被白粉，无毛，蓝灰色，株形铺散或直立、多汁。根肉质。叶基生为主，叶长 10～30cm，有柄，羽状细裂，裂片线形至长圆形。花单生于茎或分枝顶端，杯状，花梗长 5～15cm，花径 5～7cm；萼片 2，连合成杯状；花瓣 4 枚，橙黄色，扇形；日中盛开。蒴果细长，达 7cm，种子多数。花期 4～8 月（图 5-18）。

（2）分布与习性

原产于美国加利福尼亚州。喜冷凉干燥、光照充足的环境，较耐寒，忌高温高湿。炎热的夏季处于半休眠状态，常枯死，秋后再萌发。

（3）繁殖方法

播种繁殖，宜直播，能自播繁衍。种子千粒重 1.5g。

（4）园林应用

花菱草姿态飘逸，叶片细腻，花色艳丽，中午盛开时遍地锦绣，为美丽的春季花卉。适宜布置花带、花境，也可片植于草坪、地被。还可用作切花和盆栽观赏。

图 5-18　花菱草

20. 金盏菊 *Calendula officinalis*

别名：金盏花、黄金盏、长春菊、长生菊　　　科属：菊科金盏菊属

（1）形态特征

一、二年生草本，株高 30～60cm，全株有白色糙毛，多分枝。叶互生，矩圆形至矩圆状卵形，全缘或有不明显锯齿；基生叶有柄，茎生叶基部抱茎。头状花序顶生，圆盘形，径为 4～10cm；舌状花平展，黄色或橘红色，结实；筒状花黄色，不结实；总苞 1～2 轮，苞片线状披针形。瘦果弯曲。花期 3～6 月；果期 5～7 月（图 5-19）。

（2）分布与习性

原产于地中海和中欧、加那利群岛至伊朗一带。喜阳光，能耐-10℃的低温，较耐寒，喜冬季温暖，夏季凉爽；忌炎热、干燥的气候，对土壤及环境条件要求不严，但种在疏松、肥沃的土壤和日照充足的地方，生长、开花更好。

（3）繁殖方法

播种繁殖，秋播育苗为主，也可春播。种子千粒重 8.3g。能自行繁殖。生长期间应控制水、肥管理，使植株低矮、整齐。

（4）园林应用

金盏菊早春开花，花期一致，花大色艳，是布置春季花坛、花境、花径的常见花卉，随时剪除残花，则开花不绝。也可作切花和盆花。

图 5-19　金盏菊

（5）其他经济用途

可用作药材。花、叶有消炎和抗菌作用。

（6）花文化

金盏菊花色金黄，花圆盘状，如同金盏，故而得名。它的花语是分离的悲伤，悲叹。

21. 金鱼草 *Antirrhinum majus*

别名：龙头花、龙口花、洋彩雀

科属：玄参科金鱼草属

（1）形态特征

多年生草本，作一、二年栽培，株高 15～120cm。茎直立，有分枝，基部木质化。叶对生或上部螺旋状互生，披针形，全缘，长约 8cm，光滑。总状花序顶生，长为 25～60cm，被细软毛，具短梗；花冠筒状唇形，基部囊状，上唇直立 2裂，下唇开展 3 裂，有红、紫、黄、橙、白或具复色。茎色与花色有相关性，如茎红晕者花色为红、紫。蒴果孔裂，种子细小，多数。花期 5～7 月；果期 7～8 月（图 5-20）。

图 5-20　金鱼草

（2）分布与习性

原产于地中海沿岸及北非，中国园林常见栽培。性喜凉爽气候，为典型长日照植物，但有些品种不受日照长短影响。较耐寒，忌炎热。喜光，略耐阴。要求疏松、排水良好的肥沃土壤。在中性或稍碱性土壤中生长更好。

（3）繁殖方法

播种繁殖。种子千粒重0.16g。秋播育苗应在播前将种子置于2～5℃低温中数日，或用50～400g/L赤霉素液浸泡种子，均可提高发芽率。春播应在3～4月，但不及秋播的开花好。优良品种春、秋季还可以扦插繁殖，约14d生根。

（4）常见栽培品种类型

金鱼草品种多达数百种。按株高分有：高型种，高为100～120cm，花期较晚且长；中型种，高为45～60cm；矮型种，高为15～25cm，花期早。按花型分有：金鱼形，花形正常；钟形，上下唇间不合拢，唇瓣向上开放。还有单瓣和重瓣品种之分。

（5）园林应用

金鱼草花形别致，花色丰富，宜群植于花坛、花丛、花境、花径中。高型种宜作切花；矮型种适用于岩石园，布置花坛或盆栽观赏。

（6）其他经济用途

全草味苦、性凉。有清热解毒、凉血消肿的功能。外用用于跌打扭伤、疮疡肿毒。

（7）花文化

金鱼草的每朵花像一张笑得合不拢的嘴，奇特别致。花语是愉快、丰盛、好运、喜庆。也有寓意为多嘴。

22. 醉蝶花 *Cleome spinosa*

别名：西洋白花菜、紫龙须、凤蝶草　　　　　　科属：白花菜科醉蝶花属

（1）形态特征

一年生草本，株高90～120cm，有强烈臭味和黏质腺毛。掌状复叶；小叶5～7枚，矩圆状披针形，长4～10cm，宽1～2cm，先端急尖，基部楔形，全缘，两面有腺毛；叶柄有腺毛；托叶变成小钩刺。总状花序顶生，稍有腺毛；苞片单生，几无柄；萼片条状披针形，向外反折；花瓣玫瑰紫色或白色，倒卵形，有长爪；雄蕊6，蓝紫色，伸出花瓣之外。蒴果圆柱形，长5～6cm，具纵纹；种子近平滑。花期7～9月（图5-21）。

（2）分布与习性

原产于南美，中国各大城市均有栽培。适应性强，喜高温，较耐暑热，不耐寒，忌寒冷，生长适温20～32℃；喜阳光充足地，半遮阴地亦能生长良好。对土壤要求不苛刻，沙壤土或带黏重的土壤或碱性土生长不良，喜湿润土壤，亦较能耐干旱，忌积水。

（3）繁殖方法

播种繁殖，种子千粒重1.7～2.2g。

图5-21　醉蝶花

（4）园林应用

醉蝶花的花瓣轻盈飘逸，盛开时似蝴蝶飞舞，颇为有趣，可在夏秋季节布置花坛、花境，也可进行矮化栽培，将其作为盆栽观赏。在园林应用中，可根据其能耐半阴的特性，种在林下或建筑阴面观赏。醉蝶花对二氧化硫、氯气均有良好的抗性，能吸收甲醛，是非常优良的抗污花卉，在污染较重的工厂、矿山也能很好地生长。

（5）其他经济用途

醉蝶花是一种极好的蜜源植物，可以提取优质的精油。

（6）花文化

醉蝶花在傍晚开放，第二天白天就凋谢，可谓是夏夜之花，短暂的生命给人虚幻无常的感觉，所以花语是神秘。

23. 美女樱 *Verbena hybrida*

别名：铺地草、美人樱、四季绣球　　　　科属：马鞭草科马鞭草属

（1）形态特征

多年生草本，植株宽广，丛生而铺覆地面，株高为 30～50cm。茎四棱，多分枝，全株具灰色柔毛。叶对生，长圆或披针状三角形，有柄，边缘具缺刻或粗齿，或近基部稍分裂。穗状花序顶生、开花时似伞房状；花小而密集，苞片近披针形；花萼细长筒形，先端 5 齿裂；花冠管状，长约为萼筒的 2 倍，先端 5 裂，裂片端凹入；雄蕊 4；内藏于花冠管的中部；花色有紫、粉、蓝、白、红等，还有复色类型。蒴果。花期 6～9 月；果期 9～10 月（图 5-22）。

图 5-22　美女樱

（2）分布与习性

本种为 *V. peruviana* 与其他种的种间杂种。原产于巴西、秘鲁及乌拉圭等地。喜温暖，能耐炎热，不耐严寒，不耐干旱。要求疏松、湿润、肥沃、排水良好的土壤。

（3）繁殖方法

扦插、分株，也可秋播。扦插繁殖在 4～9 月进行，极易生根。生长期可以利用茎基已生根的茎段于阴雨天分栽。种子细小，发芽率低，发芽缓慢，18℃时约 21d 才发芽。播种育苗管理要精细，播苗当年开花。种子千粒重 2.5g。

（4）栽培变种与常见同属栽培种

变种有白心种，花冠喉部白色；斑纹种，花冠边缘有斑纹；矮生种，株高为 20～30cm。

同属栽培种有：

① 加拿大美女樱（*V. canadensis*）　多年生，其矮生变种作一年生花卉栽培。高 20～50cm，茎多分枝。叶卵形至卵状长圆形，基部截形或阔楔形，常具 3 深裂。花色有粉、红、紫和白色。原产于美国的西南部。

② 红叶美女樱（*V. rigida*，*V. venosa*）　多年生，高 30～60cm，直立，叶片狭长圆形，具锐齿缘，基部楔形。穗状花序密集，花略紫色。还有白色及蓝色变种，播种当年即可开花。原产于巴西、阿根廷等地。

③ 细叶美女樱（*V. tenera*） 多年生，基部木质化。茎丛生，倾卧状，高 20～40cm。叶二回深裂或全裂，裂片狭线形。穗状花序，花蓝紫色。原产于巴西。

（5）园林应用

美女樱茎叶平卧，花繁而美丽，花色丰富，花期长，是花坛、花境的好材料，也可用作地被植物，矮生变种适宜盆栽观赏。

（6）其他经济用途

全草可入药，具清热凉血的功效。

（7）花文化

美女樱的花语是家庭和睦。

24. 麦秆菊 *Helichrysum bracteatum*

别名：蜡菊、贝细工、干巴花　　　　　　科属：菊科蜡菊属

（1）形态特征

多年生草本，常作一、二年生栽培，全株被微毛。茎粗硬直立，仅上部有分枝。叶互生，长椭圆状披针形，全缘，近无毛。头状花序单生枝顶，径为 3～6cm；总苞片多层，膜质，覆瓦状排列，外层苞片短，内部各层苞片伸长酷似舌状花，有白、黄、橙、褐、粉红及暗红等色；筒状花黄色。花期 7～9 月（图 5-23）。

（2）分布与习性

原产于澳大利亚。不耐寒，喜阳光充足、温暖，忌酷热，宜湿润、肥沃、排水良好的稍黏质土壤。

（3）繁殖方法

播种繁殖，多在 3～4 月播种，温暖地区也可秋播，冬季在温床或冷床中越冬。

（4）园林应用

麦秆菊多应用于花坛、林缘自然丛植，也可用作干花材料，因其花干后不凋落，如蜡制成，是制作干花的良好材料，

图 5-23　麦秆菊

是自然界特有的天然"工艺品"。色彩干后不褪色。

（5）花文化

麦秆菊的花语是永恒的记忆、刻画在心。

25. 毛地黄 *Digitalis purpurea*

别名：自由钟、洋地黄　　　　　　科属：玄参科毛地黄属

（1）形态特征

二年生或多年生草本，株高 90～120cm。茎直立，少分枝，全体密生短柔毛。叶粗糙、皱缩，基生叶具长柄，卵形至卵状披针形；茎生叶柄短或无，长卵形，叶形由下至上而渐小。顶生总状花序，长 50～80cm；花冠钟状而稍偏，长 5～7.5cm，于花序一侧下垂，花梗、苞片、花萼都有柔毛；花紫色，筒部内侧色浅白，并有暗紫色细点及长毛。蒴果卵球形。花期 6～8 月，果熟期 8～10 月（图 5-24）。

（2）分布与习性

原产于欧洲西部，各地广泛栽培。略耐干旱，较耐寒，可在半阴环境下生长，要求中等肥沃、湿润且排水良好的壤土。

（3）繁殖方法

播种繁殖，也可分株繁殖。

（4）常见栽培品种与变种

栽培品种有白、粉和深红等色。变种有：

① 白花自由钟（*D. Purpurea* var. *alba*）　花白色。

② 大花自由钟（*D. Purpurea* var. *gloxiniaeflora*）　性强健；花序长，花大而有深色斑点。

③ 重瓣自由钟（*D. Purpurea* var. *monstrosa*）　花部分重瓣。

高型品种株高达 2m 以上。

图 5-24　毛地黄

（5）园林应用

毛地黄植株高大，花序挺拔，花形优美，色彩明亮。宜应用作花境的背景材料，也可用作大型花坛的中心植物材料，亦可丛植。也可用作盆栽。

（6）其他经济用途

毛地黄叶为重要药材，可提取强心剂。

26. 茑萝 *Quamoclit pennata*

别名：游龙草、羽叶茑萝、锦屏封　　　　　　　科属：旋花科茑萝属

（1）形态特征

一年生缠绕草本，高达 6m。茎细长光滑。叶互生，羽状全裂，裂片线形、整齐，长 4～7cm。聚伞花序腋生，着花一至数朵，高出叶面；萼片 5；花径为 1.5～2cm，花冠高脚碟状，鲜红色，呈五角星形，筒部细长，雄蕊 5，外伸。蒴果卵圆形，种子黑色。花期 8～10 月；果期 9～11 月（图 5-25）。

（2）分布与习性

原产于美洲热带，全球广为栽培。喜温暖、喜光。不耐寒，对土壤要求不严，直根性，幼苗柔弱，须根少，不耐移植。

（3）繁殖方法

播种繁殖，春末夏初直接穴播。每穴播种 3～5 粒。能自播繁衍。种子千粒重 14.81g。

（4）常见同属栽培种

有花纯白、粉白色等栽培类型。常见同属栽培种有：

① 圆叶茑萝（*Q. coccinea*）　蔓长达 3～4m，多分枝而较茑萝繁密。叶卵圆状心形，全缘，有时在下部有浅齿

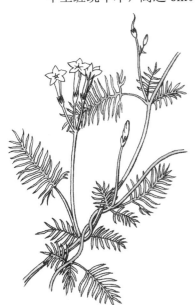

图 5-25　茑　萝

或角裂。聚伞花序腋生，较茑萝种多，花橙红色，漏斗形，花径为 1.0～1.8cm。原产于南美洲。

② 槭叶茑萝（*Q. sloteri*） 别名掌叶茑萝。为羽叶茑萝与圆叶茑萝的杂交种。叶宽卵形，呈 5～7 掌状裂，裂片长而锐尖。花红色至深红色，花径为 2～2.5cm。

（5）园林应用

茑萝叶纤细、翠绿，缀以鲜红色的小花，十分别致，是美化棚架、篱垣的优良材料。还可以盆栽造型观赏。

（6）其他经济用途

茑萝全株均可入药，有清热、解毒、消肿的作用。对治疗发热感冒、痈疮肿毒有一定的效果。

（7）花文化

《诗经》云："茑为女萝，施于松柏"，意喻兄弟亲戚相互依附。

27. 石竹 *Dianthus chinensis*

别名：中国石竹、洛阳花、草石竹、竹节花　　　科属：石竹科石竹属

（1）形态特征

多年生草本，常作一、二年生栽培，株高 30～50cm。茎疏丛生，茎直立或基部稍呈匍匐状，节膨大，无或顶部有分枝。单叶对生，灰绿色，线状披针形，长约 8cm，基部抱茎，中脉明显；开花时基部叶常枯萎。花单生或数朵成疏聚伞花序，花径约 3cm，花梗长；单瓣 5 枚或重瓣，边缘不整齐齿裂，呈红、紫、粉、白及复色，喉部有斑纹；微具香气。蒴果，果矩圆形，种子黑色，扁圆形。花期 4～9 月；果期 6～10 月（图 5-26）。

（2）分布与习性

原产于中国、日本、朝鲜及欧洲。分布于中国东北、华北、西北和长江流域各地。性喜光照充足，耐寒，耐旱，忌水涝，不耐酷暑，夏季多生长不良或枯萎。适宜栽植在向阳通风、疏松、肥沃的石灰质土上，不宜在黏土上栽植。

（3）繁殖方法

播种、扦插和分株繁殖。

（4）常见栽培变种同属栽培种

变种有锦团石竹（*D. chinansis* var. *heddewigii*），株高 20～30cm，茎被白粉，花大，花径为 5～6cm，色彩丰富，有重瓣类型。还有羽瓣石竹，花瓣先端有明显细齿及矮石竹等栽培类型。

同属常见栽培种有：

① 须苞石竹（*D. barbatus*） 别名美国石竹、五彩石竹、十样锦。多年生草本，株高 30～60cm。茎光滑，微四棱，节间长于石竹，且较粗壮，分枝少。叶片披针形至卵状披针形，具平行脉。花小而多，簇生成头状聚伞花序，花序径在 10cm 以上；花梗极短或几无梗；花苞片先端须状；花白、粉、红等深浅不一，单色或环纹状复色，稍有

图 5-26　石　竹

香气。花期 4~6 月；果期 5~6 月。原产于欧洲、亚洲。

② 常夏石竹（*D. plumarius*） 茎、叶有白粉。花 2~3 朵，径为 2.5cm，有粉红、紫和白色，有环纹或中心色深，芳香。

③ 石竹梅（*D. latifolius*） 别名美人草，是石竹和须苞石竹的杂交种，形态也介于二者之间。花瓣边缘常具银白色的边缘，多重瓣，背面全为银白色。有花暗红色变种（var. *atrococcineus*）。

④ 瞿麦（*D. superbus*） 稀疏圆锥花序，花径为 3.5~4cm，花瓣端细裂，有淡紫、白、粉等色。花期 6~7 月；果期 7 月。原产于欧洲、亚洲温带，中国北方有野生。

（5）园林应用

石竹株型整齐，花朵繁密，色彩丰富、鲜艳，花期长，可片植作地被；广泛用于花坛、花境及镶边植物，也可布置岩石园；可用作切花，亦可作盆栽欣赏。

（6）其他经济用途

全草作利尿药。

（7）花文化

石竹常生在山间坡地，与岩石为伴，其叶又似竹叶，故得名。石竹花语为真情、天真。

28. 蛇目菊 *Coreopsis tinctoria*

别名：两色金鸡菊、小波斯菊、金钱菊、金钱梅　　　　科属：菊科金鸡菊属

（1）形态特征

一、二年生草本，株高 30~90cm，全株光滑无毛。茎上部多分枝。叶对生，基生叶 2~3 回羽状深裂叶，裂片线形或披针形。头状花序常数个排列呈疏散的聚伞花序，顶生，具细长总梗；花径 3~4cm，舌状花通常单轮，8 枚，金黄色，基部或中下部红褐色，端具裂齿；管状花紫褐色。花期 5~8 月。

（2）分布与习性

原产于北美中部地区，世界各国多有栽培。喜阳光充足，夏季凉爽的环境，耐寒力强，耐干旱瘠薄，忌酷暑。

（3）繁殖方法

播种繁殖，春、秋皆可，种子千粒重 0.259g。播种在寒冷地区需移入冷床越冬。有自播能力。因其种子成熟期不一致，自播苗生长期参差不齐。

（4）常见同属栽培种

同属栽培种有金鸡菊（*C. drummondii*），又名小金鸡菊。一年生草本，高 30~60cm。茎多分枝，疏生柔毛。叶 1~2 回羽状裂，裂片卵圆或长圆形，上部有时呈线形。花似蛇目菊而略大，总片外层近等长，舌状花冠黄色仅基部一小部分为褐紫色。原产于美国南部，耐干旱沙质土，不耐寒，宜春播，花期夏秋间。

（5）园林应用

蛇目菊茎叶光洁亮绿，花朵繁茂，玲珑雅致，成片栽植作地被植物，任其自播繁衍，可丛植作花境，也可应用于花坛、路边等，也适于用作切花。

（6）其他经济用途

植株可入药，有清热解毒之效。

（7）花文化

蛇目菊的花语是恳切的喜悦。

29. 天人菊 *Gaillardia pulchella*

别名：虎皮菊、六月菊　　　　　　　　　　科属：菊科天人菊属

（1）形态特征

一年生草本，高30～50cm。全株具软毛，多分枝。叶互生，矩圆形，全缘或基部叶呈羽状，近无柄。头状花序顶生，具长梗；舌状花黄色，基部紫红色；管状花黄色。花期6～9月；果期8～10月。

（2）分布与习性

原产于美洲；中国各地广泛栽培。耐干旱炎热，不耐寒，耐初霜，喜阳光，也耐半阴，宜排水良好的疏松土壤。耐风、抗潮，生性强韧，具耐旱特性，是良好的防风固沙植物。

（3）繁殖方法

播种繁殖。种子千粒重1.2～1.4g。自播繁殖能力强，生长迅速。

（4）园林应用

天人菊是很好的沙地绿化、美化、定沙草本植物。其花姿娇娆，色彩艳丽，花期长，栽培管理简单，可植于花带、花坛、花境或草坪边缘，也可作切花。

（5）其他经济用途

植株晒干后焚烧，有驱蚊作用。

（6）花文化

天人菊的花语是团结、同心协力。

30. 香雪球 *Lobularia maritima*

别名：庭荠、小白花　　　　　　　　　　科属：十字花科香雪球属

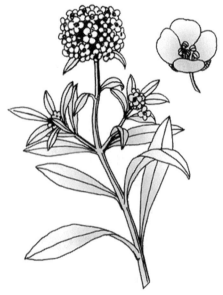

图5-27　香雪球

（1）形态特征

多年生草本，作一、二年生栽培，株高15～30cm，株形松散。茎细，多分枝而匍生，茎具疏毛。叶互生，线形或披针形，全缘，顶端稍尖，长达8cm。总状花序顶生，总轴短，小花密集成球状；花瓣4枚，花白色，微香。短角果球形。花期3～6（10）月（图5-27）。

（2）分布与习性

原产于地中海沿岸地区，世界各地广为栽培。喜冷凉干燥的气候，稍耐寒，忌湿热，喜光，也耐半阴。不择土壤，但在湿润、肥沃、疏松、排水良好条件下生长尤佳。耐海边盐碱空气。

（3）繁殖方法

播种繁殖，秋播或春播，也可扦插繁殖。环境适宜地区可自播繁衍。种子千粒重0.31g。

（4）园林应用

香雪球植株低矮而多分枝，花开一片银白色，花朵密集且芳香，是重要的花坛花卉，也是花境的优良镶边材料。宜布置岩石园，可小面积片植作地被。也可供盆栽或窗饰。

（5）花文化

香雪球的花白色，明快、轻盈。它的花语是轻快。

31. 夏堇 *Torenia fournieri*

别名：蓝猪耳、蝴蝶草、花公草　　　　　　科属：玄参科蓝猪耳属

（1）形态特征

一年生草本，株高 30～50cm。茎光滑多分枝，四棱形，基部略倾卧，株形整齐而紧密。叶对生，端部短尾状，基部心形，叶缘有细锯齿。花着生于上部叶腋或呈总状花序；花唇形，淡青色，下唇边缘堇蓝色，中央具黄斑；萼筒状膨大，有宽翅，花形似金鱼草。花期 6～10 月。

（2）分布与习性

原产于亚洲热带地区。喜高温、耐炎热。喜光、耐半阴，对土壤要求不严。生长强健，需肥量不大，在阳光充足、适度肥沃、湿润的土壤上开花繁茂。

（3）繁殖方法

播种繁殖，一般春季播种。种子千粒重 1.74g。

（4）园林应用

夏堇花期长，耐炎热，为夏季少花时的优良花卉，特别适用于花坛、阳台、花台等处。适宜应用于半阴处的小面积地被植物，是盆栽和花坛美化的适宜材料。

（5）其他经济用途

夏堇可药用，主要功效是清热解毒、利湿、止咳、和胃止呕、化淤。

图 5-28　霞　草

（6）花文化

夏堇的花语是思念。

32. 霞草 *Gypsophila elegans*

别名：满天星、丝石竹　　　　　　科属：石竹科丝石竹属

（1）形态特征

一、二年生草本，株高 30～45cm。全株平滑，上部分枝纤细而开展，具白粉。叶披针形，粉绿色。花小，径 0.6～1cm，白或水红色，花梗细长，聚伞花序组成疏松的大型花丛。花期 5～6 月（图 5-28）。

（2）分布与习性

原产于高加索至西伯利亚。中国各地广泛栽培。性耐寒，要求阳光充足而凉爽环境。耐瘠薄和干旱，但以排水良好、具腐殖质的石灰性壤土为好。

（3）繁殖方法

播种繁殖，种子千粒重 0.3～0.9g。

（4）常见同属栽培种

锥花丝石竹（*G. paniculata*），又名满天星。多年生草本，常作一年生栽培。花小，白色，具浓香。另霞草的栽培品种还有矮生种、重瓣与大花种类型。

（5）园林应用

霞草繁花点点，姿态轻盈，极为优美。常与其他草花混种，也可用作切花配材。

（6）其他经济用途

霞草可药用，有祛风清热作用。

（7）花文化

满天星的花语为清纯、关怀、恋爱、配角、真爱、纯洁的心灵。

33. 五色草 *Alternanthera bettzickiana*

别名：锦绣苋、红绿草　　　　　　　科属：苋科虾钳菜属

图 5-29　五色草

（1）形态特征

多年生草本，作一年生栽培，株高 20～50cm。茎直立或基部匍匐，多分枝，上部四棱形，下部圆柱形，两侧各有一纵沟，在顶端及节部有贴生柔毛。叶片矩圆形、矩圆倒卵形或匙形，长 1～6cm，宽 0.5～2cm，顶端急尖或圆钝，有凸尖，基部渐狭，边缘皱波状，绿色或红色，或部分绿色，杂以红色或黄色斑纹；叶柄长 1～4cm。头状花序顶生及腋生，2～5 个丛生，长 5～10mm，无总花梗；苞片及小苞片卵状披针形。果实不发育。花期 8～9 月（图 5-29）。

（2）分布与习性

原产于巴西，现中国各大城市广为栽培。喜温暖而畏寒，宜阳光充足，喜高燥的沙质土。盛夏生长甚速，入秋后叶色艳丽。

（3）繁殖方法

播种繁殖，种子千粒重 0.15g。

（4）常见栽培品种

① '黄叶' 五色草（'Aurea'）　叶黄色而有光泽。

② '花叶' 五色草（'Tricolor'）　叶具各色斑纹。

（5）园林应用

五色苋常用作布置模纹花坛。

（6）其他经济用途

全植物可入药，有清热解毒、凉血止血、清积逐瘀功效。

（7）花文化

五色草又称锦绣苋，顾名思义，花语是前程似锦。

34. 月见草 *Oenothera biennis*

别名：山芝麻、夜来香、束风草　　　　　　　科属：柳叶菜科月见草属

（1）形态特征

二年生草本，也可作一年生栽培，株高 1～1.5m，全株具毛。分枝开展，基部带木质。叶互生，倒披针形至卵圆形。花黄色，径 4～5cm，成对簇生于枝上部之叶腋；傍晚开花至凌晨凋谢，具清香。花期 6～9 月（图 5-30）。

（2）分布与习性

原产于北美。喜阳光充足而高燥之地，耐寒、耐旱、耐贫瘠。

（3）繁殖方法

播种繁殖，自播能力强。种子千粒重 0.3～0.5g。

（4）常见同属栽培种

同属栽培种有大花月见草（*O. grandiflora*）、美丽月见草（*O. speciosa*）、待霄草（*O. odorata*）和白花月见草（*O. tricocalyx*）等。

（5）园林应用

高大种类可用作开阔草坪的丛植、花境或基础栽植，有近似花灌木的效果；中矮种类可用于小路沿边布置或假山石点缀，也宜作大片地被花卉。因傍晚开放，清香沁人；夜幕中色彩尤为明丽，更宜植于傍晚或夜间游人散步游息之地，是夜花园的良好植物材料。

图 5-30　月见草

（6）其他经济用途

种子油可食用；花含芳香油可制成浸膏；茎皮为纤维原料；也可制酒。

（7）花文化

月见草傍晚开放，清香沁人，默默无语。花语是默默的爱、不屈的心、自由的心。

35. 羽衣甘蓝 *Brassica oleracea* var. *acephala* f. *tricolor*

别名：叶牡丹、花苞菜　　　　　　科属：十字花科甘蓝属

（1）形态特征

二年生草本。叶倒卵形，宽大而肥厚，叶面皱缩，被白粉，叶缘细波状褶皱。总花梗由叶丛中抽生，约高 1m，上部着生总状花序，小花数十朵，淡黄色；花萼 4，花瓣 4。长角果细圆条形，有喙。观叶期在 11 月至翌年 2 月（图 5-31）。

（2）分布与习性

中国各地有栽培。耐寒，喜光，喜凉爽湿润的气候。要求富含有机质疏松、湿润、排水良好的土壤。

图 5-31　羽衣甘蓝

（3）繁殖方法

播种繁殖。

（4）常见栽培类型

羽衣甘蓝为甘蓝的变种。有赤紫叶、黄绿叶、绿叶等栽培类型。

（5）园林应用

羽衣甘蓝叶色鲜艳，色彩丰富，耐寒，是冬季露地重要的观叶花卉。在长江流域及其以南地区，多用于布置冬季花坛、花台，也可盆栽观赏。

（6）其他经济用途

羽衣甘蓝是甘蓝的变种，可食用。

（7）花文化

羽衣甘蓝因叶色丰富，色彩斑斓，美丽如鸟的羽毛而得名。一株羽衣甘蓝的叶片像一朵牡丹花，故又名叶牡丹。花语是卑微的爱。

36. 银边翠 *Euphorbia marginata*

别名：高山积雪、象牙白、初雪草　　　　　　科属：大戟科大戟属

（1）形态特征

一年生草本，株高 50～70cm。茎直立，全株被柔毛或无毛，中部以上叉状分枝。茎下部叶互生；叶卵形至矩圆形或椭圆状披针形，长 3～7cm，宽约 2cm，下部的叶互生，绿色，顶端的叶轮生，边缘白色或全部白色，全缘。杯状聚伞花序，生于上部分枝的叶腋处，总苞杯状，密被短柔毛，顶端 4 裂，有白色花瓣状附属物。蒴果扁球形，直径 5～6mm，密被白色短柔毛；种子椭圆状或近卵形，长约 4mm，宽近 3mm，表面有稀疏的疣状突起，熟时灰黑色。花期 7～8 月；果期 9 月。

（2）分布与习性

原产于北美洲。中国各地广泛栽培。喜光，亦耐半阴，适宜湿润环境和疏松、肥沃土壤。

（3）繁殖方法

播种或分株繁殖。

（4）园林应用

银边翠为良好的花坛背景材料，栽植于风景区、公园及庭园等处布置花坛、花境、花丛，亦可用于林缘地区及盆栽。还可作切花材料。银边翠的花粉有致癌因子，因此不适合室内栽培。

（5）其他经济用途

可用作药材，拔毒消肿，用于治疗痈疽疔疮、红、肿、热、痛之症。

（6）花文化

银边翠点点翠、残松幽绿，花叶色幽然，若隐若现。花语是好奇心。

37. 雁来红 *Amarranthus tricolor*

别名：三色苋、老来少　　　　　　科属：苋科苋属

（1）形态特征

一年生草本，株高 100～140cm。茎直立，粗壮，绿色或红色，常分枝。叶卵圆至卵状披针形，长 4～10cm，宽 2～7cm，绿色或常成红色，紫色或黄色，或部分绿色加杂其他颜色，顶端圆钝或尖凹，具凸尖，基部楔形，全缘或波状缘，无毛；叶片基部常暗紫色；入秋叶中下部或全叶变为黄及艳红色，很美丽。花小不显，穗状花序集生于叶腋。胞果卵状矩圆形，环状横裂，包裹在宿存花被片内。花期 5～8 月；果期 7～9 月（图 5-32）。

（2）分布与习性

原产于印度，分布于亚洲南部、中亚、日本等地。中国各地有栽培。性喜阳光充足、高燥而排水良好的土壤，忌湿热或积水。

（3）繁殖方法

播种繁殖，常春播。

（4）常见栽培变种

紫叶三色苋（var. *splendens*），株高达 180cm，茎叶暗紫色，秋凉梢叶转为艳丽的玫瑰红色，尤为可观。

（5）园林应用

雁来红植株高大，顶叶艳丽，最宜自然丛植，或作花境背景，也可予院落角隅或基础栽植点缀。但其生长常高矮不一，有自然之感而少整齐之态。

图 5-32　雁来红

（6）其他经济用途

茎叶作为蔬菜食用；叶杂有各种颜色供观赏；根、果实及全草入药，有明目、利大小便、去热的功效。

（7）花文化

雁来红似花非花，愈老愈艳，色泽浓烈，热情四溢。花语是情爱、爱戴。

38. 虞美人 *Papaver rhoeas*

别名：丽春花

科属：罂粟科罂粟属

（1）形态特征

一年生草本，株高 30～80cm。茎细长，分枝，全株被糙毛，具白色乳汁。叶互生，不规则羽状深裂，裂片披针形或条状披针形，顶端急尖，边缘有粗锯齿，两面有糙毛。花单生于枝顶，花蕾下垂，卵球形，花开后花朵向上；花瓣 4 枚，近圆形，质薄似绢，有光泽，呈红、白、粉等色，或红色镶有白边，基部有紫色斑；花色丰富。蒴果孔裂，种子多数，细小。花期 4～7 月；果期 6～8 月（图 5-33）。

（2）分布与习性

原产于欧洲、亚洲的温带地区，现世界各地广泛栽培。

图 5-33　虞美人

性喜温暖、阳光充足的环境，耐寒，忌高温高湿。要求深厚、肥沃、疏松的土壤。春夏冷凉的地区生长良好，开花艳丽而花期较长。

（3）繁殖方法

播种繁殖，秋季直播。能自播繁衍。夏季凉爽的地区可于早春直播。播后约 2 周萌发。种子千粒重 0.07g。

（4）常见栽培品种与同属栽培种

虞美人有重瓣及花色有斑纹等栽培类型。

常见同属栽培种有：

① 东方罂粟（*P. orientalis*）多年生草本，作二年生栽培，高 1m 左右。茎粗壮，叶羽裂，花径 10～20cm，花瓣 6，栽培者多为重瓣，一般鲜红色，亦有白、粉及复色。原产于地中海地区及伊朗。

② 冰岛罂粟（*P. nudiaule*）多年生草本。叶基生，花单生无叶莲上，高 30～60cm，花瓣白色而基部黄色或黄色而基部绿黄色，栽培者橘红色，芳香。原产于北极地区，极耐寒而怕热。其变种山罂粟（var. *chinensis*），花瓣 4，橘黄色。产于中国河北、山西山区，北方可栽培观赏。

（5）园林应用

虞美人姿态轻盈，花色绚丽，花瓣质薄如绢。可成片栽植作地被，也可布置花坛、花境。

（6）其他经济用途

种子含油 40%以上，供工业用油。

（7）花文化

虞美人在古代寓意着生离死别、悲歌。

39. 紫茉莉 *Mirabilis jalapa*

别名：胭脂花、夜晚花、地雷花　　　　科属：紫茉莉科紫茉莉属

（1）形态特征

多年生草本，常作一年生栽培，高可达 1m。主茎直立，侧枝散生，节膨大。块根肥粗，肉质；单叶对生，卵状心形，全缘。花瓣缺，花萼花瓣状，喇叭形，花常数朵簇生枝端；花色有黄色、白色、玫瑰红色，或有斑纹及二色相间等；花傍晚开放，清晨凋谢，有香气。瘦果球形，黑色，表面皱缩如核。花期 6～10 月，果期 8～11 月（图 5-34）。

（2）分布与习性

原产于南美洲的热带地区。喜温暖湿润的环境，不耐寒，喜半阴，不择土壤。

（3）繁殖方法

播种繁殖，春季播种，能自播繁衍。种子千粒重 109g 左右。

图 5-34　紫茉莉

（4）园林应用

紫茉莉性强健，生长迅速，黄昏散发浓香，宜作地被植物，也可丛植于房前屋后、篱垣旁。对二氧化硫、一氧化碳有较强的抗性，可用于污染区绿化。

（5）其他经济用途

根、叶可供药用，有清热解毒、活血调经和滋补的功效。种子白粉可去面部斑痣粉刺。

（6）花文化

紫茉莉的花语是臆测、猜忌、小心。

40. 蜀葵 *Althaea rosea*

别名：蜀季花、一丈红、熟季花、端午锦　　科属：锦葵科蜀葵属

（1）形态特征

二年生草本，株高达 2～3m。茎直立，不分枝，枝、叶被毛。叶大，互生，近圆或心形，直径 6～15cm，5～7 掌状浅裂，表面凹凸不平，粗糙，边缘有齿，具长柄。花单生叶腋，径 7～9cm；花瓣倒卵状三角形，有白、黄、粉、红、紫、墨紫及复色，单瓣、复瓣或重瓣品种；小苞片 6～7，基部合生；萼钟形，5 齿裂。果圆盘形，种子肾形易脱落。花期 5～9 月，由下向上逐渐开放（图 5-35）。

（2）分布与习性

原产于中国西南部，为一古老栽培种，未见野生，现世界各地广为栽培。性喜凉爽气候，忌炎热与霜冻，喜阳光，略耐阴，宜土层深厚、肥沃、排水良好土壤。无须特殊管理，但在大风地区应设支柱。对二氧化硫、氯化氢抗性强，是良好的抗污染绿化植物。

图 5-35　蜀　葵

（3）繁殖方法

播种繁殖，能自播，一般当年仅形成营养体，翌年开花。种子千粒重 4.67～9.35g。也可分株或扦插繁殖。

（4）园林应用

植于建筑物前、庭园周边，群植林缘，列植花境作背景均极相宜，或用作切花。

（5）其他经济用途

茎皮纤维可代麻用；种子可榨油；花和种子入药，能利尿通便。

（6）花文化

蜀葵花形奇特，花开锦绣夺目，给一种温和的感觉。因此，蜀葵的花语是温和。

41. 锦葵 *Malva sylvestris*

别名：小熟季花　　科属：锦葵科锦葵属

（1）形态特征

二年生草本，株高 60～100cm。少分枝，具粗毛。叶圆心形或肾形，直径 7～13cm，具长

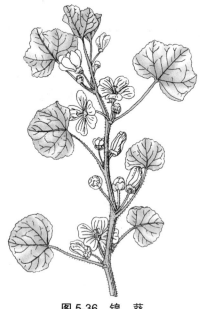

图 5-36 锦葵

柄，长 8～18cm，缘有 5～7 钝齿波状浅裂，裂具粗齿。花数朵簇生叶腋，花梗明显较叶柄短，并且花柄长短不等；小苞片卵形，萼裂片宽卵形，花瓣长过花萼 3 倍，顶端略凹；花色紫红、浅粉或白色，花径 2.5～3.5cm。果实扁圆形，心皮有明显皱纹和细毛。花期 5～7 月（图 5-36）。

（2）分布与习性

原产于欧洲、亚洲的温带地区。中国各地习见栽培。耐寒，耐干旱，不择土壤，以沙质土壤最为适宜。生长势强，喜阳光充足。

（3）繁殖方法

播种繁殖，种子千粒重 9.2g。

（4）常见栽培变种

大花变种（*M. sglvestris* var. *mauritiana*），株高达 120cm，花大，径 4～6cm。

（5）园林应用

锦葵开花先后不一，株形参差不齐，不适宜花坛应用。常作花境背景，点缀丛植或角隅布置。

（6）其他经济用途

锦葵嫩茎和叶可食用，花和叶入药；富含黏液，为黏滑剂。可用作香茶，且香茶的颜色可变，在蓝色的茶中滴入柠檬可变为粉红色。

（7）花文化

锦葵的花语是恩惠，受到这种花祝福而生的人，具有一股不为人知的独特气质，必须让人细细品味才能发掘其中的美。

42. 诸葛菜 *Orychophragmus violaceus*

别名：二月蓝　　　　　　　　科属：十字花科诸葛菜属

（1）形态特征

一、二年生草本，株高 10～50cm。无毛，有粉霜。基生叶和下部叶具柄，下部叶片大头状羽裂，基部心形，具钝齿；中部叶具卵形顶生裂片，抱茎；上部叶矩圆形，不裂，基部两侧耳状，抱茎。总状花序顶生，花瓣 4 枚，紫色，直径约 2cm。长角果线形。花期 3～5 月；果期 4～6 月（图 5-37）。

（2）分布与习性

原产于中国华东、华北、东北地区。生于平原、山地、路旁或地边。耐阴，耐寒，不择土壤，自播能力强。

（3）繁殖方法

播种繁殖，宜秋季直播。果实成熟后，易开裂，应及时采收。

图 5-37 诸葛菜

（4）园林应用

诸葛菜是中国一种春季常见的野花，冬季绿叶葱翠，早春花开成片，十分壮观，且花期长，适宜作疏林下观花地被。

（5）其他经济用途

嫩茎叶可作野菜食用，用开水烫后，再清水漂洗去苦味，即可炒食。种子含油量高达50%以上，又是很好的油料植物。

（6）花文化

传说诸葛亮率军出征时曾采嫩梢为菜，故得名。另因农历二月开蓝紫色花，得名二月蓝。花语是谦逊质朴，无私奉献。

43. 紫罗兰 *Matthiola incana*

别名：草紫罗兰、草桂花　　　　科属：十字花科紫罗兰属

（1）形态特征

多年生草本，作一、二年生栽培，株高 30～60cm，全株具灰色星状柔毛。茎直立，多分枝，基部稍木质化。叶互生，长圆形至倒披针形，全缘，灰蓝绿色，先端圆钝，基部渐狭。总状花序顶生或腋生，花梗粗壮，花白、紫、红色及复色；萼片 4，两侧萼片基部垂囊状；花瓣 4，具香气。长角果圆柱形，有柔毛，种子近圆形，扁平，具白色膜质翅。花期 4～5 月；果期 6 月（图 5-38）。

（2）分布与习性

原产于欧洲地中海沿岸，各地园林习见栽培。喜冷凉气候，冬季能耐-5℃温度，忌燥热，于梅雨季节易遭病虫害。要求肥沃、湿润及深厚土壤，喜阳光充足，能稍耐半阴。除一年生品种外，均需低温以通过春化阶段而开花，故作二年生栽培。

图 5-38　紫罗兰

（3）繁殖方法

播种繁殖，种子千粒重 0.8～1.0g。

（4）常见栽培品种、变种与同属栽培种

栽培品种很多，根据株高分为高、中、矮 3 类；根据花型分为单瓣及重瓣；根据花期不同分为夏紫罗兰、秋紫罗兰及冬紫罗兰等品种；根据栽培习性不同分为一年生及二年生类型。

变种有香紫罗兰（*M. incana* var. *annua*），一年生；茎叶较矮小；花期早，香气浓，有白色及杂色等重瓣品种。

同属栽培种有夜香紫罗兰（*M. bicornis*），一年生或二年生草本；多分枝，长而细；叶为线状披针形，缘具疏齿；花无柄，淡紫色，长角果顶端分叉；白天闭合，傍晚开花，很香。原产于希腊。

（5）园林应用

紫罗兰是春季花坛的主要花卉，也是很好的切花材料。

（6）其他经济用途

紫罗兰为重要的香料植物。

（7）花文化

紫罗兰的花瓣较薄，如绫罗，花香清幽，并如桂花般甜润、醇和，给人以亲切舒适的感受。花语是永恒的美、信任、宽容、盼望。

44. 长春花 *Catharanthus roseus*

别名：日日草、山矾花　　　　　　科属：夹竹桃科长春花属

（1）形态特征

多年生草本，基部木质化，常作二年生栽培，株高 30～60cm。茎直立，基部木质化。

图 5-39　长春花

单叶对生，膜质，倒卵状矩圆形，基部楔形具短柄，顶端圆形，常浓绿色而有光泽。聚伞花序顶生或腋生，有花 2～3 朵；花筒细长，高脚碟状，约 2.5cm；花冠裂片 5，倒卵形，径 2.5～4cm，花色有蔷薇红、纯白、白而喉部具红黄斑等；萼片线状，具毛。菁葖果 2 个，直立，长 2.5cm，有毛。花期春至深秋（图 5-39）。

（2）分布与习性

原产于非洲东部。中国园林习见栽培。喜湿润的沙质壤土。要求阳光充足，但忌干热，故夏季应充分灌水，且置于略阴处开花较好。

（3）繁殖方法

播种繁殖，种子千粒重 1.33g。也可扦插繁殖，但生长势不及实生苗强健。

（4）常见栽培品种

① '白' 长春花（'Albus'）　花白色。

② '黄' 长春花（'Flavus'）　花黄色。

（5）园林应用

长春花花期长，病虫害少，多应用于布置花坛；尤其矮性种，株高仅 25～30cm，全株呈球形，且花朵繁茂，更宜栽于春夏之花坛。北方也常盆栽作温室花卉，可四季观赏。

（6）其他经济用途

全草药用，可治高血压、急性白血病、淋巴肿瘤等。

（7）花文化

长春花的花语是愉快的回忆。

小　结

本单元主要介绍了一、二年生花卉的含义，园林应用特点与 45 种一、二年生花卉的形态特征、生长习性、繁殖方法及园林应用特点等。通过对一、二年生花卉基本特征的学习，掌握其主要的识

别要点、生长特性、文化寓意及最佳的观赏期和观赏价值，使学生能科学合理地识别、应用一、二年生花卉。为以后在园林行业中花卉应用打下一定的理论和实践基础。

在识别、学习一、二年生花卉除记好学习笔记之外，还可应用相机收集主要识别部位的图片；用尺测量植株的高度；记录主要的识别部位和花期、花色等。

一、二年生花卉识别记录表

序号	名称	科属	识别要点			植株高度	花期	花色	园林应用	记录时间	备注
			叶	花	果						

知识拓展

其他一、二年生草花

序号	中名	学名	科名	高度（cm）	习性	园林应用
1	欧洲报春	*Primula vulgaris*	报春花科	13～15	喜冷凉、湿润、半阴环境，不耐酷暑和强光，适宜疏松、肥沃土壤	花期 5 月；花色鲜艳，株形优美，可植于花坛、草坪边缘或疏林下
2	贝壳花	*Moluccella laevis*	唇形科	50～60	喜光，适宜肥沃、排水良好的土壤	花期 6～7 月；花形奇特，素雅美观，可植于花坛、花境或草坪边缘
3	紫苏	*Perilla frutescens*	唇形科	30～90	喜光亦耐半阴，适宜疏松土壤	花期 8～9 月；主要观叶，可植于花坛、花境、草坪边缘或药草园
4	红花鼠尾草	*Salvia coccinea*	唇形科	30～60	喜温暖、向阳环境，耐半阴，忌霜害，适宜疏松、肥沃土壤	花期 7～8 月；可植于花坛、花境或草坪边缘
5	红花酢浆草	*Oxalis rubra*	酢浆草科	10～20	喜半阴、湿润环境，适宜富含腐殖质、排水良好沙质壤土	花期 6～10 月；可植于草坪边缘或疏林下
6	兴安黄芪	*Astragalus dahuricus*	豆科	30～80	喜光、耐旱，适宜疏松土壤	可植于花境、林缘或疏林下
7	石决明	*Cassia occidentalis*	豆科	50～100	喜光，亦耐半阴，适宜疏松、排水良好土壤	可植于林缘或疏林下
8	多叶羽扇豆	*Lupinus polyphyllus*	豆科	90～120	喜光，忌酷暑，适宜肥沃、疏松的微酸性沙质土	花期 5～6 月；花序美丽，可植于花坛、花境、草地边缘或作切花
9	草木犀	*Melibotus suaveolens*	豆科	100～150	喜光，耐旱亦耐湿润环境，适宜疏松土壤	花期 6～8 月；可植于林缘，山坡或疏林下
10	松叶冰花	*Lampranthus spectabilis*	番杏科	10～20	喜光、耐旱，忌涝，适宜温暖环境和肥沃、疏松土壤	花期 5～9 月；可植于花坛、花境或草坪边缘，也可组合盆栽
11	芒颖大麦草	*Hordeum jubatum*	禾本科	30～60	喜光，适宜湿润环境和疏松、沙质土壤	花期 7～9 月；观赏草，可植于湿涝、岩石园或园路两侧
12	福禄考	*Phlox drummondii*	花忍科	20～25	喜光，耐酷暑，适宜疏松、排水良好土壤	花期 6～8 月；花色艳丽，可植于花坛、花带或草坪边缘
13	角堇	*Viola cornuta*	堇菜科	15～20	喜光亦耐半阴，忌炎热多雨，适宜凉爽环境和疏松、肥沃土壤	花期 5～7 月；植株低矮，可植于花坛、花境、花带或草坪边缘

（续）

序号	中 名	学 名	科 名	高度（cm）	习 性	园林应用
14	风铃草	*Campanula medium*	桔梗科	40～70	喜光亦稍耐阴，喜凉爽，忌炎执，适宜湿润、肥沃的土壤	花期7月；可植于花坛、花境或疏林下
15	半边莲	*Lobelia erinus*	桔梗科	10～20	喜光，忌干燥、酷暑，适宜肥沃、湿润、疏松土壤	花期5～9月；可植于花坛、花境、园路两侧或作垂吊植物
16	春黄菊	*Anthemis tinctoria*	菊科	30～80	喜半阴，适宜疏松、排水良好沙质土壤	花期5～7月；花形别致，可植于花坛、花境、草坪边缘或疏林下
17	矢车菊	*Centaurea cyanus*	菊 科	30～70	喜阳光充足，适宜冷凉环境和肥沃、疏松土壤	花期6～8月；花大美丽，可植于花坛、花境或草坪边缘
18	白晶菊	*Chrysanthemum paludosum*	菊 科	15～25	喜阳光充足、凉爽的环境，不耐高温，适宜疏松、肥沃土壤	花期5～7月；可植于花坛、花境、花带或组合盆栽
19	勋章菊	*Gazania rigens*	菊 科	20～30	喜光，花在阳光下开放，晚上闭合，适宜疏松、肥沃、排水良好的土壤	花期5～10月；可植于花坛、花带、草坪边缘或花钵、盆栽
20	向日葵	*Helianthus annuus*	菊 科	60～160	喜光，忌高温多湿，耐旱，适宜疏松、沙质土壤	花期7～9月；可绿地丛植、群植、园路两侧列植或用作于花坛、花境
21	黑心菊	*Rudbeckia hirta*	菊 科	70～100	喜光，耐旱，适宜疏松、排水良好的沙质土壤	花期7～9月；可植于花坛、花带、花境或草坪边缘
22	红花吊钟柳	*Penstemon barbatus*	玄参科	60～90	喜凉爽、湿润环境，喜光亦耐半阴，适宜肥沃、疏松土壤	花期6～9月；花序挺拔，花色鲜艳，可植于花坛、花带、花境、草坪边缘或疏林下

自主学习资源库

1. 中国数字植物标本馆：http://www.cvh.org.cn.
2. 中国花卉网：http://www.china-flower.com.
3. 花卉网：http://www.hua002.com.
4. 花卉中国：http://www.flowercn.net.
5. 花卉论坛：http://www.huahui.cn.

自测题

1. 一、二年生花卉的定义是什么？
2. 一、二年生花卉有哪些主要园林用途？
3. 如何区分万寿菊与孔雀草，虞美人与花菱草？
4. 请举例说明夏季盛花花坛常应用的一、二年生草花品种。
5. 举出3～5种可用作切花的一、二年生花卉，并描述其主要形态特征。

单元 6

宿根花卉

学习目标

【知识目标】

（1）掌握宿根花卉的概念与范畴。

（2）理解宿根花卉园林应用特点。

（3）掌握常见宿根花卉的生态习性、观赏特性、繁殖技术及其园林应用。

【技能目标】

（1）能识别 30 种常见的宿根花卉。

（2）能熟练应用宿根花卉。

（3）能独立进行宿根花卉繁殖。

一、二年生花卉是园林布置的重要材料，但由于生命周期较短，每年更换，养护成本较高。除了科学管理外，有没有一次种植多年观赏，养护管理相对粗放简单，而功能与其相同的花卉呢？宿根花卉就是这种类型。

6.1 宿根花卉含义及园林应用特点

6.1.1 宿根花卉的概念

宿根花卉为多年生草本植物，特指地下部器官形态未变态成球状或块状的常绿草本和地上部在花后枯萎，以地下部着生的芽或萌蘖越冬、越夏后再度开花的观赏植物。通常所指的宿根花卉，主要是原产于温带的耐寒或半耐寒，可以露地栽培，且以地下茎或根越冬的露地花卉，如芍药、鸢尾等；以及原产于热带、亚热带的，不耐寒，且以观花为主的温室宿根花卉，如鹤望兰、红掌、君子兰等。

依其落叶性不同，宿根花卉又有常绿宿根花卉和落叶宿根花卉之分。常绿宿根花卉常见有麦冬、万年青、君子兰等；落叶宿根花卉常见有菊花、芍药、玉簪等。落叶宿根花卉耐寒性较强，在不适应的季节里，植株地上部分枯死，而地下的芽及根系仍然存活，待春天温度回升后，又能重新萌芽生长。

6.1.2　宿根花卉园林应用特点

宿根花卉可用于花坛、花境、岩石园、草坪、地被、水体绿化、基础栽植、园路镶边等。园林应用特点如下：

（1）宿根花卉方便经济，一次种植可以多年观赏

宿根花卉属多年生花卉，经一次种植后能多年生长的草本植物。一般是在春天发芽生长，夏秋季开花、结实，冬季地上部分干枯（南方地区环境条件适宜，仍继续生长，不枯死），地下部分则进入休眠。第二年春季气温回升时又重复前一年的生命历程。故与一、二年生草本花卉相比，方便经济，一次种植多年观赏。

（2）大多数种类（品种）对环境要求不严，管理相对简单粗放

宿根花卉大多数品种对环境条件要求不严，可粗放管理。宿根花卉病虫害较少，只要依季节和天气变化进行必要的水肥管理，即正常生长，开花结果。管理相对粗放简单。

（3）种类（品种）繁多，形态多变，生态习性差异大，应用方便，适于多种环境应用

宿根花卉品种繁多，株型高矮、花期、花色变化较大，花期长，色彩丰富、鲜艳。因种类不同，在其生长发育过程中对环境条件的要求也不一致。宿根花卉在生态习性上的这些差异，为园林绿化不同地域、不同环境提供很大的可选性，可以在园林景观、庭院、路边、河边、边坡等地绿化中广泛应用。

（4）观赏期不一，可周年选用

在宿根花卉中，春季开花有芍药、鸢尾等；夏季开花的有萱草、黑心菊、石竹、美人蕉等；秋季开花的有早小菊、荷兰菊、玉簪等。在园林绿化设计中，通过不同花期的季相变化在时间和空间上的合理布局，创造出意境优美的环境。

（5）是花境的主要材料，还可作宿根专类园布置

宿根花卉栽植后花期一致，花色明亮鲜艳，有丰富的色彩幅度变化，纯色搭配及组合较复色混植更为理想，更能体现色彩美。栽植后能够多年生长，无须年年更换，比较省工，如玉簪、鸢尾、芍药、金光菊、蜀葵、芙蓉葵、大花金鸡菊等。宿根花卉是花境的主要材料，还可布置宿根花卉专类园。

（6）适于多种应用方式

宿根花卉具有花色丰富、花期长的观赏特点，进行科学配置和栽植，就能提高绿地的观赏性。宿根花卉具有发达的地下根系，数年至数十年不死，生长点每年移动，萌发形成新个体。其适应性强，养护简单，具有抗旱、抗寒、耐瘠薄土壤的能力，尤其与乔灌木，一、二年生草花，草坪等配置成各类花坛、花境、花丛等，一年四季都有很好的景观，绿化效果十分突出。

6.2　常见宿根花卉识别及应用

1. 芍药 *Paeonia lactiflora*

别名：将离、婪尾春、余容、犁食、铤、没骨花、　　　　　科属：毛茛科芍药属
殿春、绰约

（1）形态特征

高 60～120cm。具粗大肉质根，细根白色。茎丛生。2 回三出羽状，小叶通常三深裂，椭圆形，狭卵形至披针形，绿色、近无毛。花一至数朵着生于茎上部顶端，有长花梗及叶状苞，苞片三出；花紫红、粉红、黄或白色，尚有淡绿色品种；花径 13～18cm；单瓣或重瓣，单瓣花有花瓣 5～10 片枚，重瓣者多枚；萼片 5，宿存；离生心皮 3～5 个，无毛；雄蕊多数。蓇葖果，种子多数，球形，黑色。花期 4～5 月，依地区及品种不同而稍有差异；果期 8～9 月（图 6-1）。

（2）分布与习性

芍药在中国自然分布广泛，各地均有栽培。喜向阳处，稍有遮阴开花尚好。性极耐寒，北方均可露地越冬。要求土层深厚、肥沃，排水良好，土质以壤土及沙质壤土为宜，利于肉质根的生长，否则易引起根部腐烂，盐碱地及低洼处不宜栽种。

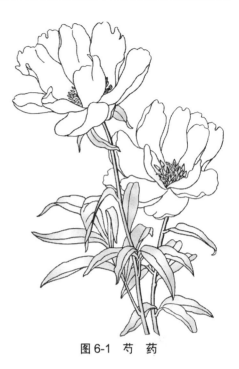

图 6-1　芍　药

（3）繁殖方法

以分株繁殖为主，也可播种。

（4）常见栽培类型

芍药品种甚多，花色丰富，花型多变，园艺上有依色系、花期、植株高度、花型及瓣形等多种方法分类。现按花型及瓣形分类：

① 单瓣类　花瓣 1～3 轮（5～15 枚），雌、雄蕊正常。如'紫玉奴'、'粉绒莲'、'紫蝶献金'等。

② 千层类　此类花型在花芽形态分化阶段就可看出是由花瓣自然增加而形成的，花瓣多轮，内、外瓣差异较小。

③ 楼子类　有显著的外瓣，通常 1～3 轮；雄蕊均有部分瓣化，或渐变成完全花瓣；雌蕊正常或部分瓣化，花形逐渐高起。

④ 台阁类　全花可区分为上方、下方两花，在两花之间可见到明显着色的雌蕊瓣化瓣或退化雌蕊，有时也出现完全雄蕊或退化雄蕊。

（5）园林应用

芍药是中国传统名花，各地园林普遍栽培。栽植适宜，则花之盛更过于牡丹，花期较牡丹稍长，常作专类园观赏，或用于花境、花坛及自然式栽植。在中国园林中常与山石相配，更具特色。

（6）其他经济用途

根含有生物碱、单宁酸等药用成分，有消炎止痛的功效，对胆结石痛、盲肠痛、胃痛、神经痛、月经痛等均有特效，又是医治眼庭出血、骨疽、脱肛、夜尿症等的处方里不可缺少的一味中药。花可制花茶，能养血柔肝，治疗因内分泌紊乱引起的雀斑、黄褐斑和暗疮，还能促进细胞新陈代谢，提高肌体免疫力，延缓皮肤衰老。

（7）花文化

芍药花容绰约，象征富贵吉祥。离别赠芍药表达依依惜别之情，是中国古代最流行的花卉礼仪。芍药晚春开花，还代表君子高节。

2. 菊花 *Dendranthema grandiflora*

别名：黄花、节花、秋菊、犁食、节华、鞠、　　　　科属：菊科菊属
治蔷、金蕊

（1）形态特征

高 60～150cm。茎基部半木质化，茎青绿色至紫褐色，被柔毛。叶大，互生，有柄，卵形至披针形，羽状浅裂至深裂，边缘有粗大锯齿，基部楔形；托叶有或无，依品种不同，其叶形变化较大。头状花序单生或数个聚生茎顶，微香；花序直径 2～30cm；缘花为舌状的雌蕊，有白、粉红、雪青、玫瑰红、紫红、墨红、黄、棕色、淡绿及复色等鲜明颜色；心花为管状花，两性，可结实，多为黄绿色。种子成熟期 12 月下旬至翌年 2 月，其他生态型种子成熟期也不同（图 6-2）。

（2）分布与习性

中国是菊花的原产地，现世界各地均有分布。菊花是典型的短日照植物，喜凉爽气候，其适宜生长温度约 21℃。喜光照，但夏季应遮挡烈日照射。菊花喜深厚、肥沃、排水良好的沙质壤土，忌积涝及连作。

（3）繁殖方法

老株上虽着生新枝，但因生长和开花较差，故以每年分株、扦插重新繁殖新株为宜。

（4）常见栽培类型

① 依自然花期及生态型分类

春菊　花期 4 月下旬至 5 月下旬。

图 6-2　菊　花

夏菊　花期 5 月下旬至 7 月。

秋菊　花期 10 月中旬至 11 月下旬（大多数优秀品种自然花期皆在此时）。

寒菊　花期 12 月上旬至翌年 1 月。

② 依花径（实为花序径）大小分类

大菊　直径在 18cm 以上者。

中菊　直径在 9～18cm 者。

小菊　直径在 9cm 以下者。

③ 依整枝方式或应用不同分类

独本菊（标本菊）　一株一菊。

立菊　一株数花。

大立菊　一株有花数百朵乃至数千朵。

悬崖菊　小菊经整枝而成悬垂状。

嫁接菊　一株上嫁接多种花色的菊花。

案头菊　株通常高 20cm，花朵硕大，能表现出品种特征。

菊艺盆景　由菊花制作或菊石相配的盆景。

（5）园林应用

菊花品种繁多，花型及花色丰富多彩，选取早花品种及若菊可布置花坛、花境及岩石园等。自古以来，盆栽观赏也深受中国人民喜爱。案头菊及各类菊艺盆景使人赏心悦目，日益受到欢迎。菊花在世界上是重要的切花之一，在切花销售额中常居首位。水养时花色鲜艳而持久。此外，切花还可用作花束、花圈、花篮。

（6）其他经济用途

浙江杭白菊、安徽滁菊等多入药或作清凉饮料用。一些地区还用菊花制作菊花酒、菊花肉等饮料及风味食品。菊花还具有抗二氧化硫、氟化氢、氯化氢等有毒气体的功能，是厂矿绿化的好材料。

（7）花文化

菊花文化历史悠久，屈原的《离骚》就有"朝饮木兰之坠露兮，夕餐秋菊之落英"的诗句。中国传统民俗中九月初九重阳节中，饮的也是菊花酒。菊花傲霜抗寒，象征坚强不屈，高洁幽雅。

3. 荷包牡丹 *Dicentra spectabilis*

别名：荷包花、蒲包花、兔儿牡丹、铃儿草、鱼儿牡丹　　　科属：罂粟科荷包牡丹属

（1）形态特征

株高 30～60cm。具肉质根状茎。叶对生，2 回三出羽状复叶，状似牡丹叶，叶具白粉，有长柄，裂片倒卵形。总状花序顶生呈拱状，花垂向一边，鲜桃红色，有白花变种；花瓣外面 2 枚基部囊状，内部 2 枚近白色，形似荷包。蒴果细而长。种子细小有冠毛（图 6-3）。

（2）分布与习性

原产于中国、西伯利亚及日本。喜光，可耐半阴，性强健，耐寒而不耐夏季高温，喜湿润，不耐干旱。喜富含有机质的壤土，在沙土及黏土中生长不良。

（3）繁殖方法

老株上虽着生新枝，但因生长和开花较差，故以每年分株、扦插重新繁殖新株为宜。

（4）常见栽培变种与同属栽培种

① 奇妙荷包牡丹（*D. peregrina* var. *pusilla*）全株粉白色。叶具长柄，三角形至狭三角形，再 3 裂，最小裂片线状长椭圆形。顶生聚伞花序，花茎高 10～20cm，着生 2～6 个，花淡红至深红色。花期 7～8月。多盆栽观赏。

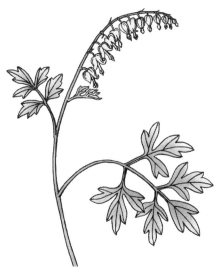

图 6-3　荷包牡丹

② 毛荷包牡丹（*D. eximia*）　株高 27～54cm。地下茎鳞状横伸。叶基生，稍带白粉，裂片厂圆形。总状花序无分枝，花红色，下垂长圆形，距稍内弯，急尖。花期 5～8 月。

③ 大花荷包牡丹（*D. macrantha*）　株高 1m，全株无毛。叶片为三回三出羽状全裂，末回裂片卵形，具齿；下部茎生叶达 30cm，具长柄。复单岐聚伞花序，花数较少，下垂；花瓣淡黄绿色或白色，花序长 30～45cm。

④ 加拿大荷包牡丹（*D. canadensis*）　花冠心形，绿白色稍带红晕。花期 4～6 月。

⑤ 华丽荷包牡丹（*D. chrysantha*）　株高 90～150cm。叶绿色，被白粉，细裂。着花多达 50 朵，极美。多作花坛栽培用。

（5）园林应用

宜布置花境、花坛，也可以盆栽，促成栽培，作切花。还可以点缀岩石园或在林下大面积种植，也适于布置花境和在树丛、草地边缘湿润处丛植。

（6）其他经济用途

可药用。跌打肿痛，荷包牡丹根适量捣烂，用酒调敷患处。疮疖肿毒，将荷包牡丹全草捣烂，敷于患处。

（7）花文化

在中国古代的花文化中，荷包牡丹象征着人间的爱情，被认为是中国的爱情花。花语为爱得深深厚厚，爱得真真挚挚，爱得明明白白，用真心去爱你爱的人。

4. 紫菀类 *Aster* spp.

1）荷兰菊（*Aster novi-belgii*）

别名：柳叶菊、蓝菊、小蓝菊、老妈叁等　　　　　科属：菊科紫菀属

（1）形态特征

株高 60～100cm，全株光滑无毛。茎直立，丛生，基部木质。叶长圆形或线状披针形，对生，叶基略抱茎，暗绿色。多数头状花序顶生而组成伞房状，花淡紫色或紫红色，花径约 22cm。花期 8～10 月（图 6-4）。

（2）分布与习性

原产于欧洲及北美地区，现世界各地均有种植。性喜阳光充足和通风的环境，适应性强，喜湿润但耐干旱、耐寒、耐瘠薄，对土壤要求不严，适宜在肥沃和疏松的沙质土壤生长。在中国东北地区可露地越冬。

（3）繁殖方法

常用播种、扦插和分株繁殖。4月春播，播后 12～14d 发芽，但优良品种易退化。扦插在春、夏季进行，剪取嫩茎作插条，插后 18～20d 生根。分株在春、秋季均可进行，一般每 3 年分株 1 次。

（4）园林应用

图 6-4　荷兰菊

适于盆栽室内观赏和布置花坛、花境等。更适合作

花篮、插花的配花。也可片植、丛植，或作盆花或切花。

2）紫菀（*A. tataricus*）

　　别名：青菀、紫倩、小辫、返魂草、山白菜　　　　　科属：菊科紫菀属

（1）形态特征

多年生草本，高 1～1.5m。茎直立，上部疏生短毛。基生叶丛生，长椭圆形，基部渐狭成翼状柄，边缘具锯齿，两面疏生糙毛，叶柄长，花期枯萎；茎生叶互生，卵形或长椭圆形，渐上无柄。头状花序排成伞房状，有长梗，密被短毛；总苞半球形，总苞片 3 层，边缘紫红色；舌状花蓝紫色，筒状花黄色。瘦果有短毛，冠毛灰白色或带红色。花期 7～8 月；果期 8～10 月。

（2）分布与习性

在中国甘肃、黑龙江、辽宁、河北、河南、山西、吉林、陕西均有分布。生于阴坡、草地、河边。喜温暖湿润气候，耐涝、怕干旱，耐寒性较强，冬季气温-20℃时根可以安全越冬。对土壤要求不严，除盐碱地和沙土地外均可种植。尤以土层深厚、疏松、肥沃、富含腐殖质、排水良好的沙质壤土栽培为宜，忌连作。

（3）繁殖方法

常用播种、扦插繁殖。可 3 月春播，播后 12～15d 发芽。在春季剪取顶端嫩茎扦插，插后 15～20d 生根。

（4）园林应用

紫菀开浅蓝色小花，开花不断，适用于草坪边缘作地被植物，可作夏秋花园中的点缀，也可切下花枝作瓶插配花用。

（5）其他经济用途

根及根茎可入药，是许多止咳中药方的主要配方。

（6）花文化

紫菀的花语是思念远在他乡的人。

3）高山紫菀（*A. alpinus*）

　　别名：高岭紫菀　　　　　　　　　　　　　　　　科属：菊科紫菀属

（1）形态特征

多年生草本，高 10～35cm。根状茎粗壮，直立，不分枝。舌状花的舌片紫色、蓝色或浅红色；管状花花冠黄色，冠毛白色。瘦果长圆形，基部较狭，被密绢毛。花期 6～8 月；果期 7～9 月。

（2）分布与习性

广泛分布于欧洲、亚洲西部、中部、北部、东北部及北美洲。多生于固定沙地、山脚、高山石缝、高山、山坡草甸、丘陵、山顶林中、山坡及亚高山草甸。

（3）繁殖方法

播种、扦插繁殖。

（4）园林应用

高山紫菀可作地被。

（5）其他经济用途

全株入药。散寒平喘，主治外感风寒之发热、恶寒、头痛、咳嗽、痰症。

（6）花文化

高山紫菀的花语是回忆、追想。

5. 景天类 *Sedum* spp.

别名：景天草 　　　　　　　　　　　　　科属：景天科景天属

（1）形态特征

叶对生、轮生或互生，有时小而覆瓦状排列。花排成顶生的聚伞花序，常偏生于分枝一侧；萼4～5裂；花瓣4～5，分离或基部合生；雄蕊与花瓣同数或2倍之；心皮4～5，离生，有时基部连合，有胚珠多颗。

（2）分布与习性

景天类以北温带为分布中心，多数种类具有一定耐寒性。喜光照，部分种类耐阴，对土质要求不严。

（3）繁殖方法

以分株扦插繁殖为主，部分种类也进行叶插。播种繁殖多在早春进行，多数种类种子寿命只可保持1年，欲长期保存应放置在低温及干燥条件下。

（4）常见同属栽培种

① 八宝（*S. spectabile*）　多年生肉质草本，高30～50cm。地上茎簇生，粗壮而直立，全株略被白粉，呈灰绿色。叶轮生或对生，倒卵形，肉质，具波状齿。伞房花序密集如平头状，花淡粉红色，常见栽培的有白色、紫红色、玫瑰红色品种，几乎是景天中花色最为艳丽的种类。花期7～10月（图6-5）。

② 佛甲草（*S. lineare*）　别名万年草、火烧草、佛指甲、铁指甲、金枪药、土三七等。多年生肉质草本，高10～20cm。茎初生时直立，后下垂，有分枝。3叶轮生，无柄，线状至披针形，长2.5cm；阴处叶为绿色，日照充足时为黄绿色。聚伞花序顶生，着花约15朵，中心有一个具短柄的花；花瓣5，黄色，披针形；雄蕊10，短于花瓣。花期5～6月。

③ 费菜（*S. kamtschaticum*）多年生肉质草本,高15～40cm。根状茎粗而木质；茎斜伸，地上部分于冬季枯萎。叶互生，间或对生，倒披针形至狭匙形，长0.5～2.5cm，端钝，基部稍狭，近上部边缘有钝锯齿，无柄；叶色绿、黄绿至深绿，常有红晕。聚伞花序顶生，着花5～100个；花瓣5，橙黄色，披针形，径约2cm；雄蕊10，较花瓣短。花期6月。

④ 垂盆草（*S. sarmentosum*）　别名狗牙半支、石指甲、半支莲、养鸡草、狗牙齿、瓜子草。多年生肉质草本。不育枝匍匐生根，结实枝直立，长10～20cm。叶3片轮生，倒披针形至长圆形，顶端尖，基部渐狭，全缘。聚伞花序疏松，常3～5分枝；花淡黄色，无梗；萼片5，顶端稍钝；花瓣5，顶端外侧有长尖头；雄蕊10，较花瓣短。花期5～6月；果期7～8月。

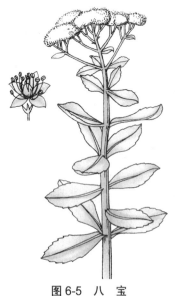

图6-5 八　宝

（5）园林应用

可布置花境、花坛，用于岩石园或作镶边植物及地被植物应用。盆栽可供室内观赏，矮小种类供盆景中点缀用。

（6）其他经济用途

多数种类可入药。

（7）花文化

景天类的花语是长寿，坚韧。

6. 宿根福禄考类 *Phlox* spp.

1）宿根福禄考（*P. paniculata*）

别名：天蓝绣球、锥花福禄考　　　　　科属：花荵科福禄考属

（1）形态特征

株高 15～20cm，被短柔毛，成长后茎多分枝。叶互生，长椭圆形，上部叶抱茎。聚伞花序顶生，花具较细花筒，花冠 5 浅裂；花色有白、黄、粉、红紫、斑纹及复色，多以粉色及粉红色为常见。蒴果椭圆形或近圆形，棕色。花期 6～9 月。

（2）分布与习性

原产于北美洲南部，现世界各国广为栽培。喜排水良好的沙质壤土和湿润环境。耐寒，忌酷日，忌水涝和盐碱。在疏阴条件下生长最强壮，与比它稍高的花卉如松果菊等混合栽种，更有利于其开花。

（3）繁殖方法

可以用播种、分株以及扦插繁殖。北方地区播种冷床越冬，要注意防冻，春播则宜早，花期较秋播短，雨季多枯死。分株繁殖在 5 月前将母株根部萌蘖用手掰下，每 3～5 个芽栽在一起，露地栽植的每 3～5 年可分株一次。扦插繁殖在春季新芽长到 5cm 左右的时候进行。

（4）常见栽培品种

① 矮型　株高 30～50cm，叶卵圆状披针形，叶和茎略带紫色，叶面光滑，全株无毛，花大，耐寒。

② 高型　株高 50～70cm，全株有毛，叶长圆状披针形。花小，不太耐寒。

（5）园林应用

可用作花坛、花丛及庭院栽培，也可上盆作摆花。花期正值其他花卉开花较少的夏季，是优良的庭园宿根花卉。

（6）花文化

宿根福禄考的花语是欢迎，大方，温和，一致同意。

2）丛生福禄考（*P. subulata*）

别名：针叶天蓝绣球　　　　　　　　科属：花荵科福禄考属

（1）形态特征

常绿宿根花卉，株高 8～10cm。老茎半木质化，枝叶密集，匍地生长。叶针状，簇生，革质，长约 1.3cm，春季叶色鲜绿，夏秋暗绿色，冬季经霜后变成灰绿色，叶与花同时开放。花呈高脚杯形，芳香；花瓣 5 枚，倒心形，有深缺刻，花有紫红色、白色、粉红色等，花

瓣基部有一深红色的圆环；花径2cm。花期5～12月，第一次盛花期4～5月，第二次花期8～9月，延至12月还有零星小花陆续开放。

（2）分布与习性

原产于北美洲，现各国均有栽培。极耐寒，耐旱，耐贫瘠，耐高温。在-8℃时，叶片仍呈绿色，-32℃仍可越冬。在贫瘠的黄沙土地上，即使多日无雨，仍可生存生长。可耐42℃的高温。

（3）繁殖方法

以扦插和分株为主。扦插繁殖可在5～7月进行。分株繁殖可在春、秋季节进行。

（4）园林应用

开花时如粉红色的地毯，被誉为"开花的草坪"、"彩色地毯"。在日本被称作"铺地之樱"，与樱花齐名，多作模纹、组字或同草坪间植，彩色对比鲜明、强烈，效果极佳。可替代传统草坪，是良好的地被植物。最适合庭院配置花坛或在岩石园中栽植，群体观赏效果极佳，可作地被装饰材料点缀草坪或吊盆栽植，用于花坛、花境。

7. 萱草类 *Hemerocallis* spp.

科属：百合科萱草属

（1）形态特征

根常肉质。叶基生，狭长。花葶高于叶，上部分枝，因此花序有时呈圆锥花序式；花被漏斗状或钟状，裂片6，外弯；雄蕊6，花药背着；子房3室；花黄色或橙红色，美丽。蒴果室裂，革质；种子成熟时黑色，光亮。

（2）分布与习性

分布于中欧至东亚，中国约有8种，各地均产之。萱草类性强健而耐寒，适应性强，又耐半阴，可露地越冬。对土壤选择性不强，以富含腐殖质、排水良好的湿润土壤为佳。

（3）繁殖方法

可分株、扦插、播种繁殖。以分株繁殖为主，通常3～5年分株一次。播种应采后即播，春播当年不萌发。花后扦插茎芽，成活率较高。

图6-6 萱草

（4）常见同属栽培种

① 萱草（*H. fulva*） 别名黄花菜、金针菜。具短根状茎和粗壮的纺锤形肉质根。叶基生、宽线形、对排成两列，宽2～3cm，嫩绿色。花葶细长坚挺，高60～100cm，花6～10朵，呈顶生聚伞花序；初夏清晨开花，颜色以橘黄色为主，有时可见紫红色；花大，漏斗形，内部颜色较深，直径10cm左右，花被裂片长圆形，下部合成花被筒，上部开展而反卷，边缘波状。花期6月上旬至7月中旬，每花仅放一天。蒴果，背裂，内有亮黑色种子数粒（图6-6）。

② 大花萱草（*H.* ×*hybrida*） 别名金娃娃。肉质根茎较短。叶基生，二列状，叶片线形，长30～45cm，宽2～2.5cm。花茎高出叶片，上方有分枝，

小花 2～4 朵，有芳香，花大，具短梗和大型三角状苞片；花冠漏斗状至钟状，裂片外弯。花期 7～8 月。

③ 黄花菜（*H. citrina*） 别名忘忧草、健脑菜、安神菜。高 30～65cm。根簇生，肉质，根端膨大成纺锤形。叶基生，狭长带状，下端重叠，向上渐平展，长 40～60cm，宽 2～4cm，全缘，中脉于叶下面凸出。花茎自叶腋抽出，茎顶分枝开花；有花数朵，大、橙黄色、漏斗形，花被 6 裂。蒴果，革质，椭圆形；种子黑色光亮。花期夏季。生于山坡、草地或栽培。

（5）园林应用

园林中多丛植或于花境、路旁栽植。萱草类耐半阴，又可作疏林地被应用。

（6）其他经济用途

一些种类可入药和食用。

（7）花文化

萱草类的花语为永远爱你，伟大的母爱，慈母。

8. 鸢尾类 *Iris* spp.

别名：紫蝴蝶、蓝蝴蝶、乌鸢、扁竹花   科属：鸢尾科鸢尾属

（1）形态特征

具块状或葡萄状根茎，或具鳞茎。叶多基生，剑形至线形，嵌叠着生。花茎自叶丛中抽出，花单生，蝎尾状聚伞花序或圆锥状聚伞花序；花从 2 个苞片组成的佛焰苞内抽出；花被片基部呈短管状或爪状，外轮 3 片大而外弯或下垂，称重瓣；内轮片较小，多直立或呈拱形，称旗瓣；花柱分枝扁平，花瓣状，外展覆盖雄蕊。蒴果长圆形，具 3～6 棱，有多数种子。

（2）分布与习性

分布于北温带，中国约有 40 种，广布于全国，西北和北部最盛，南部极少。耐寒性较强，一些种类在有积雪层覆盖条件下，–40℃仍能露地越冬。但地上茎叶多在冬季枯死；有常绿种类。喜生于排水良好、适度湿润壤土，在砾石、沙土及较黏的土壤中也能正常生长。不耐水淹，耐干旱，要求阳光充足，也耐半阴，花芽分化多在秋季 9～10 月间完成。虫媒花，自花授粉率较低。

（3）繁殖方法

鸢尾类通常用分株法繁殖，每隔 2～4 年进行一次，于春季花后或秋季均可，寒冷地区应在春季进行。分割根茎时，每块具 2～3 个芽为好。及时分株可促进新侧芽不断更新。播种繁殖时，通常于 9 月种子成熟后即播，播种后 2～3 年开花；若播种后冬季使之继续生长，则 18 个月就可开花。

（4）常见同属栽培种

① 鸢尾（*I. tectorum*） 别名紫蝴蝶、蓝蝴蝶、乌鸢、扁竹花。多年生宿根性直立草本，高 30～50cm。根状茎匍匐多节，粗而节间短，浅黄色。叶为渐尖状剑形，质薄，淡绿色，呈二纵列交互排列，基部互相包叠。春至初夏开花，总状花序 1～2 枝，每枝有花 2～3 朵；花蝶形，花冠蓝紫色或紫白色；外列花被有深紫斑点，中央面有一行鸡冠状白色带紫纹突起，花出叶丛，有蓝、紫、黄、白、淡红等色，花型大而美丽。蒴果长椭圆形，有 6 棱。花期 4～6 月；果期 6～8 月（图 6-7）。

② 德国鸢尾（*I. germanica*） 多年生宿根草本。根状茎肥厚，略成扁圆形，有横纹，

图6-7 鸢尾

黄褐色，生多数肉质须根。基生叶剑形，直立或稍弯曲，无明显的中脉，淡绿色或灰绿色，常具白粉，基部鞘状，常带红褐色，先端渐尖。花下具3枚苞片，革质，边缘膜质，卵圆形或宽卵形，有1～2朵花；花大，鲜艳，淡紫色、蓝紫色、深紫色或白色，有香味，花被管成喇叭形。花期5～6月；果期7～8月。

③ 蝴蝶花（*I. japonica*） 别名琼花。多年生草本。根茎匍匐状，有长分枝。叶多自根生，2列，剑形，扁平，先端渐尖，下部折合，上面深绿色，背面淡绿色，全缘，叶脉平行，中脉不显著，无叶柄。春季叶腋抽花茎；花多数，淡蓝紫色，排列成稀疏的总状花序；小花基部有苞片，剑形，绿色；花被6枚，外轮倒卵形，先端微凹，边缘有细齿裂，近中央处隆起呈鸡冠状；内轮稍小，狭倒卵形，先端2裂，边缘有齿裂，斜上开放。

④ 黄菖蒲（*I. pseudacorus*） 别名黄花鸢尾、水生鸢尾。多年生湿生或挺水宿根草本植物，植株高大，根茎短粗。叶子茂密，基生，绿色，长剑形，长 60～100cm，中肋明显，并具横向网状脉。花茎稍高于叶，垂瓣上部长椭圆形，基部近等宽，具褐色斑纹或无，旗瓣淡黄色，花径 8cm。蒴果长形，内有种子多数，种子褐色，有棱角。花期5～6月。

⑤ 溪荪（*I. sanguinea*） 别名红赤鸢尾。多年生草本。根状茎粗壮，斜伸，残留老叶叶鞘纤维；具多数灰白色须根。叶宽线形，长20～70cm，宽0.5～1.5cm，基部鞘状，先端渐尖，无明显中脉。花茎高40～50cm，实心，具1～2枚茎生叶；苞片3，披针形，绿色，膜质，先端渐尖；花2～3朵，蓝色，花被片6，2轮排列；花丝白色，具黄色花药，花柱分枝扁平，花瓣状。蒴果三棱状圆柱形，具6条纵肋，熟时由顶部开裂。花期6～7月；果期7～9月。

⑥ 花菖蒲（*I. kaempferi*） 别名玉蝉花。宿根草本，根茎粗壮。叶长50～70cm，宽1.5～2.0cm，中肋显著。花茎稍高出叶片，着花2朵；花色丰富，重瓣性强，花径可达9～15cm；垂瓣为广椭圆形，无须毛；旗瓣色稍浅。花期6月。

⑦ 马蔺（*I. iactea*） 别名马莲、马兰、马兰花、旱蒲等。多年生密丛草本。根状茎粗壮，木质，斜伸，外包有大量致密的红紫色折断的老叶、残留叶鞘及毛发状的纤维。叶基生，坚韧，灰绿色，条形或狭剑形，顶端渐尖，基部鞘状，带红紫色，无明显的中脉。花茎光滑，高3～10cm；苞片3～5枚，草质，绿色，边缘白色，披针形，顶端渐尖或长渐尖，内包含有2～4朵花；花蓝色，花被管甚短，外花被裂片倒披针形，顶端钝或急尖，爪部楔形，内花被裂片狭倒披针形。蒴果长椭圆状柱形，有6条明显的肋，顶端有短喙；种子为不规则的多面体，棕褐色，略有光泽。花期5～6月；果期6～9月。

（5）园林应用

鸢尾种类多，可设置鸢尾专类园。如依地形变化可将不同株高、花色、花期的鸢尾进行布置。水生鸢尾又是水边绿化的优良材料。此外，在花坛、花境、地被等栽植中也常有应用。

（6）其他经济用途

鸢尾类的一些种类可入药。如花菖蒲的根状茎有清热利水、消积导滞的功效。马蔺的根、叶、花与种子均可药用。

（7）花文化

德国鸢尾（深宝蓝色）的花语是神圣。鸢尾（爱丽斯）的花语是好消息，想念你。白鸢尾的花语是纯真。黄鸢尾的花语是友谊永固等。

9. 玉簪 *Hosta plantaginea*

别名：玉春棒、白鹤花、玉泡花、白玉簪　　　　　科属：百合科玉簪属

（1）形态特征

株高 30～50cm。叶基生成丛，卵形至心状卵形，基部心形，叶脉呈弧状。总状花序顶生，高于叶丛，花为白色，管状漏斗形，浓香。花期 6～8 月（图 6-8）。

（2）分布与习性

原产于中国及日本。性强健，耐寒冷，性喜阴湿环境，不耐强烈日光照射，要求土层深厚，排水良好且肥沃的沙质壤土。

（3）繁殖方法

多采用分株繁殖，亦可播种。

（4）常见同属栽培种

① 狭叶玉簪　别名日本紫萼、水紫萼、狭叶紫萼。为同属常见种。叶披针形，花淡紫色。原产于日本。

② 紫萼　别名紫玉簪，为同属常见种。叶丛生，卵圆形，叶柄边缘常下延呈翅状。花紫色，较小。花期 7～9 月。原产于中国、日本及西伯利亚。

图 6-8　玉　簪

③ 白萼　别名波叶玉簪、紫叶玉簪、间道玉簪。为同属常见种。叶边缘呈波曲状，叶片上常有乳黄色或白色纵斑纹。花淡紫色，较小。为日本杂交种。

（5）园林应用

园林中可用于树下作地被，或植于岩石园或建筑物北侧，也可盆栽观赏或作切花用。现代庭园，多配置于林下草地、岩石园或建筑物背面，也可三两成丛点缀于花境中。因花夜间开放，芳香浓郁，是夜花园中不可缺少的花卉。还可以盆栽布置室内及廊下。

（6）其他经济用途

全株均可入药，花入药具有利湿、调经止带之功效，根入药具有清热消肿、解毒止痛之功效，叶能解毒消肿。

（7）花文化

玉簪的花语是脱俗，冰清玉洁。

10. 宿根石竹类 *Dianthus* spp.

科属：石竹科石竹属

（1）形态特征

叶狭，禾草状。花美丽，单生或排成聚伞花序；萼管状，5 齿裂，下有苞片 2 至多枚；花瓣 5，具柄，+全缘或具齿或细裂；雄蕊 10；子房 1 室，花柱 2。蒴果圆柱形或长椭圆形，顶端 4～5 齿裂。

图 6-9　香石竹

（2）分布与习性

分布于欧洲、亚洲和非洲；中国有 16 种，南北均产之。宿根石竹类喜凉爽及稍湿润的环境，土壤以沙质土为好，排水不良则易生白绢病及立枯病。

（3）繁殖方法

繁殖可用播种、分株及扦插。播种多春播或秋播于露地。分株多在 4 月进行。扦插可在春秋插于沙床中。

（4）常见同属栽培种

① 香石竹（*Dianthus caryophyllus*） 别名康乃馨、麝香石竹。花色丰富，花瓣具繸缘及香郁气味，花大，单生，2～3 朵簇生或成聚伞花序（图 6-9）。

② 常夏石竹（*D. plumarius*） 别名羽裂石竹、地被石竹。花顶生 2～3 朵，芳香。

③ 西洋石竹（*D. deltoids*） 别名美国石竹、五彩石竹。花单生枝顶，暗玫瑰色、紫色或白色，常带斑点，瓣片先端具锐齿。

④ 瞿麦（*D. superbus*） 花顶生呈疏圆锥花序，淡粉色，芳香。

（5）园林应用

园林中可用于花坛、花境、花台或盆栽，也可用于岩石园和草坪边缘点缀。大面积成片栽植时可作景观地被材料。另外，石竹有吸收二氧化硫和氯气的作用，凡有毒气的地方可以多种。切花观赏亦佳。

（6）其他经济用途

地上部分可入药，有利尿通淋、破血通经的功效。

（7）花文化

石竹花是母亲的象征。有些国家还规定“母亲节”这一天，母亲还健在的人要佩带红石竹花，母亲已去世的人要佩带白石竹花。

11. 天竺葵 *Pelargonium hortorum*

别名：洋绣球、入腊红、石腊红、日烂红、洋葵、驱蚊草、洋蝴蝶　　科属：牻牛儿苗科天竺葵属

（1）形态特征

叶掌状有长柄，叶缘多锯齿，叶面有较深的环状斑纹。花冠通常 5 瓣，花序伞状，长在挺

直的花梗顶端；由于群花密集如球，故又有洋绣球之称；花色红、白、粉、紫等，花色多变。花期5～6月，除盛夏休眠，如环境适宜可不断开花（图6-10）。

（2）分布与习性

原产于非洲南部。喜温暖、湿润和阳光充足环境。耐寒性差，怕水湿和高温。6～7月呈半休眠状态，应严格控制浇水。宜肥沃、疏松和排水良好的沙质壤土。喜冬暖夏凉，冬季室内每天保持10～15℃，夜间温度8℃以上，即能正常开花。

（3）繁殖方法

常用播种和扦插繁殖。播种春、秋季均可进行，以春季室内盆播为好。扦插除6～7月植株处于半休眠状态外，均可扦插，以春、秋季为好。

（4）常见同属栽培种

图6-10　天竺葵

① 香叶天竺葵（*P. grvaeolens*） 别名驱蚊草。株高可达1.5～2cm。茎基部带木质化，全株有柔毛和腺毛。叶柄长，叶片心脏卵圆形，有5～7掌状深裂，边缘有不规则的羽状齿裂。伞形花序，花梗长，花较小，红或淡紫色。4～5月开花。

② 马蹄纹天竺葵（*P. zonale*） 亚灌木，株高30～80cm。茎直立，圆柱形近肉质，叶卵状盾形或倒卵形，叶面上有深褐色马蹄纹状环纹，叶缘具钝锯齿。花深红色到白色，花较少。花期周年。

③ 家天竺葵（*P. domesticum*） 多年生草本，高30～40cm。茎直立，分枝；基部木质化，被开展的长柔毛。叶互生；托叶干膜质，三角状宽卵形，被柔毛；叶片圆肾形，边缘具不规则的锐锯齿，有时3～5浅裂。花冠粉红、淡红、深红或白色。花期7～8月（温室冬季亦开花）。

④ 蔓性天竺葵（*P. Peltatum*） 别名盾叶天竺葵、藤本天竺葵。灌木状草本植物。蔓生，茎枝棕色，嫩茎绿色或具红晕。叶卵形或倒卵形，光滑，厚革质，边缘具疏齿。伞形花序，花有深红、粉红及白色等。

（5）园林应用

盆栽宜作室内外装饰，也可作春季花坛用花。

（6）其他经济用途

具有止痛、抗菌、增强细胞防御功能、除臭、止血、补身的作用。

（7）花文化

天竺葵的花语为偶然的相遇，幸福就在你身边。

12. 大花金鸡菊 *Coreopsis grandifora*

别名：剑叶波斯菊、狭叶金鸡菊　　　　　　　科属：菊科金鸡菊属

（1）形态特征

茎直立，全株疏生白色柔毛。叶多簇生基部，匙形或披针形，全缘或3深裂。头状花

序，舌状花黄色，花径 4～7cm，花分单重瓣。花期 7～10 月（图 6-11）。

（2）分布与习性

原产于美国，今广泛栽培。对土壤要求不严，喜肥沃、湿润、排水良好的沙质壤土，耐旱，耐寒，也耐热。

（3）繁殖方法

多采用播种或分株繁殖，夏季也可进行扦插繁殖。播种一般在 8 月进行，也可春季 4 月底露地直播。

（4）常见同属栽培种

轮叶金鸡菊（*C. lanceolata*） 植株高 30～90cm。茎光滑，有分枝。叶无柄，掌状 3 深裂几达基部，似轮生状；头状花序；管状花暗黄色。花、果期 6～9 月。

（5）园林应用

可用于布置花境，也可作切花，还可用作地被。由于花色鲜艳、花期长，是花境、坡地、庭园、街心花园、缀花草坪的良好美化材料。有固土护坡的作用，而且成

图 6-11 大花金鸡菊

本低，是高速公路绿化的新模式，适合在全国范围内栽种。

（6）花文化

大花金鸡菊的花语为永远、始终、愉快、高兴、竞争之心。

13. 金光菊类 *Rudbeckia* spp.

科属：菊科金鸡菊属

（1）形态特征

叶互生，单叶或复叶。头状花序具异性花，生于枝顶；总苞半球形，总苞片 2 层，稀 3～4 层，外层叶状；花序托凸起呈柱状；舌状花黄色，中性；盘花两性，管状，5 裂，淡绿色或淡黄色至紫黑色。瘦果 4 棱形；冠毛为冠状体或杯状体或无冠毛。

（2）分布与习性

原产于北美，全球各地庭园常见的栽培物种。性喜通风良好、阳光充足的环境。适应性强，耐寒又耐旱。对土壤要求不严，但忌水湿。在排水良好、疏松的沙质土中生长良好。

（3）繁殖方法

多采用播种或分株繁殖。播种宜在秋季进行，或早春室内盆播。分株在秋季进行。

（4）常见同属栽培种

① 黑心菊（*R. hirta*） 别名黑心金光菊、毛叶金光菊。多年生草本，株高 60～100cm，全株被粗糙刚毛。在近基部处分枝。叶互生，全缘，无柄，阔披针形。头状花序单生，径 4～5cm；舌状花黄色（图 6-12）。

图 6-12 黑心菊

② 金光菊（*R. laciniata*）　别名黑眼菊、黄菊、黄菊花、假向日葵、金花菊、九江西番莲、太阳花、太阳菊。茎上部有分枝，无毛或稍有短糙毛。叶互生。头状花序单生于枝端，具长花序梗；管状花黄色或黄绿色。花期 7～10 月。

（5）园林应用

适合公园、机关、学校、庭院等场所布置，亦可作花坛，花境材料，也是切花、瓶插之精品，此外也可布置草坪边缘自然式栽植。

（6）其他经济用途

根、叶和花含光菊素。可以入药，主用于清热解毒。

（7）花文化

金光菊的寓意为生机勃勃，自由活泼。

14. 宿根天人菊 *Gaillardia aristata*

別名：车轮菊　　　　　　　　　　　　　　　科属：菊科天人菊属

（1）形态特征

高 60～100cm，全株被粗节毛。茎不分枝或稍有分枝。基生叶和下部茎叶长椭圆形或匙形，叶有长叶柄。舌状花黄色；管状花外面有腺点。花果期 7～8 月（图 6-13）。

（2）分布与习性

原产于北美西部，全球各地庭园常见的栽培物种。性强健，耐热，耐旱，喜阳光充足、通风良好的环境和排水良好的土壤，不耐水湿。

（3）繁殖方法

多采用播种或分株繁殖，播种宜在秋季进行，或早春室内盆播。分株在秋季进行。

（4）园林应用

可用于花坛或花境，也可成丛、成片地植于林缘和草地中，也可作切花。

图 6-13　宿根天人菊

15. 薰衣草 *Lavandula pedunculata*

別名：香水植物、灵香草、香草、蓝香花、黄香草　　　科属：唇形花科薰衣草属

（1）形态特征

常见的为直立生长，株高依品种有 30～40cm、45～90cm。丛生，多分枝。叶互生，椭圆形披尖叶，叶面较大者针形，叶缘反卷。穗状花序顶生，有蓝、深紫、粉红、白等色，常见的为紫蓝色。花、叶和茎上的绒毛均藏有油腺，轻轻碰触油腺即破裂而释出香味。花期 6～8 月。

（2）分布与习性

原产于地中海沿岸、欧洲各地及大洋洲列岛。冬季喜温暖湿润，夏季宜凉爽干燥，喜光，要求高燥地势、肥沃、疏松及排水良好的沙质壤土，不耐高温高湿和水涝，抗寒能力较弱。

（3）繁殖方法

多采用扦插和播种繁殖，播种宜在秋季进行。扦插在秋季选半木质化枝条进行。

（4）常见同属栽培种

① 狭叶薰衣草（*L. angustifolia*） 别名真薰衣草、英国薰衣草。具有强烈的香味，植株高 30～60cm。叶为常绿性。花色为粉紫色（薰衣草色）；花序为穗状花序，着生在枝条顶端，花序下有一枝细长且无叶的茎。花期 7～8 月。较不耐热较耐寒。

② 齿叶薰衣草（*L. dentata*） 开芳香的浅紫色花，叶缘具细齿，类似羊齿植物叶子。

（5）园林应用

适合作花境或道路两旁成行成片种植。

（6）其他经济用途

自古就广泛使用于医疗上，茎和叶都可入药，有健胃、发汗、止痛之功效，是治疗伤风感冒、腹痛、湿疹的良药。

（7）花文化

薰衣草的花语为等待爱情，象征着纯洁、清净、保护、感恩与和平。

16. 石碱花 *Saponaria officinalis*

别名：肥皂花　　　　　　　　　　　科属：石竹科肥皂草属

（1）形态特征

株高 30～90cm。叶椭圆状披针形，对生。顶生聚伞花序，花瓣有单瓣及重瓣，花淡红或白色。花期 6～8 月（图 6-14）。

图 6-14　石碱花

（2）分布与习性

原产于欧洲、西亚、中亚及日本。现全国各地均有栽培。喜光，性强健，不择干湿。

（3）繁殖方法

播种、分株繁殖。播种一般秋季进行。分株春、秋季均可。地下茎发达，有自播习性。

（4）常见同属栽培种

岩石碱花（*S. ocymoides*），蔓生，多分枝，叶椭圆状披针形，花瓣粉红色，花萼红紫色。

（5）园林应用

适宜作花境的背景，或布置野生花卉园，在林缘、篱旁丛植，亦可作地被材料。

（6）其他经济用途

可入药。叶浸于水中有泡沫，可代替肥皂洗涤用。

（7）花文化

石碱花的寓意为温柔。

17. 飞燕草 *Consolida ajacis*

别名：大花飞燕草、鸽子花、百部草、鸡爪连、　　科属：毛茛科翠雀属
干鸟草、萝小花、千鸟花

（1）形态特征

高 35～65cm，全株被柔毛。茎具疏分枝。叶互生，掌状深裂。总状花序具 3～15 花，轴和花梗具反曲的微柔毛；花左右对称；萼片 5，花瓣状，蓝色或紫蓝色。花期 8～9月（图6-15）。

（2）分布与习性

原产于欧洲南部，在我国分布于内蒙古、云南、山西、河北、宁夏，现各地均有栽培。生于山坡、草地、固定沙丘。较耐寒，喜阳光，怕暑热，忌积涝，宜在深厚肥沃的沙质土壤上生长。

（3）繁殖方法

分株、扦插和播种法繁殖。分株春、秋季均可进行。扦插多在春季，也可于花后取基部的新枝扦插。播种多在3～4月或9月进行。

图 6-15　飞燕草

（4）常见同属栽培种

穗花翠雀（*D. elatum*），别名高翠雀。株高可达 1.8m，多分枝，叶片较大，总状花序，花蓝紫色。

（5）园林应用

可用于花坛或花境，也可成丛、成片地植于林缘和草地中。

（6）其他经济用途

全草及种子可入药治牙痛。茎叶浸汁可杀虫。

（7）花文化

飞燕草的寓意为清静、轻盈、正义、自由。

18. 风铃草 *Campanula medium*

别名：钟花、瓦筒花　　　　　　　　　　　　科属：桔梗科风铃草属

（1）形态特征

株高约 1m，多毛。莲座叶卵形至倒卵形，叶缘圆齿状波形，粗糙；叶柄具翅；茎生叶小而无柄。总状花序，小花 1 朵或 2 朵茎生；花冠钟状，有 5 浅裂，基部略膨大，花色有白、蓝、紫及淡桃红等色。花期 4～6 月（图6-16）。

（2）分布与习性

原产于南欧，生于山坡、草地、固定沙丘。中国尚处于引种阶段。喜夏季凉爽、冬季温和的气候。喜轻松、肥沃而排水良好的壤土。注意越冬预防凉寒，需要低温温室。长江流域需要冷床防护。小苗越夏时，应给予一定程度的遮阴，避免强烈日照。

图 6-16 风铃草

（3）繁殖方法

播种繁殖。种子成熟后随采随播，翌年可开花。

（4）常见同属栽培种

① 紫斑风铃草（*C. punctata*） 花单个顶生或腋生，下垂，具长花柄；花冠黄白色，具多数的紫色斑点，钟状，5 浅裂。果成熟时自基部 3 瓣裂。花期 7～8 月；果期 8～10 月。

② 聚花风铃草（*C. glomerata*） 别名灯笼花。株高 40～125cm。茎直立，有时在上部分枝。全部叶边缘有尖锯齿。花数朵集成头状花序，通常很多，花冠紫色、蓝紫色或蓝色，管状钟形，花期 7～9 月。

（5）园林应用

适于配置小庭园作花坛、花境材料。主要用作盆花，也可露地用于花境。

（6）其他经济用途

可入药。如紫斑风铃草、聚花风铃草，有清热解毒、止痛之功效。

（7）花文化

风铃草常表达健康、温柔可爱。

19. 桔梗 *Platycodon grandiflorus*

别名：包袱花、铃铛花、僧帽花　　　　　科属：桔梗科桔梗属

（1）形态特征

高 40～90cm。植物体内有乳汁，全株光滑无毛。叶多为互生，少数对生，近无柄，叶片长卵形，边缘有锯齿。花大，单生于茎顶或数朵成疏生的总状花序；花冠钟形，蓝紫色或蓝白色。自然花期 6～8 月，花期较长（图 6-17）。

（2）分布与习性

原产于中国、朝鲜半岛、日本和西伯利亚东部。生于山坡、草地、固定沙丘。喜夏季凉爽、冬季温和的气候。喜光、喜温和湿润凉爽气候。苗期怕强光直晒，须遮阴，成株喜阳光，怕积水。抗干旱，耐严寒，怕风害。适宜在土层深厚、排水良好、土质疏松而含腐殖质的沙质壤土上栽培。土壤水分过多或积水，则根部易腐烂。

（3）繁殖方法

播种、分株繁殖。通常 3～4 月播种，分株在春、秋季都可进行。

（4）园林应用

用于花境、岩石园，花枝可作切花用。

图 6-17 桔 梗

（5）其他经济用途

根可作蔬菜食用；根可入药，有宣肺、祛痰、排脓等功用。

（6）花文化

桔梗寓意为永恒不变的爱。

20. 耧斗菜类 *Aquilegia* spp.

科属：毛茛科耧斗菜属

（1）形态特征

叶丛生，2～3回三出复叶。萼片5，辐射对称，与花瓣同色；花瓣5，长距自萼间伸向后方；雄蕊多数，内轮的变为假雄蕊；雌蕊5。蓇葖果。

（2）分布与习性

分布于北温带。中国有13种，分布于西南、西北、华北及东北。性强健而耐寒，华北及华东地区均可露地越冬。喜富含腐殖质、湿润而排水良好的沙质壤土，半阴处生长及开花更好。

（3）繁殖方法

播种、分株繁殖。播种春、秋季均可进行。分株宜在早春发芽以前或落叶后进行。

（4）常见同属栽培种

① 耧斗菜（*A. vulgaris*）　别名血见愁、猫爪花、白果兰。株高50～70cm。茎直立。2回三出复叶，蓝绿色（与许多蕨类植物叶形相似）。花冠漏斗状、下垂，花瓣5枚，通常深蓝紫色或白色，栽培品种有粉红、黄等色；萼片5，与花瓣同色。蓇葖果深褐色。花期4～6月；果期5～7月（图6-18）。

栽培变种有：

白色耧斗花　花白色。

黑色耧斗花　花深蓝紫色。

重瓣耧斗花　花重瓣，有多色。

白雪耧斗花　花纯白色，数量多，生长健壮。

青莲耧斗花　花大，萼片浅紫色或鲜紫色，花瓣蓝紫色具白色边缘。

花叶耧斗花　叶有黄色斑点。

② 杂种耧斗菜（*A. glandulosa*）别名大花耧斗菜。由蓝耧斗菜与黄花耧斗菜杂交而成。株高90cm。多分枝。2～3回3出复叶。花朵侧向，萼片及距较长，花瓣先端圆唇状，花色丰富，有紫红、深红、黄等深浅不一的色彩。花期5～8月。有重瓣和双色品种，观赏价值高。

③ 华北耧斗菜（*A. yabeana*）　别名五铃花，紫霞耧斗。多年生草本，株高40～60cm，疏被短柔毛，和少数腺毛。茎直立，多分枝。基生叶具长柄，1～2回三出复叶，茎生叶较小。总状花序顶生，花朵下倾；萼片花瓣状，花瓣、萼片同为紫色，花期5～6月。

图6-18　耧斗菜

（5）园林应用

宜成片植于草坪与疏林下，适于布置花坛、花境等，也宜洼地、溪边等潮湿处作地被覆盖。还可用于自然式栽植、花境、花坛、岩石园。花枝可供切花。

（6）其他经济用途

全草入药。用于月经不调，经期腹痛，功能性子宫出血，产后流血过多。华北耧斗菜根含糖，可制饴糖或酿酒；种子含油，供工业用。

（7）花文化

耧斗菜的花语是必定要得手，坚持要得胜。

21. 蓍草类 *Achillea* spp.

科属：菊科蓍草属

（1）形态特征

茎直立。叶互生，羽状深裂。头状花序小，常伞房状着生，形成平展的水平面。

（2）分布与习性

分布于北温带，中国有 7 种，多产于北部。性强健而耐寒，对环境要求不严格，日照充足和半阴地都能生长。以排水好、富含有机质及石灰质的沙壤土最好。

（3）繁殖方法

以分株繁殖为主，也可播种繁殖，春秋均可进行。

（4）常见同属栽培种

① 千叶蓍（*A. milleflium*） 别名西洋蓍草、锯叶蓍草。基部丛生，高可达 50～80cm。茎直立，中上部有分枝，密生白色长柔毛。叶矩圆状呈披针形，2～3 回羽状深裂至全裂，似许多细小叶片，故有"千叶"之说。头状花序。花期 5～10 月（图 6-19）。

② 蕨叶蓍（*A. filipendulina*） 别名凤尾蓍。多年生草本，株高 30～100cm。羽状复叶，小叶细裂。伞形花序，小花黄色。花期 7～9 月。

③ 蓍草（*A. alpina*） 全株被柔毛，高 60～90cm。花白色或淡红色。花期 7～8 月。

④ 珠蓍（*A. ptarmica*） 株高 30～100cm。着花密，白色。花期 7～9 月。有一些切花品种。

⑤ 矮珠蓍（*A. nana*） 全株密被绒毛，高 5～10cm。茎不分枝。花灰白色，芳香。

（5）园林应用

花序大，开花时能覆盖全株，是花境中很理想的水平线条的表现材料。片植能表现出美丽的田园风光。也可用作切花。

（6）其他经济用途

全草具有解毒消肿、止血、止痛的功能。千叶蓍能抗炎、抗菌、抗痉挛、收敛、促进胆汁分泌、利尿、化痰、退烧，还能驱蚊。

图 6-19　千叶蓍

（7）花文化

菁草类的花语为永远别说再见。

22. 红花酢浆草 *Oxalis rubra*

别名：花花草、夜合梅、大叶酢浆草、三夹莲、铜锤草等　　科属：酢浆草科酢浆草属

（1）形态特征

株高 10～20cm。地下具球形根状茎，白色透明。基生叶，叶柄较长，3 小叶复叶，小叶倒心形，三角状排列。花从叶丛中抽生，伞形花序顶生，总花梗稍高出叶丛。花期 4～10月。花与叶对阳光均敏感，白天、晴天开放，夜间及阴雨天闭合。叶、叶柄及花梗口尝有明显酸味。蒴果（图 6-20）。

（2）分布与习性

原产于巴西及南非好望角。喜向阳、温暖、湿润的环境，夏季炎热地区宜遮半阴，抗旱能力较强，文献记载耐寒力较差，但据实际观察，地下部分可耐-8℃低温，地上部分亦可耐轻霜。华北地区冬季需进温室栽培，黄河以南可露地越冬。喜阴湿环境，对土壤适应性较强，一般园土均可生长，但以腐殖质丰富的砂质壤土生长旺盛，夏季有短期的休眠。

（3）繁殖方法

主要用球茎繁殖和分株繁殖，也可播种繁殖。

（4）常见同属栽培种

黄花酢浆草（*O. pes-caprae*）别名百慕大酢浆草。多年生草本，全体有疏柔毛。茎匍匐或斜升，多分枝。叶互生，掌状复叶有多叶，倒心形，小叶无柄。花黄色。

图 6-20　红花酢浆草

（5）园林应用

适合在花坛、花境、疏林地及林缘大片种植，用其组字或组成模纹图案效果很好。也可盆栽用来布置广场、室内阳台，同时也是庭院绿化镶边的好材料。

（6）其他经济用途

可入药。有清热解毒、散瘀消肿、调经的功效。

23. 随意草 *Physostegia virginiana*

别名：芝麻花、假龙头、囊萼花、棉铃花、虎尾花、一品香　　科属：唇形科随意草属

（1）形态特征

具匍匐茎，株高 40～80cm。穗状花序聚成圆锥花序状；小花密集，如将小花推向一边，不会复位，因而得名；小花玫瑰紫色。花期夏季。有白、深桃红、玫瑰红、雪青等色变种（图 6-21）。

（2）分布与习性

原产于北美洲。性喜温暖、阳光和喜疏松、肥沃、排水良好的沙质壤土，耐寒、耐热、耐半阴、耐肥，适应能力强。栽培容易，干旱时须给水。

图 6-21 随意草

图 6-22 射 干

（3）繁殖方法

分株或播种繁殖，2～3 年分株一次即可。

（4）园林应用

株型整齐，花期集中，可用于秋季花坛，亦可用于花境或作切花。园林绿地中广泛应用，可用于花坛、草地成片种植；也可盆栽。

（5）花文化

随意草的花语为随风而去。

24. 射干 *Belamcanda chinensis*

别名：乌扇、乌蒲、黄远、乌蓬、夜干、乌翣、乌吹、草姜、鬼扇、凤翼　　科属：鸢尾科射干属

（1）形态特征

根状茎为不规则的块状。茎直立，实心。叶剑形，扁平，互生，嵌迭状 2 列。花径 5～5cm，花被 6，橘蕉色而具有暗红色斑点，花柱圆柱形，柱头 3 浅裂，子房下位。蒴果倒卵形，黄绿色，成熟时 3 瓣裂；种子球形，黑紫色，有光泽，着生在果实的中轴上。花期 7～9 月；果期 8～10 月（图 6-22）。

（2）分布与习性

全世界有 2 种，分布于亚洲东部；中国有 1 种，大部分地区皆有种植。喜温暖和阳光，耐干旱和寒冷，对土壤要求不严，山坡旱地均能栽培，以肥沃、疏松、地势较高、排水良好的沙质壤土为好。中性壤土或微碱性为宜，忌低洼地和盐碱地。

（3）繁殖方法

多采用种子繁殖和根茎繁殖。

（4）园林应用

作园林花境或林缘、草地栽植，或丛植于庭园边角隙地、道路一侧；也可作切花。

（5）其他经济用途

为清热解毒中药，利咽，清痰涎，疗咽闭，消痈毒，治妇女闭经。

（6）花文化

射干的花语为诚实，相信者的幸福。

25. 矢车菊类 *Centaurea* spp.

科属：菊科矢车菊属

（1）形态特征

叶互生，全缘或羽状分裂。头状花序稍小至极大，异性，单生或排成圆锥花序式；后苞球形或卵状，总苞片常有附属体或有时刺状；花序托有刺毛；花白、红、蓝、紫等色，但多为蓝色，缘花有时不实而延长，使全花序呈放射状。

（2）分布与习性

集中分布于地中海地区。中国新疆、青海、甘肃、陕西、河北、山东、江苏、湖北、湖南、广东及西藏等地公园、花园及校园普遍栽培。适应性较强，喜欢阳光充足，不耐阴湿，须栽在阳光充足、排水良好的地方，否则常因阴湿而导致死亡。较耐寒，喜冷凉，忌炎热。喜肥沃、疏松和排水良好的沙质土壤。

（3）繁殖方法

春秋均可播种，以秋播为好。

（4）常见同属栽培种

① 大矢车菊（*C. americana*）　别名花篮矢车菊。叶长圆形，盘花玫瑰色，由于边花较大，所以整个头状花序形似花篮。

② 矢车菊（*C. cyanus*）　别名蓝芙蓉、翠兰、荔枝菊。高 30～70cm 或更高，直立。自中部分枝，极少不分枝。全部茎枝灰白色，被薄蛛丝状卷毛。全部茎叶两面异色或近异色，上面绿色或灰绿色，被稀疏蛛丝毛或脱毛，下面灰白色，被薄绒毛。头状花序多数或少数在茎枝顶端排成伞房花序或圆锥花序；全部苞片顶端有浅褐色或白色的附属物；边花增大，超长于中央盘花，蓝色、白色、红色或紫色，盘花浅蓝色或红色。花果期 2～8 月（图 6-23）。

（5）园林应用

高型株挺拔，花梗长，适于作切花，也可作花坛、花境材料。矮型株仅高20cm，可用于花坛、草地镶边或盆花观赏。

图 6-23　矢车菊

（6）其他经济用途

花水可用来保养头发与滋润肌肤，可帮助消化，舒缓风湿疼痛。矢车菊有助治疗胃痛、防治胃炎、胃肠不适、支气管炎。

（7）花文化

矢车菊象征幸福，是德国和马其顿的国花。

26. 剪秋罗类 *Lychnis* spp.

科属：石竹科剪秋萝属

（1）形态特征

株高约 60cm，全株密生细毛。叶对生，卵状披针形或卵状椭圆形，略包茎，基部叶有短柄，边缘有密齿。花 1～7 朵顶生成聚伞花序，花瓣 5，深红色；花萼 10，顶端 5 裂；雄蕊 10，与花瓣对生者短；子房棍棒形，花柱 5。蒴果长棒形，5 齿裂，较宿萼长；种子细小，肾形，黑褐色。花期 7～8 月；果期 8～9 月。

（2）分布与习性

分布于北温带和北极地带，中国有 10 种。喜光，耐阴，耐寒，喜凉爽湿润。

（3）繁殖方法

播种或分株繁殖。秋播较春播植株开花旺盛。

（4）常见同属栽培种

① 剪秋萝（*L. fulgens*）　别名大花剪秋罗。高 25～85cm。根呈肥厚的纺锤形。茎单生，直立，上部疏生长柔毛。单叶对生。聚伞花序，有 2～3 朵花，叶腋短枝端常有单花；花瓣 5，深红色，基部有爪，边缘有长柔毛。花期 6～8 月；果期 7～9 月。

② 皱叶剪秋萝（*L. chalcedonica*）　单叶对生，全缘，无柄，卵形至被针形，平行脉。小花 10～50 朵密生于茎顶形成聚伞花序，鲜红色或砖红色。花期 5～6 月。

（5）园林应用

花期恰逢春夏之交，花的淡季，是配置花坛、花境，点缀岩石园的好材料。也可用作切花、盆栽。

（6）其他经济用途

全草入药，有清热利尿健脾、安神的功效。主治小便不利、小儿疳积、盗汗、头痛、失眠。

（7）花文化

剪秋罗的寓意为机智，意志力坚强。

27. 银叶菊 *Senecio cineraria*

别名：雪叶菊　　　　　　　　　　　科属：菊科千里光属

（1）形态特征

全株具白色茸毛。植株多分枝，叶 1～2 回羽状分裂，正反面均被银白色柔毛，叶片质较薄，叶片缺裂，如雪花图案，具较长的白色茸毛。头状花序单生枝顶，花黄色。花期 6～9 月，种子 7 月开始陆续成熟。

（2）分布与习性

原产于南欧。较耐寒，在长江流域能露地越冬，不耐酷暑，高温高湿易死亡。喜凉爽湿润、阳光充足的气候和疏松、肥沃的沙质土壤或富含有机质的黏质土壤。

（3）繁殖方法

多采用种子繁殖，也可用扦插繁殖。

（4）园林应用

由于银白色的叶片远看像一片白云，与其他色彩的纯色花卉配置栽植，效果极佳，是重要的花坛观叶植物。

（5）花文化

银叶菊的寓意为收获。

28. 一枝黄花 *Solidago virgaurea*

别名：野黄菊、山边半枝香、酒金花、满山黄、百根草、百条根　　　　科属：菊科一枝黄花属

（1）形态特征

一枝黄花是一个多型性的种，叶形与花序式有极大变化。株高 35～100cm。茎直立，通常细弱，单生或少数簇生，不分枝或中部以上有分枝。全部叶质地较厚，叶两面、沿脉及叶缘有短柔毛或下面无毛。圆锥花序，由腋生的总状花序聚焦而成，头状花序小。单生成 2～4 朵聚生于腋生的短花序柄上；花黄色。花期 8～10 月；果期 10～12 月（图 6-24）。

（2）分布与习性

原产于中国华东、中南及西南等地。喜生长于凉爽湿润的气候，耐寒，宜栽种于肥沃、疏松、富含腐殖质、排水良好的沙质土壤中。

（3）繁殖方法

可采用种子、分株等方法繁殖。

图 6-24　一枝黄花

（4）园林应用

可用作花境、花丛、切花。

（5）其他经济用途

全草入药，味辛、苦，微温，能祛风清热、解毒清肿等。

29. 一叶兰 *Aspidistra elatior*

　　别名：蜘蛛抱蛋　　　　　　科属：百合科蜘蛛抱蛋属

（1）形态特征

地下根茎匍匐蔓延。叶自根部抽出，直立向上生长，并具长叶柄，叶绿色。花期 4～5 月（图 6-25）。

（2）分布与习性

原产于中国南方各地，现各地均有栽培。性喜温暖湿润、半阴环境，较耐寒，极耐阴。生长适温为 10～25℃，生长温度范围为 7～30℃，越冬温度为 0～3℃。

（3）繁殖方法

主要用分株繁殖。

（4）常见栽培品种

①‘斑叶’一叶兰　别名‘洒金’蜘蛛抱蛋、‘斑叶’蜘蛛抱蛋、‘星点’蜘蛛抱蛋。为一叶兰的栽培品种。绿色叶面上有乳白色或浅黄色斑点。

②‘金线’一叶兰　别名‘金纹’蜘蛛抱蛋、‘白纹’蜘蛛抱蛋。为一叶兰的栽培品种。绿色叶面上有淡黄色纵向线条纹。

（5）园林应用

室内绿化装饰，适于家庭及办公室布置摆放。叶

图 6-25　一叶兰

为现代插花配材。

（6）其他经济用途

以根状茎入药，四季可采，晒干或鲜用。有活血散瘀、补虚止咳功效。用于跌打损伤，风湿筋骨痛，腰痛，肺虚咳嗽，咯血。

（7）花文化

一叶兰的寓意为独一无二的你。

 小 结

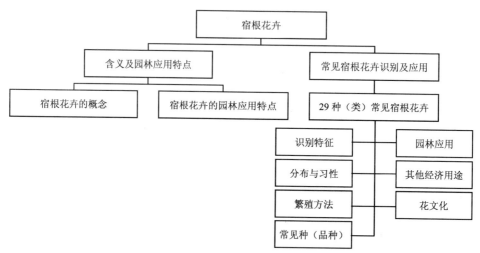

 知识拓展

其他常见宿根花卉

序 号	名 称	科 属	花 期
1	肥皂草	石竹科肥皂草属	5～8月
2	美国薄荷	百合科火炬花属	5～10月
3	火炬花	百合科火炬花属	5～10月
4	桂香竹	十字花科桂香竹属	3～4月
5	棉毛流苏	唇形科水苏属	6～8月
6	花菱草	罂粟科花菱草属	5～6月
7	松果菊	菊科紫锥菊属	6～10月
8	蓝刺头	菊科蓝刺头属	8～9月
9	狐尾三叶草	豆科三叶草属	5～6月
10	串叶松香草	菊科松香草属	6～8月
11	蜀 葵	锦葵科蜀葵属	6～8月
12	乌 头	毛莨科乌头属	6～7月
13	香雪球	十字花科庭荠属	3～6月
14	丽蚌花	禾本科燕麦草属	观叶，10～6月

（续）

序　号	名　称	科　属	花　期
15	花叶芦竹	禾本科芦竹属	观叶，5～10月
16	落新妇	虎耳草科落新妇属	7～8月
17	铁线莲	毛茛科铁线莲属	6～9月
18	委陵菜	蔷薇科委陵菜属	5～8月
19	翠雀花	毛茛科翠雀花属	5～8月
20	矾　根	虎耳草科矾根属	5～6月
21	芙蓉葵	锦葵科木槿属	6～8月
22	勋章菊	菊科勋章菊属	5～10月
23	钓钟柳	玄参科钟柳属	4～5月
24	泽　兰	菊科泽兰属	8～9月
25	穗花婆婆纳	玄参科婆婆纳属	6～8月
26	白屈菜	罂粟科白屈菜属	5～8月
27	留兰香	唇形科薄荷属	6～9月
28	毛地黄	玄参科毛地黄属	6～8月
29	老鹳草	牻牛儿苗科老鹳草属	观花观叶，4～11月
30	堆心菊	菊科堆心菊属	7～10月

 自主学习资源库

1. 花卉宝典. 金波. 中国林业出版社，2005.
2. 园林景观花卉学. 彭东惠. 机械工业出版社，2007.
3. 花卉图片信息网：http://www.fpcn.net.
4. 花之苑：http://www.cnhua.net.

 自测题

1. 为什么说芍药"春分分芍药，到老不开花"？这句话的含义是什么？
2. 宿根花卉与一、二年生花卉在繁殖方法上有何不同？
3. 列举当地春季、夏季、秋季开花的宿根花卉各8种。
4. 宿根花卉有哪些特点？

单元 7
球根花卉

学习目标　【知识目标】

（1）了解球根花卉的含义和类型。

（2）了解球根花卉在园林中的应用特点。

（3）了解球根花卉主要栽培种类的分类地位、生态习性和文化内涵。

【技能目标】

（1）能够识别 25 种常见的球根花卉。

（2）能根据球根花卉的习性在园林中进行合理配置。

（3）能根据球根花卉特点进行相应的繁殖。

　　我们在栽培花卉的时候，常常可以看到一些地下部分营养器官变态膨大的花卉，有的像山芋，比如大丽菊；有的像生姜，比如菊芋；有的像荸荠，比如番红花；有的像洋葱，比如水仙花。这些地上部分开出的花朵异常鲜艳美丽而地下部分出现变态的花卉，都有一个共同的特点，那就是它们均为多年生草本，具有由地下茎或根变态形成的膨大部分，用于贮藏大量养分，以度过不利生长的环境。尽管它们有的是变态茎，有的是变态根，但为了生产的方便，在花卉学上，统称为球根花卉。

7.1　球根花卉含义及园林应用特点

7.1.1　球根花卉的含义和特征

　　球根花卉是指在多年生草本花卉中，具有膨大、变态的地下茎或肥大的呈球形或块状地下根的所有种类。

　　球根花卉从播种到开花常需数年，在此期间，球根逐年长大，只进行营养生长。待球根达到一定大小时，开始分化花芽、开花结实。也有部分球根花卉，播种后当年或翌年即可开花，如大丽花、美人蕉、仙客来等。对于不能产生种子的球根花卉，则用分球法繁殖。球根栽植后，经过生长发育，到新球根形成、原有球根死亡的过程，称为球根演替。有些球根花卉的球根一年或跨年更新一次，如郁金香、唐菖蒲等；有些球根花卉需连续数年才能实现球根演替，如水仙、风信子等。

7.1.2　球根花卉的类型

球根花卉的类型根据具体情况有 3 种分类方法。

（1）按形态特征分

球根花卉根据其营养器官变态的部位，分为球茎类、鳞茎类、块茎类、根茎类和块根类 5 类。

① 球茎类　球茎的特点是地下或地上的茎短缩肥厚呈球形或扁球形，球茎上有明显的环状茎节和节间，节上生有退化的膜质鳞片状叶及侧芽，顶芽发达，基部为茎盘状。球茎有两种根，一种是从母球茎底部萌生出的不定根，其主要功能是吸收水分和无机盐；另一种根是在新球茎底部发生的粗壮牵引根，其功能除支持地上部外，还能使母球上着生的新球不露出地面。球茎类花卉常见的有番红花、唐菖蒲等（图 7-1）。

图 7-1　唐菖蒲球茎

球茎内贮藏着一定的营养物质，球茎顶部抽生真叶和花序，发育开花后，养分耗尽则球茎萎缩。球茎上的叶丛基部膨大，形成新球，新球旁边产生子球，数量因种或品种而异。将新球及小球分离另行栽植，就可以实现繁殖的目的。为加快繁殖也可以把球茎分切成数块，每块具芽，另行栽植。

② 鳞茎类　鳞茎的特点是地下茎极度短缩，成为扁盘状的鳞茎基或鳞茎盘；鳞茎盘位于鳞茎基部。占鳞茎比例最大的是肥厚多肉的变态叶，这些变态的鳞片着生在鳞茎盘上，鳞茎盘下端产生根原基，形成不定根。鳞茎根据外面有无干皮或膜质皮包被，又可以分为有皮鳞茎和无皮鳞茎两类。

有皮鳞茎　又称有被鳞茎。这一类鳞茎的最外层有一至少数几层干皮或膜质皮包被，有的鳞茎里面的肉质鳞叶封闭成筒，大多数鳞茎为此种类型，如水仙、郁金香、风信子、文殊兰、百子莲、朱顶红等（图 7-2）。

无皮鳞茎　又称无被鳞茎。这一类鳞茎的外面无干膜质皮包被，肉质鳞叶不成筒状而为鳞片状，这类鳞茎种类较少，常见的有贝母、百合等（图 7-3）。

图 7-2　朱顶红鳞茎

鳞茎的鳞片中贮藏有丰富的有机物质和水分，顶芽常抽生真叶和花序。有的鳞茎本身只存活一年，如郁金香、球根鸢尾、大百合等，地上部分生长的同时，地下的老鳞茎下面或旁边有新的鳞茎产生，新的鳞茎数量依种和品种不同而异。大多数鳞茎本身可以存活多年，鳞叶之间发生腋芽，每年由腋芽处形成一至数个子鳞茎，并从老鳞茎中分离出来，可用来繁殖，如水仙、百合、朱顶红等。还可以利用鳞叶扦插加速繁殖，这在百合的繁殖中已广泛应用。

③ 块茎类　块茎的特点是茎肥厚，外形不一，多近于块状；块茎的节不明显，但有螺旋状着生而易辨认的芽及退化叶脱落留下的叶痕。块茎是由地下茎的顶端膨大而形成，不定根

自块茎底部发生；块茎顶端通常具有几个发芽点，表面也分布一些芽眼可生侧芽，如彩叶芋等。花卉生产中通常将块状茎也归为块茎。块状茎不是由地下茎的顶端膨大形成的，而是由种子下胚轴和少部分上胚轴及主根基部膨大而成，不定根生于块状茎下部或中部，芽着生于顶部。如仙客来（图7-4）、球根海棠、大岩桐等。

块茎贮藏一定的营养物质，地下部分可以存活多年。有些花卉的块茎不断增大，部分逐渐衰老，衰老部分的芽萌发率降低或不萌发，如马蹄莲；有的块茎生长多年后开花不良，需要淘汰后重新繁殖；有些花卉不能自然分球或分生能力很差，需借助人工分割，如仙客来，但分割的块茎外形不整齐，有碍观瞻，故园艺上少用。块茎类花卉大多容易获得种子，因此常采用播种繁殖。

图7-3　百合鳞茎

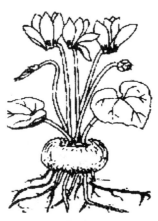

图7-4　仙客来块茎

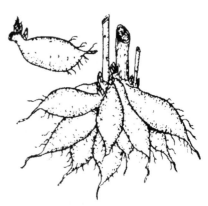

图7-5　大丽花块根

④ 根茎类　根茎又称根状茎，其特点是横卧地下、节间膨大、外形似根，但有明显的节和节间，有芽和叶痕。根茎上的不定根一般从节处生出，根茎内部贮存养分，如美人蕉、蕉藕、荷花、睡莲等。有些种类根茎膨大不特别明显，管理与宿根花卉相似，在栽培时也归为宿根花卉，如鸢尾等。

根茎顶端的芽发育成地上部分，地下部分不断伸长，并形成侧枝，侧枝顶端的芽又可以形成新株。侧枝足够粗壮，满足养分要求时，也可开花。逐渐衰老的部分萌芽力降低，到没有新芽产生时自然枯萎。

⑤ 块根类　块根的特点是根明显膨大，外形同块茎，有不定根，但上面没有芽、节和节间。块根的主要功能是贮存营养，如花毛茛、大丽花（图7-5）。

这类球根花卉与宿根花卉的生长基本相似，地下变态根新老逐渐交替，呈多年生状。由于根上无芽，繁殖时必须保留原地上茎的基部。

（2）按生物学特性分

① 常绿球根类　有仙客来、马蹄莲、朱顶红等。在北方多作为温室花卉培养。

② 落叶球根类　有唐菖蒲、水仙、美人蕉等。在南北各地均作露地培养。

（3）按生态习性分

① 春植球根类　这类花卉一般在春季栽植，夏季开花，冬季休眠。此类球根花卉生长期要求较高温度，不耐寒。春植球根花卉一般在生长期（夏季）进行花芽分化，如晚香玉、大丽花、唐菖蒲等。

② 秋植球根类　这类花卉一般在秋凉后栽植，秋冬生长，冬春开花，夏季休眠。这类球根花卉较耐寒、喜凉爽气候而不耐炎热。秋植球根花卉多在休眠期（夏季）进行花芽分化，如水仙、郁金香、石蒜等。

7.1.3　球根花卉在园林中的应用特点

球根花卉广泛分布于世界各地，供栽培观赏的有数百种。球根花卉花色艳丽，花期较长，栽培容易，适应性强，是园林布置中比较理想的一类植物材料。园林工作者在从事园林绿化美化时，常将球根花卉用于花丛花坛、花境、基础栽植、地被、美化水面（水生球根花卉）和点缀草坪等。特别是在花境的设计和栽培应用中，球根花卉常常是主要花材。

大多数球根花卉又是重要的切花材料，用于花篮、花环、花束的制作，世界各地每年都有大批花卉生产企业生产销售球根花卉。许多球根花卉还可盆栽，用于布置会场、美化办公场所，扮靓家庭居室、客厅、阳台和窗台。

球根花卉在园林绿化美化中占有很大的比重，作为园林工作者应当重视发展球根花卉，尤其中国原产的球根花卉，如王百合、芍药、鸢尾类、贝母类、石蒜类等，应有重点地加以发展和应用。

7.2　常见球根花卉识别及应用

1. 百合类 *Lilium* spp.

别名：百合花　　　　　　　　　　　　　科属：百合科百合属

（1）形态特征

鳞茎无干膜质皮包被，因种类不同，有扁平状球形、球形、卵形、椭圆形、圆锥形等，大小因种而异。地上茎多数种为直立，少数为匍匐茎。叶片有线形、披针形、卵形、倒长卵形、心形或椭圆状披针形，在茎上轮生或螺旋状着生，因种而不同。叶脉平行，叶有柄或无柄，有些种类的叶腋处易着生珠芽。花生于茎顶，单生，簇生或成总状花序；花大型，漏斗状、喇叭状或杯状；花具花梗和小苞片，花被片内外两轮，各3枚；花瓣基部有蜜腺，重瓣花有花瓣6～10枚；花色有白、粉、淡绿、橙、洋红、紫色等。蒴果3室，种子扁平。花期初夏至早秋。

（2）分布与习性

原产于北半球温带地区，中国是世界百合的分布中心，全国各地广为栽培。喜光照，喜冷凉湿润气候，要求肥沃、富含腐殖质、土层深厚和排水良好的微酸性土壤。多数百合耐寒性甚强，但耐热性较差。

（3）繁殖方法

百合的繁殖方法有分球、分珠芽、鳞片扦插和播种4种，其中分球法最为常见，鳞片扦插也可普遍使用，分珠芽、播种法仅适用于少数百合种。

（4）常见栽培类型与同属栽培种

百合属的原种约有100种，栽培变种更多，现代栽培的商品品种多为杂交培育出来的。北美百合协会将众多百合根据亲缘种的发源地与杂种的遗传衍生关系分为9组，组下再分亚组；而园艺上通常根据其花型将它们分为 4 群，分别是喇叭形群、漏斗形群、杯形群、钟形群。

① 喇叭形百合群　花朵水平向生长，花筒部长，先端外反部不到全长 1/3。此群以麝香百合为典型，也称麝香百合群。中国常见栽培种有：

麝香百合（L. longiflorum）　又名铁炮百合。鳞茎近球形至卵形，周径 18～25cm。茎直立，高 60～100cm。叶披针形。花白色，内侧深处有绿晕；花单生或 2～4 朵；花被片长 15～18cm，长筒状喇叭形，有浓香。花期 6～8 月。原产于中国台湾及日本九州南部诸岛海边岩上。

中国园艺工作者用麝香百合与兰州百合杂交育成 '麝兰' 百合，与台湾百合杂交育成了 '麝台' 百合，其茎秆、叶片、花朵均比双亲原种要大。

台湾百合（L. formosanum）　鳞茎球形，较小，周径 10～12cm，黄色，味极苦。匍匐茎上着生小鳞茎。株高 30～200cm 不等。每茎有花 1～3 朵，多时可 10 余朵；花狭喇叭形，长 20cm 左右；花瓣内侧乳白色，背面有紫褐色晕；有浓香。自然生长下花期先后不一，几乎周年有花，主花期 7～9 月。原产于中国台湾，自平地到海拔 3000m 高处都有分布。

布朗百合（L. brownie var. colchesteri）　又名博多百合、紫背百合。株高 60～80cm，半阴地可达 100cm 以上。鳞茎扁球形，黄白色，有时有紫色条纹，周径 26～28cm，有苦味。茎直立。每株一般开花 2～3 朵，有时 5～6 朵；花冠乳白色，有红紫色条纹，长约 16cm；花粉赤褐色；有浓香。花期 6～7 月。原产于中国华中、华南、西南诸地海拔 1500～1800m 山地草坡或林卜。本种有许多栽培变种，中国南北各地有栽培。

王百合（L. regale）　又名王冠百合。株高 60～150cm。鳞茎卵形至椭圆形，棕黄色，洒紫红晕，周径 12～25cm，味苦。茎直立，绿色有紫色斑点。叶披针形。通常每株开花 4～5 朵，多时达 20～30 朵；花白色，喉部黄色，外面有淡紫晕；花径 12～15cm，芳香。花期 6～7 月。原产于中国四川、云南海拔 800～1800m 高地。

上海园艺工作者用王百合与兰州百合杂交育成 '泯兰' 百合。本种稍耐寒，可在冷凉地区栽培。

宜昌百合（L. leucathum）　株高 100～120cm。鳞茎球形，赤褐色。茎直立。花白色，筒内黄色，花朵长约 15cm，先端微反卷；每茎有花 3～5 朵；芳香。花期 7～8 月。原产于中国西北与西南部 1000～1500m 高海拔处。

② 漏斗形百合群　花朵水平向生长，先端约有 1/2 外反。中国常见栽培种有：

天香百合（L. auratum）　又名夜合花。植株高大。鳞茎扁球形，鳞片黄白色，先端有紫色小点，周径 18～30cm。花径可达 23～26cm，花蜡白色，有赤褐或黄色条纹；每株有花 4～5 朵，多至 20 朵；花粉赤褐色；极香。花期 6～8 月。原产于中国东北和日本。

③ 杯形百合群　花朵直上生长，多簇生于花茎顶端，花瓣不外反。中国常见栽培种有：

毛百合（L. dauricum）　又名兴安百合。株高 40～50cm。鳞茎球形至圆锥形，周径 10～15cm，白色，可食用。地下匍匐茎。花橙黄色，有紫色斑点，花径 9～10cm，每茎有花 3～4 朵，多时 7～8 朵。花期 5 月下旬。原产于中国东北部、西伯利亚贝加尔湖以东，日本及朝鲜。

鳞茎百合（*L. bulbiferum*）　本种参与育成荷兰百合（*L. Hollandicum*）。荷兰百合为杯状花形，株高大，多花性，花色多种，花期早，6～7 月开花。以后又以杂种，荷兰百合为亲本，杂交育成了横向开花的，花瓣反卷，橙红或鲜红等多种色彩的品种，在各地广泛栽培。原产于欧洲，是当地自然生长的古老种。

青岛百合（*L. tsingtauense*）　又名崂山百合。株高 60～80cm。鳞茎卵形，白色，周径 8～10cm，味苦，可食用。叶轮生，每节 2～3 片。花单生或多朵，花径约 6cm，橙红色至橙黄色，有褐紫色斑点。花期 6～7 月。原产于中国山东、安徽及朝鲜。有红花与黄花变种。

山丹（*L.concolor*）　又名渥丹。花小，深红色，有光泽，无异色斑点。易实生繁殖，曾产生许多变种。原产于中国北部、朝鲜和日本。鳞茎小，味苦。

④ 钟形百合群　花朵垂下生长，着生侧枝先端，花瓣反卷部占全长 2/3 以上。中国常见栽培种有：

卷丹（*L. lancifolium*）　又名南京百合、虎皮百合。株高 80～150cm。鳞茎卵圆形至扁球形，黄白色。地下茎易生小鳞茎，地上茎多生珠芽。圆锥状总状花序，有花 15～20 朵；花瓣朱红色，有暗紫大斑点，花径 10～12cm。花期 7～8 月。原产于中国各地，浙江、江苏一带大面积栽培作食用，西藏 2700m 处有分布，也产于日本、朝鲜。有重瓣、大花、早花变种，以本种为亲本曾育成杂种 '虎斑' 百合（*L.×tigrabile*）和 '大花虎斑' 百合（*L.×tigrima*）。

药百合（*L. speciosum*）　又称鹿子百合。株高 50～150cm。鳞茎球形至扁球形，周径 20～25cm，鳞片色依品种而异，有橙、绿黄、紫、棕等色，味苦。花红色者茎浓绿色；有花 10～12 朵，大鳞茎可有 40～50 朵；花径 10～12cm，芳香。花期 8～9 月。原产于中国浙江、江西、安徽、台湾及日本（图 7-6）。

大卫百合（*L. davidii*）　又名兰州百合。株高 100～200cm。鳞茎白色，扁卵形，周径 10～12cm，味苦。多花性，有花 20～40 朵。花期 7～8 月。产于中国西北、西南、中南地区 1500～3000m 高地。变种 var. *unicolor* 花大，橙红色，花期晚，中国大面积食用栽培。

此外，中国还有不少有价值的百合，如宝兴百合（*L. duchatrei*）、细叶百合（*L. tenuifolium*）、松叶百合（*L. cernuum*）、条叶百合（*L. callosum*）等。

（5）园林应用

百合既适合盆栽观赏，又适宜地栽作切花，还宜大片纯植或丛植于疏林下、草坪边、亭台畔和建筑基础栽植以及用作花坛、花境和岩石园材料。也可盆栽观赏，多数种类都可以用作切花花材。

（6）其他经济用途

其鳞茎多可食用和药用，有润肺止咳、清心安神之功效，为滋补之上品。花具有芳香的百合含芳香油，可提取芳香浸膏等。

（7）花文化

中国民间把百合视为吉祥物，有百年好合之意。基督

图 7-6　药百合

127

教徒之间常常互送百合表达良好的祝愿，以示团结、友好和祝福。尼加拉瓜、古巴、智利和列支登均把它定为国花。

2. 大丽花 *Dahlia pinnata*

别名：大理花、大丽菊、西番莲、天竺牡丹、洋牡丹、　　　科属：菊科大丽花属
洋芍药、洋荷花、山芋花、地瓜花

（1）形态特征

株高因品种而异，有高、中、矮性种。具粗大纺锤状肉质块根，形似地瓜。茎直立或横卧，绿色或紫褐色，光滑粗壮，有分枝，节间中空。叶对生，大形，1～3回羽状分裂，裂片卵形或椭圆形，具粗钝锯齿，总柄微带翅状。头状花序具总长梗，顶生，其大小、色泽和形状因品种不同而富有变化；外周为舌状花，中央为筒状花；总苞2轮，内轮鳞片状，外轮多呈舌状；花有白、黄、橙、红、粉红、紫色及复色等；花型有大、中、小轮之分，有单瓣或重瓣。瘦果黑色，长椭圆形。花期6～10月（图7-7）。

图7-7　大丽花

（2）分布与习性

原产于墨西哥、危地马拉、哥伦比亚等国热带高原地带。中国于20世纪初引种，现全国各地广泛栽培。喜阳光充足、高燥凉爽、通风良好的环境。不耐寒，畏酷暑，炎夏阳光过强对开花不利。不耐旱，忌水湿，夏季炎热多雨地区，易徒长，甚至发生烂根。适生于富含腐殖质、排水良好的沙质壤土。

（3）繁殖方法

以扦插和分株繁殖为主，也可嫁接和播种繁殖。扦插全年均可进行，但以早春为好。分株宜在早春进行，每分株的块根上必须带有根颈部（根颈部可发生新芽，进而生长发育成新个体），否则不能发芽。播种也宜在春季。

（4）常见栽培类型

大丽花原种约有15个，全世界人工培育出的品种有3万多个。这些品种的分类国内外至今还没有统一的标准，目前中国多以花型、植株高矮、花朵大小、花色、花期来将它们划分为5大类。

① 按花型分类　常见的有8类：

单瓣型　舌状花1～2轮，花心外露，花瓣稍重合，花朵小。

领饰型　外瓣舌状花1轮，平展，环绕筒状花有一圈深裂、较短、形似领饰的舌状花，其色彩与外瓣不同。

托桂型　舌状花1～3轮，筒状花发达突起呈管状。

牡丹型　舌状花3～4轮，平滑扩展，相互重叠，排列稍不整齐。

圆球型　舌状花多轮，重瓣整齐排列，几呈球形，缘部花瓣内曲呈筒状而较短。多为中小型花。

小球型 花近球形，唯花径较小，直径不超过 6cm，且花瓣均内卷呈蜂窝状。

装饰型 舌状花多轮，重瓣，不露花心。舌状花为平瓣，排列整齐者称"规整装饰型"；花瓣稍卷曲，排列不甚整齐者称"不规整装饰型"。

仙人掌型 舌状花长而宽，外缘花瓣外卷呈筒状，有时扭曲，多为大花品种。卷瓣向四周直伸者称"直瓣仙人掌型"；卷瓣扭曲、不露花心者称"曲瓣仙人掌型"；卷瓣先端分裂者称"裂瓣仙人掌型"。

② 按植株高矮分类 通常分为 5 级：

高大 植株高度超过 2m。

高 植株高度在 1.5～2m。

中 植株高度在 1～1.5m。

矮 植株高度在 0.5～1m。

极矮 植株高度在 0.2～0.5m。

③ 按花朵大小分类 通常分为 4 级：

大型 花朵直径超过 20cm。

中型 花朵直径在 15～20cm。

中小型 花朵直径在 11～15cm。

小型 花朵直径在 11cm 以下。

④ 按花色分类 通常分为红、粉、紫、黄、白、彩色六大色系。

⑤ 按花期分类 通常分为 3 类：

早花类 自扦插到初花需 120～135d。

中花类 自扦插到初花需 135～150d。

晚花类 自扦插到初花需 150～165d。

（5）园林应用

花型多变，色彩丰富，应用范围广泛。高型品种宜作切花，为花篮、花圈和花束制作的理想花材；中型品种多用于院内庭前丛植；矮型品种宜作花坛、花境；极矮型品种最宜盆栽观赏。

（6）其他经济用途

全草能入药，性苦辛微寒，可治腮腺炎，有清热解毒、消肿之功效，其块根中含有"菊糖"，在医药上与葡萄糖有同等功效。

（7）花文化

大丽花是墨西哥的国花，美国西雅图市市花，中国吉林省省花、河北省张家口市市花。花语为大吉大利，象征大方、富丽。

3. 美人蕉类 *Canna* spp.

别名：小芭蕉　　　　　　　　　　　　　　科属：美人蕉科美人蕉属

（1）形态特征

地下肉质根状茎粗大，横卧而生，节上生有不定根和地上茎。地上茎直立肉质不分枝。叶片宽大，互生，长椭圆状披针形，羽状平行脉。总状花序生于枝顶，花大型；有萼片 3 枚，花瓣 3 枚呈萼片状，基部合生；雄蕊 5 枚，其中 2～3 枚瓣化直立不反卷，似美丽的花

瓣，1 枚反卷似唇瓣，还有 1 枚狭长并在一侧残留有 1 室的花药；雌蕊合生，形似扁棒状，柱头生在外缘。蒴果球形 3 室。花期 7～10 月。

（2）分布与习性

原产于美洲热带、亚洲热带和非洲。现全国各地广泛栽培。喜充足的阳光和温暖炎热气候，不耐霜冻。在原产地周年生长开花，在中国大部分地区冬季休眠。喜湿润、肥沃的深厚沙壤土，可抗短期水涝。对有害气体的抗性较强。

（3）繁殖方法

以分根茎法繁殖为主。多在春季分切根茎栽植。培育新品种可用播种繁殖法。

（4）常见栽培类型与同属栽培种

栽培的美人蕉大多为杂交种。园艺上将美人蕉品种分为法兰西系统和意大利系统两大系统。

法兰西系统总称为大花美人蕉，参与杂交的有美人蕉、鸢尾美人蕉、紫叶美人蕉。主要特点为植株稍矮，花大，雄蕊瓣化成的花瓣直立不反卷，容易结果。

意大利美人蕉系统主要由柔瓣美人蕉、鸢尾美人蕉等杂交育成。主要特点是植株高大，开花后花瓣反卷，不结实。

美人蕉属的植物有 50 多种，目前园艺上常见栽培的有：

① 美人蕉（*C. indica*） 原种之一，原产于美洲热带。地下茎少分枝。叶长椭圆形。花单生或双生，稍小，淡红色至深红色，唇瓣橙黄色，上有红色斑点。

② 黄花美人蕉（*C. flaccida*） 又名柔瓣美人蕉。原种之一，原产于北美。根茎大。叶片也大。花单生，花极大，花筒基部黄色，唇瓣鲜黄色，花瓣向下反曲，柔软。

③ 紫叶美人蕉（*C. warscewiczii*） 原种之一，原产于哥斯达黎加、巴西。茎叶均为紫褐色，被有白粉。花深红色，唇瓣鲜红色。

④ 鸢尾美人蕉（*C. iridiflora*） 又名垂花美人蕉。原种之一，原产于秘鲁。花序上花朵少，花大，花形酷似鸢尾花，稍下垂，瓣化雄蕊比较长，花淡红色。

⑤ 蓝花美人蕉（*C. irchioides*） 由鸢尾美人蕉改良培育而成。叶绿色或紫铜色；花基部筒状，花大，开花后花瓣反卷，花黄色有红色斑。

⑥ 大花美人蕉（*C. generalis*） 由美人蕉与多个种杂交培育而成，目前是园艺上栽培最普遍的一种。全株被白粉。茎绿色或紫铜色。花大，瓣化的雄蕊直立不反卷；花色多种，有白、淡黄、橙黄、橙红、深红、紫红等色。

（5）园林应用

茎叶茂盛，花大色艳，花期长，适合大片的自然栽植，或应用于花坛、花境及建筑物基础栽培。一些低矮的品种可盆栽观赏。因其抗污染能力比较强，特别适于用作道路绿化。

（6）其他经济用途

根茎和花均可入药，有清热利湿、安神降压的效用，能治急性黄胆型肝炎；花为止血药等。有的种如蕉藕的根茎富含淀粉，可供食用。

（7）花文化

美人蕉的花语为坚实的未来。

4. 唐菖蒲 *Gladiolua hybridus*

别名：菖兰、剑兰、扁竹莲、十样锦、十三太保　　　　科属：鸢尾科唐菖蒲属

（1）形态特征

茎基部膨大成球茎，扁球形，大小如荸荠或蒜头，有膜质或纤维质外皮包裹，每一鳞片下有一腋芽；球茎呈浅黄、浅红、黄色或紫红色，因品种而不同。茎粗壮直立，无分枝，或罕有分枝。叶剑形，质硬，7～8 片呈二列嵌迭状，抱茎互生，灰绿色，有多数显著平行脉。花茎从叶丛中抽出，并高出叶上，蝎尾状聚伞花序顶生；着花 8～24 朵，排成 2 列，侧向一边，少数为四面着花；佛焰苞草质，内含 1 花；无梗，花型大，左右对称，花冠筒呈膨大的漏斗形，稍向上弯；花色有白、黄、橙、橙红、粉红、红、玫瑰红、淡紫、蓝、紫、烟色、黄褐色 12 个色系。蒴果 3 室，背裂；种子深褐色，扁平，有翅。花期 6～10 月（图 7-8）。

图 7-8　唐菖蒲

（2）分布与习性

原产于非洲南部及地中海沿岸，以南非好望角分布最多。中国引种，现全国各地广泛栽培。喜阳光，怕寒冷，不耐过度炎热，以冬季温暖、夏季凉爽的气候最为适宜，对土壤要求不严，但喜深厚肥沃、排水良好的微酸性沙质壤土，不耐涝也不耐旱，不宜在黏重土壤、低洼积水处栽种。对空气中的二氧化硫有较强抗性，但对氟化物敏感。

（3）繁殖方法

可用分球法和播种法进行繁殖。通常多采用春季分子球繁殖，也可进行成年球茎切割繁殖。播种繁殖多用于新品种选育。

（4）常见栽培品种

唐菖蒲品种极多，约有万种以上。园艺上常按照生态习性、花型、生长期、花朵大小、花色等进行分类。

① 依生态习性　可分为春花类和夏花类两种类型。

春花类　这类品种耐寒性比较强，在气候温暖地区常为秋季栽植春季开花。因多数品种花朵小，花色淡，植株矮，现在已经少见栽培。

夏花类　这类品种耐寒力弱，春季种植夏季开花。其花型、花色、香气、花期早晚等性状变化多端，是目前栽培最为广泛的一类。

② 依花型分　可分为大花型、小蝶型、报春花型和鸢尾型 4 类。

大花型　这类品种花径大，排列紧凑，但花期相对比较晚一些，新球与子球发育均较缓慢。

小蝶型　这类品种花朵较小，花瓣上有褶皱，常有彩斑出现。

报春花型　这类品种花朵的形状与报春花相似，花序上花朵比较少而且排列比较稀疏。

鸢尾型　这类品种花序比较短，花朵少但排列密集，向上开展，呈辐射对称状。

③ 依生长期分　可分为早花类、中花类和晚花类 3 种类型。

早花类 这类品种的种球种植后 70～80d 开花。生育期对温度的要求不高，适宜早春温室栽种，夏季就可开花，也可以在夏季种植，使其在秋季开花。

中花类 这类品种的种球种植后 80～90d 开花。生产上多用催芽、早栽的方法，使其生长加快，这样开出的花比较大，新球茎成熟也比较早。

晚花类 这类品种的种球种植后 90～100d 开花。一般植株比较高大，叶片数量也比较多，花序长，产生的子球数目也多，种球耐夏季贮藏。生产上多用于晚期栽培，以延长鲜切花供应期。

④ **依花径大小分** 可分为微型、小型、中型、大花型、特大花型 5 类。

微型花 花径小于 6.4cm。

小型花 花径 6.4～8.9cm。

中型花 花径 8.9～11.4cm。

大花型 花径 11.4～14.0cm。

特大花型 花径大于 14cm。

⑤ **依花色分** 可分为白色系、黄色系、橙色系、橙红色系、粉红色系、红色系、玫瑰红色系、淡紫色系、蓝色系、紫色系、烟色系、黄褐色系 12 个色系。

（5）园林应用

唐菖蒲花色鲜艳多彩，花期长，花容极富装饰性，适合布置花坛、花境等，一些矮生品种也可用于盆栽。唐菖蒲与月季、季石竹和扶郎花并称"世界四大切花"，有"切花之王"的美誉。插花高手认为，唐菖蒲不论直插、斜插、长插、短插都表现不凡，故被称为插花领域的"万能泰斗"。唐菖蒲对氟化氢气体十分敏感，可作监测大气中氟化氢的指示植物。

（6）其他经济用途

球茎入药，可治跌打肿痛、腮腺炎、痈疮等症。茎叶可提取维生素 C 等。

（7）花文化

唐菖蒲花序呈穗状，花色繁多，表示性格坚强、高雅、长寿、康宁、友谊、用心、执著、富禄，具有节节高之寓意，又有步步高升之意，是开业、祝贺、探亲访友、看望病人、乔迁之喜等常用花卉。西方人视之为欢乐、喜庆、和睦的象征，每逢婚礼、宴会或名人互访时所献的礼花中都少不了它。

5. 郁金香 *Tulipa gesneriana*

别名：洋荷花、旱荷花、草麝香　　　　　　　科属：百合科郁金香属

（1）形态特征

鳞茎卵球形，外被淡黄或棕褐色皮膜，内有 3～5 枚肉质鳞片。茎状花莛上有 3～5 枚粉绿色叶片。叶长椭圆状披针形或卵状披针形，着生在茎的中下部，其中基部两枚长而且宽广，全缘并呈波状，叶片上被有灰色蜡质层。花茎直立，光滑，被有白粉；花单生在枝顶，花被 2 轮，每轮 3 枚；花大，花形多样，有杯状、碗状、钟状、盘状等；多数花被片边缘光滑，少数花被片有波状齿、锯齿、毛刺等；花色多种，有洋红、白、粉、紫红、黄、橙、棕色等；花被片基部常具黄色或暗蓝紫色斑点，有时为白色；雄蕊 6 枚，花丝及花药近等长，花药基部着生，紫色、黄色或黑色；子房 3 室，柱头大，浓黄色，3 裂外曲。蒴果3 室，室背开裂，种子多数，扁平。花期 3～5 月，有早、中、晚之别，一般白天开花，夜

间或阴天闭合（图 7-9）。

（2）分布与习性

原产于地中海沿岸和中国新疆至中亚、西亚、土耳其等地。中国引种，现全国各地广泛栽培。喜冬季温暖湿润、夏季凉爽稍干燥的气候，向阳或半阴的环境。冬季休眠期可耐-12～-10℃低温，有的品种可耐-35℃低温。喜富有腐殖质、肥沃而排水良好的沙质壤土。

（3）繁殖方法

可用播种、分球和组织培养法繁殖。因播种繁殖的幼苗要经过 5～6 年才开花，通常以秋季分球繁殖为主。

（4）常见栽培类型

目前世界各国广泛栽培的郁金香品种多达近万个，而且基本上是由荷兰育种家培育。1963 年荷兰皇家球根种植者协会根据郁金香的花期、花形、花色等性状，将栽培品种分为 16 群，1981 年有关专家对此作了修改，将郁金香分为 4 类 15 群，这个分类方法目前为世界公认。

图 7-9　郁金香

①　早花类

单瓣早花群　株高 20～25cm。花单瓣，杯状形，花期早，花色丰富。

重瓣早花群　花重瓣，花期比单瓣品种稍早一些。

②　中花类

特瑞安福群　株高 45～55cm。花大，单瓣，花期介于重瓣早花群与达尔文杂种群之间，花色丰富。

达尔文杂种群　株高 50～70cm。花大，杯状，花色鲜明，植株健壮。

③　晚花类

伦布朗群　在红、白、黄等色的花冠上有棕色、黑色、红色、粉色或紫色条斑。

百合花型群　植株健壮，株高 60cm。花瓣先端尖，平展开放，形状似百合花。花期长，花色多种。

流苏花群　花瓣的边缘有晶状流苏。

绿花群　花被的一部分呈现绿色。

单瓣晚花群　株高 65～80cm。品种极多。花杯状，花色多样，茎粗壮。

重瓣晚花群　花大，花梗粗壮，花色多种。

鹦鹉群　花大，花瓣扭曲，具有锯齿状花边。

④　原种及杂种

考夫曼种、变种和杂种　原种花冠钟状，野生种金黄色，外侧有红色条纹。栽培变种有多种花色。植株矮，通常株高只有 10～20cm。叶宽，常有条纹。花期早。

福斯特种、变种和杂种　有高型与矮型 2 类。高型的株高 25～30cm，矮型的株高 15～18cm。叶宽，绿色叶片上有紫红色的条纹。花被片长，花冠杯状，花绯红色，变种和杂种有多种花色。花期有早晚。

格里吉群　株高 20～40cm。花茎粗壮。叶有紫褐色条纹，花冠钟状，洋红色。花期长。

（5）园林应用

郁金香花形端庄，花色艳丽，花期早，是重要春季球根花卉，宜作切花、花境、花坛或草坪边缘自然丛植等用。中矮品种可盆栽观赏。

（6）其他经济用途

花、鳞茎和根入药。花煎汤漱口可除口臭；鳞茎及根入药有镇静作用，可用于脏躁症及更年期综合征的治疗。

（7）花文化

土耳其是最早栽培郁金香的国家，Tulipa 就是土耳其语"美丽的头巾"之意。郁金香以其独特的姿态和艳丽的色彩，被誉为"花中皇后"。在西方文化中，郁金香被视为胜利、美好和爱情的象征。荷兰、土耳其、匈牙利等国家将它定为国花，每年的 5 月 15 日为荷兰的"郁金香节"。花语为博爱、体贴、高雅、富贵、能干、聪颖。

6. 风信子 *Hyacinthus orientalis*

别名：洋水仙、五色水仙　　　　　　科属：百合科风信子属

（1）形态特征

鳞茎球形或卵形，外被白色或淡蓝紫色皮膜，有光泽，其色常与花色相关。叶基生，4～8 片，宽线形或线状披针形，先端圆钝，长 15～30cm，宽 2～2.5cm，质地肥厚，有光泽。花莛高 15～30cm，中空；顶生总状花序密生小花，着花 10～20 余朵，多数成圆柱状；小花钟状

斜伸或下垂，基部膨大，裂片 6 片，开花时端部向外反卷；花色丰富，有白、粉、黄、红、蓝及淡紫等色，深浅不一，单瓣或重瓣；雄蕊 6 枚。蒴果钝圆三角形。花期 3～5 月（图 7-10）。

（2）分布与习性

原产于南欧、地中海东部沿岸及小亚细亚一带。中国引种，现全国各地广泛栽培。喜阳光充足的环境，夏季喜凉爽，冬季喜温暖湿润，较耐寒，在富含腐殖质、排水良好的弱酸性沙质壤土上生长良好。

（3）繁殖方法

可播种和分球繁殖。播种繁殖主要应用于培育新品种，生产上主要在秋季 9～10 月分栽小球繁殖。也可于 8 月晴天时，切割大球基部或挖一洞，置太阳下吹晒 1～2h，然后平摊于室内吹干，大球切伤部分可发生许多小子球，秋季分栽即可。

（4）常见栽培品种与变种

风信子有 3 个变种和诸多品种。

图 7-10　风信子　　① 变种

罗马风信子（*H. orientalis* var. *alblus*）　原产于希腊。花期早，花小，白色或淡青色，每个鳞茎可抽出 3～4 枚花莛，花有蜡质。

大筒浅白风信子（*H. orientalis* var. *pratcot*）　原产于意大利。花期早，花小，白色或淡青色，每株抽生数支花莛，花冠筒膨大是其特征。

普罗文斯风信子（*H. orientalis* var. *provincialis*）　原产于地中海沿岸。叶浓绿色有纵沟，

花少而小，花筒基部膨大。

②　品种　栽培品种很多，通常根据花色分类。

红色系　如'阿姆斯特丹'（'Amsterdam'），深红色，早花种；'简·博斯'（'Jan Bos'），洋红色，极早花种。

粉色系　花色粉红。如'安娜·玛丽'（'Anna Marie'），早花种；'德比夫人'（'Lady Derby'），中花种；'马科尼'（'Marconi'），晚花种；'粉珍珠'（'Pink Pearl'），早花种；'软糖'（'Fondante'）和'粉皇后'（'Queen of the Pinks'），晚花种。

橙色系　如'吉卜赛女王'（'Gipsy Queen'）。

黄色系　如'哈莱姆城'（'City of Haarlem'），晚花种。

浅蓝色系　如'大西洋'（'Atlantic'）、'巨蓝'（'Blue Giant'），大花，早花种；'蓝衣'（'Blue Jacket'），晚花种；'蓝星'（'BlueStar'）和'彩蓝'（'Delft Blue'），早花种。

深蓝色系　如'玛丽'（'Marie'），晚花种；'奥斯塔雷'（'Ostara'），早花种。

紫色系　如'紫晶'（'Amethyst'），晚花种；'安娜·利萨'（'Lisa'），早花种；'紫珍珠'（'Violet　Pearl'）。

白色系　'如卡内基'（'Carnegie'），晚花种；'英诺森塞'（'LInnocence'），早花种；'白珍珠'（'White　Pearl'），早花种。

（5）园林应用

植株低矮整齐，花色艳丽，适宜在园林草坪、林缘自然丛植，或用于布置花坛、花境和花槽，也可作切花、盆栽或水养观赏。

（6）其他经济用途

花可提取芳香油。

（7）花文化

在希腊神话中，风信子被称为植物神之花和太阳神之花。花语为嫉妒。

7.　葡萄风信子 *Muscari botryoides*

别名：葡萄百合、蓝壶花、串铃花、葡萄麝香兰、　　　　　科属：百合科蓝壶花属
　　　　蓝瓶花、葡萄水仙

（1）形态特征

鳞茎近似球形，皮膜白色。叶基生，线形，稍肉质，暗绿色，长 10～20cm，宽 0.6cm 左右，边缘常向内卷，常伏生地面。花莛自叶丛中抽出，高 10～30cm，直立，筒状；总状花序顶生，小花 10～20 朵，密生而下垂；花冠小坛状顶端紧缩，整个花序则犹如一串葡萄；花色有白色、肉色、蓝紫、浅蓝等色，并有重瓣品种。花期 3～5 月，人工栽培的条件下可提前到 12 月开放（图 7-11）。

（2）分布与习性

原产于欧洲中南部。中国引种，现全国各地广泛栽培。喜光亦耐阴，喜温暖、凉爽气候，耐寒。华东及华北地区均可露地越冬。宜于在疏松、肥沃、排水良好的沙质壤土上生长。

图 7-11　葡萄风信子

（3）繁殖方法

分植小鳞茎繁殖或播种繁殖，一般都在秋季分栽和播种。

（4）常见栽培品种

葡萄风信子根据花色将常见栽培品种分为有紫花系列和白花系列两大系列。

① 紫花系列

'紫葡萄'（'Cantat'） 植株较高，花冠紫蓝色，但花尖为白色。

'天蓝'（'Heavenly Blue'） 植株矮生，花冠天蓝色。

'菲尼斯'（'Valerie Finis'） 小花密生，花冠浅蓝色，并略带银色反光。

'深蓝'（'Neglectum'） 花朵初开时天蓝色，后逐渐变为深紫蓝色，形成二色的花序。该品种花朵尖端有一白色的环，色彩对比较明显。

② 白花系列

'白葡萄'（'Album'） 株形矮小，小花白色，芳香。

'白美人'（'White Beauty'） 叶片条形，肉质，花冠纯白色。

（5）园林应用

葡萄风信子植株矮小，花色明丽，花期早而长，是优良的地被植物。宜作林下地被花卉，或于花境或点缀山石旁，可用于草坪的成片、成带与镶边种植，也可盆栽观赏或用作切花。

（6）其他经济用途

花可提取芳香油。

（7）花文化

葡萄风信子的花语为悲伤、妒忌，忧郁的爱。

8. 朱顶红 *Hippeastrum vittatum*

别名：孤挺花、柱顶红、百枝莲、朱顶兰、华胄兰、百子莲、对兰、对红

科属：石蒜科朱顶红属

（1）形态特征

鳞茎肥大，卵状球形，外皮淡绿色或黄褐色，直径 5～7cm。叶 4～8 枚，两侧对生，扁平带形或条形，先端渐尖，略肉质，与花同时或花后抽出。花葶自鳞茎顶端抽出，粗壮直立而中空，扁圆柱形，被有白粉；伞形花序，顶端着花 2～4 朵，花大形，喇叭状；花冠筒短，花色艳丽，有大红、玫瑰红、橙红、淡红、白等色；花径大者可达 20cm 以上，而且有重瓣品种。花期由冬至春，甚至更晚，露地栽培多在 4～6 月开花（图 7-12）。

图 7-12 朱顶红

（2）分布与习性

原产于南美秘鲁，中国引种，现全国各地广泛栽培。喜温暖、湿润和阳光充足的环境。要求夏季凉爽、冬季温暖，夏季避免强光长时间直射，冬季栽培需充足阳光。土壤要求疏松、肥沃的微酸性沙质壤土，怕水涝。

（3）繁殖方法

常用分球、播种、切割鳞茎法繁殖。以春季分球繁殖为主。

（4）常见栽培品种

朱顶红原生品种和园艺栽培品种常见的有 1000 多种，现代栽培的多为杂交品种。

① 常用于地栽观赏的品种

'通信卫星'（'Telstar'）　大花种，花鲜红色。

'红狮'（'Redlion'）　花深红色。

'大力神'（'Hercules'）　花橙红色。

'瑞罗娜'（'Rilona'）　花淡橙红色。

'花之冠'（'Flower Record'）　花橙红色，具白色宽纵条纹。

'橙色塞维'（'Orange Sovereign'）　花橙色。

'智慧女神'（'Minerva'）　大花种，花红色，具白色花心。

'花边香石竹'（'Picotee'）　花白色中透淡绿，边缘红色。

② 常用于盆栽观赏的品种

'卡利默罗'（'Calimero'）　小花种，花鲜红色。

'艾米戈'（'Amigo'）　晚花种，花深红色。

'纳加诺'（'Nagano'）　花橙红色，具雪白花心。

'拉斯维加斯'（'Las Vegas'）　为粉红与白色的双色品种。

（5）园林应用

朱顶红用于花坛、花境，也可配置于草坪边、庭院中。许多品种适宜盆栽观赏，陈设于客厅、书房和窗台，还可以像水仙一样水养观赏。大量品种都可作切花材料。

（6）其他经济用途

鳞茎入药，外敷治疗各种无名肿毒、跌打损伤、瘀血红肿疼痛等。

（7）花文化

朱顶红的寓意为渴望被爱，追求爱。有些品种开花时只出现花葶，故称孤挺花，有身体虚弱之意。

9. 花毛茛 *Ranunculus anunculus*

别名：芹菜花、波斯毛茛、陆莲花、洋牡丹

科属：毛茛科毛茛属

（1）形态特征

块根纺锤形，常数个聚生于根颈部。茎单生，或少数分枝，中空，具毛。基生叶阔卵形或椭圆形，或为三出复叶，边缘有钝齿，具长柄，茎生叶无柄，为 2 回三出羽状复叶，叶缘也有钝锯齿。花单生枝顶或自叶腋间抽生出长花梗，1 至数朵生于长梗上，花径 3～4cm；栽培品种很多，有重瓣、半重瓣，花瓣丰圆平展，错落叠层；花色丰富，有白、黄、红、水红、大红、橙、紫和褐色等多种颜色。果为瘦果。花期 4～5 月（图 7-13）。

图 7-13　花毛茛

（2）分布与习性

原产于以土耳其为中心的欧洲东南部及亚洲西南部，现世界各国均有栽培。喜凉爽及半阴环境，畏炎热，具有一定的耐寒能力，要求腐殖质多、肥沃而排水良好的沙质或略黏质土壤。pH 值以中性或微碱性为宜。

（3）繁殖方法

用分株和播种繁殖，以秋季分栽带根茎的块根为主。播种以秋播为宜。

（4）常见栽培类型与品种

花毛茛有许多变种与品种，根据种质资源可分为 4 个系统，根据现代栽培品种可分为 7 个品系。

① 种质资源系统

波斯花毛茛（Persian Ranunculus） 花毛茛原种。色彩丰富，花朵小型，单瓣或重瓣。

土耳其毛茛（Turban Ranunculus） 花毛茛的变种。大部分品种为重瓣，花瓣向内侧弯曲，呈波纹状。与波斯花毛茛相比，植株矮小，早花。

法国花毛茛（French Ranunculus） 花毛茛的园艺变种。植株高大，部分花瓣为双瓣，花朵的中心部有黑色色斑，开花期较迟。

牡丹花毛茛（Paeonia Ranunculus） 为杂交种。其花朵数量比法国花毛茛多，植株也更高大，部分花瓣为双瓣，花朵较大，花期长。

② 现代栽培品种

第一，"复兴"品系。

'复兴白'（'Renaissance White'）：植株生长旺盛，高大，花朵重瓣，花色纯洁无瑕，常用切花品种。

'复兴粉'（'Renaissance Pink'）：植株生长旺盛，健壮，花朵重瓣，大花型，花色娇艳动人，常用切花品种。

'复兴黄'（'Renaissance Yellow'）：植株生长旺盛，健壮高大，花朵重瓣，花色鲜黄，常用切花品种。

'复兴红'（'Renaissance Red'）：植株生长旺盛，健壮，花朵重瓣，大花型，花色鲜橘红，常用切花品种。

第二，"梦幻"品系。

'梦幻红'（'Dream Scarlet'）：植株高大，超巨大型花朵，鲜红色，适合于切花或盆花生产。

'梦幻粉'（'Dream Rose-pink'）：植株高大，超巨大型花朵，鲜粉色，适合于切花或盆花生产。

'梦幻黄'（'Dream Yellow'）：植株高大，超巨大型花朵，鲜黄色，适合于切花或盆花生产。

'梦幻白'（'Dream White'）：植株高大，超巨大型花朵，鲜白色，适合于切花或盆花生产。

第三，"超大"品系。

'超级粉'（'Super-jumbo Rose-pink'）：植株高 35～40cm，株形紧凑，重瓣花，色泽肉粉，花径 15～16cm，适合于切花或盆栽。

'超级黄'（'Super-jumbo Golden'）：植株高 35～40cm，株形紧凑，重瓣花，色泽金黄，花径为 15～16cm，适合于切花或盆栽。

　　'超级白'（'Super-jumbo White'）：植株高 35～40cm，株形紧凑，重瓣花，色泽纯白，花径为 15～16cm，适合于切花或盆栽。

　　第四，"维多利亚"品系。

　　'维多利亚红'（'Victoria Red'）：花色粉红鲜明，重瓣花，花茎粗壮，株型美丽，适合于促成栽培，低温感应强，花茎多，产量高。

　　'维多利亚橙'（'Victoria Orange'）：植株强健高大，重瓣花，花色橘黄，有光泽，适合于促成栽培，低温感应强，花茎多，产量高。

　　'维多利亚黄'（'Victoria Golgen'）：巨大花茎，花茎粗壮，充实感强，重瓣花，花色金黄，保鲜性良好，适合于促成栽培。

　　'维多利亚玫瑰'（'Victoria Rose'）：花茎直立性强，植株紧凑，花色深红到深粉，重瓣花，大花型，适合于切花栽培。

　　'维多利亚粉'（'Victoria Pink'）：花色从深粉到浅粉，巨大花型，花瓣数多，保鲜粉性良好，适合于切花栽培。

　　'维多利亚白'（'Victoria White'）：花色从乳白到纯白，巨大花型，重瓣花，株型良好，适合于切花栽培。

　　第五，"福花园"品系。

　　'福花园'（'Fukukaen Strain'）：花朵重瓣率高，花瓣数多，色彩鲜明，大型花，适用于切花或盆花，有红色，黄色，粉色，白色等各种品种。

　　"幻想"品系

　　'幻想曲'（'Perfect Double Fantasia'）：植株矮小，花朵重瓣，大型花，花色各异，适用于切花或花坛栽培。

　　第六，"种子繁殖"品系。

　　'多彩'（'High Collar'）：植株高 60cm 左右，花径 8～10cm，大花型，花色有黄色，橙色等多种色彩，适合作切花或盆花栽培，多为种子繁殖。

　　'湘南之红'：植株高达 55～65cm，花色白底具有鲜粉色边缘，花径为 12cm 左右的大型花，重瓣，多花头，最适合于切花栽培，可采取冷藏栽培，也适合于种子繁殖。

　　'相模之虹'：鲜黄色底，橘红色边缘，大花型，直立性强，适合切花栽培和种子繁殖。

　　（5）园林应用

　　花大而美丽，常种植于树坛、花坛、草坪边缘，以及建筑物的阴面。矮生或中等高度的品种多用于花坛、花带和家庭盆栽。园艺上有专门的切花种和盆栽种。切花种专门生产切花，作室内瓶插等，盆栽种用于盆栽观赏。

　　（6）其他经济用途

　　块根入药，有解毒消炎的功效。

　　（7）花文化

　　花毛茛的寓意为受欢迎。

10. 白头翁 *Pulsatilla chinensis*

别名：粉乳草、白头草、老姑草、菊菊苗、老翁花、
老冠花、猫爪子花、老公花、毛姑朵花、耗子花

科属：毛茛科白头翁属

（1）形态特征

全株密被白色长柔毛，尤其早春植株幼嫩时毛更密。株高15～50cm，根圆锥形，有纵纹，根状茎粗而长。基生叶4～5片，三全裂，有时为三出复叶；顶生小叶具柄，3深裂，中裂片倒卵形，上部3浅裂至中裂，全缘或有齿，侧裂片3浅裂；侧生小叶无柄或近无柄，倒卵状，2～3深裂，裂片全缘或具齿；叶表面疏被伏毛，后变无毛，背面被长柔毛。花单朵顶生，花钟形，向上开，径3～4cm；萼片花瓣状，6片排成2轮，蓝紫色，外被白色柔毛；雄蕊多数，鲜黄色。瘦果纺锤形，密集成头状，花柱宿存，银丝状，弯曲。花期4～5月；果期6～7月。果期羽毛状花柱宿存，形如白发老人头状，极为别致（图7-14）。

图7-14 白头翁

（2）分布与习性

分布于中国东北、华北、西北、华中、华东、西南地区；俄罗斯和朝鲜也有分布。喜光，喜凉爽气候，耐寒，耐干旱瘠薄，不耐涝，喜排水良好的沙质壤土。

（3）繁殖方法

分株和播种繁殖。多用秋季分株法，播种既可春播，也可秋播。

（4）常见同属栽培种

白头翁属植物有30种。常见栽培的除产于中国的白头翁（*P. chinensis*）之外，还有日本白头翁（*P. cernua*）和欧洲白头翁（*P. vulgaris*）。

① 日本白头翁　叶羽状深裂，裂片2～3对。花单朵顶生，花头下垂。花萼瓣状，暗红紫色。有黄花和重瓣变种。

② 欧洲白头翁　叶2～3回羽状裂，裂片线形。花蓝色至紫红色。有红花、白花及其他变种。

（5）园林应用

植株矮小，花期早，在园林中可用于布置花坛，作道路两旁花境，或点缀于林间空地作自然栽植。是理想的地被植物。也可盆栽观赏。

（6）其他经济用途

根入药，有清热解毒、凉血止痢、燥湿杀虫的功效。

（7）花文化

白头翁的花语为日渐淡薄的爱、背信之恋。

11. 石蒜类 *Lycoris* spp.

科属：石蒜科石蒜属

（1）形态特征

鳞茎近球形或卵形，肥厚，外被紫褐色或黑褐色薄膜。叶基生，线形。花莛直立，实心圆筒形；伞形花序顶生，着花 4～12 朵；花漏斗形，上部 6 裂，基部合生成筒状，花被筒较短，裂片狭倒披针形或椭圆形，上部开展并向后反卷，边缘波状而皱缩；花色有鲜红、粉红、金黄、淡黄、白、乳白色等。花期夏秋季。

（2）分布与习性

原产于亚洲东部，以中国和日本为分布中心。耐强光，亦能耐阴，喜温暖和湿润的半阴环境，适应性强，半耐寒，不择土壤，但适生于富含腐殖质而且排水良好的土壤。

（3）繁殖方法

多分球繁殖。结实种类也可播种繁殖。常于叶枯后花莛未抽出之前分球栽植。

（4）常见同属栽培种

石蒜属的栽培种按生长习性可分为两大类型。

① 秋季出叶型 这一类型的石蒜一般在 8～9 月开花，花后秋末冬初叶片伸出，在冬季非严寒地区保持绿色，直到高温夏季到来时叶片枯黄进入休眠。如石蒜、忽地笑、玫瑰石蒜。

石蒜（L. radiata） 又名红花石蒜、老鸦蒜。鳞茎近球形，径 4cm，颈短，具紫褐色皮膜。叶线形，浓绿有光泽。花莛高 30～60cm；伞形花序有花 4～12 朵，鲜红色或有白色边缘；花筒短，裂片有皱褶，外翻；雌雄蕊伸出花冠，与花冠同色。有白色变种。花期 9～10 月（图 7-15）。分布在华中、西南、华南各地。

图 7-15 石 蒜

忽地笑（L. aurea） 又名黄花石蒜。鳞茎大，径 5～6cm，皮膜黑褐色。叶阔线形，粉绿色。花莛高 30～60cm；着花 5～10 朵，花径 5～11cm，鲜黄色至橙黄色，花丝黄色；柱头上部玫瑰红色。花期 7～8月。花后出叶，结实多。分布于中国西南、华南、华东及日本。

玫瑰石蒜（L. rosa） 鳞茎近球形。花莛高 30cm，淡玫瑰红色；着花 5 朵，玫瑰红色。花期 9 月。分布于江苏、浙江阴湿坡地及石缝。

② 春季出叶型 这一类型的石蒜在春季出叶后入初夏枯黄休眠，夏末初秋开花。花后鳞茎露地越冬，表现为夏季、冬季 2 次休眠的习性。如中国石蒜、夏水仙、香石蒜、乳白石蒜、换锦花等。

中国石蒜（L. chinensis） 鳞茎卵形。花莛 60cm，有花 5～6 朵；花黄色，花丝黄色，花柱上部玫瑰红色。花期 7～8 月。分布于江苏、浙江及华中山地。

夏水仙（L. squamigera） 又名鹿葱。鳞茎卵形，径 5～8cm。花莛高 60cm，着花 4～9 朵。花粉红色，有雪青色晕，稍有芳香。花期 8～9 月。有紫红色变种（var. purpurea）。原产于日本，中国有栽培。

香石蒜（L. incarnata） 鳞茎卵形，径 3cm。花初开时白色，渐变为肉红色；花被片腹面有红色条纹，背面有紫红色中肋；花丝、花柱均紫红色。花期 9 月。分布于华中、华南。

乳白石蒜（L. albiflora） 鳞茎卵形。花莛 60cm，有花 6～8 朵；花蕾桃红色，开放时乳黄色，渐变为白色，腹面有粉红条纹，背面中肋红色；花丝上部淡红色，雌蕊柱头玫瑰红色。花期8～9月。

换锦花（*L. sprengeri*）　鳞茎卵形，径3cm。花莛高60cm，着花4～6朵，淡紫红色，被片顶部常带蓝色，边缘不波皱。花期8～9月。分布于江浙、华中。

（5）园林应用

园林中可作林下地被丛植或山石间自然式栽植。也可栽植在草地或溪边坡地，配以绿色背景布置花境，亦可盆栽或用作切花。

（6）其他经济用途

鳞茎有毒，入药可消肿止痛、催吐祛痰。

（7）花文化

因为石蒜具有花开时看不到叶，有叶时看不到花，花叶两不相见，生生相错的特性，所以花语为悲伤的回忆、相互思念。

12. 铃兰 *Convallaria majalis*

别名：君影草、香水花、草寸香、草玉铃、鹿铃、　　科属：百合科铃兰属
小芦铃、糜子菜、芦藜花

（1）形态特征

地下根状茎横行匍匐平展并具有分枝，茎顶端具有肥大的地下芽。叶基生而直立，高

图7-16　铃　兰

20cm左右，通常2枚，极少3枚，叶片椭圆形或长圆状卵圆形，先端急尖，叶缘全缘，基部狭窄并下延呈鞘状互抱的叶柄，外面具数枚鞘状的膜质鳞片。花莛由鳞片腋内抽出，与叶近等高；总状花序顶端微弯，偏向一侧，着花6～10朵；小花梗弯曲，具有透明苞叶；花具芳香，白色，下垂，钟状，先端6裂，裂片卵状三角形；雄蕊6；花柱比花被短。浆果球形，熟时红色；果内有椭圆形种子4～6粒，扁平。花期4～5月；果期6～7月（图7-16）。

（2）分布与习性

原产于北半球温带，分布于欧洲、亚洲和北美洲地区。中国东北、华北有分布，现广泛栽培。喜半阴、湿润环境，阳光直射处也能生长。好凉爽，耐严寒，忌炎热干旱。要求富含腐殖质、排水良好的酸性或微酸性沙质壤土。

（3）繁殖方法

用根状茎或根茎端的小鳞茎分株繁殖。春秋均可，但以秋季分栽生长开花好。

（3）繁殖方法

用根状茎或根茎端的小鳞茎分株繁殖。春秋均可，但以秋季分栽生长开花好。

（4）常见栽培品种

①'大花'铃兰（'Fortunei'）　花和叶均较大，生长健壮，花大而多，开花比较迟。

②'粉红'铃兰（'Rosea'）　花被上有粉红色条纹。

③'重瓣'铃兰（'Prolifieans'）　花白色，重瓣。

④ '花叶'铃兰（'Variegata'）　叶片上有黄或白色条纹。

（5）园林应用

适宜栽植房屋北面及树荫之下作花境，或植于林缘、草坪、坡地用作地被。还可盆栽和切花用。

（6）其他经济用途

花可以提取高级芳香精油。全草入药，有强心利尿之功效，可医治充血性心力衰竭。

（7）花文化

在法国，铃兰是纯洁、幸福的象征。每年 5 月 1 日，是法国的铃兰节，在这一天，浪漫的法国人会互赠铃兰花，祝福对方一年幸福。获赠人通常会将这白色的小花挂在房间里保存全年，象征幸福永驻。瑞典、芬兰等国都把铃兰定为国花。

13. 文殊兰类 *Crinum* spp.

别名：白花石蒜、文珠兰、十八学士、罗裙带、秦琼剑、文兰树　　　科属：石蒜科文殊兰属
引水蕉、水蕉、海带七、郁蕉、海蕉、玉米兰、苞米兰

（1）形态特征

植株粗壮。地下部具叶基形成的假鳞茎，长圆柱状。叶多数密生，在鳞茎顶端莲座状排列，阔带形或剑形，肥厚，边缘波状。花葶从叶腋抽出，伞形花序着花 10～20 朵，花被筒细长，直立或上弯，高脚碟状或漏斗状；花被裂片线形、长圆形或披针形；小花白色，具浓香，花柱细长，多少外倾，柱头小，头状。蒴果近球形，不规则开裂；种子大，浅绿色，圆形或有棱角。花期 7～9 月。

（2）分布与习性

原产于印度尼西亚、苏门答腊等，中国南方热带和亚热带省区有栽培。喜光照但畏烈日暴晒，略耐阴，喜温暖、湿润环境，不耐寒，对土壤要求不严，耐盐碱，适生于肥沃、富含腐殖质的土壤。

（3）繁殖方法

常用分株法繁殖，也可用播种法。

（4）常见同属栽培种

文殊兰属植物有 100 多种，中国常见栽培的有 2 种。

① 文殊兰（*C. asiaticum*）　鳞茎长柱形。叶 20～30 片，带状披针形，长可达 1m，边缘波状，暗绿色。花葶直立；伞形花序有小花 10～20 朵，花白色，花被裂片线形；雄蕊淡红色，花药线形；顶端渐尖，子房纺锤形。蒴果近球形，直径 3～5cm，通常有 1 颗种子。花期夏季，傍晚时发出芳香（图 7-17）。原产于热带亚洲，中国华南地区有分布。

② 红花文殊兰（*C. amabile*）　植株高 60～100cm。叶片为大型宽带形，全缘，叶色翠绿。花葶自鳞茎中抽出，顶生伞形花序，每花序有小花 20 余朵；花被筒暗紫色，花被片 5 枚，长条形，红色，边缘为白色或

图 7-17　文殊兰

浅粉色的宽条纹，具芳香。原产于苏门答腊。

（5）园林应用

可作庭院装饰花卉，也可作南方园林景区、校园、机关绿地、住宅小区的草坪边缘点缀品，还可作房舍周边的绿篱。盆栽可布置会场，摆设于会议厅、宾馆、宴会厅门旁。

（6）其他经济用途

根和叶可入药，有行血散瘀、消肿止痛之效；可治疗跌打损伤、疯热头痛、热毒疮肿等症。

（7）花文化

文殊兰在佛经里被定为佛教的"五树六花"之一，所以佛教寺院广泛种植（寺院必须种植的五树：菩提树、高榕、贝叶棕、槟榔、糖棕。六花：荷花、文殊兰、黄姜花、缅桂、鸡蛋花、地涌金莲）。

14. 花贝母 *Fritillaria imperialis*

别名：璎珞百合、皇冠贝母、璎珞贝母、冠花贝母、　科属：百合科贝母属
帝王贝母、王贝母、壮丽贝母

（1）形态特征

具被膜鳞茎，鳞茎较大，有数枚鳞片，直径可达 15cm；茎高 60～120cm，淡土黄色，具浓臭味；茎上部有紫斑点。叶 3～4 枚轮生，顶部叶簇生，叶披针形或长椭圆形，上部叶呈卵形，叶长 15cm。伞形花序腋生，下具轮生的叶状苞；花大，花被片 6，分离，下垂，长约 6cm，紫红色全橙红色，多数轮生于顶生总花梗上端，梗顶叶丛之下，花被基部常有深褐色斑纹，并具白色大形蜜腺；花柱长与雄蕊，柱头 3 裂，反卷；有黄色花、橙红大花、大红大花、硫黄色花等园艺种。花期 4～5 月，花期可持续 2～3 周；秋季果熟。

（2）分布与习性

原产于欧亚大陆温带，喜马拉雅山区至伊朗北部等地；现中国各地广泛栽培。喜阳光充足环境，喜凉爽湿润气候，怕炎热，夏季宜半荫凉爽。夏季炎热地区，地下鳞茎越夏困难，宜掘取低温贮存，至秋再种。具较强耐寒性。华北地区冬季稍加覆盖即可越冬。要求腐殖质丰富、土层深厚肥沃、排水良好的湿润沙质壤土，pH 值以微酸性至中性为宜。

（3）繁殖方法

通常用分球法繁殖，秋栽。也可播种繁殖，播种后需培养 3～4 年方可开花。

（4）常见同属栽培种与品种

贝母属种类约 60 种，分布全球各地。中国各地种植较多、面积较大的有：

① 花贝母（F. imperialis）　花贝母有多种花色变种和重瓣类型。常见栽培的品种：'阿罗拉'（'Aurora'），花铜红色；'冠上冠'（'Crown Upon Crown'），花橙红色，重瓣；'威廉姆'（'William'），花红色。

② 浙贝母（F. thunbergii）　原产于中国和日本。鳞茎有肉质鳞片 2～3 片，径 1.5～4cm。叶无柄，宽线形，3～4 片轮生或 2 片对生，顶部有须状钩卷。总状花序，有花 1～6 朵，着生茎顶叶腋间；小花钟状，淡黄色至黄绿色，内有紫色网状斑纹，俯垂。花期 3～4 月。

③ 伊贝母（F. palliflora）　又称西伯利亚贝母。产于中国新疆西北部到西伯利亚。株高

15～40cm。鳞茎有鳞片 2 枚，径 1.5～3.5cm。叶轮生，有时对生，先端卷曲。总状花序；有花 1～6 朵，俯垂，花径 1.2～2cm；花淡黄色，有暗红色斑点。花期 5 月。

④ 网眼贝母（*F. meleagiis*） 又名小贝母。原产于欧洲北部、中部，亚洲西南部。株高 25～45cm。鳞茎小，径 1～1.5cm，球形，顶部锥形，基本扁平，黄白色，有异味。茎直立，褐绿色。叶狭线形，5～6 枚。有花 1～3 朵，花宽钟状，径 3cm，俯垂，紫红色，有浅色网纹斑。花期 4～5 月。

⑤ 川贝母（*F. cirrhosa*） 又名卷须贝母。分布于中国四川、云南、西藏、喜马拉雅山中部、东部以及尼泊尔、印度等地。株高 15～50cm。鳞茎有鳞片 2～4 枚，径 1～1.5cm。叶带状披针形。花钟状，单生，有时 2～3 朵着生茎顶腋内，俯垂；花黄绿色至黄色，有紫色至褐色网状斑纹。花期 5～7 月。

（5）园林应用

适用于庭院种植，布置花境或基础种植均可，也可作林下地被。高山种类宜作岩石园。少恶臭的种类可作切花。矮生品种则适合盆栽。

（6）其他经济用途

有些种类为名贵药材，鳞茎和花入药，治疗伤风咳嗽、慢性支气管炎等常见疾病。

（7）花文化

花贝母因开花时花总是下垂低着头，故花语为忍耐。

15. 百子莲 *Agapanthus africanus*

别名：紫君子兰、蓝花君子兰、紫花君子兰、百子兰、紫穗兰、   科属：石蒜科百子莲属
非洲百合、尼罗百合、紫百合、非洲爱情花

（1）形态特征

地下部分具有绳索状肉质根和短缩根状茎。叶二列状基生，光滑，近革质，线状披针形至舌状条形，长 20～35cm，全缘，先端圆钝。花莛自叶丛中抽出，粗壮直立，高可达 60cm；顶生伞形花序，外被两片大型苞片，花开后即落，有小花 10～50 朵，花梗长 2.5～5cm，花被钟状漏斗形，先端 6 裂，裂片长圆形约与花筒等长，鲜蓝色；雄蕊 6，着生花被筒喉部；花药最初为黄色，后变成黑色；子房上位。蒴果，纵裂。花期 7～8 月；果期 10 月（图 7-18）。

（2）分布与习性

原产于南非，中国各地多有栽培。喜阳光充足和温暖、湿润环境。要求疏松、肥沃的沙质壤土，pH 5.5～6.5，忌积水。有一定抗寒能力，南方温暖地区可以在露地稍加覆盖越冬，北方地区冬季需进温室。

（3）繁殖方法

常用分株和播种繁殖。分株一般在春季 3～4 月结合换盆进行。

（4）常见栽培种变种与品种

百子莲属植物有百子莲、铃花百子莲、具茎百子莲、蔻

图 7-18 百子莲

第百子莲、德拉肯斯堡百子莲、早花百子莲 6 种。百子莲栽培变种很多，从花色看有白、鲜蓝、深蓝、暗蓝、粉紫色具蓝紫色条纹的变种，还有重瓣、多花、大花等一系列变种。

① 白花百子莲（*A. africanus* var. *alba*） 花白色。

② 紫花百子莲（*A. africanus* var. *atropurpurea*） 花蓝紫色。

③ 紫纹百子莲（*A. africanus* var. *atropurpurea-variegatus*） 花粉紫色具蓝紫色条纹。

④ 重瓣百子莲（*A. africanus* var. *flore pleno*） 花重瓣，深蓝色，不全开呈花蕾状。

⑤ 多花百子莲（*A. africanus* var. *giganteus*） 花深蓝色，花莛高达 1.2m，花序着花 120～200 朵。品种'蓝缓带'（'Blue Ribbon'），花莛高达 1.8m，花序着花 200 朵以上，花鲜蓝色有深蓝色条纹，是百子莲中个体最大的品种。

⑥ 斑叶百子莲（*A. africanus* var. *variegatus*） 株型较矮，叶有白色条斑，花蓝色。

⑦ 大花百子莲（*A. africanus* var. *maximus*） 叶片比较宽大，花鲜蓝色，花大，花序着花 30～60 朵。

（5）园林应用

在南方温暖地区可用布置花坛和花境，或作岩石园的点缀植物。在北方适于盆栽作室内观赏。

（6）其他经济用途

国外资料表明，百子莲具有药用价值，可以用来治疗老年痴呆症。

（7）花文化

人们习称百子莲为"非洲爱情花"。它的花语是恋爱的造访、恋爱的通讯，有着与玫瑰相似的寓意。

16. 白芨 *Bletilla striata*

别名：白鸡儿、𫘝口药、凉姜、紫兰、连及草、甘根、白给、白乌儿头、地螺丝、箬兰、朱兰、紫蕙、百笠、苞舌兰　　　　　　科属：兰科白芨属

（1）形态特征

假鳞茎呈不规则扁球形，状如鸡头，肉质，富黏性，黄白色，上具多个同心环形叶痕。

图 7-19　白　芨

叶 3～6 片，自假鳞茎顶端伸出，披针形或宽披针形，长 8～30cm，宽 1.5～4cm，先端渐尖，全缘，基部下延互相套叠成鞘状抱茎，平行叶脉明显而突起使叶片皱褶。总状花序顶生，小花 3～8 朵，花序轴长 4～12cm；苞片披针形，长 1.5～2.5cm，早落；花紫色或淡红色，直径 3～4cm；萼片和花瓣等长，狭长圆形，长 2.8～3cm；唇瓣倒卵形，长 2.3～2.8cm，白色或具紫纹，上部 3 裂，中裂片边缘有波状齿，先端内凹，中央具 5 条褶片，侧裂片直立，合抱蕊柱，稍伸向中裂片，但不及中裂片的一半；雄蕊与雌蕊合为蕊柱，两侧有狭翅，柱头顶端着生 1 雄蕊，花药块 4 对，扁而长；子房下位，圆柱状，扭曲。蒴果圆柱形，长 3.5cm，直径约 1cm，两端稍尖，具 6 棱。花期 4～5 月；果期 7～9 月（图 7-19）。

（2）分布与习性

原产于中国，朝鲜半岛和日本也有分布。自然界多生于林下或山坡丛林中。喜温暖而又凉爽湿润的气候，稍耐寒，耐阴性强，忌强光直射，宜半阴环境。适宜排水良好、肥沃的沙质壤土及腐殖质壤土。

（3）繁殖方法

以分株繁殖为主。多在早春3～4月或秋季10～11月栽植。

（4）常见同属栽培种

白芨属全球共有6种，中国产4种，园艺上栽培的除白芨之外，有些地区也栽培有华白芨、小白芨、黄花白芨。

① 华白芨（*B. sinensis*）　叶披针形或椭圆状披针形。具2～3朵花，花小，淡紫色，或萼片与花瓣白色，先端为紫色。

② 小白芨（*B. formosana*）　叶线状披针形。具花1～6朵，花较小，淡紫色或粉红色，罕白色。

③ 黄花白芨（*B. ochracea*）　叶长圆状披针形。具花3～8朵，花中等大，黄色或萼片与花瓣外侧黄绿色，内侧黄白色，罕白色。

在园艺上白芨也有白色花和粉红色花栽培品种。

（5）园林应用

可丛植于疏林下或林缘隙地，也可与山石配置，在岩石园中自然式丛植，亦可点缀于较为庇荫的花坛、花境、庭院一角或盆栽观赏。花可作切花花材。

（6）其他经济用途

假鳞茎为著名收敛止血、消肿生肌药。用于咯血吐血，外伤出血，疮疡肿毒，皮肤皲裂；肺结核咯血，溃疡病出血。

（7）花文化

白芨功在止血疗伤，故寓意为医治创伤。

17. 绵枣儿类 *Scilla* spp.

别名：蓝钟花、海葱　　　　　　　　　科属：百合科绵枣儿属

（1）形态特征

鳞茎较小，近球形。叶基生，线状披针形至长椭圆形。花葶直立，总状花序顶生；花星形或钟形，花被片6，基部稍合生；花色多为蓝色，也有粉红、紫红、紫色及白色。果实为蒴果，种子细小黑色。花期多在春夏季，也有少数品种在秋季开花。

（2）分布与习性

原产于欧洲、亚洲和非洲的森林、沼泽和沿海滩涂地带。绵枣儿属全球有90多种，中国原产绵枣儿1种，除西部以外，各地都有分布。适应性强，耐寒，耐旱并耐半阴。对土壤要求不严，除极度黏重土壤或沙土外，任何土壤均可正常生长，若富含腐殖质和排水良好的土壤以及向阳条件下，生长尤为繁茂。

（3）繁殖方法

通常分株繁殖，也可播种。一般秋季定植后不宜每年挖起，可任其生长，经2～4年后，再挖球分栽1次。

（4）常见同属栽培种

绵枣儿属在中国主要栽培种有 6 种。

① 绵枣儿（*S. scilloides*） 又名石枣儿、天蒜、鲜白头、地枣、独叶芹、催生草、药狗蒜、老鸦葱。中国大部分地区有自然分布。鳞茎卵球形，长 2～3.5cm，有黑色皮膜，下部有短根茎，其上生多数须根，鳞茎片内面具绵毛。叶春秋两季发生，狭线形，平滑，正面凹。花莛长 20～60cm，先叶抽出；花淡紫红色或粉红色；有深紫色的脉纹 1 条。花期 8～9 月。

② 二叶绵枣儿（*S. bifolia*） 又名小蓝钟花。原产于南欧、中亚地区，分布较广。株矮小，约 15cm。鳞茎小，卵形，径 1.6cm。通常为 2 叶。花莛高 10～30cm；总状花序着花 3～12 枚；小花星形，径约 6cm；蓝色，有白色和粉红色变种，花冠下垂，花芳香。花期 2～3 月。

③ 蓝绵枣儿（*S. monscripta*） 原产于欧洲。鳞茎无被膜。花莛长 25～45cm，有花 6～15 朵，侧向生长，先端下垂；花钟形，有蓝、紫、红等色，具有芳香。花期 4～6 月。

④ 蓝钟花（*S. campanulata*） 又名聚铃花。原产于西班牙、葡萄牙。鳞茎有被膜。叶 5～8 片。花莛高 20～30cm，有花 12 多以上；花径 2.5cm，下垂开放，花色浅蓝至深蓝，亦有玫瑰紫、粉红、白色，花具芳香。花期 5～6 月。

⑤ 地中海绵枣儿（*S. peruviana*） 又名地中海蓝钟花、海葱、地金球、野风信子、葡萄牙绵枣儿。原产于地中海沿岸葡萄牙、西班牙、意大利的低山地区。鳞茎大，洋梨形，径 5～7cm，白色，外表包覆棕色的鳞皮。叶线形，叶缘有白色细毛，长 20～60cm，宽 1～4cm，叶由鳞茎长出，每个鳞茎可以长出 5～15 片叶子。花莛高 15～30cm，总状花序大，花密生，每一花茎上有 40～100 朵花；花杯状，径 1.5～2cm，有花被六片，蓝色，有白色和紫色变种。花期 5～6 月。

⑥ 西伯利亚绵枣儿（*S. sibrica*） 又名西伯利亚蓝钟花。原产于高加索、伊朗、土耳其等地。鳞茎卵形，径 3cm，具紫色薄皮膜。叶 2～4 片，宽线形。花莛高 10～12cm，与叶等长或稍长；总状花序有花 2～3 朵，侧向生长，垂下开放，蓝色或浅蓝色，有白色变种。花期早，3～4 月开放。

（5）园林应用

宜作疏林下或草坡上的地被植物，也可作岩石园和花坛材料，或盆栽观赏。

（6）其他经济用途

绵枣儿鳞茎可入药，有活血解毒、消肿止痛的功效。

（7）花文化

绵枣儿的花冠下垂，所以花语为是忍耐。

18. 晚香玉 *Polianthes tuberosa*

别名：夜来香、月下香、玉簪花　　　　　科属：石蒜科晚香玉属

（1）形态特征

地下具鳞块茎，其上半部呈鳞茎状，下半部呈块茎状。叶基生，6～7 枚，带状披针形，茎生叶较短，越向上越短并呈苞片状。花莛直立，无分枝，高 50～100cm；总状花序顶生，长约 30cm，每穗着花 12～32 朵，自下而上陆续开放，小花成对着生于苞片之中，长 3.5～7cm；花白色，漏斗状，花被筒细长，裂片 6，短于花被筒；有重瓣品种，

具浓香，夜晚香气更浓，故得"夜来香"之名。果为蒴果，一般栽培下不结实。花期 7～11 月上旬。栽培品种有白花和淡紫色两种：白花品种多为单瓣，香味较浓；淡紫花品种多为重瓣，每花序着花可达 40 朵左右（图 7-20）。

（2）分布与习性

原产于墨西哥及南美洲。中国各地广泛栽培。喜阳光充足的环境，喜温暖，不耐霜冻。对土壤要求不严，耐盐碱，好肥，喜湿，忌涝，不耐旱，在低湿而不积水之处生长良好，以肥沃黏质壤土为宜。

（3）繁殖方法

一般采用分球法繁殖。多在春季分球栽植。

（4）常见栽培品种

晚香玉同属的种类有 12 种，但栽培利用的只有晚香玉，而且品种不多，主要有以下几种：

① '珍珠'（'Pearl'）　重瓣品种。茎高 75～80cm，花白色，大花型，花穗短而密，花冠较短。

② '白珍珠'（'Albino'）　为珍珠的芽变。花白色，单瓣。

③ '高重瓣'（'Tall Double'）　花莛高。大花，白色重瓣。

④ '墨西哥早花'（'Early　Mexican'）　单瓣，花白色，早生品种，周年开花。

⑤ '香斑叶'（'Variegale'）　叶长而弯曲，具金黄色条斑。

（5）园林应用

用于庭院栽培和作切花花材，也常散植或丛植石旁、路边或游人休息处。

（6）其他经济用途

除观赏、驱蚊外，还可提取香料。药用叶、花、果，清肝明目，拔毒生肌。主治急性结膜炎、角膜炎、角膜翳、疖肿、外伤糜烂。

图 7-20　晚香玉

（7）花文化（花语）

因香味太浓，会让人感觉呼吸困难，故花语是危险的快乐。

19. 蛇鞭菊 *Liatris spicata*

别名：麒麟菊、猫尾花、舌根菊

科属：菊科蛇鞭菊属

（1）形态特征

茎基部膨大呈扁球形，地上茎直立，株形圆锥形。叶螺旋状互生，线形或披针形，下部叶长约 17cm，宽约 1cm，平直或卷曲；上部叶长约 5cm，宽约 4mm，平直，斜向上伸展。花莛长 70～120cm，头状花序排列成密穗状，花序部分约占整个花莛长的 1/2；小花由上而下次第开放，长 60cm，淡紫红色，花期 7～8 月（图 7-21）。

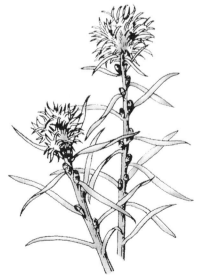

图 7-21　蛇鞭菊

（2）分布与习性

原产于美国马萨诸塞州至佛罗里达州。中国各地广泛栽植。喜阳光，耐寒，耐热，耐水湿，耐贫瘠，要求疏松、肥沃、湿润土壤。

（3）繁殖方法

播种或分株法繁殖，春、秋季均可进行。分株最好是在早春土壤解冻后进行。

（4）常见同属栽培种与变种

① 蛇鞭菊（*L. spicata*） 小花淡紫色，各地普遍栽培。

② 白花蛇鞭菊（*L. spicata* var. *alba*） 小花白色，较为少见。

（5）园林应用

在园林中适用于花坛、花境、甬道、背景等，鲜切花可用于瓶插和花篮。

（6）其他经济用途

全株含蛇鞭菊素，其对白血病有抑制作用，对鼻咽癌亦有疗效。

（7）花文化

蛇鞭菊作切花适合布置居室，民间有"镇宅"之说，故花语为警惕。

20. 雪钟花 *Galanthus nivalis*

别名：雪莲花、铃花水仙、小雪钟　　　　　　科属：石蒜科雪钟花属

（1）形态特征

鳞茎球形，径 1.3～3cm，具黑褐色皮膜。株高 10～20cm。叶线形，稍内折呈沟状，粉绿色，具白霜。花莛实心，高出叶丛；花单生顶生端，白色，钟状下垂，花被片 2 轮，内被片长为外被片的 1/2，裂片顶端有绿色斑点。蒴果。花期 2～4 月。

（2）分布与习性

原产于欧洲中南部及高加索地区，现世界各地广泛栽培。喜阳光充足、凉爽、湿润的环境，春末夏初宜半阴。耐寒性强，华北地区可露地越冬。对土壤要求不严，较喜排水好的黏性土，在肥沃而富含腐殖质土壤中生长旺盛。

（3）繁殖方法

可播种和分球繁殖，一般在秋季分球。

（4）常见同属栽培种与变种

雪钟花属常见种类有 4 种。

① 雪钟花（*G. nivalis*） 有多数变种。

垂花雪钟花（*G. nivalis* var. *florepleno*） 每莛有 2 朵花。

绿点雪钟花（*G. nivalis* var. *viridapicis*） 外花被的先端有绿色斑点。

黄点雪钟花（*G. nivalis* var. *flavescens*） 内轮被片上有黄色斑点。

② 大雪钟花（*G. elwesii*） 又名雪地水仙。原产于土耳其西部。鳞茎大。叶宽 3cm，顶端兜头。花大，径 4cm，白色；花被片宽，内、外轮顶端均有绿色斑点。花期从冬至翌年春。

③ 高加索雪钟花（*G. caucasius*） 原产于高加索及伊朗林地间。叶宽 1.4～2cm。花大，外花被片长椭圆形，长 1.4～3cm，内轮片顶端有绿色斑点。有一莛双花变种。花期从晚秋至翌年早春。

④　福斯特雪钟花（G. fosteri）　原产于小亚细亚。叶宽，鲜绿色。花大，内轮片花被基部与顶部均有绿斑点。该种比较著名，被称为"雪钟花之王"（"King of Snowdrop"）。

（5）园林应用

最宜栽植于林下、坡地或草坪边缘，也可以丛植作花丛、花境，布置在假山石旁或岩石园，还可用于盆栽或切花。

（6）其他经济用途

鳞茎入药，外敷可治疗疖肿。

（7）花文化

因花期多在春季，花白色下垂，犹如少女沉思状，故花语为思春。

21. 雪滴花类 *Leucojum* spp.

别名：雪片莲　　　　　　　　　　　科属：石蒜科雪滴花属

（1）形态特征

鳞茎球形，径1.2～2.5cm。叶基生，较长，线形或平带形，被白粉。花葶直立，中空，扁圆二棱形，边稍呈翼状；伞形花序着花1～8朵，小花梗短，小花钟形下垂，花被片6，卵圆形至椭圆形，白色或粉红色，先端部有一绿点或黄点；雄蕊在子房上着生；柱头小，球状。蒴果，种子球形。

（2）分布与习性

原产于中欧及地中海地区，现世界各地广泛栽培。喜光，稍耐阴，在半阴处生长良好。喜凉爽、湿润的环境，耐寒，在中国长江中下游地区可露地越冬。喜排水良好、肥沃而富含腐殖质土壤。

（3）繁殖方法

播种或分球繁殖。一般分球繁殖。秋花种类在花前夏季种植，春花种类于秋凉种植。

（4）常见同属栽培种与变种

①　雪滴花（L. vernum）　又名雪片莲。原产于欧洲中部、南部与西部。鳞茎球形，径1.8～2.5cm，外皮棕色。叶片舌状，先端钝，比花葶短。花葶长30cm，着花1～3朵，小花白色。花期3月。

栽培变种有：

喀尔巴阡雪滴花（L. vernum var. carpathicum）　花被片先端有黄色斑点。

匈牙利雪滴花（L. vernum var. vagneri）　花葶着花1～2朵。花期2～3月。

②　夏雪滴花（L. aestivum）又名夏雪片莲。原产于中欧、南欧及高加索。株高30～50cm。鳞茎卵形，径2～4cm。叶带状。伞形花序有花4～8朵，钟状，俯垂开放；花径3～4cm，白色，各裂片先端有绿色斑点。花期4～5月。

③　秋雪滴花（L. autumnale）　又名秋雪片莲。原产于地中海沿岸西班牙、葡萄牙、意大利及北非。鳞茎球形，径1.2cm。叶线形，花开后出叶。花葶较细，长22cm以下，伞形花序着花1～4朵，小花白色，基部浅粉红色。花期8～9月。

④　红雪滴花（L. roseum）　又名红雪片莲。鳞茎小，茎1cm。花葶矮，有花1朵，花小，紫红色。花期8～9月。

（5）园林应用

宜栽植林下半阴地或坡地，可作为草坪镶边，又宜作花丛、花境及假山石旁或岩石园布置，还可用于盆栽或切花。

（6）其他经济用途

鳞茎入药，外敷可治疗疖肿。

（7）花文化

由于花开放时内轮花瓣透出了绿点，犹如带来春天的讯息，故花语为希望。

22. 蜘蛛兰类 *Hymenocallis* spp.

别名：水鬼蕉、螯蟹花　　　　　　　　　科属：石蒜科蜘蛛兰属

（1）形态特征

鳞茎个头较大，卵形，有褐色皮膜包被。叶宽带形或椭圆形。茎直立，花莛扁平实心；花白色或黄色，有芳香，花高脚杯状，花筒部较长，花被片 6，线形或披针形，较筒部短；雄蕊 6 枚，着生于花筒喉部；花丝下部为膜质，联合成雄蕊环，形成环状的副冠，上部分离；雌蕊柱头圆球状，子房 3 室。蒴果球形。花期春末到秋季。

（2）分布与习性

原产于南美洲、墨西哥及西非等热带地区，现世界各地广泛栽培。喜阳光但畏烈日，夏季需遮阴，喜温暖湿润的环境，不耐寒，北方多作温室盆栽。对土壤要求不严，宜富含腐殖质的沙质壤土或黏质壤土。

（3）繁殖方法

采用分球法繁殖。一般在春天结合换盆进行分球栽植。

（4）常见同属栽培种

蜘蛛兰属植物约 50 种。主要栽培种有：

① 蜘蛛兰（H. americana） 又名水鬼蕉、美丽水鬼蕉。常绿草本。株高 1～2m。鳞茎大，球形，直径 7～10cm。叶基生，鲜绿色，剑形，端锐尖，长约 60cm，基部有纵沟。花莛粗壮，灰绿色，高 30～70cm；伞形花序顶生，着花 3～8 朵；花由外向内次第开放；花大型，白色，有香气，花筒部带绿色，长 15～18cm；花被片线形，与筒部等长；副冠漏斗形，有齿；花丝分离部长 4～5cm。花期夏秋（图 7-22）。

② 秘鲁蜘蛛兰（H. narcissiflora） 又名秘鲁水鬼蕉。原产于秘鲁的安第斯山脉。叶片基生，带状，半直立，冬季枯萎。花白色，具芳香，小型，中部杯状副冠为细长、狭窄、平展的花瓣所环绕，有时内侧具绿色条纹。花期夏季。

③ 美洲蜘蛛兰（H. speciosa） 又名美洲水鬼蕉。原产于印度群岛。鳞茎球形，径 7.5～10cm。叶片 12～20 枚，倒披针状长椭圆形，先端锐尖，鲜绿色，长约 60cm，基部有纵沟。花莛灰绿色，伞形花序，着花 10～15 朵；

图 7-22　蜘蛛兰

花全长达 23cm，雪白色，有香气；花由外向内次第开放；总苞片 5～6 片，披针形，绿色，长 7～10cm；花筒部带绿色，长 7.5～10cm，花被片线形，比筒部长；副冠齿状漏斗形。花期夏秋。

④ 篮花蜘蛛兰（*H. calathia*）　又名篮花水鬼蕉、秘鲁水仙。原产于安第斯山、秘鲁、玻利维亚。鳞茎球形。叶互生，带状。花莛扁，呈二棱形，高 40～60cm，有时可达 1m；伞形花序着花 2～5 朵，无花梗；小花白色，喇叭形，具浓香，长 5～10cm，裂片与花筒近等长，弯曲形似蜘蛛；副冠白色，有绿色条纹；花丝分离部分长约 1.3cm。花期夏秋。

（5）园林应用

在温室常作常绿球根花卉栽培，也可作露地春植球根栽培。宜盆栽观赏，布置花坛、林缘、草地或作切花。

（6）其他经济用途

花可提取芳香油。鳞茎入药，外敷治疗皮肤疖肿。

（7）花文化

蜘蛛兰因花朵芬芳，拥有令人难以抗拒的魅力，故花语为丽质天生。

23. 番红花类 *Crocus* spp.

别名：藏红花、西红花　　　　　　　　　　科属：鸢尾科番红花属

（1）形态特征

球茎扁圆形或球形，有干膜质或革质的外皮包被。叶基生，线形，中脉白色。花单朵顶生，花被片 6，基部筒状；雄蕊 3 枚；花柱较长，子房 3 室。

（2）分布与习性

原产于欧洲、地中海及中亚等地，现世界各地广泛栽培。喜冷凉、湿润和半阴环境，较耐寒，对土壤要求不严，宜排水良好、腐殖质丰富的沙壤土。根据番红花属的花卉对各自原产地气候、土壤等自然条件的适应情况，可分为三大类型。

第一种类型生长期要求环境条件湿润，休眠期则要干燥，地上部分枯干。

第二种类型生长期要求湿润条件，但休眠期稍耐湿润，露地栽培时地上部分枯萎休眠，但不必将球茎掘取贮藏，可露地越过休眠期。

第三种类型适应于山林地，在林地之中叶片不枯萎，在气候湿润地区可露地继续生长。

（3）繁殖方法

常用分球法繁殖。结实类也可播种繁殖，采种后要立即播种。

（4）常见同属栽培种

番红花属植物有 75 种，园艺上按花期将它们分为春花和秋花两大类。常见栽培种有：

① 春花类

早番红花（*C. imperati*）　原产于意大利。球茎大，径 2.5cm，外皮为平行纤维状结构。叶 4～6 枚，与花茎等长。花莛基部具佛焰苞片；花大，杯状，花蓝紫色，有白花变种。花期 1～3 月。

春番红花（*C. vernus*）　又名番紫花。原产于欧洲中南部阿尔卑斯山地区。球茎大，径 2.5cm，外皮为网状纤维结构。叶 2～4 枚，与花莛等长。花莛基部具佛焰苞片；花有白色、堇色，有紫色纹。花期 2～3 月。

图 7-23 番红花

黄番红花（*C. aureus*） 又名番黄花。原产于小亚细亚、欧洲东南部。球茎大，径 2.5cm，外皮膜质结构。叶 6～8 枚。花莛基部无佛焰苞片，属于裸花类；花较大，金黄色，有白花变种。花期 2～3 月。

金番红花（*C. chrusanthus*） 原产于巴尔干半岛、小亚细亚。球茎小，外皮膜质结构。叶 5～7 枚，花莛基部无佛焰苞片，属于裸花类。花金黄色，人工杂交后有白色、雪青色、鲜黄色、橙黄色等品种。花期 3 月。

② 秋花类

番红花（*C. satirus*） 又名藏红花、西红花。原产于南欧地中海沿岸。球茎扁圆球形，直径约 3cm，外有黄褐色的膜质包被。叶基生，9～15 枚，条形，灰绿色，长 15～20cm，宽 2～3cm，边缘反卷；叶丛基部包有 4～5 片膜质的鞘状叶。花莛甚短，不伸出地面；花莛基部具佛焰苞片；花 1～2 朵，淡紫色，有香味，直径 2.5～3cm；花被裂片 6，2 轮排列，内、外轮花被裂片皆为倒卵形，顶端钝，长 4～5cm；雄蕊直立，长 2.5cm，花药黄色，顶端尖，略弯曲；花柱橙红色，长约 4cm，上部 3 分枝，分枝弯曲而下垂，柱头略扁，顶端楔形，有浅齿，较雄蕊长，子房狭纺锤形。蒴果椭圆形，长约 3cm。花期 10～11 月（图 7-23）。

美丽番红花（*C. speciosus*） 原产于亚洲西南部。球茎大，径 2.5cm，外皮膜质结构。叶 4～5 枚，狭长。花莛基部无佛焰苞片，属于裸花类；花人，筒部长，筒内上部紫红色；花鲜黄色，有蓝色羽状纹；柱头暗橙色。花期 9～10 月。美丽番红花花朵大品种多，是秋花类中观赏价值最高的一种。

（5）园林应用

多用作花坛、道路镶边，最宜混植于草坪中组成嵌花草坪，作疏林下地被。又可供花境、岩石园点缀丛栽。也可盆栽或水养促成观赏。

（6）其他经济用途

番红花雌蕊的花柱和柱头为名贵药材，有镇静、祛痰、解痉作用，用于胃病、调经、麻疹、发热、黄胆、肝脾肿大等的治疗。

（7）花文化

因番红花花被呈淡紫色，花喉的部分是深紫色，花药黄色，柱头是橙红色，故花语为多彩。在中世纪的欧洲，十字军东征归来会赐予忠贞的妻子带有番红花图案的徽章，来表彰这些贤淑妻子。因此，番红花还有一个花语是真心。

24. 葱兰 *Zephyranthes candida*

别名：葱莲、肝风草、白花菖蒲莲、玉帘、葱叶水仙　　　科属：石蒜科葱莲属

（1）形态特征

鳞茎圆锥形，较小，径 2.5cm，有明显的长颈，外包黑褐色皮膜。叶肉质基生，狭线形，暗绿色。花莛较短，高 30～40cm，中空，包于具褐红色膜质苞片内，自叶丛一侧抽出；花单生，较小，直径 4～5cm，白色，外部带有淡红色晕；花被 6 片，椭圆状披针状，几无花

被筒。蒴果近球形。花期 7 月下旬至 11 月初。

（2）分布与习性

原产于南美墨西哥、古巴、秘鲁、阿根廷、乌拉圭等草地，现全世界各地广泛栽培。喜阳光，耐半阴和低湿环境。喜温暖，较耐寒。适宜排水良好、肥沃而富含腐殖质的稍带黏质土壤。

（3）繁殖方法

分球繁殖或播种繁殖。多在早春土壤解冻后进行分球繁殖。

（4）常见同属栽培种

① 葱兰（*Z. candida*）　花白色，中国广泛栽培。

② 韭莲（*Z. grandiflora*）　又名红花菖蒲莲、韭菜莲、韭兰、风雨花。原产于中南美墨西哥、古巴、危地马拉湿润林地。鳞茎卵球形，径 3～4cm。基生叶 5～7 枚，扁平线形，与花同时伸出。花单生于花葶先端，长 5～7cm，具佛焰苞状苞片，一年开多次花；通常干旱后即可开花，故有"风雨花"之称；花粉红色至玫瑰红色。

③ 橘黄葱莲（*Z. citrina*）　花金黄色。分布于西印度地区。本种与葱莲杂交种花为乳黄色。

④ 阿塔马斯柯葱莲（*Z. atamasco*）　花白色或粉红色，花大型，花葶可达 10cm。原产于美国西南各州。

（5）园林应用

最宜为林下、坡地等地被植物，也常作花坛、花境及路边的镶边材料，或盆栽观赏。

（6）其他经济用途

花瓣入药，具平肝息风功效，主治小儿惊风、羊癫风。

（7）花文化

因葱兰花开时洁白一片，人们赋予它的花语是纯洁的爱情。

25. 水仙类 *Narcissus* spp.

别名：水仙花、雅蒜　　　　　　　科属：石蒜科水仙属

（1）形态特征

鳞茎肥大，卵状至广卵状球形，外被棕褐色薄皮膜，基部茎盘着生多数白色肉质根。茎生叶直立互生，带状线形，有叶鞘包被。花葶直立，一葶一花或多花的伞形花序，总苞片佛焰苞状，膜质；花被片 6，内、外轮各 3 枚；雄蕊 6，雄蕊外方花冠上有杯状或喇叭状副冠；雌蕊 1，3 心室，子房下位。

（2）分布与习性

原产于中欧、北非地中海沿岸，现世界各地广泛栽培。喜温暖、湿润和阳光充足的环境，尤以冬无严寒、夏无酷暑、春秋多雨最为适宜。多数种类也较耐寒。对土壤要求不甚严格，但以土层深厚肥沃、湿润而排水良好的黏质壤土为好，pH 值以中性和微酸性为宜。

（3）繁殖方法

通常采用分球法繁殖鳞茎。将母球两侧分生的小鳞茎掰下作种球另行种植。

（4）常见同属栽培种与品种

水仙属有 30 种，栽培上常用的有以下几种。

① 中国水仙（*N. tazetta* var. *chinensis*） 别名凌波仙子、落神香妃、金银台、姚女花。花被片白色，副冠黄色，小杯状，冬季开花。中国水仙有 2 个品种，一个是'金盏玉台'，单瓣白色，黄色副冠（图 7-24）；另一个是'玉玲珑'，花重瓣，副冠黄色，瓣裂，部分瓣化。

② 法国水仙（*N. tazetta*） 别名多花水仙。分布较广，自地中海地区直到亚洲东南部。鳞茎大。花莛高 30～45cm，每莛有花 3～8 朵或更多；花径 2.5～5cm；花被片白色，倒卵形，副冠短杯形，黄色；极芳香。花期 12～翌年 2 月。

图 7-24 中国水仙

③ 喇叭水仙（*N. pseudo-narcissus*） 别名黄水仙、漏斗水仙。原产于法国、葡萄牙、意大利、西班牙等地。鳞茎球形。花莛高 20～40cm，每莛一花；副冠与花被等长或长于花被片；花黄色，副冠橘黄色，边缘有不规则锯齿状皱；花冠横向开放。花期 3～4 月。

④ 丁香水仙（*N. jonguilla*） 别名黄水仙、长寿花。原产于葡萄牙、西班牙、阿尔及利亚等地。一莛有花 2～6 朵，花径 3～6cm；花被片鲜黄色，副冠杯状，橘黄色，与花被片等长。花期 4 月。有重瓣变种。

⑤ 芳香水仙（*N. odorus*） 此为喇叭水仙与丁香水仙的杂交种。原产于地中海沿岸。花莛高 30～45cm，一莛有花 2～4 朵；花被片黄色，副冠口部宽，有 6 浅裂。有大花和重瓣园艺品种。

⑥ 仙客来水仙（*N. cyclamineus*） 原产于葡萄牙、西班牙北部。鳞茎小，茎 1cm。花莛长约 12cm，一莛一花；花被片长椭圆形，反折状，形似仙客来，黄色；花筒短，副冠与花被片等长，边缘有不规则锯齿。花期 2～3 月。

⑦ 三蕊水仙（*N. triandrus*） 别名西班牙水仙、白玉水仙。原产于西班牙、葡萄牙。鳞茎小，株矮。一莛有 1～5 朵花，花白色，也有淡黄、黄、深黄色变种；垂下开放；花被片披针形，反卷，副冠短杯状，花形似仙客来水仙；雄蕊中有 3 枚伸出副冠，3 枚短于花筒。花期 3～4 月，有晚花期变种花期为 5～7 月。

⑧ 红口水仙（*N. poeticus*） 别名口红水仙。原产于西班牙、中欧、南欧、希腊等地。花莛高约 30cm，一莛一花；花径 4～7cm，有香气；花被片白色，副冠黄色，浅杯状，边缘有橘红色折皱。花期 4 月。

⑨ 围裙水仙（*N. bulbocodium*） 原产于西班牙、葡萄牙、法国西南部、摩洛哥、阿尔及利亚等地。鳞茎小，径 1～2cm。一莛一花，副冠漏斗状，与花筒等长；花被片小，披针形，有黄、淡黄、白等色；花冠斜上方向开放。花期 2～5 月。

⑩ 橙黄水仙（*N. incomparabilis*） 别名明星水仙。原产于西班牙及法国南部，为一天然杂交种。鳞茎卵形，径 2.5～4cm。株高 30～45cm。一莛一花，横向或斜上开放；花黄色，副冠倒圆锥形，有 6 深裂，边缘波状。花期 4 月。

（5）园林应用

在南方园林中宜布置花坛、花境，也是很好的地被花卉。自古以来多用于盆栽、水养，置于几案上，供装饰和观赏。水仙类花朵水养持久，为良好的切花材料。

（6）其他经济用途

中国水仙鳞茎可入药，具有清热解毒、散结消肿的功能。用于腮腺炎，痈疖疔毒初起红肿热痛。

（7）花文化

中国水仙多在春节开放，其花语为吉祥、思念、团圆。因养于清水中，又象征纯洁、高尚。

小　结

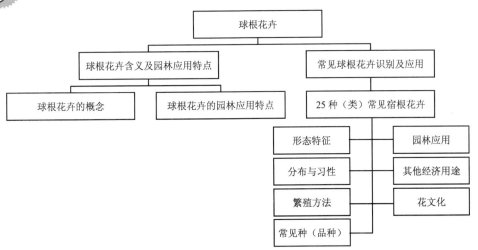

知识拓展

其他球根花卉简介

中　名	学　名	科　名	花　色	繁殖方法	特　性
黄斯坦堡	*Sternbergia lutea*	石蒜科	黄	鳞茎旁蘖	原产于欧洲东部，宜花坛、盆栽
尼　润	*Nerine* spp.	石蒜科	红，白	鳞茎旁蘖	切花，盆栽，不耐寒
全能花	*Pancratium* spp.	石蒜科	白	鳞茎旁蘖	原产于热带、亚热带，夏秋直到冬季开花，盆花、切花
火燕兰	*Sprekelia formosissima*	石蒜科	红	鳞茎，种子	原产于墨西哥，春夏开花，喜温暖，盆栽
卜若地	*Brodiaea* spp.	石蒜科	淡紫，粉	球茎，种子	早夏开花，宜林缘、花境
春星花	*Ipheion uniflorm*	石蒜科	白，蓝	鳞茎，旁蘖	不耐寒，丛植、花坛
油加律	*Eucharis grandifiora*	石蒜科	白	鳞茎，旁蘖	分布中南美温暖地区，露地栽培
美花莲	*Habranthus brachv andrus*	石蒜科	红，紫	鳞茎旁蘖	暖地栽培，盆栽
网球花	*Haemanthus coccineus*	石蒜科	红，白	鳞茎旁蘖，种子	原产于南非，喜温暖湿润，北方盆栽
赤　莲	*Erythronium* spp.	百合科	黄，白，粉，紫	球茎，种子	喜阴或半阴，用于地被、岩石园
鸟乳花	*Orithogalum* spp.	百合科	黄，白，橙，红	鳞茎，种子	耐寒，耐半阴，耐旱，地被、花坛
嘉　兰	*Gloriosa* spp.	百合科	紫，红黄	块茎分割，种子	暖地地栽，蔓性，切花

（续）

中　名	学　名	科　名	花　色	繁殖方法	特　性
秋水仙	*Colchicum* spp.	百合科	蓝，黄，白	鳞茎.种子	耐寒露地栽培，宜岩石园、地被、药用
卡马夏	*Camassia leichtlinii*	百合科	蓝，堇，白	鳞茎，种子	夏季开花，宜花境、林缘栽培
裂缘莲	*Sparaxis* spp.	鸢尾科	白，黄，紫，红	鳞茎	原产于南非，春夏开花，花坛、盆栽、切花
火星花	*Crocosmia crocosmi flora*	鸢尾科	红	球茎	夏季开花，喜温暖，花坛、镶边、花境
观音兰	*Tritonia crocata*	鸢尾科	粉，红	球茎	原产于南非，夏季开花，喜温暖，切花，华北保护越冬作庭院栽培
肖鸢尾	*Moraea* spp.	鸢尾科	蓝，淡紫，橙，红	根茎分割	原产于南非，盆栽观赏
耐寒苦苣苔	*Aehimenes* spp.	苦苣苦科	白，粉，红，紫	分割根茎，种子	原产于热带美洲，春夏开花，盆栽
菟葵	*Eranthis tubergenii*	毛茛科	白，黄	块茎分割	早春开花，耐寒，可作阴生花卉
延龄草	*Trillium tschonoskii*	延龄草科	黄，白，绿，粉，紫	分株，种子	喜温暖湿润，宜林下花坛、北方盆栽
球根秋海棠	*Begonia tuberhybrido*	秋海棠科	多色	块茎，种子	原产于南非，室内盆栽，不耐炎热
延胡索	*Corvdalis vanhusuo*	紫堇科	紫红	块茎.种子	花坛、入药

自主学习资源库

1. 花卉学（第2版）. 王莲英，秦魁杰. 中国林业出版社，2011.
2. 园林花卉学（第2版）. 刘燕. 中国林业出版社，2009.
3. 花卉学. 傅玉兰. 农业出版社，2001.

自测题

一、名词解释

球根花卉，球根演替，分球繁殖

二、问答题

1. 球根花卉根据其营养器官变态的部位可分为哪几类？
2. 春植球根和秋植球根花卉各有什么特点？
3. 球根花卉在园林中有哪些应用特点？
4. 大丽花块根繁殖时要注意哪些问题？
5. 美人蕉常用于园林哪些地方？
6. 唐菖蒲在栽培时要注意选择何种环境？
7. 如何区别风信子与葡萄风信子？
8. 如何区别朱顶红与石蒜？
9. 文殊兰与蜘蛛兰有什么不同？
10. 百子莲与君子兰有什么区别？
11. 雪钟花与雪滴花有什么区别？
12. 葱兰与韭莲有什么区别？

单元 8 水生花卉

学习目标

【知识目标】

（1）掌握水生花卉的含义。

（2）掌握水生花卉的形态特征和生态习性。

（3）掌握水生花卉在园林中的应用特点。

【技能目标】

（1）熟练识别常见的水生花卉。

（2）掌握水生花卉常用的繁殖方法。

（3）掌握水生花卉的园林应用方法。

　　您可能听说过很多关于"荷叶伞"的故事或传说，那您听说过荷叶可以作"轿子"吗？自然界的水生植物多种多样，作用也多种多样。了解下面的一些水生花卉，找出"伞"和"轿子"吧！

8.1　水生花卉含义及园林应用特点

8.1.1　水生花卉含义

　　在生命里全部或大部分的时间，都是生活在水中或沼泽地中，并能够顺利地繁殖下一代的植物，我们称其为水生植物。水生花卉泛指生长于水中或沼泽地的具有观赏价值的水生植物，它们种类繁多，是园林、庭院水景观赏植物的重要组成部分。按照水生花卉的生活方式与形态特征可分为四大类：

　　① 挺水型水生花卉（包括湿生与沼生）　此型水生花卉植株高大，直立挺拔，花色艳丽，绝大多数有茎、叶之分；根或地下茎扎入泥中吸收营养物质，上部植株挺出水面。如荷花（莲）、千屈菜、菖蒲、香蒲、慈姑、梭鱼草、黄花鸢尾、再力花（水竹芋）等。

　　② 浮叶型水生花卉　根状茎发达，花大色艳，无明显的地上茎或茎细弱不能直立，但它们的体内常贮藏有大量的气体，使植株或叶片漂浮于水面。如睡莲、王莲、萍蓬草、芡实、荇菜等。

　　③ 漂浮型水生花卉　此型花卉种类较少，以观叶为主，根不生于泥中，植株漂浮于水

面之上，随水流、风浪四处漂泊。如大藻、凤眼莲、槐叶萍、水鳖等。

④ 沉水型水生花卉 根茎生于泥中，整个植株沉入水体之中，通气组织发达。叶多为狭长或丝状，对水质有一定的要求。如黑藻、金鱼藻、狐尾藻、苦草、菹草之类。

8.1.2 水生花卉园林应用特点

水生花卉是园林水景的重要造景元素，是水体绿化、美化和净化不可缺少的材料。它们不仅具有较高的观赏价值，而且具有涵养水源、保护水体、净化水质、监测和控制大气污染的生态功能，对保持物种多样性、稳固堤岸具有重要的生态意义。水是构成景观的重要元素，有水的园林更具活力和魅力。水生植物景观能够给人一种清新、舒畅的感觉，不仅可以观叶、赏花、品姿，还能让人欣赏映照在水中的倒影，令人浮想联翩。另外，水生植物也可以营造野趣，在河岸密植芦苇、香蒲、慈姑、水葱、浮萍等，令水景野趣盎然。

利用多姿多彩的水生花卉可以布置出风格独特的水景园。要注意以下几个原则：

（1）根据水体大小选择合适的植物

在水面开阔、视野宽广的水体中，可种植沉水植物，如金鱼藻、黑藻等；在水面可以点缀浮叶植物，如睡莲、萍蓬草、大藻等；水边大面积可种植挺水植物，如荷花、芦苇、菖蒲、鸢尾、水葱、千屈菜等，以形成疏影横斜、暗香浮动的景观。

（2）根据水体条件安排适宜的水生花卉

在浅水区或水旁湿地，可种植雨久花、蝴蝶花、千屈菜、黄菖蒲、伞草、慈姑、'花叶'芦竹、小型荷花等；在水位较深处，可选择一些沉水植物及对水位要求不严格的凤眼莲、大型荷花等。

（3）结合周围环境搭配，创造出均衡和谐的优美环境

较小的水面环境适合选用睡莲、萍蓬草、凤眼莲等小型花卉，大水面则可选用王莲、芡实、芦苇等；在宽敞的水面层次分明、比例恰当地布置慈姑、菖蒲、菱、荷花等多种水生植物，给人以舒展开怀的感受；泉边叠石间隙配置合适的泽泻、燕子花、纸莎草等水生花卉，能陪衬出泉水的喷吐跳跃；水体驳岸上大批种植宿根水生花卉，如菖蒲、水葱、旱伞草、燕子花、千屈菜等，既可加固驳岸又能使陆地和水融为一体，创造出均衡和谐的优美环境；微型水池配上几丛楚楚动人的水生植物，小中见大，让人顿感空间开阔。许多水生植物还可以种植在缸、桶、盆、瓶等容器中，各类水草是美化水族箱的好材料。

8.2 常见水生花卉识别及应用

1. 荷花 *Nelumbo nucifera*

别名：莲花、芙蕖、水芙蓉、菡萏、藕花   科属：睡莲科莲属

（1）形态特征

多年生挺水草本植物。根状茎横走，粗壮肥厚，有长节，节间膨大，内有纵行通气孔道，节部缢缩，着生有根。叶圆形、盾状，直径20～90cm，表面深绿色，被蜡质白粉，背面灰绿色，全缘稍呈波状；叶柄长1～2m，圆柱形，密生倒刺，常挺出水面。花单生于花梗顶端，挺出水面，直径6～33cm，有单瓣、复瓣、重瓣及重台等花型；花色有白、粉、深红、淡紫

色、黄色或间色等变化。果实为坚果，椭圆形或卵形，种皮红色或白色。花期6～9月，每日晨开暮闭（图8-1）。

（2）分布与习性

中国南北各地均有自生或栽培，俄罗斯、日本、朝鲜、印度、越南也有分布。喜生长在相对平静的池塘、浅水湖泊和沼泽地等环境条件中，适宜水深在 20～150cm；喜光，生育期需要全光照环境；生长适宜温度 22～30℃，越冬温度以 3～12℃为宜。

（3）繁殖方法

园林应用中常以分藕繁殖为主，当气温稳定在 15℃以上时，将池水放干，池泥翻整耙平，施足底肥，选1～3 节顶芽完好的藕段，头部向下，埋入土中，尾部略上翘，与土面呈 20°～30°角。栽完后，待土面稍干，藕身固定下来后，放 5～10cm 深的水。亦可用种子繁殖。

图8-1　荷　花

（4）常见栽培类型与品种

荷花园艺栽培品种很多。根据《中国荷花品种图志》的分类标准共分为 3 系 50 群 23 类 28 组，如中国莲系、美国莲系、中美杂种莲系等，各莲系中又分有单瓣类、复瓣类、重瓣类、重台类、千瓣类等。园林中常见应用的有'青莲姑娘'、'玫红重台'、'案头春'、'小艳阳'、'玉钵'、'白雪公主'、'重水华'、'白鹤'、'迎宾芙蓉'、'锦旗'、'冰娇'、'红艳三百重'、'金色年华'、'沁园春'、'火花'、'粉霞'等。

（5）园林应用

荷花在园林造景中有着广泛的应用，可以作荷花专类园（以观赏，研究荷花为主；以欣赏荷花为主；以野趣为主），作四季有花可赏的夏花装饰湖塘和庭院水池，利用荷花的高洁来渲染衬托人文景观，在山水园林中作为主题水景植物，作多层次配置中的前景、中景或主景，荷花还可作工业废水污染水域的"过滤器"。中国的八大赏荷圣地为湖北洪湖、山东微山湖、南京玄武湖、新都桂湖、杭州西湖、武汉东湖、岳阳莲湖、济南大明湖。

（6）其他经济用途

荷花是经济价值相当高的农作物，莲花、莲蓬、莲子、莲叶、莲藕都有其特殊的功用。花可泡莲花茶，具清暑解热和止血的功效；莲蓬和莲心具有清心，安神、止血及降肝火和降血压的作用；莲子富含淀粉、蛋白质和多种维生素，味甘涩性平和，有清新养神、补脾益肾和止血的作用，莲叶可做荷叶饭，可开脾兼有清暑解热作用；莲藕富含维生素C，维生素B1、B2，蛋白质，氨基酸，糖类等，是一种高营养价值的蔬菜，除可作蔬菜鲜食外，也可调制加工成藕粉，供冲泡食用。

（7）花文化

荷花以它的实用性走进人们的生活，凭它的艳丽色彩、幽雅风姿深入人们的精神世界，是中国十大名花之一，被誉为"君子之花"。欧阳修《七言散句》中"点溪荷叶叠青钱，榠拂荷珠碎却圆"，把落在荷叶上的水滴的动势描写了出来。荷花文化在农业、经济、医学、宗教、艺术等领域全面发展。花语为清白、清廉、坚贞纯洁。

2. 睡莲 *Nymphaea tetragona*

别名：子午莲、水芹花、睡浮莲、瑞莲、水
洋花、小莲花

科属：睡莲科睡莲属

（1）形态特征

多年生浮水草本扼物。根状茎粗短，有黑色细毛。叶丛生，具细长叶柄，浮于水面，

图 8-2 睡 莲

纸质或近革质，圆心形或肾卵形，长 6～11cm，宽 3～9cm，先端钝圆，基部具深弯缺，全缘，无毛，上面浓绿，幼叶有褐色斑纹，下面带紫色或红色。花单生于细长的花柄顶端，漂浮于水；直径 3～6cm，花色有白、红、粉、黄、蓝、紫等色及其中间色；花瓣多数，长圆形或倒心形；萼片 4 枚，宽披针形或长圆形，革质。浆果球形，内含多数椭圆形黑色小坚果。花期 6～9 月（图 8-2）。

（2）分布与习性

中国南北各地池沼均有自生。俄罗斯、日本、朝鲜、印度、中亚及欧洲等地也有分布。睡莲喜强光、通风良好和水质清、净、温暖的环境，对土质要求不严，pH 6～8 均生长正常，但最喜富含有机质的塘泥或壤土。生长季节池水深度以不超过 80cm 为宜。适宜生长气温 25～32℃，水深 25～40cm。

（3）繁殖方法

睡莲常用分株的方法繁殖，春季 3～4 月，芽刚刚萌动时将根茎掘起，用利刀分成几块，保证每块根茎上带有 2 个以上充实的芽眼，栽入池或缸内的河泥中；也可用种子繁殖，将饱满的种子放在清水中密封储藏，直至翌年春天播种前取出，浸入 25～30℃的水中催芽，每天换水，2 周后即可发芽，待幼苗长至 3～4cm 时，即可种植于池中，保证足够的水深以使幼叶刚刚漂浮在水面。

（4）常见栽培品种

睡莲品种很多，常见品种 40 多种，常见栽培的品种有：'白花'睡莲、'红花'睡莲、'黄花'睡莲、'香'睡莲、'玛珊姑娘'等。

（5）园林应用

睡莲在园林中运用很早，用睡莲作水景主题材料非常普遍，中国、古埃及、意大利等很早在园林水景中就应用了睡莲。睡莲根能吸收水中的汞、铅、苯酚等有毒物质，是水体净化的植物材料。

（6）其他经济用途

睡莲的根状茎富含淀粉，可食用，亦可酿酒，还可入药用作强壮剂、收敛剂。全草可以作绿肥。

（7）花文化

在古希腊、古罗马，睡莲被视为圣洁、美丽的化身用作供奉女神的祭品；在新约圣经中说睡莲为"圣洁之物，出淤泥而不染"；古埃及早在 2000 多年前就已栽培睡莲，视其为太阳的象征，称其为"尼罗河的新娘"；历代的王朝加冕仪式，民间的雕刻艺术和壁画，均以其作为供品或装饰品。睡莲的花语：洁净、纯真、妖艳、"水中的女神"等。

3. 王莲 *Victoria amazonica*

别名：水玉米　　　　　　　　　　　　　科属：睡莲科王莲属

（1）形态特征

多年生或一年生大型浮水草本植物。根状短茎直立，具发达的不定须根，白色。初生叶呈针状，长到 2～3 片叶呈矛状，至 4～5 片叶时呈戟形，长出 6～10 片叶时呈椭圆形至圆形，到 11 片叶后叶缘上翘呈盘状；叶缘直立，叶片圆形，像圆盘浮在水面，直径可达 1～2.5m，叶面正面光滑，绿色略带微红，有皱褶，背面紫红色，叶脉为放射网状；叶柄绿色，其长度随水位、光照等原因而不同，长 2～4m；叶子背面和叶柄有许多坚硬的刺。花大而美丽，单生，直径 25～40cm；有 4 枚卵状三角形萼片，绿褐色，外面全部长有刺，长 10～20cm，宽 6～8cm；花瓣多数，倒卵形，长 10～22cm，开放第一天呈白色，第二天变为淡红色至深红色；子房密披粗刺。王莲的花期为夏或秋，傍晚伸出水面开放，次日逐渐闭合，傍晚再次开放，第三天闭合并沉入水中；9 月前后结果。浆果球形，种子黑色圆形，富含淀粉，可供食用（图8-3）。

图8-3　王　莲

（2）分布与习性

原产于南美洲热带水域，现已引种到世界各地的植物园或公园。为典型的热带植物，喜高水温（30～35℃）和高气温（25～30℃）的环境，耐寒力极差，气温和水温降到 20℃以下时，生长停滞；喜肥沃深厚的污泥，水深以不超出 1m 较为适宜；喜光，栽培水面应有充足阳光。

（3）繁殖方法

多用种子繁殖。果实成熟后剖开取出种子，放入 20～30℃的温水中贮藏，不能离水，1～2 月播种于大瓦盆中，播后水深保持 5～10cm，水温保持 25～30℃，约 15d 可发芽，当幼苗伸出后，逐渐加水，保持苗的顶部有水覆盖。当幼苗发出箭叶，根长至 4～5cm 时，从瓦盆移入水池中定植。也可用分株的方法进行繁殖。

（4）常见栽培品种

常见栽培种有'亚马孙'王莲、'克鲁兹'王莲和两者的杂交种'长木'王莲。

（5）园林应用

王莲在园林水景中为水生花卉之王，是现代园林水景中热带水景特色的观赏水生花卉，以观叶为主。

（6）其他经济用途

果实成熟时，内含五六百粒大小形状似豌豆、富含淀粉的种子，可食用。南美洲人因此称其为"水玉米"。

（7）花文化

王莲叶子巨大，成熟后直径达 2m 多，像巨型的圆盘，复杂的伞架叶脉让其足以承受一个成年人的重量；其巨型的花朵有五六十个花瓣，还会随着时间变换色彩，因此被誉为"水中王后"。花语为威严。

4. 千屈菜 *Lythrum salicaria*

别名：水枝柳、水柳、对叶莲、千蕨菜、对牙草、铁菱角　　　　科属：千屈菜科千屈菜属

（1）形态特征

多年生挺水草本植物。全株具柔毛，有时无毛，株高 1m 左右。茎四棱或六棱，直立多分枝，披白色柔毛或变无毛。叶对生或 3 片轮生，狭披针形，长 4～6cm，宽 8～15mm，先端稍钝或短尖，基部圆形或心形，有时稍抱茎，无柄。总状花序顶生，小花多而密，紫红色，花两性，花萼筒状，长 4～8mm，花瓣 6，紫红色，长椭圆形，基部楔形。蒴果椭圆形，全包于萼内，2 裂，种子多数，细小。花果期 6～9 月（图 8-4）。

图 8-4　千屈菜

（2）分布与习性

原产于欧洲和亚洲暖温带，中国南北各地均有野生，如中国的四川、山西、陕西、河南、河北都有分布。喜温暖及光照充足、通风良好的环境，喜水湿，多生长在沼泽地、水旁湿地和河边、沟边，在浅水中栽培长势最好。较耐寒，在中国南北各地均可露地越冬。对土壤要求不严，若在土质肥沃的塘泥基质中栽培，花色更艳，长势更强壮。

（3）繁殖方法

可用播种、扦插、分株等方法繁殖，但以分株、扦插为主。分株繁殖可在 4 月进行，将老株挖起，抖掉根部的泥土，去除老的不定根，用快刀切成几丛，保证每丛有 4～7 个芽，另行栽植即可。扦插繁殖可在春夏两季进行，剪取嫩枝，长 6～7cm，去掉下部的叶片，仅保留顶端 2 个节的叶片，将插穗的 1/2 插入湿沙中，可盆插或露地床插。插后每天喷水 1～2 次，保持温度 20～25℃，10d 左右即可生根。种子繁殖在 3～4 月进行，将培养土装入口径 60cm 左右的盆中，灌透水，水渗后进行撒播，播后筛上一层细土，盆口盖上玻璃保温保湿，温度保持在 20℃左右，约20d 发芽。

（4）常见同属栽培种与变种

常见栽培的种和变种有帚叶千屈菜（叶基部狭楔形）、紫花千屈菜（花穗大，花深紫色）、大花桃红千屈菜（花桃红色）、无毛千屈菜、大花千屈菜、毛叶千屈菜等。

（5）园林应用

千屈菜清秀整齐、花色鲜丽、观赏期长，可成片布置于湖岸河旁的浅水处以遮挡单调枯燥的岸线，是极好的水景园林造景植物；也可盆栽摆放庭院中，还可用作切花。

（6）其他经济用途

叶可食用。全株有较高的药用价值，味苦，性寒，无毒，清热，凉血，治痢疾、血崩、

溃疡等症。

（7）花文化

千屈菜生长在沼泽或河岸地带。爱尔兰人叫它"湖畔迷路的孩子"，它常掺杂在其他植物丛中，花语为孤独。

5. 菖蒲 *Acorus calamus*

别名：臭菖蒲、水菖蒲、泥菖蒲、大叶菖蒲、　　　　科属：天南星科菖蒲属
　　　　白菖蒲

（1）形态特征

多年生挺水草本植物。根状茎粗壮，稍扁，直径 0.5～2cm，有多数不定根（须根）。叶基生，叶片剑状线形，长 80cm，或更长，中部宽 1～3cm，叶基部成鞘状，对折抱茎，中部以下渐尖，中肋脉明显突出，两侧均隆起，每侧有 3～5 条平行脉；叶基部有膜质叶鞘，后脱落。花茎基生，扁三棱形，短于叶片，叶状佛焰苞长 20～40cm；肉穗花序直立或斜向上生长，圆柱形，黄绿色，长 4～9cm，直径 6～12mm；花两性，密集生长，花被片 6 枚；子房长圆柱形，长 3mm，直径 1.2mm，顶端圆锥状。浆果红色，长圆形，有种子 1～4 粒。花期 6～9 月；果期8～10 月（图 8-5）。

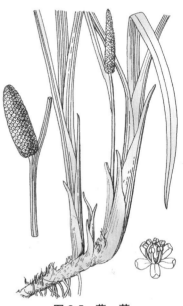

图 8-5　菖　蒲

（2）分布与习性

广泛分布于温带、亚热带，生长在池塘、湖泊岸边浅水区、沼泽地中，在中国南北各地都有分布。生长适宜温度 20～25℃，10℃以下停止生长，以地下茎潜入泥中越冬。

（3）繁殖方法

园林应用中常用种子繁殖和分株繁殖。种子繁殖是将收集到的成熟红色浆果清洗干净后，在室内进行秋播，保持土壤潮湿或有浅水覆盖土壤，在 20℃左右的条件下，早春会陆续发芽，后次第移栽，待苗生长健壮时，可定植。分株繁殖的操作方法是在清明前后用铁锹将地下茎挖出，清洗干净，去除老根和地上枯茎，再用快刀将地下茎切成若干块状，每块保留 3～4 个新芽，进行栽植；在生长期进行分株，是将植株连根挖起，洗净，去掉 2/3 的根，再分成块状再栽植，在分株时要保持好嫩叶及芽、新生根。

（4）常见同属栽培种

常见同属栽培种有细根菖蒲、石菖蒲、金钱蒲、长苞菖蒲等。

（5）园林应用

宋代苏东坡的《七言散句》中写到"斓斑碎石养菖蒲，一勺清泉半石盂"，可以看出自古以来菖蒲就被用作水景园的种植材料，与碎石相配增加景观效果。菖蒲适宜水景岸边及水体绿化；也可盆栽观赏，叶、花序还可以作切花。

（6）其他经济用途

全株芳香，可作香料或驱蚊虫；具有吸附空气中微尘的功能；根茎、叶可入药。

（7）花文化

中国的先民把菖蒲当作神草，把农历四月十四日定为菖蒲的生日。菖蒲也是中国传统文化中可防疫驱邪的灵草，与兰花、水仙、菊花并称为"花草四雅"。江南人家每逢端午时节，悬菖蒲、艾叶于门、窗，饮菖蒲酒等，以祛避邪疫；夏、秋之夜，燃菖蒲、艾叶，驱蚊灭虫的习俗保持至今。菖蒲的花语为信仰者的幸福。

6. 花叶芦竹 *Arundo donax* var. *versicolor*

别名：花叶玉竹、斑叶芦竹、彩叶芦竹　　　　　　　科属：禾本科芦竹属

（1）形态特征

多年生挺水草本植物。地下根状茎强壮，地上茎通直有节，表皮光滑，丛生。叶长30～70cm，互生，斜出，排成二列，披针形，弯垂，绿色具美丽的条纹（金黄色或白色），叶端渐尖，叶基鞘状，抱茎。圆锥花序顶生，长10～40cm，形似毛帚，花期10月（图8-6）。

图8-6　花叶芦竹

（2）分布与习性

原产于地中海一带，在中国华东、华南、西南等地已广泛种植，通常生于河旁、池沼、湖边。喜光、喜温、耐湿，也较耐寒，生长适宜温度18～35℃。

（3）繁殖方法

可用播种、分株、扦插等方法繁殖。常采用分株方法，即根茎分切繁殖，早春挖出地下茎，用快刀切成块状，每块要求有3～4个芽进行分栽；扦插可在8月底至9月初进行，将花叶芦竹茎秆剪成20～30cm一节，每个插穗都要有间节，植株剪取后不离开水，随剪随插，插床的水位要有3～5cm，20d左右间节处会萌发白色嫩根，然后定植。

（4）常见栽培品种

花叶芦竹不常用有性繁殖的方法繁殖，所以品种较少，常见栽培的有白色间碧绿丝状纹和金黄间碧绿丝状纹叶色的花叶芦竹。

（5）园林应用

在园林造景中主要用于水景园背景材料，也可点缀于桥、亭、榭四周，又可盆栽用于庭院观赏，花序和根、茎可用作切花。

（6）其他经济用途

根、茎可入药。

7. 萍蓬草 *Nupahar pumilum*

别名：萍蓬莲、黄金莲、金莲、荷根、黄水莲　　　　　科属：睡莲科萍蓬草属

（1）形态特征

多年生浮水草本植物。根状茎横卧或直立。叶二型，浮水叶纸质或近革质，宽卵形或卵形，长 8～17cm，全缘，基部开裂呈深心形，叶上面绿而光亮，无毛，叶背隆凸，有柔毛，侧脉羽状，具数次二歧分枝；叶柄圆柱形，长 20～80cm；沉水叶薄而柔软。花单生，圆柱状花柄挺出水面，萼片 5 枚，短圆形或椭圆形，绿黄色；花瓣 10～20 枚，狭楔形，先端微凹；雌蕊的柱头呈放射形盘状，淡黄色或带红色。浆果卵形，长约 3cm；种子矩圆形，黄褐色，光亮。花期 5～9 月；果期 7～10 月（图 8-7）。

图 8-7 萍蓬草

（2）分布与习性

分布于中国广东、福建、江苏、浙江、江西、四川、吉林、黑龙江、新疆等地；日本、俄罗斯的西伯利亚和欧洲也有分布。性喜温暖、湿润、阳光充足的环境，对土壤要求不严，以土质肥沃略带黏性为好；适宜的水深为 30～60cm；生长最适温度为 15～32℃，低于 12℃停止生长。

（3）繁殖方法

可以用播种或分株的方法繁殖。播种繁殖将头年采收贮存的种子在翌年春季进行人工催芽，播种土壤为清泥土，加水 3～5cm 深，待水澄清后将催好芽的种子撒在里面，根据苗的生长状况及时加水、换水，直至幼苗长出浮叶时方可移栽；分株繁殖是以地下茎繁殖，在 5～6 月进行，将带主芽的块茎切成 6～8cm 长，除去黄叶和部分老叶，保留部分不定根进行栽种。

（4）常见同属栽培种

常见栽培种有贵州萍蓬草、中华萍蓬草、欧亚萍蓬草、台湾萍蓬草等。

（5）园林应用

萍蓬草为观花、观叶植物，多用于池塘水景布置，也可盆栽于庭院、建筑物、假山石前，或居室前的向阳处。萍蓬草的根具有净化水体的功能。

（6）其他经济用途

根状茎入药，能健脾胃，有补虚止血、治疗神经衰弱的功效；其根系发达，对污水的适应能力较好。

（7）花文化

萍蓬草的花叶俱佳，花虽小但颜色亮丽，具有较高的观赏价值，其花语为崇高。

8. 芡实 *Euryale ferox*

别名：鸡头米、鸡头荷、鸡头莲、刺莲藕、湖南根、假莲藕、肇实　　科属：睡莲科芡属

（1）形态特征

一年生大型浮水草本植物。根状茎粗壮，具白色须根及不明显的茎。叶二型，初生叶沉水，箭形或椭圆肾形，长 4～10cm，两面刺；后生叶浮于水面，革质，椭圆状肾形或圆

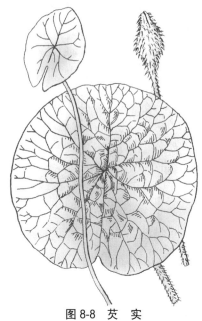

图 8-8 芡 实

状盾形，直径 10～150cm，表面深绿色，被蜡质，具多数隆起，叶脉分歧点有尖刺，背面深紫色，叶脉凸起，有绒毛；叶柄长，圆柱形中空，表面生多数刺。花单生，萼片 4 枚，宿存，直立，披针形，肉质，外面绿色，有刺，内面带紫色；花瓣多数，分 3 轮排列，带紫色；花梗粗长，多刺，伸出水面。浆果球形，海绵质，紫红色，外密生硬刺；种子球形，黑色。花期 5～9 月；果期 7～10 月（图 8-8）。

（2）分布与习性

中国南北各地均有分布，主要分布于黑龙江、吉林、辽宁、河北、河南、山东、江苏等地；俄罗斯、日本、朝鲜、印度也有分布。喜温暖、光照充足的环境，生于池塘、湖沼中。

（3）繁殖方法

以种子繁殖为主，春、秋均可播种。秋播以采集的当年生种子直接撒入池塘。春播选颗粒饱满的水藏或沙藏的种子，放置 20～25℃的温水中浸种催芽，每天换水，日温 25℃、夜温 15℃以上时，15d 左右即开始发芽，随后撒播于已准备好的苗床中进行育苗，当苗生长出 2～3 片叶、3～5 条根时可移至苗圃或小盆，待苗健壮时，可移植于池塘或湖沼。

（4）常见栽培品种

芡实常分为南芡（苏芡）和北芡（刺芡）。南芡目前有 3 个品种：'紫花'芡、'红花'芡和'白花'芡。

（5）园林应用

芡实为观叶植物，配置水景可增加野趣。

（6）其他经济用途

种仁可供食用、酿酒；根、茎、叶、果均可入药；外壳可作染料；嫩叶柄和花柄剥去外皮可当菜吃；全草可作绿肥；煮熟后又可作饲料。

9. 慈姑 *Sagittaria sagittifolia*

别名：华夏慈姑、燕尾草、白地栗、蔬卵、芽菇、剪刀草　　　　　　科属：泽泻科慈姑属

（1）形态特征

多年生挺水草本植物。根状茎横走粗壮，有纤匐枝，枝端膨大成球茎。叶具长柄，长 20～40cm；叶形变化较大，通常为戟形，宽大，肥厚，连基部裂片长 5～40cm，宽 4～130mm，顶裂片先端圆钝，基部裂片短，与叶片等长或较长，向两侧开展。花葶直立，长 15～70cm；总状或圆锥花序长 5～20cm；花 3～5 朵为 1 轮，单性，外轮花被片 3，萼片状，卵形，先端钝，内轮花被片 3，花瓣状，白色，基部常有紫斑。瘦果斜倒卵形，背腹两面有翅；种子褐色，具小凸起。花果期 5～10 月（图 8-9）。

（2）分布与习性

原产于中国。广布亚洲热带、温带地区，欧美也有栽培。有很强的适应性，在各

种淡水水面的浅水区均能生长，要求光照充足、气候温和、较背风、土壤肥沃的环境。生长适宜温度为 25～30℃，球茎休眠越冬要求温度以 7～12℃为宜。

（3）繁殖方法

常用分株法繁殖，多在 3～4 月进行，可以直接用富含腐殖质的河泥作基质，选择直径 2～3cm、顶芽完好无损的慈姑球茎作种球，直接栽种到基质中即可。亦可用种子繁殖。

（4）常见同属栽培种

慈姑园艺栽培种较多。如野慈姑、慈姑、利川慈姑、小慈姑、腾冲慈姑、高原慈姑等。

（5）园林应用

慈姑为浅水型植物，叶形奇特，适应能力较强，可作水边、岸边的绿化材料，也可作盆栽观赏。

（6）其他经济用途

慈姑是水生的草本植物，含丰富的淀粉质，适于长期贮存，故曾被称为"救荒本草"。慈姑还具有益菌消炎的作用，性味甘平，生津润肺，补中益气，能够败火消炎，辅助治疗痨伤咳喘。

图 8-9　慈　姑

10. 泽泻 *Alisma orientale*

别名：泽泄、川泽泻、建泽泻、光泽泻、水泻、泽夕等　　　　科属：泽泻科泽泻属

图 8-10　泽　泻

（1）形态特征

多年生水生或沼生草本植物，高 50～100cm。地下有块茎为球形，直径可达 1～3.5cm 或更大。叶根生，多数，二型，沉水叶条形或披针形，挺水叶宽披针形、椭圆形至卵圆形；叶柄长达 30cm，宽 2～10cm，基部扩延成中鞘状，先端急尖或短尖，基部广楔形、圆形或稍心形，全缘，两面光滑；叶脉通常 5 条。花葶由叶丛中抽出，长 70～100cm，花序通常有 3～8 轮分枝，轮生的分枝再分枝，组成圆锥状复伞形花序；花两性，小花梗长短不等；小苞片披针形至线形；萼片 3 枚，广卵形，绿色或稍带紫色，长 2～3mm，宿存；花瓣倒卵形，膜质，白色。瘦果多数，扁平，倒卵形或椭圆形，背部有 2 条浅沟，种子褐色。花果期 5～9 月（图 8-10）。

（2）分布与习性

原产于中国，南北各地均有分布和栽培。日本、朝鲜、印度、北美等也有分布。常自然分布在稻田、水沟、河边、湖池、水塘、沼泽及积水湿地等浅水区。喜光、喜温、耐寒、耐湿。生长的适宜温度为 18～30℃，低于 10℃时停止生长，最低泥土温度不能低于 5℃。

（3）繁殖方法

一般用播种繁殖。泽泻自繁能力很强，种植过泽泻的地方，无须播种也能萌发幼苗。播种在 3～4 月或 8～9 月进行。将催芽的种子均匀播在土面上，然后盖上一层细沙，发芽适温为 20～25℃，出苗后应进行一次移苗，长成后再定植。也可分株繁殖：3～4 月将地下块茎挖出洗净，去除不定根和老根，分切成数块，每块保留 1～3 个芽，育苗即可。

（4）常见同属栽培种

常见栽培种有窄叶泽泻、草泽泻、膜果泽泻、小泽泻等。

（5）园林应用

泽泻株形美观，叶色翠绿，花小、色白，非常迷人，既能观叶又能观花，常用在水景园配置或盆栽布置庭院。

（6）其他经济用途

全株可入药。利水渗湿，泄热通淋。

（7）花文化

泽泻夏季开白花，排成大型轮状分枝的圆锥花序，根茎又是传统的中药之一，所以其花语为博爱、圣洁虔诚。

11. 凤眼莲 *Eichhornia crassipes*

别名：水葫芦、凤眼蓝、水葫芦苗、水浮莲、布袋莲水荷花、假水仙　科属：雨久花科凤眼莲属

（1）形态特征

多年浮水草本植物。根丛生于节上，须根发达且悬浮于水中。茎短缩，具匍匐走茎。单叶丛生于短缩茎的基部，呈莲座状，每株 6～12 片叶，叶卵圆形、倒卵形至肾形，叶面光滑、全缘；叶柄中下部有膨胀如葫芦状的气囊，基部具削状苞片。花莛单生直立，穗状花序，有 6～12 朵花；花被 6 裂，蓝紫色，有 1 枚裂片较大，中央有鲜黄色的斑点；花两性。子房上位，卵圆形；种子多数，有棱。花期 7～10 月（图8-11）。

（2）分布与习性

原产于巴西。中国华北、华东、华中和华南地区均有引种。喜向阳、平静的水面，潮湿肥沃的边坡也能正常生长，在日照时间长、温度高的条件下生长较快，受冰冻后叶茎枯黄。生长最适温度为 25～35℃，10℃以上开始萌芽，深秋季节遇到霜冻后，很快枯萎，耐碱性，pH 值 9 时仍生长正常，抗病力亦强，极耐肥，好群生。

（3）繁殖方法

以分株繁殖为主。在春季进行，将匍匐茎割成几段或带根切离几个腋芽，投入水中即可自然成活，繁殖系数也很高。

（4）园林应用

可用于布置水景，花可作切花。

（5）其他经济用途

在农业上凤眼莲可作饲料和肥料，对水中各种重金

图8-11　凤眼莲

属有较好的吸收和富集作用，对藻类也有一定的抑制作用。

（6）花文化

凤眼莲原产于南美洲亚马孙河流域，1884 年凤眼莲作为观赏植物被带到美国的一个园艺博览会上，当时被誉为"美化世界的淡紫色花冠"，从此迅速走向世界。凤眼莲几乎在任何污水中都良好生长、旺盛繁殖。人们赋予它的花语和象征意义为：此情不渝；对感情、对生活的追求至死不渝。

凤眼莲在原产地由于受生物天敌的控制，仅以一种观赏性种群零散分布于水体，其经济价值吸引着世界各地推广种植。中国于 1901 年从日本以观赏植物引入中国台湾，并作为饲料和净化水质的植物而推广种植。在 20 世纪六七十年代，凤眼莲促进了中国农业、畜牧业和渔业的发展，80 年代后对水环境的污染也起到了一定的净化作用。现广泛分布于华北、华东、华中和华南，尤以长江以南分布面积大，中国南方的湖泊与河流普遍发生凤眼莲疯长覆盖水面，阻碍航道的现象，更严重的是它们已经破坏了江河的生态平衡，严重影响农田灌溉、居民饮水、航运、渔业、水利等，目前中国每年因凤眼莲造成的经济损失接近 100 亿元，打捞费用高达 5 亿～10 亿元。国家环保总局公布其为"外来有害入侵物种"之一。

12. 香蒲 *Typha oangustata*

别名：东方香蒲、水蜡烛、水烛、蒲草、蒲菜、猫尾草　　　　科属：香蒲科香蒲属

（1）形态特征

多年生挺水草本植物。根状茎乳白色，细长；地上茎粗壮，向上渐细，高 130～200cm。叶片直立，条形，长 40～70cm，宽 4～9mm，光滑无毛，上部扁平，下部腹面微凹，背面逐渐隆起呈凸形，横切面呈半圆形；叶鞘抱茎。雌雄肉穗花序紧密连接；雄花序位于上方，长 2.5～9cm，花序轴具白色弯曲柔毛，自基部向上具 1～3 枚叶状苞片，花后脱落；雌花序位于下方，长 4.5～15cm，基部具 1 枚叶状苞片，花后脱落。小坚果椭圆形至长椭圆形，果皮具长形褐色斑点；种子褐色，微弯。花果期 5～8 月（图 8-12）。

（2）分布与习性

广泛分布于中国黑龙江、吉林、辽宁、内蒙古、河北、山西、山东、河南、陕西、安徽、江苏、浙江、湖南、湖北、江西、广东、云南、台湾等地。菲律宾、日本、俄罗斯及大洋洲等地也有分布，喜温暖、湿润的气候和阳光充足且潮湿的环境。

（3）繁殖方法

常用分株繁殖。3～4 月间，挖起香蒲发新芽的根茎，分成单株，每株带有一段根茎和须根，选浅水处栽种。

（4）常见栽培品种

① 香蒲　叶宽可达 2cm。雄花穗和雌花穗紧相连接。

② 东方香蒲　叶宽 6～10mm。雄花穗和雌花穗紧相连接。

③ 水烛　叶宽 5～8mm，雄花穗和雌花穗间有一段间隔。

其他栽培品种还有：宽叶香蒲、毛蜡烛、无苞香蒲、小香蒲等。

图 8-12　香　蒲

（5）园林应用

香蒲叶绿、穗奇，可用于点缀园林水池；其叶片挺拔，花序粗壮，可用作切花。

（6）其他经济用途

花粉可入药；叶片可编织、造纸；幼叶基部和根状茎先端可作蔬菜；雌花序可作枕芯和坐垫的填充物。香蒲是重要的水生经济植物之一。

（7）花文化

香蒲的花没有鲜艳的色彩，但仍然在自然界奉献着自己，所以香蒲的花语为卑微、顺从、和平、幸运等。

13. 大薸 *Pistia stratiotes*

别名：大叶莲、水浮莲、水荷莲、天浮莲、大瓶叶、　　　　科属：天南星科大薸属
大萍、水莲、母猪莲、肥猪草、水白菜

（1）形态特征

多年生漂浮草本植物。根须垂悬水中。无直立茎，主茎短缩而叶呈莲座状，从叶腋间向四周分出匍匐茎，茎顶端发出新植株。叶簇生无叶柄，叶片倒卵状楔形，顶端钝圆而呈微波状，长 2～15cm，两面都有白色细毛。花序生叶腋间，有短的总花梗，佛焰苞小，淡绿色，长 8～12mm，背面被毛；肉穗花序，稍短于佛焰苞。果为浆果。花果期夏秋。

（2）分布与习性

广泛分布于全球热带、亚热带。在中国的华东、华南、长江流域等地，常生于沟渠、湖泊、河流池塘、稻田边等水质肥沃的静水边或缓流的水面中。喜高温、高湿，不耐寒，适宜生长温度 20～35℃。

（3）繁殖方法

大薸的繁殖能力很强，可用种子繁殖，也可用分株的方法繁殖。常用分株的方法繁殖，由种株叶腋芽抽生出匍匐茎，每株分生出匍匐茎 2～10 条，并在先端生长出新的株芽，进行分栽。

（4）园林应用

大薸叶色翠绿，形状奇特，在园林水景中，常用来点缀水面。

（5）其他经济用途

大薸有发达的根系，可直接从污水中吸收有害物质和过剩营养物质，净化水体；亦可作为猪、鱼的饲料；叶可作药用。

（6）花文化

常用大薸形容默默无闻而又贡献巨大的人。

14. 水葱 *Scirpus tabernaem-ontani*

别名：莞、管子草、莞蒲、夫蓠、葱蒲、莞草、　　　　科属：莎草科藨草属
蒲苹、水丈葱、冲天草

（1）形态特征

多年生挺水草本植物。匍匐根状茎粗壮，须根很多。株高 1～2m，茎秆高大通直，圆

柱状，中空，平滑，基部具 3～4 个叶鞘，管状，膜质，最上面一个叶鞘具叶片。叶片线形，长 1.5～11cm；苞片 1 枚，为秆的延长，直立、钻状，常短于花序；长侧枝聚伞花序单生或复出，假侧生，具 4～13 或更多辐射枝，辐射枝长约 5cm，边缘有锯齿；小穗单生或 2～3 个簇生于辐射枝顶端，卵形或长圆形，顶端急尖或钝圆，长 5～10mm，宽 2～3.5mm，密生多数花。小穗鳞片椭圆形或宽卵形，膜质，长约 3mm，棕色或紫褐色，有时基部色淡，背面有铁锈色突起小点，具 1 条脉，边缘具毛，下位刚毛 6 条，等长于小坚果，红棕色，有倒刺。小坚果倒卵形或椭圆形，双凸状，少有三棱形，长约 2mm。花果期 5～9 月（图 8-13）。

图 8-13 水　葱

（2）分布与习性

除华南外，中国各地均有分布；朝鲜、日本、大洋洲、南北美洲均有分布。喜生于浅水湖边、塘或湿地中；生长适宜温度 15～30℃；喜光照。

（3）繁殖方法

常以播种和分株繁殖为主。播种繁殖，3～4 月在室内播种，将培养土上盆整平压实，撒播种子，筛上一层细土覆盖种子，将盆沉于水中，使盆土经常保持透湿，室温控制在 20～25℃，20d 左右可发芽生根。分株繁殖，早春天气渐暖时，把越冬苗从地下挖起，抖掉部分泥土，把地下茎分成若干丛，每丛带 5～8 个茎秆或 8～12 个芽，于水景区选择合适位置，挖穴丛植，株行距 25cm×36cm，10～20d 即可发芽。

（4）常见同属栽培种与变种

园艺中常见栽培的与水葱相关的种有剑苞蔺草、蔺草、青岛蔺草等；变种有南水葱（变种）、水葱（变种）、变种花水葱等。

（5）园林应用

水葱株丛挺立，株形奇趣，色彩淡雅，富有特别的韵味，可于岸边、池旁布置，极为美观。也可盆栽用于庭院布置，还可作切花材料。

（6）其他经济用途

茎秆可以造纸，也可作席子或包装材料；茎可入药，利水消肿；水葱对污水中的有机物、氨、氮、磷酸盐及重金属都有较高的去除率。

（7）花文化

水葱的花语为整洁。

15. 雨久花 *Monocchoria korsakowii*

别名：浮蔷、蓝花菜、水白菜、蓝鸟花　　　　　科属：雨久花科雨久花属

（1）形态特征

多年生挺水草本植物，株高 50～90cm，全株光滑无毛。短根状茎粗壮，茎直立，基部呈紫红色。叶多型，挺水叶互生，具短柄，广卵状心形，先端急尖或渐尖，全缘，基部心

形，绿色，草质；沉水叶具长柄，狭带形，基部膨大成鞘，抱茎；浮水叶披针形。10 余朵小花组成的总状花序顶生，有时排成总状圆锥花序；花序梗长 5～10cm；花被裂片 6，蓝紫色；椭圆形，顶端圆钝。蒴果长卵圆形，长 10～12mm；种子长圆形，具纵棱，能自播。花期 7～8 月；果期 9～10 月。

（2）分布与习性

分布于中国东北、华南、华东和华中；日本、朝鲜、东南亚、俄罗斯也有分布。多生于沼泽地、水沟及池塘的边缘。性强健，喜光照充足，稍耐庇荫，喜温暖，不耐寒，生长适宜温度 18～32℃，越冬温度应保持在 4℃以上。

（3）繁殖方法

播种、分株皆可，极易成活。播种常在秋季种子成熟后即刻进行，分株常在 3～5 月进行。

（4）常见同属栽培种

同属常见栽培的有箭叶雨久花，其基生叶纸质，卵形或阔心形，小花 15～60 朵组成的总状花序腋生。

（5）园林应用

雨久花在园林水景布置中常与其他水生观赏植物搭配使用，单独片植效果也好，或沿着池边、水体的边缘按照园林水景的要求作带形或方形栽植。

（6）其他经济用途

具有清热、去湿、定喘、解毒的功效，用于高热咳喘、小儿丹毒的治疗。

（7）花文化

雨久花的花语为天长地久，此情不渝。

16. 荇菜 *Nymphoides peltatum*

别名：莕菜、莲叶荇菜、水镜草、水荷叶、　　　　　　科属：龙胆科荇菜属
大紫背浮萍、接余、凫葵、水葵

（1）形态特征

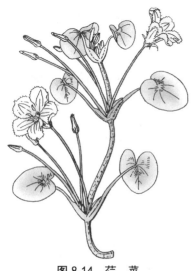

多年生漂浮草本植物。枝条二型，细长柔软而多分枝，长枝匍匐于水底；短枝从长枝的节处长出。叶卵形，基部深裂呈心形，近革质，上表面绿色，边缘具紫黑色斑块，下表面紫色；叶柄基部变宽，抱茎。伞形花序生于叶腋，花大而明显，直径约 2.5cm，花冠黄色，5 深裂，边缘成须状，花冠裂片中间有 1 条明显的皱痕，裂片口两侧有毛，裂片基部有一丛毛，具有 5 枚腺体。蒴果椭圆形。花果期 8～10 月（图 8-14）。

（2）分布与习性

原产于中国东北、华北、西北、华东、西南等地。印度、伊朗、日本和俄罗斯等国也有分布。喜光线充足的环境和肥沃的土壤，常生活在浅水或不流动的水域，适应能力极强，耐寒，也耐热。

图 8-14 荇 菜

（3）繁殖方法

可用分株、扦插或播种的方法繁殖。分株繁殖于每年春夏季将生长较密的株丛分割成小块另植，扦插繁殖在生长期进行，把茎分成带有 2～4 个节的段，扦插于浅水中 15d 左右生根。种子繁殖于 3 月中旬进行催芽，待气温上升到 15℃以上时可播种在泥土表面，种子上覆盖一层细土或细沙，加水 1～3cm，盖上玻璃或塑料薄膜，约 30d 可长出浮水叶，待苗长到 4～5 片浮叶时可移栽。

（4）常见同属栽培种

同属常见栽培的还有刺种荇菜、水皮莲、小荇菜、金银莲花等，叶形和花形都有一些差别。

（5）园林应用

荇菜叶片小巧别致，形似睡莲，鲜黄色花朵挺出水面，花多且花期长，常用于绿化美化水面。

（6）其他经济用途

荇菜的茎、叶柔嫩多汁，营养丰富，可作为家禽、家畜的饲料；全草均可入药，有清热利尿、消肿解毒之效；果熟之前收获，可作绿肥。

（7）花文化

在《诗经》中有"参差荇菜，左右采之。窈窕淑女，琴瑟友之。参差荇菜，左右芼之。窈窕淑女，钟鼓乐之。"歌颂了男女之间美好的爱情。荇菜是水环境的标志物，荇菜所居，清水缭绕；污秽之地，荇菜无痕。荇菜是生长在秀水边上的，在《颜氏家训》里有："今荇菜是水有之，黄华似莼"的句子，即是训导族人，行世要有清澈之心。

17. 鸭舌草 *Monochoria vaginalis*

别名：薢草、薢荣、猪耳草、鸭嘴菜、接水葱、鸭儿嘴、　科属：雨久花科雨久花属
鸭仔菜、香头草、马皮瓜、肥猪草、水玉簪、湖菜、水锦葵、肥菜、合菜

（1）形态特征

多年生挺水草本植物。根状茎极短，具柔软纤维根；茎直立或斜上，高 12～35cm；全株光滑无毛。叶基生或茎生，形状和大小变化较大，有条形、披针形、心状宽卵形、长卵形和卵形等，长 2～7cm，宽 0.8～5.5cm，顶端短突尖或渐尖，基部圆形或浅心形，全缘、具弧状脉；叶柄长短不一，基部扩大成开裂的鞘。总状花序从叶鞘抽出，花期直立，果期下弯，花序梗短，通常有花 3～25 朵，花蓝色，略带红色，花被裂片6 枚，卵状披针形或长圆形。蒴果卵形至长圆形，长约 1cm。花期 8～9 月；果期 9～10 月。

（2）分布与习性

中国的水稻种植区和长江流域及以南的地区均有分布，喜水、喜肥和漫射光照，生长的最适温度为 18～35℃，温度降至 10℃时停止生长。

（3）繁殖方法

鸭舌草的繁殖能力很强，种子的萌发能力和无性繁殖的能力也很强，园林应用中常采用播种繁殖和分株繁殖。

（4）常见同属栽培变种

① 窄叶鸭舌草　叶窄近披针形。

② 少花鸭舌草　叶形窄，花少（1～3朵，多至4朵）。

（5）园林应用

主要用于水景布置，装饰池边、水体边缘；也可盆栽用于庭院、阳台观赏。

（6）其他经济用途

鸭舌草味苦、性凉，具有药用价值，具有清热解毒、止痛的功效。主治痢疾、肠炎、急性扁桃体炎、丹毒、疔疮、蛇虫咬伤等，也可用于急性支气管炎和百日咳等。

（7）花文化

鸭舌草因为叶片形状似蝉，故花语为金蝉脱壳，逃走。

 小　结

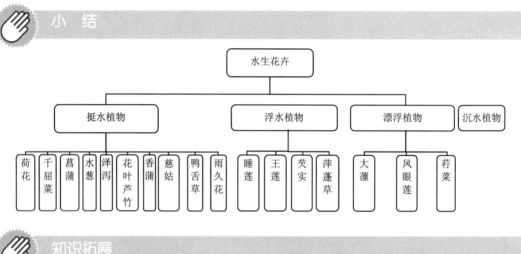

 知识拓展

水生植物的特殊本领

水生植物是指那些能够长期在水中正常生活的植物。水生植物是出色的游泳运动员或潜水者。它们常年生活在水中，形成了一套适应水生环境的本领。它们的叶子柔软而透明，叶形狭长，有的甚至形成丝状（如金鱼藻）。这样的叶子可以大大增加与水的接触面积，在水下弱光的条件下使叶子能最大限度地得到光照和吸收二氧化碳，保证光合作用的顺利进行。水生植物另一个突出特点是具有很发达的

有些沉水植物，如软骨草属和狐尾藻属植物，在水中还担当着"造氧机"的角色，为池塘中的其他生物提供生长所必需的溶解氧；同时，它们还能够除去水中过剩的养分，从而通过控制水藻生长而保持水体的清澈。

浮水植物也能通过纤细的根吸收水中溶解的养分，满江红和与它共生的蓝绿藻是很好的共生固氮生物。深水植物如萍蓬草属和睡莲属植物，它们的根生长在池塘底部，花和叶漂浮在水面上，除了把美丽的外表展现出来外，还为池塘生物提供庇荫，并限制水藻的生长。

自主学习资源库

1. 水生花卉. 赵家荣. 中国林业出版社，2002.

2. 荷花·睡莲·王莲栽培与应用. 李尚志，李国泰，王曼. 中国林业出版社，2002.

3. http://www.yuanlin365.com.

自测题

1. 水生花卉可以分为几类，各有何特点？

2. 水生花卉在园林水景中应用时应遵循什么原则？

3. 荷花如何繁殖？

4. 水生花卉除了在园林中造景，还有何价值？

单元 9
室内花卉

学习目标

【知识目标】
（1）熟悉各种室内盆栽花卉分布及习性。
（2）正确识别常见室内花卉，了解相关种与品种。
（3）了解室内常见花卉的花文化知识。

【技能目标】
（1）能够自己独立完成常见室内盆栽花卉的繁殖方法。
（2）能熟练运用常见室内花卉美化各种生活环境。

花卉是大自然对人类最美好的恩赐。养花，可以美化环境，陶冶情操，净化心灵，增进健康，丰富精神生活，给人以美的享受、美的熏陶和美的启迪，提高人们文化艺术素养，使生活更加幸福美好。近年来随着人们物质生活的不断提高，花卉已进入千家万户，成为现代生活中不可缺少的内容。

目前，随着生活水平的提高，人们利用绿色植物进行居室绿化及装饰已成为一种时尚。最近，美国航空航天局的科学家们发现，常青的观叶花卉以及观花花卉中，很多都有消除建筑物内有毒化学物质的作用。研究还发现，花卉不光靠叶子吸取物质，它的根以及土壤里的细菌在清除有害物方面都功不可没。那么，常见的适合室内种植的花卉有哪些呢？这些花卉如何才能更好地美化我们的室内环境呢？种植以后又该怎样养护管理呢？

9.1 室内花卉应用概述

室内花卉是从众多的花卉中选择出来的，具有很高的观赏价值，比较耐阴而喜温暖，对栽培基质水分变化不过分敏感，适宜在室内环境中较长时间摆放的一些花卉。多源于热带、亚热带地区，以观叶、观花、观果为目的，而以观叶为主，是多种室内绿化装饰的主体材料。

9.1.1 室内花卉的特点

近年来，随着城市化进程的加快和高层建筑物的增加，绿地相应地减少，人类与大自然的接触明显减少。尤其是在喧嚣都市，大多数人都挤在密集的楼群里，远离自然，而现

178

代生活节奏的加快，使人们更需要一种健康、轻松、惬意的工作、生活环境，以调节紧张的大脑和身体，室内的绿化满足了现代人的这种心理和生理的需求。人们希望在享受现代物质文明的同时与植物为伴，这是现代审美情趣、崇尚自然、追求返璞归真意境的真实反映。室内花卉其观赏特点表现在以下几个方面：

（1）室内盆栽花卉所需要的环境条件大都需要人工控制。同时花卉经盆栽后，根系局限于有限的盆内，盆土体积及营养有限。因此，需要人为配制培养土，细致栽培，精心养护。

（2）室内盆栽花卉便于搬动，可根据室内装饰的需要更换摆放位置，使用方便。

（3）室内盆栽花卉人为控制栽培条件，易于促成和抑制栽培，以达到控制花期、满足周年观赏的需求。

（4）室内盆栽不受外界环境条件的影响，可使不同气候型的花卉种类得到栽培，使不同地区都能观赏到各种类型的花卉。

室内盆栽观花类花卉以其丰富的色彩、迷人的花香，博得人们的喜爱，在室内装饰中起到十分重要的作用。由于盆栽观花类花卉色彩千变万化，可使所装点的场所色彩更加丰富，其中许多花朵还能散发出香气，这些香气可消除人们在工作中的疲劳，使人心情愉快。盆栽观花类植物种类繁多，植物的大小、形态、花色和花期有较大差异，可根据实际情况进行选择。本单元所收录的盆栽花卉多数是室内装饰的种类。

9.1.2　室内花卉的作用

（1）调节室内温度，净化室内空气环境

人类十分崇尚自然、热爱自然，和大自然共呼吸是生活中不可缺少的组成部分。现代科学已经证明，绿化具有相当重要的生态功能，良好的室内绿化能净化室内空气，调节室内温度与湿度，有利于人体健康。

（2）组织空间

绿化在室内空间组织中，主要起填充空间和限定空间的作用。绿化是创造空间不可缺少的有机组成部分。

（3）美化环境，陶冶性情

室内绿化不仅具有美化室内的作用，而且还能对人的精神和心理产生良好的作用。它可以陶冶人们的性情，净化人们的心灵。

9.1.3　室内花卉装饰原则

（1）了解室内花卉的生态习性

影响室内花卉装饰最重要的生态条件是光照和温度，这也是人工条件下较难解决好，或者因为经济与设备条件而难以解决的问题。因此必须认真考虑所选室内花卉对光照和温度的要求。

（2）认识室内花卉的观赏特性

室内花卉以观花、观叶为主，不同的花色、叶色可使人产生不同的感觉，或兴奋、沉静，或活泼、忧郁，或冷或暖，还有轻重、华丽、朴素、坚硬、柔软等不同的感觉。所以花色、叶色在特定的环境下有着积极的意义，如能恰当地处理，不仅能改善人们工作、学习、休息、娱乐等方面的环境，还可使人得到美的享受。

（3）兼顾室内花卉与所在场所的整体关系

室内花卉的尺度、形状、姿态、色彩以及季节特征应与特定的空间功能性和谐。重视室内花卉与室内空间总体设计的关系，使绿化装饰成为室内装饰的有机组成部分。室内花卉配置与室内空间环境保持平衡，各装饰元素间互相呼应，才能相得益彰。室内花卉的配置要考虑人的观赏心理和观赏行为，一方面要考虑人相对于室内花卉的动静关系，将室内花卉布置在人的视线的合适位置；另一方面还要考虑人在室内的活动，既不能阻碍交通，又要兼顾人对室内花卉的"静观"与"动观"效果。

（4）室内花卉应做到主次分明、中心突出

在同一方位内的空间有主景和配景之分。主景是配置布景的核心，植物必须姿态优美，以突出主景的中心效果。例如，发财树、针葵、椿树等植物形态较奇特，视觉效果较醒目，会给人留下深刻的印象。当然，配景也不能忽视，可以充分利用藤蔓植物枝条下垂，宜于垂吊的特性（如吊兰、文竹、常春藤等），把它们悬挂在窗前、屋角，其随风飘动的姿态自然，别具风格。

9.1.4 室内主要场所的绿化装饰

家庭居室的内部有许多空间都可以进行植物装饰，如厨房、餐厅、客厅、卧室、书房和卫生间等。室内建筑结构出现的刻板线条、呆滞的形体，经过植物点缀装饰会显得美观灵活。大面积空白的墙壁前或墙面上摆放或悬挂绿色植物，可带来活泼和趣味的感觉；家具和窗台上的几盆小花便可打破直线条和框架的呆板。

客厅是家庭成员的主要活动空间，是家庭室内装饰的重点。客厅的植物装饰不必追求昂贵饰品的堆砌，应尽量突出典雅、朴素和大方，要根据房间的大小、色调、家具选择植物。如墙面和家具均为浅色调，可以配置深色叶片的植物；室内色彩较深，应配置浅绿、淡蓝、浅黄等植物，才能从环境中显现出来。如果在房间内布置独本植物，用大而直立的植物，房间会显得高些；用丛生枝叶繁茂的植物，房间会显得宽些；若用垂吊植物，天花板则显得矮些。空间较大的客厅，入口处可采用大而漂亮的五针松、榕树盆景；室内中央可放南洋杉、垂榕、散尾葵、棕竹等；造型比较好的龙血树、鹅掌柴也可以应用到墙角等处。

卧室是睡眠和休息的地方，对于人们的生活有着很大的影响。卧室的植物布置应体现休闲、宁静、舒适和温情的特点以利于入睡。目前中国城镇居民住房卧室面积较小，植物的选择应以中、小型盆栽植物为主，做到少而精。在观叶植物中，要摆放色彩淡雅、株形优美的种类，如肾蕨、铁线蕨、吊兰、广东万年青、冷水花、合果芋、一叶兰等。观花植物花的色彩不应过多，花色要柔和，如非洲紫罗兰、中国兰、中国水仙等。如果卧室面积较大，则可用较大的面积作为植物装饰之用。选用大型的植物，将多株植物进行组合式摆放。墙角处可以放散尾葵、绿萝、龙血树等；窗台上放花烛、短叶虎尾兰、小型苏铁等。

书房（工作室）内有书柜、桌椅、电脑、沙发和茶几等，并常配以书画和工艺品，充满浓郁的文化气息。在这样的环境中进行植物装饰，应当以素雅为主，不可花色过艳，白色或淡色的花比较适用。在植物的株形上，尽量不使用体型过于庞大、笨重的植物，如中国兰、中国水仙、君子兰、文竹、朱蕉、常春藤等比较适合。

餐厅的植物装饰布置一般要求比较稀疏，适于摆放容易吸引人的观叶和观花植物，如非洲紫罗兰、仙客来、豆瓣绿等，但植物必须生长情况良好，如果太脏或发生病虫害则应立即移出餐厅。

厨房是中国大多数家居室内比较脏乱的地方，应该注意厨房的装修和平日的美化。一般厨房的湿度比较大，适宜植物生长，故在家庭中，厨房应是除客厅外摆放植物最多的房间。适宜摆放在厨房的植物比较多，如常春藤、绿萝、吊兰、广东万年青等。

卫生间面积很小，一般在 $2.5\sim3.5m^2$。在植物选择上，应根据室内的光线强度来决定。许多耐阴植物，如蕨类、冷水花、绿萝等均可以使用。

阳台是居住在楼房中与外界自然接触的主要渠道。用植物装饰好阳台能使室内获得良好的景观，丰富建筑物立面的色彩，美化城市景观。应依据阳台的朝向来配置适宜的植物。

9.1.5 室内花卉摆放

室内花卉的摆放要根据房间大小、采光条件及个人爱好来确定。房间大而向阳的，可选放枝叶繁茂的金橘、山茶、海棠等，将其直接摆在地上，或置于书架之上；若房间不大，则室内花卉宜少，以 2～3 盆为宜，并选用株型小巧的，如书房内放置 1～2 盆水仙、仙人球等，卧室以米兰、茉莉点缀。

花卉的摆放可分为点缀式、自然式、悬挂式 3 种。

（1）点缀式

把盆花陈设于窗台、书桌、茶几上，若配上考究的花盆与花瓶更佳。

（2）自然式

将室外自然景观与室内摆设有机结合，如将金银花、葡萄等藤本花卉摆放于阳台或窗台前，与室外自然景观融合。

（3）悬挂式

在书房、走廊等处，悬挂清雅垂吊式盆草花卉等。

9.1.6 室内花卉装饰应注意的问题

（1）室内花卉装饰，要根据主人的爱好和各个空间的环境特点和功能要求，合理地陈设植物。

（2）注意室内花卉的养护，包括上盆和换盆、施肥和浇水、整形和修剪、病虫害防治、松土和除草等。

（3）注意室内环境特点对花卉的影响，如温度、湿度、光照、气体环境、土壤等因素。

9.1.7 展望

室内花卉装饰对塑造空间形象、渲染空间气氛、表达完整的艺术空间，起着锦上添花、画龙点睛的作用，使室内呈现出生机盎然、蓬勃向上的景象。人类的生命与绿色同在，绿化在室内设计中不是简单地起装饰作用，更重要的是协调人与环境的关系，提高室内环境质量，表现人类的生命与绿色同在以及人们回归自然的心态。室内花卉装饰在室内环境中的作用主要是丰富视觉、引导柔化空间、美化突出空间，让人置身于花草绿化之中，振奋人的精神，愉悦人的心情。室内花卉装饰是现代室内设计可持续发展的方向。随着人民生活水平的逐步提高，生态文明意识的进一步觉醒，绿化设计将成为现代室内设计不可缺少的重要组成部分，将会受到更多人的关注。

9.2 室内观花花卉识别与应用

1. 瓜叶菊 *Senecio cruentus*

别名：千日莲、千叶莲等

科属：菊科瓜叶菊属

图 9-1 瓜叶菊

（1）形态特征

多年生宿根草本。叶似黄瓜叶，故称瓜叶菊。瓜叶菊叶片大而鲜绿，花朵艳丽，花期时逢元旦、春节，是冬、春季节十分受欢迎的盆花。株高 20～40cm，茎粗壮、直立。叶大而薄，呈心形或三角形，边缘具波状锯齿，似瓜类叶片，叶柄粗壮。头状花序，簇生成伞房状，因品种不同有单瓣、重瓣，宽瓣、窄瓣之分；花色有白、粉红、玫瑰红、紫红、紫、蓝等，有单色或复色，显得五彩缤纷。瘦果纺锤形（图 9-1）。

（2）分布与习性

原产于西班牙加那利群岛。性喜温暖，不耐寒，不耐高温，喜湿润、通风、凉爽的环境。喜肥，喜疏松排水良好的土壤。要求光照充足，但忌强光直射，夏季及早秋可适当遮阴，晚秋应给以充足光照。生长适宜温度 10～15℃，夜间不低于 5℃，白天不高于 20℃，室温高易引起徒长。

（3）繁殖方法

以播种为主。对于重瓣品种为防止自然杂交或品质退化，也可采用扦插或分株法繁殖。

瓜叶菊开花后在 5～6 月间，常于基部叶腋间生出侧芽，可将侧芽除去，在清洁河沙中扦插。扦插时可适当疏除叶片，以减小蒸腾，插后浇足水并遮阴防晒。若母株没有侧芽长出，可将茎高 10cm 以上部分全部剪去，以促使侧芽发生。

（4）常见栽培品种

主栽品种有欧洲的'红色花'、非洲的'粉红色花'、地中海的'花红镶斑点'，'蓝色'及'一花多色'等新品种。花期 12 月～翌年 4 月，盛花期在 2～3 月，是元旦、春节期间的主要观赏盆花之一。

（5）园林应用

瓜叶菊是冬春时节主要的观花植物之一。其花朵鲜艳，可布置于庭廊过道，给人以清新宜人的感觉；瓜叶菊为温室花卉，盆栽作为室内陈设，花期早，在寒冬开花尤为珍贵，花色丰富鲜艳，特别是蓝色花，闪着天鹅绒般的光泽，优雅动人；瓜叶菊开花整齐，花形丰满，可陈设室内矮几架上，也可用多盆成行组成图案布置宾馆内庭或会场、剧院前庭，花团锦簇，喜气洋洋。通常单盆观赏可逾 40d。

（6）花文化

瓜叶菊的花语是喜悦，快乐，合家欢喜，繁荣昌盛。适宜在春节期间送给亲友，表达美好的心意。

2. 报春花类 *Primula* spp.

科属：报春花科报春花属

（1）形态特征

株高 20～40cm，地上茎较短。根出叶，卵圆形或椭圆形，质地较薄，边缘有锯齿，叶柄长，叶脉明显，叶上无毛，叶背及花梗上均被有白粉。伞形花序多轮（2～6 轮），花略具香味，花较小，花芽不膨大，上面也有白粉；花有粉红、深红、淡紫等色。花期 1～5 月。

（2）分布与习性

原产于北半球温带和亚热带高山地区。全世界约有 500 种，中国约有 390 种，云南是其分布中心。喜冷凉、湿润的环境，生长适温 13～18℃。日照中性，忌强烈的直射阳光，忌高温干燥。喜湿润疏松的土壤，适宜 pH 6.0～7.0。苗期忌强烈日晒和高温，通常作温室花卉栽培。

（3）繁殖方法

以种子繁殖为主，特殊园艺品种亦用分株或分蘖法，分株或分蘖一般在秋季进行。

（4）常见同属栽培种

① 藏报春（*P. sinensis*）别名大樱草。多年生，常作温室一、二年生栽培。高 15～30cm，全株密被腺毛。叶卵圆形，有浅裂，缘具缺刻状锯齿，基部心脏形，有长柄。伞形花序 1～3 轮，花呈高脚碟状，径约 3cm；花色有粉红、深红、淡蓝和白色等。

② 四季报春（*P. obconica*）别名仙鹤莲、四季樱草。原产于中国西南部。多年生草本，作温室一、二年生栽培。株高约 30cm。叶长圆形至卵圆形，长约 10cm，有长柄，叶缘有浅波状齿。花莛多数，伞形花序；花漏斗状，花色有白、洋红、紫红、蓝、淡紫至淡红色；花径约 2.5cm。花期以冬春为盛。

③ 报春花（*P. malacoides*）原产于中国云南和贵州。多年生，作温室一、二年生栽培。株高约 45cm。叶卵圆形，基部心脏形，边缘有锯齿；叶长 6～10cm，叶背有白粉，叶具长柄。伞形花序，多轮重出，3～10 轮；花色白、淡紫、粉红至深红色；花径 1.3cm 左右；有香气，花梗高出叶面。萼阔钟形，萼外密被白粉。

④ 多花报春（*P. polyantha*）别名西洋报春。本种是经过园艺家长期选育而成的。多年生草本，株高 15～30cm。叶倒卵圆形，叶基渐狭成有翼的叶柄。花莛比叶长；伞形花序多数丛生；花色有红、粉、黄、褐、白和青铜色等。花期春季。

⑤ 欧洲报春（*P. vulgalis*）原产于欧洲。多年生草本，株高 8～15cm。叶片长椭圆形或倒卵状椭圆形，叶面皱，基渐狭成有翼的叶柄。花莛多数，长 3.5～15cm；单花顶生，有香气；花径约 4cm；花色野生者淡黄色，栽培品种有白、黄、蓝、肉红、紫、暗红、蓝堇、淡蓝、粉、橙黄、淡红和青铜色等，一般喉部黄色，还有花冠上有各色条纹、斑点、镶边的品种和重瓣品种。花期春季。

⑥ 邱园报春（*P. kewensis*）多年生草本，高 50cm。叶倒卵圆形，长 15～20cm，宽 5cm，叶缘波状，有锯齿，基部渐狭成有翼的柄。花鲜黄色，花径约 2cm，有芳香，6～10 朵着生于 2～4 轮重出的伞形花序上。花期冬春。

⑦ 黄花九轮草（*P. veris*）原产于欧洲、西南亚和北非。多年生草本，高 10～20cm，全被细柔毛。叶皱，卵形或卵状椭圆形，基部急狭成有翼的柄。花序伞状；花黄色，

底部有橙色斑，园艺品种有橙黄、鲜红等色，稀紫色；具芳香。花期春季。用于春季花坛。

（5）园林应用

报春花品种丰富、种类繁多、花姿艳丽、色香诱人，是冬、春季节的主要观赏花卉。是家庭、宾馆、商场等场所冬季环境绿化美化装饰的盆花材料，亦可作切花、插花之用。

（6）其他经济用途

在东欧和德国普遍被用来治疗咳嗽、气管炎、头痛、流感等疾病；在国内的中草药学上也有使用的记载，但作药用必须听医嘱。

（7）花文化

报春花的花语为不悔，春的快乐。

赠花礼仪：用素色的大浅盘装入各种色彩的小盆报春，包上玻璃纸，再将缎带打成十字花结作配饰。

3. 蒲包花 *Calceolaria herbeohybrida*

别名：荷包花、拖鞋花　　　　　　　　　科属：玄参科蒲包花属

图9-2　蒲包花

（1）形态特征

植株矮小，高 30～40cm。茎叶具绒毛，叶对生或轮生，基部叶较大，上部叶较小，卵形或椭圆形。不规则伞形花序顶生，花具二唇，似两个囊状物，上唇小，直立，下唇膨大似荷包状，中间形成空室；花色丰富，单色品种具黄、白、红等各种深浅不同的花色，复色品种则在各种颜色的底色上，具橙、粉、褐红等色斑或色点。蒴果，种子细小多数。自然花期 2～5 月（图9-2）。

（2）分布与习性

原产于墨西哥、智利等地，现世界各国温室均有栽培。喜凉爽、光照充足、空气湿润、通风良好的环境。不耐严寒，又畏高温闷热，生长适温 8～16℃，最低温度 5℃以上。15℃以下进行花芽分化，15℃以上进行营养生长。喜阳光充足，但忌夏季强光。要求肥沃、排水良好的微酸性疏松土壤，忌土湿。

（3）繁殖方法

通常采用播种繁殖，也可扦插繁殖。

播种繁殖可在 8 月下旬进行，不宜过早，因为高温易使幼苗腐烂。蒲包花种子细小，在播种时要将其与细土混合，撒播在浇过水的盆土表面。播种土多用草炭土、河沙按 1∶1 比例配制，不覆土或覆一层水苔。盆浸法浇水后，盖上玻璃以保持湿润，放置无日光直射处。发芽前一定要保持充分湿润，温度 20℃，1 周左右即可出苗。出苗后要立刻将其移至通风向阳处，及时间苗，温度降至 15℃左右，否则幼苗易患猝倒病。温室扦插一年四季均可进行，9～10 月扦插，则翌年 5 月开花；6 月扦插，则翌年早春开花，扦插后一般 15d 即可生根。

（4）常见栽培品种与同属栽培种

在 21 世纪以欧美推广得最快最多。现今全世界共有 530 多个品种，按花型可分"大荷包"、"中荷包"和"小荷包"三大类。"大荷包"的朵头大如鸡蛋，内部充气较多，显得非常饱满，最受消费者欢迎。

同属植物常见的还有：

① 灌木蒲包花（*C. integrifolia*）　半灌木，高 1～2m。分枝稍多，幼嫩部分有黏毛或软毛。叶长椭圆形或卵形，叶面多皱，故又称为皱叶蒲包花。圆锥花序密生黄色或赤褐色小花，径 1～1.5cm，没有斑点。花期春至初夏。

② 松虫草叶蒲包花（*C. scabiosaefolia*）　原产于秘鲁、智利、厄瓜多尔潮湿的岩石上。一年生草本，高 40～70cm。茎有分枝，具刚毛。叶羽状分裂，叶柄基部肥大，抱茎。伞房花序，花上唇小，下唇圆形袋状向前伸出；花色鲜黄色。花期 5～9 月。

③ 墨西哥蒲包花（*C. mexicana*）　一年生草本，高 30cm，茎柔软，有黏毛。下部叶 3 深裂或浅裂，上部叶羽状全裂。花小，浅黄色，上唇小，下唇为长倒卵形，茎部收缩，有耳。

④ 二花蒲包花（*C. biflora*）　宿根草本。花深黄色有斑点。花期 5～6 月。低温温室越冬。

（5）园林应用

由于花型奇特，色泽鲜艳，花期长，观赏价值很高，蒲包花是初春之季主要观赏花卉之一，能补充冬春季节观赏花卉不足，可作室内装饰点缀，置于阳台或室内观赏。也可用于节日花坛摆设。若摆放于窗台、阳台或客室，红花翠叶，顿时满室生辉，热闹非凡。在商厦橱窗、宾馆茶室、机场贵宾室点缀数盆蒲包花，绚丽夺目，蔚为奇趣。

（6）花文化

蒲包花的外形像一个肿胀的荷包，因而又叫作荷包花，它的花语是荷包膨胀，财源滚滚。蒲包花正值春节应市，其奇特的花形，惹人喜爱。也是很好的礼仪花卉，送上一盆鲜红的蒲包花，使节日的气氛更为浓厚，很适合送给做生意的朋友。

蒲包花还有援助、富有、富贵的含义。受这种花祝福出生的人据说是爱情专一的人。

4. 非洲紫罗兰 *Saintpaulia ionantha*

别名：非洲堇、非洲紫苣苔　　　　　　科属：苦苣苔科非洲苦苣苔属

（1）形态特征

多年生草本植物。无茎，全株被毛。叶基部簇生，稍肉质，叶片圆形或卵圆形，背面带紫色，有长柄。花 1～6 朵簇生在有长柄的聚伞花序上；花有短筒，花冠 2 唇，裂片不相等，花色多样，有白色、紫色、淡紫色或粉色。蒴果，种子极细小（图 9-3）。栽培品种繁多，大花、单瓣、半重瓣、重瓣、斑叶等，花色有紫红、白、蓝、粉红和双色等。

（2）分布与习性

原产于非洲东部坦桑尼亚的滨海山区，1892 年由非洲德国殖民地的德国男爵保罗发现原生种，并将种子寄回德国。性喜半阴、温暖湿润环境。生长适温 20～22℃，适宜光照强度在 10 000～12 000lx。夏季忌强光和高温，若光照不足，就会开花少而色淡，甚至只长叶不开花；若光照过强又会造成叶片发黄、枯焦现象，可放在光线明亮又无直射阳光处养护。生长适温 16～24℃，冬季不得低于 10℃，栽培中要避免温度暴升暴降，否则植

图9-3 非洲紫罗兰

株很容易死亡。

（3）繁殖方法

常用播种、扦插和组培法繁殖。居家种植以非洲紫罗兰叶插为最简单、最普遍的繁殖方法。

（4）常见栽培品种与同属栽培种

常见品种有大花、单瓣、半重瓣、重瓣、斑叶等，花色有紫红、白、蓝、粉红和双色等。

① 单瓣种

'雪太子'（'Snow Prince'） 花白色。

'粉奇迹'（'Pink Miracle'） 花粉红色，边缘玫瑰红色。

'皱纹皇后'（'Ruffled Queen'） 花紫红色，边缘皱褶。

'波科恩'（'Pocone'） 大花种 花径5cm，花淡紫红色。

'狄安娜'（'Diana'） 花深蓝色。

② 半重瓣种

'吊钟红'（'Fuchsia Red'） 花紫红色。

③ 重瓣种

'科林纳'（'Corinne'） 花白色。'闪光'（'Flash'） 花红色。'蓝峰'（'Blue Peak'）花蓝色，边缘白色。

'极乐'（'Double Delight'） 花蓝色。

'蓝色随想曲'（'Blue Caprice'） 花淡蓝色。

'羞愧的新娘'（'Blushing Bride'） 花粉红色。

④ 观叶种

'露面皇后'（'Show Queen'）花蓝色，边缘皱褶，叶面有黄白色斑纹。'雪中蓝童'（'Blue Boy in the Snow'） 花淡紫色，叶有白色条块纹。

同属栽培种有白花非洲紫罗兰和大花非洲紫罗兰。

（5）园林应用

非洲紫罗兰小巧玲珑，花色斑斓，有单瓣、重瓣，花色有紫红、白、粉红、淡蓝、深紫和双色等。花期颇长，株形小而美观，盆栽可布置窗台、客厅，是优良的室内花卉，特别适合于点缀室内案头、窗台和阳台。

（6）花文化

非洲紫罗兰的花语为永恒的爱。

5. 大花君子兰 *Clivia miniata*

别名：君子兰、达木兰、剑叶石蒜　　　　　　　科属：石蒜科君子兰属

（1）形态特征

多年生常绿草本。基部具叶基形成的假鳞茎，根肉质纤维状。叶二列迭生，宽带状，端圆钝，边全缘，剑形，叶色浓绿，革质而有光泽。花茎自叶丛中抽出，扁平，肉质，实心，长30～

50cm。伞形花序顶生，有小花 10～40 朵，花被 6 片，组成漏斗形，基部合生，花橙黄、橙红、深红等色。浆果，未成熟时绿色，成熟时紫红色；种子大，白色，有光泽，不规则形。花期 12 月～翌年 5 月，果熟期 7～10 月（图 9-4）。

图 9-4　大花君子兰

（2）分布与习性

原产于南非。性喜温暖而半阴的环境，忌炎热，怕寒冷。生长适温为 15～25℃，低于 5℃生长停止，高于 30℃叶片薄而细长，开花时间短，色淡。生长过程中怕强光直射，夏季需置荫棚下栽培，秋、冬、春季需充分光照。栽培过程中要保持环境湿润，空气相对湿度 70%～80%，土壤含水量 20%～30%，切忌积水，以防烂根，尤其是冬季温室更应注意。要求土壤为深厚肥沃、疏松、排水良好、富含腐殖质的微酸性沙壤土。此外，君子兰怕冷风、干旱风的侵袭或烟火熏烤等，应注意及时排除或防御这些不良因素，否则会引起君子兰叶片变黄，并易发生病害。

（3）繁殖方法

常用分株和播种繁殖。

① 分株繁殖　每年 4～6 月进行，分切叶腋抽出的吸芽栽培。因母株根系发达，分割时宜全盆倒出，慢慢剥离盆土，不要弄断根系。切割吸芽，最好带 2～3 条根。切后在母株及小芽的伤口处涂杀菌剂。幼芽上盆后，控制浇水，置于阴处，半月后正常管理。无根吸芽，按扦插法也可成活，但发根缓慢。分株苗 3 年开始开花，能保持母株优良性状。

② 播种繁殖　在种子成熟采收后即进行，因君子兰种子不能久藏。种子采收后，洗去外种皮，阴干。播种温度在 20℃左右，经 40～60d 幼苗出土。盆播种子盆土要疏松，富含有机质，播后用玻璃或塑料薄膜覆盖。实生苗 4～5 年开花。

（4）常见栽培品种、变种与同属栽培种

君子兰的园艺栽培，到目前为止有 190 多年历史。1823 年英国人在南非发现了垂笑君子兰，1864 年发现了大花君子兰，19 世纪 20 年代传入欧洲，1840 年传入青岛，1932 年君子兰由日本传入中国长春。目前在国内栽培的主要是大花君子兰，经多年选育已推出许多品种，中国君子兰在世界君子兰中占有重要地位。

① 中国君子兰园艺品种　先后出现五大系列，即"长春兰"、"鞍山兰"、"横兰"、"雀兰"、"缟兰"。

"长春兰"　是 1932 年由日本引进，经多代选育后系列园艺品种的总称。特点是脉纹清晰，凸显隆起，青筋黄地，蜡膜光亮，花大艳丽，株形较大或适中。常见品种有'大胜利'、'青岛大叶'、'黄技师'、'和尚'、'染厂'、'圆头'、'短叶'、'花脸'等。

"鞍山兰"　株形适中。叶片的长宽比例为 2:1～2.5:1，圆头、厚、硬、座形正。花序直立，花色艳丽。成株期短，种植后 2～2.5 年开花。耐高温，适应性强。

"横兰"　叶片宽而短，如同一面叶片"横"着生长而得名。叶片长 12cm 左右，宽 2～12cm，厚 2.5～3.0mm，叶片长宽比为 1:1～1.5:1，叶的顶端圆或凹，微有勺形翘起，假鳞茎短，脉纹隆起，细小、整齐，脉络长方形，叶尖部脉呈网状，叶色浅绿或深绿。性喜高温，适合南方栽培。

"雀兰" 叶顶有急尖，似麻雀的嘴，因而得名。叶片长 15～18cm，宽 8～12cm，叶片长宽比为 1.5:1，株形小，叶层紧凑，脉纹凸显，整齐，叶色深绿。花瓣金黄色，花序不易抽出，适合作父本。

"缟兰" 叶片具有数条黄、白条纹，或半绿半白、半黄条纹，叶片长 25～35cm，宽 6～8cm，长宽比为 4:1，脉纹不明显，稳定性不强。喜弱光，生长慢，株形不整齐，厚硬度差。

② 常见栽培品种

'黄技师' 叶片宽，短尖，淡绿色，有光泽，脉纹呈"田"字形隆起。花红色，开花整齐。果实为球形。

'大胜利' 为早期君子兰佳品。叶片中宽，短尖，深绿色，叶面光泽。花大鲜红，开花整齐。果实球形。在它基础上又育出'二胜利'等。

'大老陈' 叶片较宽，渐尖，深绿色。花深红色。果实球形。

'染厂' 叶片较宽，渐尖，叶薄而弓。花鲜红。果实卵圆形。

'和尚' 为早期名品之一。叶片宽，急尖，光泽度较差，脉纹较明显，深绿色。花紫红色。果实为长圆形。以它为母本，又选育出'抱头和尚'、'小和尚'、'光头和尚'、'铁北和尚'、'和尚短叶'、'花脸和尚'等品种。

'油匠' 为早期优良品种之一。叶片宽，渐尖，叶绿有光泽，叶长斜立，脉纹凸起。花大橙红色。果实圆球形。以它为母本，还育出'小油匠'等品种。

'短叶' 叶片中宽，急尖，深绿色叶片短。花橙红色。果实圆球形。

此外，还有'春城短叶'、'小白菜'、'西瓜皮'、'金丝兰'、'圆头'、'青岛大叶'、'圆头短叶'等品种。

③ 日本栽培变种 黄花君子兰，株形端庄，紧凑，叶片对称，整齐，叶鞘元宝形，叶片长 28～38cm，宽 10～15cm，长宽比为 2:1，叶端卵圆，底叶微下垂，叶片开张度大，叶色深绿或墨绿。花序细、短、直立，花橙黄色或鲜黄色。耐热、抗寒性强。

④ 同属其他栽培种

垂笑君子兰（*C. nobilis*） 叶片狭剑形，叶色较浅，叶尖钝圆。花茎稍短于叶片，花朵开放时下垂，橘红色。果实成熟时直立。夏季开花。

细叶君子兰（*C. gardeni*） 叶窄、下垂或弓形，深绿色。花 10～14 朵组成伞形花序，花橘红色。冬季开花。

（5）园林应用

中型盆栽。君子兰株形端庄，叶片宽厚而有序，花形规整，花色鲜艳，果实红亮，且能够早春开花，终年翠绿，叶、花、果兼美，可周年在室内布置观赏，极适应室内散射光环境，是布置会场、厅堂，美化家庭环境的名贵花卉。

（6）其他经济用途

全株入药，有一定的药用价值。君子兰植株体内含有石蒜碱（iycorine）和君子兰碱（clidine），还含有微量元素硒。现在药物工作者利用含有这些化学成分的君子兰株体进行科学研究，并已用来治疗癌症、肝炎、肝硬化腹水和脊髓灰质病毒等。试验证明，君子兰叶片和根系中提取的石蒜碱，不但有抗病毒作用，而且还有抗癌作用。

（7）花文化

君子兰厚实光滑的叶片直立似剑，象征着坚强刚毅、威武不屈的高贵品格；它丰满的花容、艳丽的色彩，象征着富贵吉祥、繁荣昌盛和幸福美满。

君子兰的花语为高贵，有君子之风；君子谦谦，温和有礼，有才而不骄，得志而不傲，居于谷而不自卑。

6. 非洲菊 *Gerbera jamesonii*

别名：扶郎花、扶郎菊、灯盏花 　　　　　科属：菊科大丁草属

（1）形态特征

多年生宿根常绿草本。基生叶丛状，全株有绒毛，老叶背面尤为明显。叶长椭圆状披针形，具羽状浅裂或深裂，叶柄长 12～30cm。总苞盘状钟形，苞片条状披针形；花葶高 20～60cm，有的品种可达 80cm，头状花序顶生；舌状花条状披针形，1～2 轮或多轮，长 2～4cm 或更长，管状花呈上下二唇状；花色有白、黄、橙、粉红、玫瑰红、洋红等。可四季开花，以春、秋为盛（图 9-5）。

（2）分布与习性

原产于南非，现世界各地广泛栽培。喜阳光充足、空气流通的温暖气候。生育适温为 20～25℃，10℃以上可继续生长。0℃以下或 35℃以上高温生长不良。四季有花，以春、秋季为盛花期。土壤要求富含腐殖质、排水良好、pH 6～6.5 的疏松土壤。在盐碱化严重的土壤中难以生长。

图 9-5　非洲菊

（3）繁殖方法

目前生产上多采用组织培养育苗，也可通过扦插、分株、播种等方法繁殖。

（4）常见栽培品种、变种与同属栽培种

本属约有 40 种，并有诸多园艺变种与栽培品种。如 *a. jamesonii* var. *illustris*,花红色，耐寒性强；*G. jamesonii* var. *trasualens*，总苞和花特大。荷兰育成四倍体杂交品种，花葶粗壮，花头大，色彩丰富，瓶插持久。中国引进非洲菊以上海为早，目前已用组培快繁技术进行批量生产，其他各地发展较为迅速，成为重要切花之一。

（5）园林应用

非洲菊花朵硕大，花枝挺拔，花色艳丽，水插时间长，切花率高，瓶插时间可达 15d以上，栽培省工省时，为世界著名十大切花之一。也可布置花坛、花境，或温室盆栽用作厅堂、会场等装饰摆放。

（6）花文化

非洲菊的花语是神秘、互敬互爱，有毅力、不畏艰难；中国最常用的花语是清雅、高洁、隐逸。有些地区喜欢在结婚庆典时用其扎成花束布置新房，取其谐意（扶郎花），体现新婚夫妇互敬互爱之意。

7. 秋海棠类 *Begonia* **spp.**

科属：秋海棠科秋海棠属

（1）常见同属栽培种

同属植物 1000 多种，除澳大利亚外，世界各地热带和亚热带广泛分布。中国约有 90 种，主要分布于南部和西南部。栽培种类很多，形态、习性、园林用途差异很大。目前中国主要栽培的有 3 种类型。

① 须根类秋海棠　地下根细长，呈纤维状须根，地上部较高大，且分枝较多。多为常绿亚灌木或灌木。花期主要在夏秋两季，冬季休眠。通常分为四季海棠、竹节海棠和毛叶秋海棠。

四季秋海棠（*B. semperflorens*）

别名：瓜子秋海棠。

形态特征：多年生草本花卉，须根纤维状，株高 15～40cm。茎直立，多分枝，半透明略带肉质。叶互生，卵圆形至广椭圆形，边缘有锯齿，有的叶缘具毛，叶色有绿色和淡紫红色两种。花数朵聚生，多腋生，有重瓣种，花色有白、粉红、深红等；雌雄异花。蒴果，种子极细小，褐色。花期周年，但夏季着花较少（图 9-6）。

图 9-6　四季秋海棠

分布与习性：原产于巴西。性喜温暖、湿润的环境，不耐寒，不喜强光暴晒。生长适温 20℃，低于 10℃生长缓慢。适宜空气湿度大、土壤湿润的环境，不耐干燥，亦忌积水。喜半阴环境。在温暖地区多自然生长在林下沟边、溪边或阴湿的岩石上。

繁殖：常用播种繁殖，也可用扦插、分株繁殖。播种繁殖在春秋两季均可进行，因种子特别细小，且寿命较短，隔年种子发芽率较低，因此用当年采收的新鲜种子播种最好。播后保持室温 20～22℃，同时保持盆土湿润，一周后发芽。出现 2 枚真叶时需及时间苗，4 枚真叶时移入小盆。扦插繁殖则以春、秋两季进行为最好，插后保持湿润，并注意遮阴，2 周后生根。分株繁殖多在春季换盆时进行。

观赏与应用：四季秋海棠植株低矮，株型优美，盛花时，植株表面为花朵所覆盖；花色丰富，色彩鲜艳，是夏季花坛、花柱、花球的重要材料。

竹节秋海棠（*B.coccinea*）

形态特征：半灌木，株高 80～120cm。全株无毛，茎直立，节间较长，节膨大且具明显的环状节痕，似竹秆。叶互生，长卵状披针形，叶面绿色，上具白色斑点，叶背绿色或略带红晕，叶边缘呈波状。花成簇生长，下垂，花梗红色，花鲜红色。花期夏秋季节。

习性：怕强光直射，略能耐寒。

繁殖：常以扦插繁殖为主，四季均可进行，但以 5～6 月进行效果最佳。插后稍加遮阴，并喷雾，一般约 20d 生根，插后约 1 个月上盆。

毛叶秋海棠（*B. scharffiana*）

别名：绒毛秋海棠。

形态特征：多年生草本花卉。茎直立，节间较短，具分枝，为红褐色。叶卵圆形，先端渐尖，表面深绿色，背面红褐色，全叶密生白色短毛。花梗较长，花白色。

② 根茎类秋海棠　地下部分为根茎，较膨大，为肉质，横卧生长，根茎上再生须根，根茎较粗。地上茎不明显，为草质茎肉质。叶基生，叶柄粗壮。这一类大多数以观叶为主。

蟆叶秋海棠（*B. rex*）

别名：虾蟆秋海棠。

形态特征：多年生草本花卉，根茎肥厚，粗短。叶宽卵形，边缘有深波状齿牙，叶绿色，叶面上有深绿色纹，中间有银白色斑纹，叶背为紫红色，叶和叶柄上密生茸毛。花较小，为淡红色。

习性：喜温暖、湿润的环境。冬季生长适温 15～20℃。喜半阴，夏季忌强烈的阳光照射，夏季高温时休眠。喜富含腐殖质的排水良好的土壤。

繁殖：常用叶插和分株繁殖。叶插繁殖四季均可进行，但以 5～6 月为最好。

彩纹秋海棠（*B.masoniana*）

别名：铁十字秋海棠。

形态特征：多年生草本花卉。叶卵形，表面有皱纹和刺毛，叶色为淡绿色，中央呈红褐色的马蹄形环带。花较小，为黄绿色。

枫叶秋海棠（*B. heracleifoniana*）

形态特征：多年生草本花卉，根状茎肥厚粗大，密生长毛。叶柄较长，上面有茸毛；叶掌状深裂，裂片 5～9，先端较尖，叶表面具有绒毛，为绿褐色，叶背为红褐色。花白色或粉红色。

丽格秋海棠（*Begoniax elatior*）

形态特征：宿根草本植物，块茎肉质，扁圆形。丽格秋海棠是由德国人将球根海棠与野生秋海棠杂交得到的新品系，花型花色丰富，花朵硕大，花品华贵瑰丽。属短日照植物，不结种子，日照超过 14h 便进行营养生长，反之在 14h 以下即易开花，因此可用电照方法调节花期。常见于冬至春季开花。

③ 球根秋海棠类　地下部分为变态的球茎和块茎，为扁球形、球形或纺锤形，具明显的地上茎。这一类以观花为主。

球根秋海棠（*B.tuberhybrida*）

形态特征：多年生草本花卉。地下部为块茎，呈不规则的扁球形。茎直立或稍呈铺散状，有分枝，茎略带肉质而附有毛，为绿色或暗红色。叶较大，宽卵形或倒心脏形，先端渐尖，叶缘具锯齿，有毛。花单性同株，雄花大而美丽，雌花小型；花色有白、红、黄等色，还有间色；有单瓣、半重瓣、重瓣。花期春末初夏季节或秋季。

习性：喜光，生长期需充足的阳光，但夏季中午忌强烈的日光照射。喜温暖、湿润的环境，要求空气湿度较高，水分充足。生长适温为 16～21℃，冬季温度应维持在 10℃左右，夏季温度不应过高，若超过 32℃则茎叶枯落，甚至引起块茎腐烂。块茎贮藏温度以 5～10℃为宜。土壤以腐叶土为佳，适宜生长在 pH 5.5～6.5 的微酸性土壤中。

繁殖：播种、分球和扦插繁殖。

观赏与应用：球根海棠姿态优美，花大色艳或花小而繁密，是世界著名的夏秋盆栽花卉。

玻利维亚秋海棠（*B.boliviensis*）

块茎扁平球形，茎分枝下垂，绿褐色。叶长，卵状披针形。花橙红色。花期夏秋。原产于玻利维亚。是垂枝类品种的主要亲本。

（2）园林应用

矮生、多花的观花秋海棠，用于布置夏、秋花坛和草坪边缘。盆栽秋海棠常用以点缀客厅、橱窗或装点家庭窗台、阳台、茶几。秋海棠常配置于阴湿的墙角、沿阶处。四季秋海棠花期长，花色多，变化丰富，是一种花叶俱美的花卉，既适应于庭园、花坛等室外栽培，又是室内装饰的佳品。

（3）其他经济用途

秋海棠茎叶有良好的药用和食用价值。例如，四季海棠和竹节海棠均可全草入药，味微苦，性凉，清热利水，具有治疗感冒和消肿止痛之功效，外用可治疗跌打肿痛、疮疖。南美洲的巴西常用秋海棠作为退热利尿药服用。欧洲如法国用秋海棠的叶子，作汤料，或与鱼同烧，其味可口。紫背天葵（天葵秋海棠），全草入药，在广东省肇庆市鼎湖山是有名的药用植物，具有清热解毒、活血止咳、消炎止痛、助消化、健胃、解酒的功效，深受人们的喜爱。

（4）花文化

秋海棠的花语为呵护、苦恋、亲切、诚恳、单恋、热忱的友谊。

8. 新几内亚凤仙 *Impatients hawkeri*

别名：五彩凤仙花，四季凤仙　　　　　科属：凤仙花科凤仙花属

（1）形态特征

多年生常绿草本花卉。植株挺直，株丛紧密矮生。茎半透明肉质，粗壮，多分枝。叶互生，披针形，绿色、深绿、古铜色；叶表有光泽，叶脉清晰，叶缘有尖齿。花腋生，较大，花色有粉红、红、橙红、雪青、淡紫及复色等。花期为 5～9 月。

（2）分布与习性

原产于非洲南部新几内亚等地，现世界各地多有栽培。性喜冬季温暖、夏季凉爽通风的环境，不耐寒，适宜生长的温度为 15～25℃，7℃ 以下即受冻。喜半阴，忌暴晒，日照控制在 60%～70%。根系不发达，要求肥沃、疏松、排水良好、富含腐殖质的偏酸性土壤。

（3）繁殖方法

有播种、组织培养、扦插 3 种方法。

（4）常见栽培品种

常见栽培种有：

① "光谱"（"Spectra"）系列　株高 25～30cm，播种至开花需 85～95d。

② "火湖"（"Firelake"）系列　为既观花又观叶的品种，叶色美观，绿色叶片中央嵌有黄色斑块。

③ "坦戈"（"Tango"）系列　株高 50～55cm，花径 6cm，花色丰富。

（5）园林应用

株丛紧密，开花繁茂，花期长，是很受欢迎的新潮花卉，可用作室内盆栽观赏，温暖地区或温暖季节可布置于庭院或花坛。

9. 鹤望兰 *Strelitza reginae*

别名：天堂鸟花、极乐鸟花　　　　　科属：旅人蕉科鹤望兰属

（1）形态特征

常绿宿根草本。高达 1～2m，根粗壮肉质。茎不明显。叶对生，两侧排列，有长柄，长椭圆形或长椭圆状卵形；叶柄与叶近等长，中央有纵槽沟。每个花序着花 6～8 朵，总苞片绿色，边缘晕红；小花花形奇特，似仙鹤翘首远望，栩栩如生，故名"鹤望兰"。秋冬开花，每支花可开放 50～60d（图9-7）。

（2）分布与习性

原产于非洲南部，现各地均有栽培。喜冬季温暖、夏季凉爽、空气湿润的环境。要求阳光充足，但怕夏季烈日暴晒。不耐寒，怕霜雪，生长适温 25℃左右，冬季室温 10℃为宜。耐旱，忌水湿。喜肥沃、排水良好的稍黏土壤。

（3）繁殖方法

主要采用分株繁殖，也可播种繁殖。鹤望兰是典型的鸟媒植物，栽培中需人工授粉才能结实，发芽适温 20～30℃，15～20d 才能发芽。分株繁殖于早春结合换盆进行。

图9-7　鹤望兰

（4）常见同属栽培种

① 白花天堂鸟（*S. nicolai*）　大型盆栽植物，丛生状，叶大，叶柄长 1.5m，叶片长 1m，基部心脏形，花大，花萼白色，花瓣淡蓝色，6～7 月开花。

② 无叶鹤望兰（*S. parvifolia*）　株高 1m 左右，叶呈棒状，花大，花萼橙红色，花瓣紫色。

③ 邱园鹤望兰（*S. kewensis*）　是白色鹤望兰与鹤望兰的杂交种，株高 1.5m，叶大，叶柄长，花大，花萼和花瓣均为淡黄色，具淡紫红色斑点，春夏开花。

④ 考德塔鹤望兰（*S. candata*）　萼片粉红，花瓣白色。

⑤ 金色鹤望兰（*S. golden*）　是 1989 年发现的珍贵品种，株高 1.8m，花大，花萼、花瓣均为黄色。

（5）园林应用

盆栽鹤望兰适用于宾馆、接待大厅、会议室、厅堂环境布置，具清新、高雅之感。在南方可丛植于院角，点缀花坛中心，同样景观效果极佳。亦为重要切花。

（6）花文化

鹤望兰的花语为自由，幸福，潇洒；友谊；所有幸福都给你；热烈的相爱、相拥，祝福相爱的人能够幸福快乐，热恋中的情人。

10. 花烛类 *Anthrium* spp.

别名：灯台花、安祖花、火鹤花、红掌　　　　科属：天南星科花烛属

（1）形态特征

根略肉质，节间短，近无茎。叶自根茎抽出，具长柄，有光泽，叶形呈长卵圆形，有光泽。花莛自叶腋抽出，佛焰苞直立展开，蜡质，卵圆形或心形有鲜红、粉红、白、绿色等；肉穗花序，圆柱状，花两性。浆果（图9-8）。

（2）分布与习性

原产于南美洲热带雨林，喜温热潮湿而又排水畅通的环境。夏季生长的适温 25～28℃，冬季越冬温度不可低于 18℃，不耐寒。土壤要求排水良好。全年宜在半阴环境下栽培，冬季需充足阳光。

（3）繁殖方法

可用播种和分株、扦插、组织培养等繁殖方法。

（4）常见栽培品种与同属栽培种

按佛焰苞及肉质花序的颜色，切花品种有以下几

图9-8 花 烛

种：'Gloria'、'Alexia'，佛焰苞鲜红色，肉穗花序黄色；'Mauricia'、'Candia'，佛焰苞鲜红色，肉穗花序先端绿色；'Rosetta'、'Nette'，佛焰苞绯红色，肉穗花序先端绿色；'Lydia'，佛焰苞绯红色，肉穗花序全为粉红色；'Margaretha'，佛焰苞白色，肉穗花序肉红色。

花烛同属植物逾200种，其中有观赏价值的有20多种。常见的有：大叶花烛、水晶花烛、剑叶花烛。依观赏目的不同，可分为 3 类：第一类为肉穗直立的切花类，以红鹤芋为代表；第二类为肉穗花序弯曲的盆花类，以花烛为代表；第三类为叶广心形，浓绿色有光泽，叶脉粗，银白色，具有美丽图案的观叶类，以晶状花烛为代表。目前栽培广泛，品系品种较多的是切花类。

（5）园林应用

盆花多在室内的茶几、案头作装饰花卉，同时也是重要的切花。

（6）花文化

红掌的花语为大展宏图、热情、热血。

11. 六出花 *Alstroemeria aurantiaca*

别名：智利百合、秘鲁百合、百合水仙　　　　　　　　科属：石蒜科六出花属

（1）形态特征

多年生草本。根肥厚、肉质，呈块状茎，簇生，平卧。茎直立，不分枝。叶多数，互生，披针形，呈螺旋状排列。伞形花序，花小而多，喇叭形，内轮具红褐色条纹斑点；花色有白、黄、橙黄、粉红、红等（图9-9）。

（2）分布与习性

原产于南美的智利、秘鲁、巴西、阿根廷和中美的墨西哥。喜温暖湿润和阳光充足环境。夏季需凉爽，怕炎热，耐半阴，不耐寒。生长适温为 15～25℃，最佳花芽分化温度为 20～22℃，如果长期处于 20℃温度下，将不断形成花芽，可周年开花。如气温超过 25℃以上，则营养生长旺盛，而不进行花芽分化。耐寒品种，冬季可耐-10℃低温，在 9℃或更低

温度下也能开花。生长期需充足水分，但高温高湿不利于茎叶生长，易发生烧叶和弯头现象。生长期日照在 60%～70%最佳，忌烈日直晒，可适当遮阴。如秋季因日照时间短，影响开花时，采用加光措施，每天日照时间在 13～14h，可提高开花率。土壤以疏松、肥沃和排水良好的沙质壤土，pH 值在 6.5 左右为好。盆栽土用腐叶土或泥炭土、培养土和粗沙的混合土。

（3）繁殖方法

常用播种繁殖，亦可进行分株繁殖和组织培养。

（4）常见栽培品种与同属栽培种

① 常见品种

'金黄'六出花（'Aurea'）　花金黄色。

'纯黄'六出花（'Lutea'）　花黄色。

'橙色多佛尔'（'Dover Orange'）　花深橙色。

图 9-9　六出花

② 盆栽六出花新品种

'英卡·科利克兴'（'Inca Collection'）　株高 15～40cm，花淡橙色，具红褐色条纹斑点，耐寒，花期 6～10 月。

'小伊伦尔'（'Little Elanor'）　花黄色。

'达沃斯'（'Davos'）　花蝴蝶形，白色，具淡粉晕。

'卢纳'（'Luna'）　花黄色，具紫绿色斑块和褐红色条纹斑点。

'托卢卡'（'Toluca'）　花玫瑰红色，有白色斑块，具褐红色条纹斑点。

'黄梦'（'Yellow Dream'）　花黄色，有红褐色条纹斑点。

③ 同属观赏种

智利六出花（*A. chilensis*）　花淡红色。

深红六出花（*A. haemantha*）　花深红色。

粉花六出花（*A. ligru*）　花淡红或粉红色。

紫斑六出花（*A. pelegrina*）　花黄色，具紫色或紫红色斑点。

美丽六出花（*A. pulchella*）　花深红色。

多色六出花（*A. versicolor*）　花黄色。

（5）园林应用

室内盆栽六出花花色丰富，花形奇异，盛开时更显典雅富丽，盆栽布置厅堂、阳台观赏价值很高；也是新颖的切花材料。

（6）花文化

盛开的六出花典雅而富丽，象征着友谊；花茎弯曲着向上生长则寓意着友谊的不断增进。六出花的花语是友谊。

12. 仙客来 *Cyclamen persicum*

别名：兔子花、兔耳花、萝卜海棠、一品冠　　　　科属：报春花科仙客来属

图 9-10　仙客来

（1）形态特征

多年生草本。具球形或扁球形块茎，肉质，外被木栓质，球底生出许多纤细根。叶着生在块茎顶端的中心部，心状卵圆形，叶缘具牙状齿，叶表面深绿色，多数有灰白色或浅绿色斑块，背面紫红色；叶柄红褐色，肉质、细长。花单生，由块茎顶端抽出，花瓣蕾期先端下垂，开花时向上翻卷扭曲，状如兔耳；萼片 5 裂，花瓣 5 枚，基部联合成筒状；花色有白、粉红、红、紫红、橙红、洋红等色。蒴果球形，成熟后五瓣开裂，种子黄褐色。花期 12 月～翌年 5 月，但以 2～3 月开花最盛，果熟期 4～6 月（图 9-10）。

（2）分布与习性

原产于南欧及地中海一带。为世界著名花卉，各地都有栽培。喜温暖，不耐寒，生长适温 15～20℃。10℃以下，生长弱，花色暗淡易凋谢；气温达到 30℃以上，植株进入休眠。在中国夏季炎热地区，仙客来处于休眠或半休眠状态，气温超过 35℃，植株易受害而导致腐烂死亡。喜阳光充足和湿润的环境，主要生长季节是秋、冬和春季。喜排水良好、富含腐殖质的酸性沙质土壤，pH5.0～6.5，但在石灰质土壤上也能正常生长。中性日照植物，花芽分化主要受温度的影响，其适温为 15～18℃。

（3）繁殖方法

通常采用播种、分割块茎、组织培养等方法进行繁殖。播种育苗，一般在 9～10 月进行，从播种到开花需 12～15 个月。仙客来种子较大，发芽迟缓不齐，易受病毒感染。因此，在播种前要对种子进行浸种处理。其方法是：将种子用 0.1% 升汞浸泡 1～2min 后，用水冲洗干净，然后用 10% 的磷酸钠溶液浸泡 10～20min，冲洗干净，最后浸泡在 30～40℃ 的温水中处理 48h，冲净后即可播种。播种用土可用壤土、腐叶土、河沙等量配制，或草炭土和蛭石等量配制，点播，覆土 0.5～1.0cm，用盆浸法浇透水，上盖玻璃，温度保持 18～20℃，30～40d 发芽，发芽后置于向阳通风处。

结实不良的仙客来品种，可采用分割块茎法繁殖，在 8 月下旬块茎即将萌动时，将其自顶部纵切分成几块，每块带一个芽眼。切口应涂抹草木灰。稍微晾晒后即可分栽于花盆内，不久可展叶开花。

（4）常见栽培品种

园艺品种依据花型可分为：

① 大花型　是园艺品种的代表性花型。花大，花瓣平展，全缘，开花时花瓣反卷，有单瓣、复瓣、重瓣、银叶、镶边和芳香等品种。

② 平瓣型　花瓣平展，边缘具细缺刻和波皱，比大花型花瓣窄，花蕾尖形，叶缘锯齿明显。

③ 洛可可型　花瓣边缘波皱有细缺刻，不像大花型那样反卷开花，而呈下垂半开状态。

④ 皱边型　花大，花瓣边缘有细缺刻和波皱，开花时花瓣反卷。

⑤ 重瓣型　花瓣 10 枚以上，不反卷，瓣稍短，雄蕊常退化。

（5）园林应用

仙客来花型奇特，株形优美，花色艳丽，花期长，花期又正值春节前后，可盆栽，用以节日布置或作家庭点缀装饰，也可作切花。

（6）花文化

仙客来的花语为美丽，嫉妒，以纤美缄默的姿态证明着被爱的高雅。天主教认为仙客来是圣母玛利亚落在地上的心血（或其在人世间淌着血的心）；日本人认为此花乃爱之圣花。

13. 大岩桐 *Sinningia speciosa*

别名：六雪泥、落雪泥　　　　　　　　　　　　科属：苦苣苔科苦苣苔属

（1）形态特征

多年生草本。地下部分具有块茎，初为圆形，后为扁圆形，中部下凹。地上茎极短，全株密被白色茸毛，株高 15～25cm。叶对生，卵圆形或长椭圆形，肥厚而大，有锯齿，叶背稍带红色。花顶生或腋生，花冠钟状，5～6 浅裂，有粉红、红、紫蓝、白、复色等色。蒴果，花后 1 个月种子成熟，种子极细，褐色。花期 4～11 月，夏季盛花。

（2）分布与习性

原产于巴西，世界各地温室栽培。喜温暖、潮湿，忌阳光直射，生长适温 18～32℃。在生长期，要求高温、湿润及半阴的环境。有一定的抗炎热能力，但夏季宜保持凉爽，23℃左右有利开花，冬季休眠期保持干燥，温度控制在 8～10℃。不喜大水，避免雨水侵入。喜疏松、肥沃的微酸性土壤。冬季落叶休眠，块茎在 5℃左右的温度中，可以安全过冬。

（3）繁殖方法

可用播种、扦插和分球茎等方法进行繁殖。

① 分球法　选经过休眠的 2～3 年老球茎，于秋季或 12 月～翌年 3 月，先埋于土中浇透水并保持室温 22℃进行催芽。当芽长到 0.5cm 左右时，将球掘起，用利刀将球茎切成 2～4 块，每块上须带有 1 个芽，切口涂草木灰防止腐烂。每块栽植 1 盆，即形成一个新植株。

② 叶插法　在花落后，选取优良单株，剪取健壮的叶片，留叶柄 1cm，斜插入干净的河沙中（如使用珍珠岩和蛭石混合的基质土效果更好），叶面的 1/3 插在河沙中，2/3 留在地表面，适当遮阴，保持一定的湿度，在 22℃左右的气温下，15d 便可生根，小苗后移栽入小盆。大岩桐扦插可用叶插，也可用芽插。

（4）常见栽培品种、变种与同属栽培种

① 常见品种

'威廉皇帝'（'Emperor William'）　花深紫色，具白边。

'挑战'（'Defiance'）　花深红色。

'弗雷德里克皇帝'（'Emperor Frederick'）　花红色白边。

'瑞士'（'Switzerland'）　花红色。

'泰格里纳'（'Tigrina'）　花橙红色。

另外，还有'火神'（'Vulcan Fire'）、'格雷戈尔·门德尔'（'Gregor Mendel'）、'赫巴·奥塞纳'（'Heba Osena'）、'维纳斯'（'Venus'）等。

② 重瓣种

'芝加哥重瓣'（'Double Chicago'）　花淡橙红色，重瓣。

"巨早"（"Early Giant"）系列　花色有深紫具淡紫边、深红等，开花早，从播种至开花只需 4 个月。

'重瓣锦缎'（'Double Brocade'）　花有深红、红色具紫色花心和白边、玫瑰红具白边、深红具深紫色花心等，矮生，重瓣花，叶片小。

③ 常见栽培变种

常见栽培变种有长叶大岩桐（*S. speciosa* var. *macropHylla*）。

④ 常见同属观赏种

细小大岩桐（*S. pusilla*）属迷你型大岩桐，花淡粉红色，其品种有'白鬼怪'（'White Sprite'），花白色；'小娃娃'（'Doll Baby'），花淡紫色。

王后大岩桐（*S. regina*）　花淡紫红色。

优雅大岩桐（*S. concinna*）　花淡紫色，喉部白色。

另外还有杂种大岩桐（*S. hybrida*）。

（5）园林应用

大岩桐花大色艳，花期长，一株大岩桐可开花几十朵，花期 4～11 月，花期持续数月之久，是节日点缀和装饰室内及窗台的理想盆花。用它摆放会议桌、橱窗、茶室，更添节日欢乐的气氛。

（6）花文化

大岩桐的花语为华美，欲望。

14. 马蹄莲 *Zantedeschia aethiopica*

别名：水芋、观音莲、慈姑花　　　　　　　科属：天南星科马蹄莲属

（1）形态特征

多年生草本。地下具肉质块茎。叶基生，具粗壮长柄，叶柄上部具棱，下部呈鞘状抱茎，叶片箭形，全缘，具平行脉，绿色有光泽。花梗粗壮，高出叶丛；肉穗花序圆柱状，黄色，藏于佛焰苞内，佛焰苞白色，形大，似马蹄状；花序上部为雄花，下部为雌花。果实为浆果。温室栽培花期 12 月～翌年 5 月，盛花期 2～4 月（图 9-11）。

（2）分布与习性

原产于南非，现中国各地广为栽培。喜温暖气候，生长适温为 15～25℃，能耐 4℃低温，夜温 10℃以上生长开花好，冬季如室温低，会推迟花期。性喜阳光，也能耐阴，开花期需充足阳光，否则花少，佛焰苞常呈绿色。喜土壤湿润和较高的空气湿度。忌炎热，夏季高温植株呈枯萎或半枯萎状态，块茎进入休眠。适于富含腐殖质、排水良好的沙壤土。

（3）繁殖方法

播种或分株繁殖。果实成熟后，剥出种子播种，栽培 2～3 年即可开花。一般用分株繁殖，可在 9

图 9-11　马蹄莲

月初，对休眠贮藏的块茎，分别将大、小块茎分开，大块茎用于栽植观花，小块茎培养 2 年后也可开花。

（4）常见同属栽培种

同属有 8 种，常栽培的有：

① 银星马蹄莲　叶片上有银白色斑点，叶柄较短，佛焰苞为白色，花期 7～8 月。

② 黄花马蹄莲　株高 60～100cm，叶有半透明斑，叶柄较长，佛焰苞黄色，花期 5～6 月。

③ 红花马蹄莲　株型矮小，株高 20～30cm，叶片呈窄戟形，佛焰苞粉色至红色，也有白色，花期 4～6 月。

（5）园林应用

马蹄莲叶片翠绿，花苞片洁白硕大，宛如马蹄，形状奇特，花朵美丽，春秋两季开花，单花期特别长，是装饰客厅、书房的良好盆栽花卉，也是切花、花束、花篮的理想材料。用作切花，经久不凋，是馈赠亲友的礼品花卉。马蹄莲在国际花卉市场上已成为重要的切花花卉。在热带、亚热带地区是花坛的好材料。

（6）其他经济用途

马蹄莲花有毒，内含大量草本钙结晶和生物碱，误食会引起昏眠等中毒症状。该物种为中国植物图谱数据库收录的有毒植物，其块茎、佛焰苞和肉穗花序均有毒。咀嚼一小块块茎可引起舌喉肿痛。马蹄莲可药用，具有清热解毒的功效；治烫伤，取鲜马蹄莲块茎适量，捣烂外敷；预防破伤风，在创伤处，用马蹄莲块茎捣烂外敷。

（7）花文化

马蹄莲的花语为博爱，圣洁虔诚，气质高雅，春风得意，纯洁无瑕的爱。

白色马蹄莲：清雅而美丽，它的花语是忠贞不渝，永结同心。

红色马蹄莲：圣洁虔诚，永结同心，吉祥如意，清净，喜欢。

粉红色马蹄莲：象征着爱你一生一世。

15. 小苍兰 *Freesia refracta*

别名：香雪兰、小菖兰、洋晚香玉、麦兰等　　　科属：鸢尾科香雪兰属

（1）形态特征

多年生球根草本花卉。茎长卵形，柔弱，有分枝。基生叶 6～10 片，二列状排列，叶呈剑形或线形，全缘，长 15～30cm 宽 0.5～0.7cm；茎生叶二列互生，短剑形。穗状花序顶生，花序轴斜生，稍有扭曲，花漏斗状，偏生一侧花清香似兰；花色丰富，有红、粉、黄、白多品种（图 9-12）。

（2）分布与习性

原产于南非。性喜温暖湿润环境，要求阳光充足，但不能在强光、高温下生长。适生温度 15～25℃，宜于疏松、肥沃的沙壤土生长，通常用 2/3 草炭土加入 1/3 细沙配制的人工培养土栽植。小苍兰生长期，要求肥水充足，每两周施用一次有机液肥，亦可适量施用复合化肥。盆土要求"见干见湿"，不可积水或土壤过于干燥。

（3）繁殖方法

采用播种繁殖或分植球茎。播种多在秋季室内盆插，2 周左右发芽，实生苗需 3～4 年才能开花。分株，待茎叶枯萎后，挖起小球茎，分级贮藏，于 9 月按个分栽。

图 9-12　小苍兰

（4）常见栽培品种

主要品种有：淡紫色的'蓝姐'，鲜黄色的'奶油杯'，红色的'快红'，白色的'优美'和橙色的'春日'等。

（5）园林应用

小苍兰适于盆栽或作切花，其株态清秀，花色丰富浓艳，芳香酸郁，花期较长，花期正值缺花季节，在元旦、春节开放，深受人们欢迎，可作盆花点缀厅房、案头，也可作切花瓶插或作花篮。在温暖地区可栽于庭院中作为地栽观赏花卉，用作花坛或自然片植。小苍兰花色鲜艳、香气浓郁，除白花外，还有鲜黄、粉红、紫红、蓝紫和大红等单色和复色品种。可用来点缀客厅和橱窗，也是冬季室内切花、插瓶的最佳材料。以黄色小苍兰、红色百合为主花，配上鹤望兰、三色朱蕉叶、棕竹叶，有向往光明、向往未来之意。若用小苍兰、红色蝴蝶兰为主花，配以玉兰、文竹、丝石竹、龙游柳枝装饰居室，素雅端庄。

（6）花文化

人贵有德，花贵有香，花姿优雅动人的小苍兰，幽香高雅，其浓郁的香味，非常惹人喜爱，可谓醇而不浊，清而不腻，尤其夜间香味更浓。花香色艳的小苍兰作花束或盆栽送人，都是极佳的礼品。花语为纯洁，浓情，清香。

16. 虎眼万年青 *Ornithogalum caudatum*

别名：海葱、鸟乳花、土三七　　　　　科属：百合科虎眼万年青属

（1）形态特征

多年生球根草本花卉。鳞茎大，可达 10cm，卵球形，被外膜，灰绿色。叶基生，5～6 枚，带状或长条状披针形，拱形下垂，稍肉质。花莛粗壮而长，高可达 1m，总状花序长 15～30cm，花多而密集；花被片白色，中间有绿脊。花期 5～6 月（图 9-13）。

（2）分布与习性

原产于非洲南部，现广泛栽培。喜阳光，亦耐半阴，不耐寒，冬季温度不低于 10℃。夏季怕阳光直射，喜湿润环境，稍耐旱。要求肥沃且排水良好的沙质壤土。

（3）繁殖方法

常用分球繁殖。自然分球繁殖，8～9 月掘起鳞茎，按大小分级栽种。

（4）园林应用

叶片翠绿，鳞茎浑圆光滑且泛绿色，花序长，且具耐半阴及干旱的优良习性，故极适室内布置。可置于窗台、

图 9-13　虎眼万年青

书桌、几案等处。

（5）其他经济用途

可药用。茎及叶可入药，有清热解毒、强心利尿的功效。用于防治白喉，白喉引起的心肌炎，咽喉肿痛，狂犬咬伤，细菌性痢疾，风湿性心脏病心力衰竭；外用治跌打损伤，毒蛇咬伤，烧烫伤，乳腺炎等。

（6）花文化

万年青青翠的叶片，四季不落，象征着人们永葆青春，健康长寿。它红色的浆果代表着吉利。自古以来，万年青就被作为富有、吉祥、太平、长寿的象征，深为人们喜爱。万年青的花语是健康、长寿。

17. 八仙花 *Hydrangea macrophylla*

别名：绣球花、紫阳花、粉团花　　　　科属：虎耳草科八仙花属

（1）形态特征

落叶灌木，高 1.5～2m，盆栽较矮。干暗褐色，条状剥裂；小枝及芽粗壮，枝绿色，光滑或有毛，皮孔明显。叶对生，卵圆形或椭圆形，长可达 20cm 左右，边缘部分具粗锯齿。伞房花序顶生，具总梗；可孕花瓣早落，不孕花极为发达，由分离的花瓣状萼片组成，球形庞大；花色由白色、绿色、粉色至蓝色。蒴果花期 6～7 月（图 9-14）。

（2）分布与习性

原产于中国，是长江流域著名观赏植物。朝鲜半岛及日本也有分布。喜温暖、湿润和半阴环境。忌强光直射。不耐寒，冬季越冬 5℃以上。喜疏松肥沃、排水良好的酸性土壤；土壤酸碱度对花色的影响极大，碱性土花为红色，酸性土花色偏蓝；土壤碱性太强时易缺铁。为短日照植物。

图 9-14　八仙花

（3）繁殖方法

扦插繁殖为主，也可压条或分株繁殖。初夏用嫩枝扦插最易生根。

（4）常见栽培品种与变种

① 栽培品种

'法国'绣球（'Merveille'）　花洋红或玫瑰红色，可转变为蓝色或淡紫色。

'大雪球'（'Rosabelle'）　花序大，洋红或玫瑰红色，花径 20～25cm。

② 栽培变种

齿瓣八仙花（*H. macrophylla* var. *macrosepala*）　花白色，花瓣具齿。

银边八仙花（*H. macrophylla* var. *maculata*）　叶缘白色。

紫茎八仙花（*H. macrophylla* var. *mandshurica*）　茎紫色或黑紫色。

大八仙花（*H. macrophylla* var. *hortensis*）　叶大，长达 7～24cm，全为不孕花，初为白色，后变为淡蓝色或粉红色。

（5）园林应用

可配置于稀疏的树荫下及林荫道旁，片植于阴向山坡。也可盆栽室内观赏。如将整个花球剪下，瓶插室内，也是上等点缀品；将花球悬挂于床帐之内，更觉雅趣。

（6）其他经济用途

药用，性苦微辛，寒，有小毒；治疟疾，心热惊悸，烦躁。

18. 观赏凤梨类 Bromeliaceae

别名：菠萝花、凤梨花　　　　　　科属：凤梨科

（1）形态特征

观赏凤梨的品种较多，形态特征有一定的差异，但多数品种有其共同的形态特征：叶多基生，质地较硬，带状或剑形，绿色或彩色，叶形雅致，叶色鲜艳。花茎从叶丛中抽出，花头为圆锥形、棒形或疏松的伞形，形态奇妙，花色艳丽。

（2）常见同科栽培属种

① 果子曼属（*Guzmania*）

图9-15　果子蔓凤梨

果子蔓凤梨　又名红杯凤梨。常附生，株高约30cm。叶莲座状着生，呈筒状；叶片带状，外曲，叶基部内折成槽；翠绿色，有光泽。伞房花序，外围有许多大型阔披针形苞片，苞片鲜红色或桃红色，小花白色。单株花期50～70d，全年开花（图9-15）。

原产于哥伦比亚、厄瓜多尔。喜温暖湿润、不耐寒，喜充足散射光；要求疏松而富含腐殖质、排水良好的基质栽培。分株繁殖。

松果凤梨　四季常绿，花姿美丽，色彩丰富，常见的有大红、粉红、金黄、玫瑰红4种颜色。叶子比较长，但能笔直耸立，中间的花蕾近看像一串红色的松果，远看则像一把燃烧着的火炬。

② 丽穗凤梨属（*Vriesea*）

彩苞凤梨　又称火炬。多年生常绿草本。是 *V. gloriosa* 与 *V. vangerttii* 的杂交种。株高20～30cm，植株粗壮。叶基生，呈莲座状，叶片带状，全缘；浅绿色具光泽。花莛多分枝，高出叶丛；顶生穗状花序扁平，苞片二列套迭，鲜红色，有光泽；小花黄色。花期可达3个月。

原产于中南美洲及西印度洋群岛。喜高温高湿，稍耐寒，喜半阴。扦插繁殖。

莺歌凤梨　多年生常绿草本。附生性。株高20cm左右。叶丛生，叶莲座状着生呈杯形，质薄，柔软具光泽，外拱。花莛细长，高于叶面；穗状花序肉质，扁平；苞片2列互迭，基部红色，端黄色，每小苞片顶端常为弯钩状，似莺嘴；小花黄色，端绿。花期冬春，观赏期可达半年。

原产于巴西。喜温暖，较耐寒；越冬温度5℃以上。喜半阴，不耐干旱；要求疏松、通气及排水良好的基质栽培，基质用蕨根块、腐叶土及泥炭土混合制成。扦插繁殖。

虎纹凤梨　多年生常绿草本。叶丛莲座状，深绿色，两面具紫黑的横向带斑。花序直

立，呈烛状，略扁；苞片互迭、鲜红色；小花黄色。常见品种有'大虎纹'凤梨（'Majus'），其穗状花序比虎纹凤梨长而宽。

③ 铁兰属（*Tillandsia*）

紫花凤梨　多年常绿草本。株高 10～15cm。叶放射状基生，斜伸而外拱，线形，硬革质，浓绿色，细长 30～35cm。花莛高出叶丛；穗状花序椭圆形，扁平；苞片 2 裂，套迭，淡红色，端黄绿色；小花蓝紫色。花期全年。

紫花凤梨　是杂交种。喜温暖湿润环境，不耐寒，生长适温 15～25℃，越冬温度 10℃以上。喜充足散射光，忌强光直射。要求疏松、通气、排水良好的基质栽培。分株繁殖。

长苞凤梨　多年生常绿草本。常附生。株高 40cm。叶莲座状基生，绿色。花莛与叶面等高或稍高于叶面，长约 30cm；穗状花序椭圆状，扁平，排成 2 列；苞片较长，珊瑚红色或洋红色；小花深蓝色，喉部白色。原产于美洲热带。

④ 水塔花属（*Billbergia*）

水塔花　又名火焰凤梨。多年生常绿草本。叶莲座状着生，呈筒状，叶带状披针形，先端具小锐尖，叶缘上部有棕色小刺，叶背常具横纹。花莛被白粉；花瓣红色，端蓝紫色；花序抽出含苞待放时，花蕾先端露出萼片，形如红笔。花期冬季。

原产于秘鲁、巴西。本种较耐寒，越冬温度 10℃以上。

⑤ 尖萼凤梨属（*Aechmea*）

大花光萼荷　又名斑马凤梨。多年生附生草本。株高 30～50cm。叶丛莲座状成筒生，坚硬；深绿色，具银白色或灰玫瑰红的横条纹，状如斑马纹，叶缘具锐刺。花梗分枝，长而挺立，总苞片大而直立，橙红色，上方为数丛小花序；小花苞片基部红色，端黄色；小花也为黄色。花期夏季。

原产于亚马孙盆地及哥伦比亚、厄瓜多尔的热带雨林。不易分蘖，生长速度慢。性强健，较耐寒，越冬温度需 5℃以上。较耐旱，需肥量低。

（3）园林应用

观赏凤梨是当今最流行的室内观叶、观花植物，它以奇特的花朵、漂亮的花纹，使人们啧啧称奇。作为客厅摆设，既热情又含蓄，很耐观赏。

（4）花文化

观赏凤梨的花语为完美无缺。

19. 月季 *Rosa chinensis*

别名：蔷薇花、玫瑰花、月月红、长春花　　　　科属：蔷薇科蔷薇属

（1）形态特征

落叶灌木或常绿灌木，或蔓状与攀缘状藤本植物。茎为棕色偏绿，小枝有粗壮而略带钩状的皮制，有时无刺，小枝绿色。叶为墨绿色，互生，奇数羽状复叶，小叶一般 3～5 片，宽卵（椭圆）形或卵状长圆形，长 2.5～6cm，先端渐尖，具尖齿，叶缘有锯齿，两面无毛，光滑；托叶与叶柄合生，全缘，顶端分离为耳状。花生于枝顶，常簇生，稀单生，花色甚多，色泽各异，花径 4～5cm，多为重瓣，也有单瓣者；萼片尾状长尖，边缘有羽状裂片；花柱分离，伸出萼筒口外，与雄蕊等长；每子房 1 胚珠；花微香，花期北方 4～10 月，南方 3～11 月，春季开花最多，大多数是两性花。肉质蔷薇果，卵球形或梨形，长 1～2cm，

萼片脱落，成熟后呈红黄色，顶部裂开。有花中皇后的美称（图9-16）。

（2）分布与习性

中国是月季的原产地之一。月季是郑州、北京、天津、南阳、大连、长治、运城、蚌埠、焦作、青岛、潍坊、芜湖、石家庄、邯郸、邢台、廊坊、商丘、漯河、安庆、吉安、淮安、淮北、淮南、胶南、南昌、宜昌、许昌、常州、泰州、沧州、宿州、衡阳、邵阳、阜阳、信阳、德阳、天水、东台等市的市花。其中南阳市石桥镇是"月季之乡"，江苏沭阳是华东最大的月季生产基地。江苏沭阳、河南南阳、山东莱州出产的月季驰名中外。

月季耐寒、耐旱，对土壤要求不严格，但以富含有机质、排水良好的微带酸性沙壤土最好。喜日照充足，空气流通，排水良好而避风的环境，盛夏需要适当遮阴，过多的强光直射对花蕾发育不利，花瓣容易焦枯。有连续开花的特性。多数品种最适温度白昼15～26℃，夜间10～15℃。较耐寒，冬季气温低于5℃即进入休眠。如夏季高温持续30℃

图9-16 月 季

以上，则多数品种开花减少，品质降低，进入半休眠状态。一般品种可耐-15℃低温。空气相对湿度宜75%～80%，但稍干、稍湿也可。需要保持空气流通，无污染，若通气不良易发生白粉病，空气中的有害气体，如二氧化硫、氯、氟化物等均对月季花有毒害。

（3）繁殖方法

大多采用扦插方法，亦可分株、压条繁殖。扦插一年四季均可进行，但以冬季或秋季的硬枝扦插为宜，夏季的绿枝扦插要注意水的管理和温度的控制，否则不易生根。冬季扦插一般在温室或大棚内进行，如露地扦插要注意增加保湿措施。

（4）常见栽培品种

月季花种类主要有食用月季、藤本月季（CI系）、大花香水月季（切花月季主要为大花香水月季）（HT系）、丰花月季（聚花月季）（F/FI系）、微型月季（Min系）、树状月季、壮花月季（Gr系）、灌木月季（SH系）、地被月季（Gc系）等。

① 藤本月季（CI系） 枝条长，蔓性或攀缘。品种有：

红色系 '御用马车'、'读书台'、'瓦尔特大叔'（经典品种）、'橘红火焰'、'朱红女王'、'嫦娥奔月'、'夏令营'、'莫扎特'等。

黄色系 '光谱'（经典品种）、'欢腾'、'长虹'、'金色阳光'、'光明之王'等。

粉色系 '兰月亮'、'大游行'（经典品种）、'安吉拉'等。

白色系 '白河'、'藤绿云'。

复色系 '龙沙宝石'（经典品种）、'花仙'、'飞虎'、'花魂'、'藤电子表'、'紫袍玉带'（经典品种）等。

橙色系 '坤藤'、'西方大地'、'甜梦'、'溪水'等。

②　大花香水月季（HT 系）　品种众多，是现代月季的主体部分。其特征是：植株健壮、单朵或群花，花朵大，花型高雅优美，花色众多、鲜艳明快，具有芳香气味，观赏性强。品种有：

白色　'廷沃尔特'、'肯尼迪'（经典品种）、'婚礼白'、'第一白'、'白缎'、'绿云'、'坦尼克'（经典品种）、'白圣诞'（经典品种）、'白葡萄酒'等。

黄色　'金凤凰'、'俄州黄金'、'金奖章'、'莱茵黄金'（经典品种）、'金牌'、'索力多'、'绿野'、'坎特公主'等。

红色　'绯扇'、'明星'（经典品种）、'梅郎口红'、'卡托尔纸牌'、'翰钱'、'月季中心'、'布达议员'、'香魔'、'奥运会'、'香云'等。

蓝色　'蓝月'（经典品种）、'蓝和平'、'蓝宝石'、'蓝丝带'（经典品种）、'蓝花楹'、'蓝香水'（经典品种）、'蓝河'（经典品种）、'天堂'等。

黑红色　'林肯先生'（经典品种，10 个最香的月季品种之一，大花香水月季表品种，月季评选标准花）、'武士'、'大紫光'、'黑旋风'、'黑珍珠'、'朱墨双辉'等。

绿色　'绿星'、'绿萼'。

橙色　'杰斯塔'、'乔伊'、'坤特利'、'金牛'、'玛希娜'、'大奖章'等。

粉色　'粉扇'、'粉和平'（经典品种）、'一流小姐'、'日粉'、'醉香酒'、'查克红'、'唐红'等。

复色　'和平'（经典品种）、'火和平'、'芝加哥和平'（经典品种）、'红双喜'（经典品种，10 个最香的月季品种之首）、'希腊之乡'（香花品种，经典品种）、'梅郎随想曲'、'爱'、'我的选择'、'和平之光'、'却可克'、'现代艺术'、'摩纳哥公主'、'彩云'、'加里娃达'、'花车'等。

③　丰花月季（F/FI 系）　为扩张型长势，强健多花品种群，耐寒、耐高温、抗旱、抗涝、抗病，对环境的适应性极强。广泛用于城市环境绿化，布置园林花坛、高速公路等。

④　微型月季（Min 系）　月季家族的新品种，其株型矮小，呈球状，花头众多，因其品性独特又称为"钻石月季"。主要用作盆栽观赏、点缀草坪和布置花色图案。

⑤　树状月季　又称月季树、玫瑰树。它是通过两次以上嫁接手段达到标准的直立树干、树冠。现树状月季规格为高 0.4～2.0m、干径 1～5cm。

⑥　地被月季（Gc 系）　主要品种有'巴西诺'、'地被一号'、'哈德福俊'、'玫瑰地毯'、'肯特'、'新奥运'等。

（5）园林应用

月季可作为园林布置花坛、花境、庭院的花材，可制作月季盆景，作切花、花篮、花束等。月季是春季主要的观赏花卉，其花期长，观赏价值高，价格低廉，受到人们的喜爱。

（6）其他经济价值

花可提取香料；根、叶、花均可入药，具有活血消肿、消炎解毒之功效。月季不仅是花期绵长、芬芳色艳的观赏花卉，而且是一味妇科良药。中医认为，月季味甘、性温，入肝经，有活血调经、消肿解毒之功效。由于月季花的祛瘀、行气、止痛作用明显，故常用于治疗月经不调、痛经等病症。

（7）花文化

月季是中国十大名花之一，被誉为"花中皇后"，而且象征一种坚韧不屈的精神，花香悠远。

其花语为：

粉红色月季：初恋、优雅、高贵、感谢。

红色月季：纯洁的爱、热恋、贞节、勇气。

白色月季：尊敬、崇高、纯洁。

橙黄色月季：富有青春气息、美丽。

绿白色月季：纯真、俭朴或赤子之心。

蓝紫色月季：珍贵、珍惜。

20. 倒挂金钟 *Fuchsia hybrida*

别名：短筒倒挂金钟、吊钟海棠、灯笼海棠、吊钟花　　　科属：柳叶菜科倒挂金钟属

（1）形态特征

常绿丛生亚灌木或灌木，株高约 1m。枝条稍下垂，带紫红色。叶对生或轮生，卵状披针形，叶缘具疏齿牙，有缘毛，叶面鲜绿色具紫红色条纹。花单生叶腋，花梗细长下垂，长约 5cm，红色，被毛；萼筒绯红色，较短，约为萼裂片长度的 1/3；花瓣也比萼裂片短，呈倒卵形稍反卷，莲青色（图9-17）。

（2）分布与习性

原产于南美。性喜凉爽湿润环境，不耐炎热高温，温度超过 30℃时对生长极为不利，常呈半休眠状态。生长期适宜温度为 15～25℃，冬季最低温度应保持 10℃以上。喜冬季阳光充足，夏季凉爽、半阴的环境。要求肥沃的沙质壤土。倒挂金钟为长日照植物，延长日照可促进花芽分化和开花。

（3）繁殖方法

以扦插繁殖为主。以 1～2 月及 10 月扦插为宜。剪取 5～8cm 生长充实的顶梢作插穗，应随剪随插，适宜的扦插温度为 15～20℃，约 20d 生根，生根后及时分苗上盆，否则根易腐烂。也可播种繁殖，但采种不易。

（4）常见栽培变种

园艺品种极多，有单瓣、重瓣，花色有白、粉红、橘黄、玫瑰紫及茄紫色等。有的植株低矮、枝平展，宜盆栽；有的枝粗壮，枝丛不开展；还有少数观叶品种。常见栽培变种有：珊瑚红倒挂金钟（*F. hybrida* var. *corallina*）、球形短筒倒挂金钟（*F. hybrida* var. *globosa*）、异色短筒倒挂金钟（*F. hybrida* var. *discolor*）、雷氏短筒倒挂金钟（*F. hybrida* var. *riccartonii*）。

（5）园林应用

倒挂金钟花形奇特，花色浓艳，华贵而富丽，开花时朵朵下垂的花朵，宛如一个个悬垂倒挂的彩色灯笼或金钟，是难得的室内花卉，很受大众喜爱。

（6）其他经济用途

除观赏价值外，倒挂金钟还是一种传统中药材，具有行血去瘀、凉血祛风之功效。主治月经不调、产后乳肿、皮肤瘙痒、痤疮等病症。

（7）花文化

倒挂金钟的花语为相信爱情，热烈的心。

图 9-17　倒挂金钟

21. 一品红 *Euphorbia pulcherrima*

别名：圣诞花、猩猩木、象牙红、老来娇　　科属：大戟科大戟属

（1）形态特征

常绿灌木，植株体内具白色汁液。茎光滑，淡黄绿色，含乳汁。单叶互生，卵状椭圆形至披针形，全缘或具波状齿，有时具浅裂。顶生杯状花序，下具 12～15 枚披针形苞片，开花时红色，是主要观赏部位；花小，无花被，鹅黄色，着生于总苞内，花期恰逢圣诞节前后，所以又称圣诞树（图 9-18）。

（2）分布与习性

原产于墨西哥及中美洲。中国南北均有栽培，云南、广东、广西等地可露地栽培，北方多为盆栽观赏。喜温暖、湿润气候及阳光充足，光照不足可造成徒长、落叶。耐寒性弱，冬季温度不得低于 15℃。为典型的短日照花卉，在日照 10h 左右，温度高于 18℃ 的条件下开花。忌

图 9-18　一品红

干旱，怕积水，对水分要求严格，土壤湿度过大会引起根部发病，进而导致落叶；土壤湿度不足，植株生长不良，并会导致落叶。要求肥沃湿润而排水良好的微酸性土壤。

（3）繁殖方法

多用扦插繁殖，嫩枝及硬枝扦插均可，但以嫩枝扦插生根快，成活率高。扦插时期以 5～6 月最好，越晚插则植株越矮小，花叶也渐小，老化也早。扦插时选取健壮枝条，剪成 10～15cm 作插穗，切口立即蘸以草木灰，以防白色乳液堵塞导管而影响成活。稍干后再插于基质中，扦插基质用细沙土或蛭石，扦插深度 4～5cm，温度保持 20℃ 左右，保持空气湿润。20d 左右即可生根，2～3 个月后新梢长到 10～12cm 时即可分栽上盆，当年冬天开花。

（4）常见栽培变种

目前栽培的主要园艺变种有：

① 一品白（*E. pulcherrima* var. *Alba*）　开花时总苞片乳白色。

② 一品粉（*E. pulcherrima* var. *Rosea*）　开花时总苞片粉红色。

③ 重瓣一品红（*E. pulcherrima* var. *Plenissima*）　顶部总苞下叶片和瓣化的花序形成多层瓣化瓣，红色。

（5）园林应用

一品红株形端正，叶色浓绿，花色艳丽，开花时覆盖全株，色彩浓烈，花期长达两个月，有极强的装饰效果，是西方圣诞节的传统盆花。一品红作为节日用花，象征着普天同庆。在中国大部分地区作盆花观赏或用于室外花坛布置，是"十一"常用的花坛花卉。也可用作切花。

（6）其他经济用途

一品红具药用价值。性凉，味道苦涩，有调经止血、活血化痰、接骨消肿的功能。

（7）花文化

基督诞生的花：自古以来，基督教里就有将圣人与特定花朵联系在一起的习惯，这因

循于教会在纪念圣人时，常以盛开的花朵点缀祭坛。在中世纪的天主教修道院内，更如园艺中心般种植着各式各样的花朵，久而久之，教会便在366d将圣人分别和不同的花朵联系在一起，形成所谓的花历。当时大部分的修道院都位于南欧地区，而南欧属地中海气候，极适合栽种花草。属常绿乔木科的一品红是基督诞生的花。

一品红的花语为绿洲。在其他树木的叶子和果实都掉落的严冬里，只有这种植物依然繁茂，并结着红色的果实。这种植物对厌倦漫长严冬的人来说，犹如沙漠里的绿洲。

22. 杜鹃花 *Rhododendron simsii*

别名：映山红、满山红、照山红、野山红、山踟蹰　　　　科属：杜鹃花科杜鹃花属

（1）形态特征

枝多而纤细。单叶互生；春季叶纸质，夏季叶革质，卵形或椭圆形，先端钝尖，基部

图 9-19　杜鹃花

楔形，全缘，叶面暗绿，疏生白色糙毛，叶背淡绿，密被棕色糙毛；叶柄短。花两性，2～6朵簇生于枝顶，花冠漏斗状，蔷薇色、鲜红色或深红色；萼片小，有毛。花期4～5月（图9-19）。

（2）分布与习性

原产于中国。性喜凉爽气候，忌高温炎热；喜半阴，忌烈日暴晒，在烈日下嫩叶易灼伤枯死。最适生长温度15～25℃，若温度超过30℃或低于5℃则生长不良。喜湿润气候，忌干燥多风。要求富含腐殖质、疏松、湿润及pH 5.5～6.5的酸性土。忌低洼积水。

（3）繁殖方法

可用播种、扦插、嫁接、压条等方法。

（4）常见栽培品种

杜鹃花属植物有900多种，中国就有600种之多，除新疆、宁夏外，南北各地均有分布，尤其以云南、西藏、四川种类最多，为杜鹃花属的世界分布中心。是中国传统名贵花卉，栽培历史悠久。杜鹃花在中国民间有许多传说故事，被誉为"花中西施"。18～19世纪欧美等国大量地从中国云南、四川等地采集种子，猎取标本，进行分类、培育。他们用中国的杜鹃花与其他地方的杜鹃花进行杂交选育出了一批新品种，其中以比利时根特市的园艺学者育出的大花型、适合冬季催花的品种最受欢迎，被称为比利时杜鹃，亦称西鹃。

根据亲本来源、形态特征、特性，杜鹃花可分为东鹃、夏鹃、毛鹃和西鹃。

① 东鹃　引种于日本。叶小而薄，色淡绿，枝条纤细，多横枝。花小型，花径2～4cm，喇叭状，单瓣或重瓣。自然花期4～5月。东鹃代表品种有'新天地'、'碧止'、'雪月'、'日之出'等。

② 夏鹃　原产于印度和日本，日本称皋月杜鹃。先发枝叶后开花，是开花最晚的种类。叶小而薄，分枝细密，冠形丰满。花中至大型，直径在6cm以上，单瓣或重瓣。自然花期在6月前后。夏鹃代表品种有'长华'、'陈家银红'、'五宝绿珠'、'大红袍'等。

③ 毛鹃　又称毛叶杜鹃，包括锦绣杜鹃、毛叶杜鹃及其变种。树体高大，可达2m以上，发枝粗长。叶长椭圆形，多毛。花单瓣或重瓣，单色，少有复色。自然花期4～5月。

毛鹃代表品种有'玉蝴蝶'、'琉球红'、'紫蝴蝶'、'玉玲'等。

④ 西鹃　最早在荷兰、比利时育成，系皋月杜鹃、映山红及白毛杜鹃等反复杂交选育而成。树体低矮，高 0.5～1m，发枝粗短，枝叶稠密。叶片毛少。花型花色多变，多数重瓣，少有半重瓣。自然花期 2～5 月，有的品种夏秋季也开花。西鹃代表品种有'锦袍'、'五宝珠'、'晚霞'、'粉天惠'、'王冠'、'四海波'、'富贵姬'、'天女舞'等。

（5）园林应用

杜鹃花为中国传统名花，因其种类、花型、花色的多样性被人们称为"木本花木之王"。在园林中宜丛植于林下、溪旁、池畔等地。也可用于布置庭园或与园林建筑相配置。也是布置会场、厅堂的理想盆花。

（6）其他经济用途

杜鹃花具有抗菌消炎的作用，其中丁香酸、香草酸和茴香酸均有抗菌作用，对痤疮杆菌很好的消除作用；其杜鹃素的消炎效果相当于注射水杨酸。杜鹃花的根、叶、花入药，有和血调经、消肿止血的功效；花叶外用根治内伤、风湿等症。

（7）花文化

杜鹃花素有"木本花卉之王"的美称，映山红是杜鹃花的别称，杜鹃花开之时，像灼灼火焰，铺满山冈，气势壮观，惹人喜爱，人们以杜鹃花为吉祥如意和幸福美好的象征。唐代大诗人白居易就特别偏爱杜鹃花，他曾以人喻花，直接称赞杜鹃花："花中此物是西施，芙蓉芍药皆媄母"。宋代诗人杨万里也曾礼赞过杜鹃花："何须名宛看春风，一路山花不负浓。日日锦江呈锦样，清溪倒照映山红。"

23. 山茶 *Camellia japomica*

别名：茶花、山茶、耐冬　　　　科属：山茶科山茶属

（1）形态特征

山茶为常绿灌木或小乔木，枝条黄褐色，小枝呈绿色或绿紫色至紫褐色。叶片革质，互生，卵形至倒卵形，先端渐尖或急尖，基部楔形至近半圆形，边缘有锯齿；叶片正面为深绿色，多数有光泽，背面较淡，叶片光滑无毛；叶柄粗短，有柔毛或无毛；花两性，常单生或 2～3 朵着生于枝梢顶端或叶腋间；花梗极短或不明显，苞片 9～13 片，覆瓦状排列，被茸毛；花单瓣或重瓣，花色有红、白、粉、玫瑰红及杂有斑纹等不同花色。花期 2～4 月（图 9-20）。

（2）分布与习性

原产于中国东部、西南部，为温带树种，现全国各地广泛栽培。性喜温暖湿润的环境条件，生长适温为 18～25℃。忌烈日，喜半阴，要求庇荫度为50%左右，若遭烈日直射，嫩叶易灼伤，造成生长衰弱。在短日照条件下，枝茎处于休眠状态，花芽

图 9-20　山　茶

分化需每天日照 13.5～16.0h，过少则不形成花芽，而花蕾的开放则要求短日照条件，即使温度适宜，长日照也会使花蕾大量脱落。山茶喜空气湿度大，忌干燥，要求土壤水分充足和良好的排水条件。喜深厚肥沃、微酸性的沙壤土，pH 5.0～6.5 为宜。

（3）繁殖方法

可用扦插、嫁接、压条等方法繁殖。

（4）常见栽培品种

山茶的园艺品种很多，目前统计的山茶品种已超 5000 个，中国有 600 余个。

按花瓣形状、数量、排列方式分为：

① 单瓣类　花瓣 1 层，仅 5～6 片，抗性强，多地栽。主要品种有'铁壳红'、'锦袍'、'馨口'、"金心"系列。

② 文瓣类　花瓣平展，排列整齐有序。又分为：

半文瓣　大花瓣 2～5 轮，中心有细瓣卷曲或平伸，瓣尖有雄蕊夹杂。常见品种有'六角宝塔'、'粉荷花'、'桃红牡丹'。

全文瓣　花蕊完全退化，从外轮大瓣起，花瓣逐渐变小，雄蕊全无。主要品种有'白十八'、'白宝塔'、'东方亮'、'玛瑙'、'粉霞'、'大朱砂'。

③ 武瓣类　花重瓣，花瓣不规则，有扭曲起伏等变化，排列不整齐，雄蕊混生于卷曲花瓣间。又可分托桂型、皇冠型、绣球型。主要品种有'石榴红'、'金盆荔枝'、'大红宝珠'、'鹤顶红'、'白芙蓉'、'大红球'。

（5）园林应用

山茶是中国著名的传统名花之一。树姿优美，四季常绿，花色娇艳，花期较长，象征吉祥福瑞。山茶具有很高的观赏价值，特别是盛开之时，给人以生机盎然的春意。花的色、姿、韵，怡情悦意，美不胜收。广泛应用于公园、庭院、街头、广场、绿地。又可盆栽，美化居室、客厅、阳台。

（6）其他经济用途

树干结实耐用，可用来制家具；也可制得细致结实的木炭，燃烧持久，也可用来作炭雕等工艺品。山茶具药用价值，以根、花入药。根全年可采；花冬春采，晒干或烘干。性辛、苦、寒。

（7）花文化

山茶的花语为可爱，谦让，理想的爱，谨慎，了不起的魅力。

白色山茶花：纯真无邪，你怎能轻视我的爱情。

红色山茶花：天生丽质。

24. 三角梅 *Bougainvillea glabra*

别名：九重葛、三叶梅、毛宝巾、三角花、叶子花、　　科属：紫茉莉科叶子花属
叶子梅、纸花、南美紫茉莉等

（1）形态特征

常绿攀缘性灌木。枝叶密生茸毛，拱形下垂，刺腋生。单叶互生，卵形或卵圆形，全缘。花生于新梢顶端，常 3 朵簇生于 3 枚较大的苞片内，苞片椭圆形，形状似叶，有红、淡紫、橙黄等色，俗称为"花"，为主要观赏部分；花梗与苞片中脉合生，花被管状密生柔

毛,淡绿色。瘦果。花期很长,11月至翌年6月初(图9-21)。

（2）分布与习性

原产于巴西以及南美洲热带及亚热带地区。中国各地均有栽培,中国华南北部至华中、华北的广大地区只宜盆栽。性喜温暖,湿润气候,不耐寒。冬季室温不得低于7℃。喜光照充足,较耐炎热,气温达到35℃以上仍可正常开花。喜肥,对土壤要求不严,以富含腐殖质的肥沃沙质土壤为佳,生长强健,耐干旱,忌积水。萌芽力强,耐修剪。属短日照植物。

（3）繁殖方法

以扦插繁殖为主,5～6月扦插成活率高,选一年生半木质化枝条为插穗,长10～15cm,插于砂床。插后经常喷水保湿,25～30℃条件下,约1个月即可生根,生根后分苗上盆,第二年入冬后开花。扦插不宜成活的品种,可用嫁接法或空中压条法繁殖。

图9-21 三角梅

（4）常见栽培品种与变种

① 栽培品种

'大红'（'深红'）三角梅（*B. spectabilis* 'Crimsonlake'） 枝条硬、直立,茎刺小。叶大且厚,深绿无光泽,呈卵圆形,芽心和幼叶呈深红色。花苞片为大红色,花色亮丽。花期为3～5月,9～11月。

'金斑'大红三角梅（*B. spectabilis* 'Lateritia Gold'） 叶宽卵圆形至宽披针形,先端渐尖或急尖,叶基部楔形或截平,叶长达7cm,叶缘具黄白色斑块,新叶的斑块为黄色,渐变为黄白色。苞片单瓣,深红色,先端急尖至圆钝,整苞片近圆形;萼管红色,长约1cm,萼管顶端裂片白黄色。

'橙红'三角梅（*B.spectabilis* 'Auratus'） 芽心和幼叶呈深绿色,茎干刺小,枝条硬能直立。叶色翠绿无光泽,叶大且薄,呈椭圆形。叶状苞片橙红色。花期3～5月,8～10月。

'金边白花'三角梅（*B. spectabilis* 'White Stripe'） 茎干刺小不明显,枝条软。叶薄,呈长椭圆形;花叶,叶心草绿色,叶周缘金黄色,所以得名金边。花苞片为纯白色。花期3～4月,10～12月。

'皱叶深红'三角梅（*B.×buttiana* 'Barbara Karst'） 叶圆,叶片带银边斑纹,叶缘皱卷。花较大,叶状花苞呈深红色。

'金斑重瓣大红'三角梅（*B.×buttiana* 'Chili Red Batik Variegata'） 叶片外缘金黄色。花重瓣,红色。

'珊红'三角梅（*B.×buttiana* 'Manila Magic Pink'） 叶绿色,卵圆形至卵圆状椭圆形,先端渐尖至急尖,多数长5cm,稀达7cm。花梗红色,开重瓣花,叶状花苞红紫色,苞片缘镶粉红色及玫瑰红色,先端渐尖;雄蕊及花萼退化成苞片状,与苞片同色;伞形花序。

'柠檬黄'三角梅（B.×buttiana'Mrs Mc Lean'） 叶深绿，卵圆形，先端渐尖至急尖，基部楔形至宽楔形；叶片多数长 3.5cm,徒长枝上叶最长达 5cm。苞片浅黄色，先端急尖，基部心形，整苞近圆形；萼管黄色，长 1cm：萼管顶端裂片白黄色。花期在 9 月～翌年 5 月。黄色品种在每年秋季都能进入盛花期，但其耐寒性却不如普通三角梅，安全越冬需 10℃以上。

'新加坡大宫粉'三角梅（B. glabra'Singapore Pink'） 长形叶，叶大，亮绿，较花苞窄长。花苞片为宫粉色，花极大。

'金叶'三角梅（B. glabra'Golden Lady'） 枝上刺较多。叶较小，叶面光亮，叶片金黄色。花苞片淡紫色。

'银边浅紫'三角梅（B. glabra'Eva'） 叶片椭圆，银边斑叶。开浅紫色花，花量较少，花型较小。

'金斑浅紫'三角梅（B. glabra'Hati Cadis'） 长形叶较大，金边斑叶。开浅紫色花。

'白苞'（色）三角梅（B. glabra'Elizabeth Doxey'） 叶色浅绿，卵圆形、长卵圆形至披针形，先端渐尖至急尖，基部楔形至宽楔形，多数叶长约 5.5cm，稀达 6.5cm。苞片白色，略带红斑，苞径长约 4cm，宽 2cm；萼管白色，略带绿，长约 2cm,基部较大，直径约 0.4cm。

'银边白花'三角梅（B. glabra'Variegata'） 茎干刺小不明显，枝条软。叶薄呈长椭圆形；花叶，叶心草绿，叶全缘，叶缘为白色，故得名银边。花苞片纯白色。花期在 10 月～翌年 2 月。

'樱花'三角梅（B. ×spectoglabra'Ice Kriui'） 芽心和幼叶呈淡绿色，枝条柔软。叶色草绿，叶薄，呈椭圆形，花苞片从花心的白色逐渐向外变成淡红色、粉红色直至深红色，花色由浅逐渐变深。花期 3～6 月，10～12 月。

'双色'（'鸳鸯'）三角梅（B.×spectoglabra'Mary palmer'） 杂交种。芽心和幼叶呈淡红色，枝条柔软，茎于刺小。叶色翠绿，叶薄光滑，叶稍大，长 9～11cm，宽 6～7cm，呈椭圆形。花色有 2 种，一种是桃红色，一种是纯白色。开花时有的枝条全开纯白色的花；有的枝条全开桃红色的花；有的枝条既开白色花又开桃红色花；有的一朵花里既有白色"花瓣"；又有桃红色的"花瓣"；有的一片"花瓣"里一半是桃红色，一半是白色，花色神奇至极。一年四季开花。

② 栽培变种 '金心'三角梅（B. ×spectoglabra），茎干刺小且稀，枝条较柔软。叶长 5～6.5cm,宽 4cm，呈椭圆形，较薄，有皱折；花叶，叶心淡黄色，叶周边全是绿色，所以得名金心双色，花量大而密集；萼管颜色两种，红苞者红色，白苞或红白相间者为白绿色，长达 2cm。一年四季开花，但以冬至春季盛开。

（5）园林应用

三角梅苞片大而美丽，盛花时节艳丽无比。在中国南方，可置于庭院，是十分理想的垂直绿化材料。在长江流域以北，是重要的盆花，作室内大、中型盆栽观花植物。据国外介绍，现已培育出灌木状的矮生新种。采用花期控制措施，可使其花在"五一"、"十一"开花，是节日布置的重要花卉。

（6）其他经济用途

三角梅还是一味中药，叶可药用，捣烂敷患处，有散瘀消肿的效果。

（7）花文化

三角梅象征热情，坚忍不拔，顽强奋进的精神。

三角梅是赞比亚共和国国花；中国海南省省花，四川西昌市市花，广东深圳市、珠海市、惠州市、江门市、罗定市市花，贵州省黔南布依族苗族自治州州花，云南省傣族景颇族自治州州花、开远市市花；重庆市开县县花，福建省厦门市、三明市市花和惠安县县花，海南省海口市、三亚市市花；广西柳州市、北海市、梧州市市花；台湾省屏东市市花；日本那霸市等国外城市的市花。

25. 含笑 *Michelia figo*

别名：香蕉糖子花、含笑梅、笑梅、香蕉花、山节子　　　　科属：木兰科含笑属

（1）形态特征

常绿灌木或小乔木，高 2～5m。嫩枝密生褐色绒毛。叶互生，椭圆形或倒卵状椭圆形，革质。花单生于叶腋，花小，直立，乳黄色，花开而不全放，故名"含笑"；花瓣肉质，香气浓郁，有香蕉型香气。花期 4～6 月。

（2）分布与习性

原产于中国广东、福建，为亚热带树种。喜温暖湿润气候，不耐寒，长江以南地区能露地越冬；喜半阴环境，不耐干旱和烈日暴晒，否则叶片易发黄；喜肥怕水涝；适生于肥沃、疏松、排水良好的酸性壤土上。

（3）繁殖方法

以扦插繁殖为主，也可嫁接、播种和压条繁殖。

（4）园林应用

含笑枝叶秀丽，四季葱茏，苞润如玉，香幽若兰，花不全开，有含羞之态，别具风姿，清雅宜人。宜培植于庭院、建筑物周围和树丛林缘。既可对植，也可丛植、片植，是很好的香化、绿化、美化树种。另外也是家庭养花之佳品，一盆置案，满室芳香。含笑对氯气有一定的抗性，适于厂矿绿化。

（5）其他经济用途

含笑可药用，据《本草纲目》记载和科学考证，含笑不但以其艳色、美形与香味使人赏心悦目，而且含有丰富的营养成分、生物活性成分以及天然植物精华，具有极高饮用保健价值。饮用含笑花茶不仅可使人心情愉悦、振奋精神，还具有活血调经、养肤养颜、安神减压、纤身美体、保健强身的神奇功效。经常饮用还可使皮肤细嫩红润、光洁亮丽、富有光泽和弹性。

（6）花文化

含笑叶绿花香，树形、叶形俱美，栽培历史悠久。其花语为矜持、含蓄、美丽、庄重、高洁。

26. 桂花 *Osmanthus fragrans*

别名：岩桂、木樨、丹桂、金桂、九里香　　　　科属：木樨科木樨属

（1）形态特征

常绿灌木或小乔木，高 1.2～15m。树冠圆头形、半圆形、椭圆形。树皮粗糙，灰褐色或灰白。单叶对生、革质，近轴面暗亮绿色，椭圆形或长椭圆形，全缘或上半部疏生细锯

图9-22 桂 花

齿。花序簇生于叶腋，每节有1～2个花序，有些栽培品种能长出4～8个花序，每个花序有小花3～9朵，多着生于当年春梢，二或三年生枝上亦有着生，每朵花花瓣4片，香气极浓，花梗纤细；花萼4齿裂，花冠裂片4枚，呈镊合状排列，质厚；花色因品种而不同。花期9～10月，果期3～4月（图9-22）。

（2）分布与习性

原产于中国西南喜马拉雅山东段。印度、尼泊尔、柬埔寨也有分布。中国西南部、四川、陕西（南部）、云南、广西、广东、湖南、湖北、江西、安徽等地，均有野生桂花生长，现广泛栽种于淮河流域及以南地区，其适生区北可抵黄河下游，南可至两广、海南等地。

桂花性喜温暖湿润。种植地区平均气温14～28℃，能耐最低气温-13℃，最适生长气温是15～28℃。湿度对桂花生长发育极为重要，要求年平均湿度75%～85%，年降水量1000mm左右，特别是幼龄期和成年树开花时需要水分较多，若遇干旱会影响开花。强日照和庇荫对其生长不利，一般要求每天6～8h光照。宜在土层深厚、排水良好、肥沃。富含腐殖质的偏酸性沙质土壤中生长。不耐干旱瘠薄，在浅薄板结贫瘠的土壤上，生长特别缓慢，枝叶稀少，叶片瘦小，叶色黄化，不开花或很少开花，甚至有周期性的枯顶现象，严重时桂花整株死亡。

（3）繁殖方法

可用播种、压条、嫁接和扦插法进行繁殖。扦插时，选当年生健壮嫩枝；嫁接时，选三年生女贞幼苗作砧木；高枝压条，宜于每年的3月中、下旬进行。

（4）常见栽培品种

桂花经过长时间的自然生长和人工培育的干扰，已经演化出很多的品种，经过中国植物学家的广泛调查与研究，大致将桂花树分为4个品种群，即丹桂、金桂、银桂和四季桂。其中丹桂、金桂和银桂都是秋季开花，又可以统称为八月桂。

① 丹桂 花朵颜色橙黄，气味浓郁，叶片厚，色深。一般秋季开花且花色很深，主要以橙黄、橙红和朱红色为主。丹桂分为'满条红'、'堰红'桂、'状元红'、'朱砂'桂、'败育丹'桂和'硬叶丹'桂。

② 金桂 花朵为金黄色，且气味较丹桂要淡一些，叶片较厚。金桂秋季开花，花色主要以黄色为主（柠檬黄与金黄色）。其中金桂又分为'球'桂、'金球'桂、'狭叶金'桂、'柳叶苏'桂和'金秋早'桂等众多品种。

③ 银桂 花朵颜色较白，稍带微黄，叶片比其他桂树较薄，花香与金桂近似，不是很浓郁。银桂开花于秋季，花色以白色为主，呈纯白、乳白和黄白色，极个别会呈淡黄色。银桂分为'玉玲珑'、'柳叶银'桂、'长叶早银'桂、'籽银'桂、'白洁'、'早银'桂、'晚银'桂和'九龙'桂等。

④ 四季桂 也称为月桂。花朵颜色稍白或淡黄，香气较淡，且叶片比较薄。与其他品种最大的差别就是它四季都会开花，但是花香也是众多桂花中最淡的，几乎闻不到花香味。四季桂分为'月月'桂、'四季'桂、'佛顶珠'、'日香'桂和'天香台'桂。

各品种群中都有一些值得推广应用的品种，例如，四季桂品种群中的'日香'桂、'大叶佛顶珠'，均是小灌木，高 0.5～1.5m。'日香'桂花淡黄色，同一枝条各节先后开花，几乎日日有花，故得名。现四川苍溪有大量母株。'大叶佛顶珠'花乳白至纯白色，花序密集，顶生花序独特，花期自春到秋连续不断。它们观赏价值很高，既可盆栽入室，也可露地大片栽植。

（5）园林应用

桂花终年常绿，枝繁叶茂，秋季开花，芳香四溢，可谓"独占三秋压群芳"。在园林中应用普遍，常作园景树，有孤植、对植，也有成丛成林栽种。在中国古典园林中，桂花常与建筑物、山石相配，以丛生灌木型的植株植于亭、台、楼、阁附近。旧式庭园常用对植，古称"双桂当庭"或"双桂留芳"。在住宅四旁或窗前栽植桂花，能收到 "金风送香"的效果。在校园取"蟾宫折桂"之意，也大量种植桂花。桂花对有害气体二氧化硫、氟化氢有一定的抗性，也是工矿区绿化的一种好花木。中国已形成湖北咸宁、湖南桃源、安徽六安、广西桂林、贵州遵义、江苏苏州吴县等集中种植桂花的地域。

（6）其他经济用途

桂花香气扑鼻，含多种香料物质，可食用或提取香料。桂花提取芳香油，制桂花浸膏，可用于食品、化妆品，可制糕点、糖果，并可酿酒。桂花味辛、微苦，性平可入药。花，散寒破结、化痰止咳，用于牙痛、咳喘痰多、经闭腹痛；果，暖胃、平肝、散寒，用于虚寒胃痛；根，祛风湿、散寒，用于风湿筋骨疼痛、腰痛、肾虚牙痛。

秋季开花时采收，阴干，拣去杂质，密闭贮藏备用；亦可鲜用。

（7）花文化

桂花的花语为吸入你的香气。秋桂如金，代表"收获"。

中国信阳市、衢州市、苏州市、桂林市、汉中市等 20 多个城市以桂花为市花或市树。

小　结

室内观花花卉是室内花卉的重要组成部分，以其观赏性强、管理灵活方便、易于调控等特点广泛用于室内美化、居室观赏等。本部分主要介绍了 26 种（类）常见室内观花花卉的形态特征，分布习性，繁殖方法，常见种类、种或品种，园林应用及其他用途，花文化等。目的是通过学习，了解室内常见观花花卉的形态特点，能识别常见的室内观花花卉；熟悉它的应用价值与文化寓意，并灵活应用于室内装饰；了解这些花卉的习性，能进行养护管理。

 知识拓展

室内盆栽花卉装饰技巧

1. 室内组合盆栽的含义

室内组合盆栽是指将不同种类的植物经过艺术加工种植在同一容器内，是近年来风行于欧美及日本等国的一种新型的花卉商品，在国外已达到消费鼎盛时期，而在中国还处于刚刚起步阶段。室内组合盆栽的出现是花卉发展的新形势，前景看好。一方面组合盆栽就像插花艺术一样，是经过构思、设计然后将植物巧妙地组合在一起，比单盆花卉更具观赏性，提升了花卉的商品价值，而且与插花相比，它的生命力更强，对消费者更有吸引力；另一方面，室内组合盆栽使盆栽大型化、艺术化，让消费者不用费心去思考不同种花卉的搭配问题，是花卉生产发展的新潮流。

2. 组合盆栽的设计技巧

设计是一种装饰，是一种艺术作品的创造，是一种以完美的构思来表现美感的过程。组合盆栽设计一般讲究色彩、平衡、渐层、对比、韵律、比例、和谐、质感、空间、统一10个设计元素。在组合设计之初，应考虑到栽植空间、配置后持续生长的特性及生长后植株体量相互间的影响，并与环境中的光照、水分管理条件相配合。故要设计出表情生动丰富的组合盆栽，更需熟练地运用各种设计元素，方能达到效果。

（1）色彩

植物的色彩相当丰富，从花色到叶片颜色，都呈现出不同风貌，在组合盆栽设计时，植物颜色的配置，必须考虑其空间色彩的协调及渐层的变化，要配合季节和场地背景，选择适宜的植栽材料，以达到预期的效果。整体空间气氛的营造可通过颜色变化，引导使用人或欣赏者的视线与环境互动而产生情绪的转换，使人有赏心悦目之感。

（2）平衡

平衡的形式是以轴为中心，维持一种力感或重量感相互制衡的状态。植物配置时，作品前后及上、中、下各个局部均需适宜才不致失去平衡。妥善安排植物本身具有的色彩，也可以达到平衡视觉的效果。

（3）渐层

渐层是渐次变化的反复形成的效果，含有等差、渐变之意，在由强到弱、由明至暗或由大至小的变化中形成质或量的渐变效果。渐层的效果在植物体上常可见到，如色彩变化、叶片大小、种植密度的变化等。

（4）对比

将两种事物并列，使其产生极大差异的视觉效果就是对比。如明暗、强弱、软硬、大小、轻重、粗糙与光滑等，运用的要点在于利用差异来衬托出各自的优点。

（5）韵律

韵律又称节奏或律动，本是用来表现音乐或诗歌中音调的起伏和节奏感。在盆栽设计中，无论是形态、色彩或质感等形式要素，只要在设计上合乎某种规律，对视觉感官所产生的节奏感即是韵律。

（6）比例

比例指在特定范围中存在于各种形体之间的相互比较，如大小、长短、高低、宽窄、疏密的比例关系。各种或各组植物在组合盆栽中要有一定高度上的变化，否则作品便会呆板无味。

（7）和谐

和谐又称调和，是指在整体造型中，所有的构成元素不会有冲突、相互排斥及不协调的感觉。在组合时要注意色彩的统一，质材的近似，有组织、有系统的排列。以和谐为前提的设计，在适当取舍后，作品能呈现出较简洁的风貌。

（8）质感

质感是指物体本身的质地给人的感觉（包括眼睛的视觉和手指的触觉），是粗糙的还是细致的，是如丝质般的光滑还是如陶土般的厚实稳重。不同的植物所具有的质感不同。另外，颜色也会影响到植物质感的表现，如深色给人厚重与安全感，浅色则有轻快、清凉的感觉，在设计时利用植物间质感的差异，也能有很好表现。从叶片形状、枝干粗细、叶片排列顺序以及叶片大小和质地等，均依植物种类不同而有所差异，故在选择材料时需依照设计理念、造型变化分别采用。

（9）空间

在种植组合盆栽时，必须要保留适当的空间，以保证日后植物长大时有充分的生长环境。组合时，整体作品不宜有拥塞之感，必须挪出适当的空间，让欣赏者有自由想象的余地。

（10）统一

统一是指作品的整体效果。在各种盆栽设计作品中，最应注重的是表现出其整体统一的美感。统一的目的，在于其设计完美，每一个元素的加入都有效果，而不破坏作品的风格。而作品中所使用的植物材料，每一个单位的存在，可以使周围物品增加光彩，亦可以因为周围物品使自己突出，即表现出统一和谐的美感。

3. 室内养花"三宜"

一宜养吸毒能力强的花卉。据研究，蜡梅能吸收汞蒸汽；石榴植株能吸收空气中的铅蒸汽；水仙、紫茉莉、菊花、虎耳草等能将氮氧化物转化为植物细胞中的蛋白质；吊兰、芦荟、虎尾兰能大量吸收室内甲醛等污染物质，消除并防止室内空气污染。

二宜养能分泌杀菌素的花卉。茉莉、丁香、金银花、牵牛花等花卉分泌的杀菌素能够杀死空气中的某些细菌，抑制白喉、结核、痢疾病原体和伤寒病菌的发生，保持室内空气清洁卫生。

三宜养具"互补"功能的花卉。大多数花卉白天主要进行光合作用，吸收二氧化碳，释放出氧气，夜间进行呼吸作用，吸收氧气，释放二氧化碳。仙人掌类恰好相反，白天释放二氧化碳；夜间则吸收二氧化碳，释放出氧气。将具"互补"功能的花卉养于一室，既可使二者互惠互利，又可平衡室内氧气和二氧化碳的含量，保持室内空气清新。

 自主学习资源库

1. 中国花卉网：http://www.china-flower.com.
2. 盆栽花卉. 李真，魏耘. 安徽科学技术出版社，2011.
3. 盆栽花卉. 李敬涛. 中国农业大学出版社，2001.

 自测题

1. 室内花卉有何特点？
2. 室内花卉装饰有何技巧？
3. 适合装饰客厅的花卉有哪些？
4. 适合办公室种植的花卉有哪些？
5. 哪些室内花卉可以采用分株繁殖？
6. 哪些花卉适宜播种繁殖？

9.3 室内观叶花卉识别与应用

学习目标

【知识目标】

（1）了解常见室内观叶花卉分布、用途及花文化。

（2）熟悉常见室内观叶花卉的生态习性及繁殖方法。

（3）掌握常见室内观叶花卉主要形态特征及在园林中的应用特点。

【技能目标】

（1）能识别常见室内观叶花卉。

（2）能进行室内观叶花卉的繁殖。

（3）能正确运用室内观叶花卉布置园林。

随着中国经济发展和人们生活水平的提高，人们对室内环境的美化、装饰越来越重视。在当代室内环境美化和装饰中，观叶花卉起着非常重要的作用，成为室内绿化装饰的主要材料。室内观叶花卉种类繁多，形态各异，尤其是叶形、叶色变化丰富，深受人们的喜爱。多数观叶植物原产于热带、亚热带地区，大多喜温暖、湿润及半阴的环境。

1. 万年青 *Rohdea japonica*

别名：冬不凋草、铁扁担、九节莲、乌木毒　　　　科属：百合科万年青属

（1）形态特征

图 9-23　万年青

多年生常绿草本。株高 30～40cm，根状茎粗短，肉质。叶基生，每丛 9～12 片，长 15～30cm，宽 2～6cm；宽带状，横断面呈"V"字形，边缘常波状。花葶自叶丛中抽出，穗状花序短于叶丛，花小无柄，密集，花被球状钟形，绿白色。浆果球形，橘红色。花期夏季（图 9-23）。

（2）分布与习性

原产于中国山东、江苏、浙江、江西、湖北、湖南、广西、贵州、四川等地，中国各地常见栽培。日本也有分布，作专类花卉栽培。野生于海拔 750～1700m 的林下潮湿处或草地上。性喜温暖湿润及半阴环境，稍耐寒，在华东地区可以露地越冬，华北地区于温室盆栽。冬季最低温度不低于 5℃。夏季宜半阴，置荫棚下或林下栽培，冬季可多见日光，忌强光直晒。忌积水，微酸性排水良好的沙质壤土或腐殖质壤土均可生长。

（3）繁殖方法

播种、分株均可繁殖。以分株为主，春、秋两季均可进行；播种繁殖在早春 3～4 月盆播，温度保持在 25～30℃，约经 1 个月即可发芽。

（4）常见栽培变种

常见栽培变种有：金边万年青（*Rohdea japonica* var. *marginata*），叶缘具黄边；银边万年青（*R. japonica* var. *variegata*），叶片具白边；花叶万年青（*R. japonica* var. *pictata*），叶片具白色斑点。

（5）园林应用

万年青四季青翠，鲜红果秋冬经久不凋，且耐阴性极强，为优良室内盆栽观叶、观果花卉，也可作切叶。在中国南方园林中宜作林下、湿地、路边地被植物。

（6）其他经济用途

根茎及叶可入药，有强心利尿的功效。

（7）花文化

万年青象征吉祥。

2. 广东万年青类 *Aglaonema* spp.

科属：天南星科亮丝草属

（1）形态特征

多年生常绿宿根草本，株高 60～150cm。茎直立，不分枝，节间明显。叶互生，亮绿色，卵圆形至卵状披针形，端渐尖，叶长 15～25cm，叶柄长，中部以下鞘状抱茎。总花梗长 7～10cm；佛焰苞长 5～7cm，绿色；肉穗花序腋生，雄花在上，雌花在下。浆果成熟后黄色或红色。花期夏秋。由于雄蕊花丝明亮，故名亮丝草。

（2）分布与习性

原产于中国南部，广东、云南、福建有野生品种，分布山谷湿地上。马来西亚、菲律宾等地也有。性喜温暖阴湿环境，不耐寒，生长适温 25～30℃，越冬最低温度不低于 5℃；相对湿度以 70%～90%为宜。极耐阴，忌强光直射，冬季可正常光照。栽培土壤以疏松肥沃、排水良好的微酸性土壤为宜。极耐室内环境，可长期摆放。

（3）繁殖方法

常用扦插和分株繁殖。扦插繁殖极易生根，春、夏季扦插，水插也易生根。扦插繁殖在 4 月进行，剪取 10cm 左右的茎段为插穗，扦插于沙床，温度保持在 25～30℃，相对湿度 80%左右，约 1 个月生根。分株宜在春季换盆时进行，将茎基部分枝切开，伤口涂抹草木灰，防止腐烂。

（4）常见同属栽培品种与种

同属植物约 50 种，常见观赏种类如下：

① '白柄'亮丝草（*A. commutatum* 'Pseudo Bracteatum'）别名 '金皇后'广东万年青。本品种是细叶亮丝草（*A. commutatum*）产生的突变品种。株高 45～65cm。叶柄长 10～25cm，宽 6～10cm，叶披针形，叶底绿色，有光泽，沿主、侧脉两侧具有羽状黄色或淡黄色斑纹，茎和叶柄具黄白绿色的斑纹。是本属植物中叶色最漂亮、观赏价值最高的品种之一。

② '银王'亮丝草（*A. glaonema* × 'Silver King'）别名 '银皇帝'广东万年青。

图9-24　广东万年青

株高 40～50cm，茎极短。叶柄长 8～12cm，叶长 20～25cm，宽 5～7cm；叶披针形，暗绿色，中央具银灰色斑块；叶柄上部圆柱形，基部状抱茎。茎基部易发新枝呈丛生状。性耐旱，生长适宜温度 20～28℃；越冬最低温度 8℃以上。

③ '银后' 亮丝草（A. 'Silver King'） 别名 '银后' 万年青、'银后' 粗肋草。株高 45～60cm。茎极短。叶披针形，暗绿色，中央有不规则黄绿色斑块。茎和叶柄也有黄绿色斑纹。越冬温度 10℃以上，需较明亮的光线，叶斑色明亮清丽，是本属中观赏价值最高的品种之一。尤其室内光线较弱的环境适宜摆放。冬季最低温度不低于 8℃。

④ 广东万年青（A.modestum） 别名亮丝草、粗肋草、粤万年青、大叶万年青、竹节万年青。多年生常绿宿根草本。株高 50～70cm，茎直立，不分枝，节间明显。叶互生，亮绿色，卵圆形至卵状披针形，端渐尖，叶长 15～25cm，叶柄长，中部以下鞘状抱茎。总花梗长 7～10cm；佛焰苞长 5～7cm，绿色；肉穗花序腋生，雄花在上，雌花在下。浆果成熟后黄色或红色。草花期夏秋。由于雄蕊花丝明亮，故又名亮丝（图 9-24）。

（5）园林应用

中型盆栽。广东万年青叶片四季常绿，果实殷红，经冬不凋，是常见的观叶植物。华北地区宜盆栽观叶，用以装饰居室、厅堂、会场等处。在室内可在玻璃容器中水养，既可以观叶，又可以观赏根系生长情况。也可用作插花切叶。广东万年青极耐阴，又耐寒，特别适宜在室内阴暗场所摆放，如走廊、楼梯等处。中国华南地区可作露地栽培，为良好的地被、护坡植物。

（6）其他经济用途

本属植物根茎及叶可入药，有清热解毒，消肿止痛功之功效。因广东万年青汁液有毒，多外用不内服，勿溅落眼内或误入口中。可治蛇咬伤、咽喉肿疼等。

3. 黛粉叶类（花叶万年青类）Dieffenbachia spp.

别名：黛粉叶、大王黛粉叶、绿玉黛粉叶、白玉黛粉叶　　　科属：天南星科黛粉叶属

（1）形态特征

常绿亚灌木状宿根草本，株高 50～100cm。茎干圆粗而直立，多肉质，节间较短。叶着生茎顶端，长卵圆形或卵形，全缘；主脉粗；叶色暗绿，具白、淡黄等色彩不一的不规则斑点、斑块或大理石状斑纹；叶柄粗，有长鞘。花序由叶柄鞘内抽出，短于叶柄，佛焰苞长椭圆形，肉穗花序直立，与佛焰苞等长；雌雄花之间裸秃或具少数不育雄花。

（2）分布与习性

原产于南美洲热带地区。性强健，喜温暖、多湿和半阴环境，亦耐干旱不耐寒。生长适温 25～30℃，越冬最低温度不低于 15℃。喜半阴，忌强光暴晒，喜疏松肥沃的土壤。

（3）繁殖方法

常用扦插、分株繁殖。扦插繁殖为主，常切取茎顶扦插，注意插床不易过湿，以免引起切口腐烂。也可播种繁殖，大规模繁殖采用组织培养。

（4）常见栽培品种与同属栽培种

同属植物约 30 种，观赏栽培的常见种类有：

① 黛粉叶（*D. maculata*）　别名花叶万年青。大型草本，高达 70～120cm。单叶互生，叶片长椭圆形，纸质，长 17～29cm，宽 8～18cm，叶柄鞘状抱茎，叶面密生白色斑点，绿白相映，十分耀眼。肉穗花序先端稍弯垂，花序柄短，隐藏于叶丛之中；佛焰苞长圆状披针形，与肉穗花序等长。

② 大王黛粉叶（*D. amoena*）　别名斑马万年青、大王万年青、巨万年轻、可爱花叶万年青。本属株型最大的种，植株高达 2m。茎粗壮，圆柱形，肉质，少分枝，萌蘖性强。叶片大，长椭圆形，长 32～40cm，叶柄长 12～15cm，叶面深绿色，沿侧脉有黄白色斜线状斑纹，与脉间绿色相间排列。

③ '绿玉'黛粉叶（*D. amoena* 'Marianne'）　叶面浓绿色，中央黄绿色，叶缘深绿色，沿侧脉有乳白色斑块。

④ '白玉'黛粉叶（*D. amoena* 'Camilla'）　叶卵椭圆形，中心部分乳白色，仅叶缘、叶脉呈不规则绿色。

（5）园林应用

黛粉叶类植物生长茂盛，直立挺拔，气势雄伟，叶色翠绿清新，常具美丽的色斑，是优良的室内盆栽观叶植物。装饰于宾馆、饭店、居室等室内环境，有浓郁的现代气息。

（6）经济用途

本属植物有毒，也叫哑甘蔗，茎切口分泌的汁液，入口会引起肿胀，导致短时的聋哑，毒液接触皮肤，易引起皮肤的炎症。

4. 肖竹芋类 *Calathea* spp.

科属：竹芋科肖竹芋属

（1）形态特征

多年生常绿宿根草本，以观叶为主。地下有根茎。根出叶丛生，叶鞘包茎，株高 10～60cm，叶形变化大，有披针形、椭圆形和卵形，全缘或波状缘，叶面均有不同的斑块镶嵌。

（2）分布与习性

原产于南美洲热带雨林，现世界各地均有栽培。对环境要求严格，喜温暖、湿润的半阴环境，不宜阳光直射，但过阴叶柄较弱，叶片失去特有的光泽。不耐寒，生长适温 16～25℃，越冬温度不低于 10℃；不耐高温，夏季温度超过 32℃生长受到抑制。以疏松、肥沃、

图 9-25 绒叶肖竹芋

排水良好的微酸性腐叶土为好。喜较高的空气湿度，一般要达到 60%～80%。

（3）繁殖方法

以分株繁殖为主，分株繁殖在早春结合换盆进行。也可扦插，一般切去幼茎插于沙床中，15～20d 可生根。

（4）常见同属栽培种与品种

同属植物已达 300 多种。常见栽培种及品种如下：

① 绒叶肖竹芋（*C. zebine*）别名天鹅绒竹芋、斑叶竹芋。株高 30～80cm。叶呈长椭圆形，叶面淡黄色至灰绿色，中脉两侧有长方形黑绿色斑马条纹，并具有天鹅绒般光泽和手感，叶背面浅灰绿色，老时呈淡紫红色（图 9-25）。

② 孔雀竹芋（*C. makoyana*）别名五色葛郁金、孔雀肖竹芋、斑马竹芋、蓝花蕉。多年生常绿草本，株型挺拔，密集丛生，株高 50～60cm。叶长可达 20cm，叶面橄榄绿色，在主脉两侧和深绿色叶缘间有大小相对、交互排列的浓绿色长圆形斑块及条纹，叶背紫色并带有同样斑纹，形似孔雀尾羽，叶柄深红色、较硬。

③ 箭羽肖竹芋（*C. lancifolia*）别名披针叶竹芋、紫背肖竹芋、红背葛郁金。多年生常绿草本，株高 30～100cm。叶丛生，有柄，狭披针形，长 10～50cm，叶面淡黄绿色，与侧脉平行分布着大小交替的深绿色斑纹，叶背暗紫红色，叶缘稍波状。

④ '圆叶'肖竹芋（*C. rotundifolia* 'Fasciata'）别名'苹果'竹芋、'青苹果'竹芋。株高 40～60cm。具根状茎。叶柄绿色，直接从根状茎上长出，叶片硕大，薄革质，卵圆形，新叶翠绿色，老叶青绿色，沿侧脉有排列整齐的银灰色宽条纹，叶缘有波状起伏。

（5）园林应用

肖竹芋类植物株形秀雅，叶色绚丽多彩，斑纹奇异，有如精工雕刻，别具一格，是优良的室内观叶植物，也是插花的珍贵衬叶。

（6）其他经济用途

在印度等一些国家利用肖竹芋类植物提取淀粉，不含维生素，蛋白质含量仅 0.2%。可用作汤、调味汁、布丁和尾食点心的增稠剂。同时部分肖竹芋植物具有清肺止咳、清热利尿的功效。

5. 竹芋类 *Maranta* spp.

科属：竹芋科竹芋属

（1）形态特征

多年生常绿宿根花卉，株型矮小。大多数地下具有块状根。叶片圆形或卵形，叶面绿色，具有各色花纹或斑纹，为主要观赏部位。

（2）分布与习性

原产于热带美洲。喜温暖湿润和半阴环境。不耐寒，越冬温度不低于 10℃；不耐高温，忌强光暴晒。宜疏松肥沃微酸性土壤。

（3）繁殖方法

分株、扦插繁殖。分株春季换盆时进行。扦插半个月可生根。

（4）常见同属栽培种与品种

同属植物约 23 种，常见栽培种及品种如下：

① 豹纹竹芋（M. bicolor） 别名条纹竹芋、白脉竹芋、二色竹芋、花叶竹芋。植株低矮，高 20～30cm。茎短缩，地下具块状根。叶片较小，椭圆形，叶面灰绿色，沿主脉和侧脉呈白色，边缘有暗绿色斑点，叶背面青绿色或淡紫红色；叶片夜间向上聚拢合闭。花白色，有紫斑。

② 哥式白脉竹芋（M. leuconeura 'Kerchoviana'） 别名兔斑竹芋。株高 30cm，叶片较大，浅绿色，中脉两侧有深绿色或深褐色斑块，如兔足迹状，褐色斑点随叶片成熟而转成绿色，叶背紫红色；白天叶片平展，晚间直立。

（5）园林应用

植株低矮，叶片斑纹清新雅致，可四季观赏，宜小型盆栽，或吊篮悬挂。

6. 喜林芋类 *Philodendron* spp.

科属：天南星科喜林芋属

（1）形态特征

多年生常绿宿根草本。茎蔓性、半蔓性或直立状，长有气生根。叶有圆心形、卵状三角形、羽状裂叶、掌状裂叶等，叶有绿、褐红、金黄等色，是主要观赏部位。佛焰苞花序多腋生，不明显。

（2）分布与习性

大多原产于中、南美洲热带地区。喜温暖、湿润和半阴的环境，忌烈日直射。生长适温 20～28℃，大多种类不耐寒，越冬温度 10～15℃以上。较耐阴，喜高湿，不耐干旱，宜疏松肥沃沙质壤土。

（3）繁殖方法

以扦插为主，也可播种、分株、压条繁殖。扦插繁殖在 20～30℃条件下，20～30d 可生根。也可水插。

（4）常见同属栽培种与品种

本属植物约有 275 种，常见栽培种及品种如下：

① 圆叶喜林芋（P. scandens） 别名藤叶喜林芋、攀缘喜林芋。茎细长。叶较小，圆形，全缘，叶基浅心形，先端有长尖；叶绿色，少数具有黄色斑纹。

② 琴叶喜林芋（P. panduraeforme） 别名琴叶蔓绿绒、琴叶树藤。常绿攀缘藤本。茎木质、蔓性，茎节处具气生根。绿色嫩芽直立而尖。叶互生，叶掌状 5 裂，形似提琴，革质，基裂外张，耳垂状，中裂片狭，端钝圆；暗绿色，有光泽。

③ 春芋（*P. selloum*）　别名春羽、裂叶喜林芋、羽裂喜林芋。茎木质化、节间短。叶片排列整齐，水平伸展，呈丛状；叶片宽心脏形，深裂；叶色浓绿，有光泽；叶柄坚挺而细长。

④ 绿地王喜林芋（*P. emerald* 'Queen'）　别名绿地王。茎节间短。叶巨大，呈莲座状丛生于茎顶端，叶片黄绿到绿色，有光泽，宽披针形，基部心形。

⑤ '蓝宝石'喜林芋（*P. erubescens* 'Green Emerald'）　别名'绿宝石'喜林芋、'大叶'蔓绿绒。常绿攀缘藤本。茎节处长出电线状的气生根。叶片戟形，较厚，暗绿色，革质，无紫色光泽，茎、叶、叶柄、嫩梢及叶鞘均为绿色。

（5）园林应用

大型盆栽观叶植物。喜林芋类植株雄伟，叶色优美，姿态新奇，极富南国风韵，是优良的室内观叶植物。适于布置宾馆饭店、写字楼的门厅、走廊拐角、电梯门前等处。

7. 彩叶芋 *Caladium hortulanum*

别名：花叶芋、二色芋　　　科属：天南星科花叶芋属

（1）形态特征

图 9-26　彩叶芋

多年生草本，株高 50～70cm。地下具膨大的扁圆形块茎，黄色。叶基生，盾状，纸质，大小差异很大，有细长的叶柄，叶柄长是叶片的 3～7 倍；叶面图案美丽而多彩，叶色变化多端，具有明显的主脉及明显的对比色，由红色、白色及绿色主要色系组合变化成不同的斑纹或斑点。佛焰苞绿色（图 9-26）。

（2）分布与习性

原产于秘鲁、巴西及亚马逊盆地。性喜高温、高湿及半阴环境。不耐寒，生长适宜温度 22～30℃，越冬块茎储藏温度不低于 15℃，否则易受冻腐烂；气温高于 20℃，块茎开始发芽生长；低于 12℃，地上叶片枯黄。喜充足的光照，忌夏日烈日直射。光照不足，叶色差，易徒长，叶柄细长，叶片易折断，株型不均衡。在疏松肥沃、排水良好的微酸性土壤生长较好。

（3）繁殖方法

播种、分株、组培繁殖。以分株繁殖为主，春季萌芽前，气温在 21℃时，用利刀切割带芽块茎，放在阴凉处，带切口稍干燥后即可栽植。也可用叶片和叶柄进行组培繁殖。

（4）常见栽培品种

本属植物约有 16 种，目前约有 1500 个品种，100 多个品种用于栽培观赏，美国南加州供应世界上 90%的彩叶芋种球。常见栽培种及品种有'白雪'彩叶芋（*C. hortulanum* 'Candidum'）和'红脉'彩叶芋（*C. hortulanum* 'Jessiethayer'）。

（5）园林应用

彩叶芋叶色斑斓，叶柄细长，飘逸潇洒，是室内优良观叶花卉，可置案头，极雅致。

8. 豆瓣绿类 *Peperomia* spp.

科属：胡椒科豆瓣绿属

（1）形态特征

常绿肉质草本。株高 20～40cm，全株光滑。茎直立、蔓生或丛生。不同种类叶形各异，叶全缘，多肉，叶片有斑纹或透明点。花小，两性，密集着生于细长的穗状花序上。

（2）分布与习性

原产于美洲热带和亚热带地区。在中国主要分布于西南部和中部。喜温暖湿润环境，不耐旱，怕高温，生长适温 20～25℃，越冬温度不低于 10℃，盛夏温度超过 30℃抑制生长。喜散射光，忌强光直射。要求疏松、肥沃、腐殖质丰富的沙质土壤。

（3）繁殖方法

扦插、分株繁殖。采用枝插法，5～6 月进行，扦插于细沙中，适温下 20d 左右生根。丛生型种类可用叶片扦插，切去发育充实的叶片，带 2～3cm 的叶柄，约 1 个月发根，但此法易使叶面上的斑纹消失。分株在春季结合换盆进行，主要用于彩叶品种的繁殖。

（4）常见同栽培种与品种

本属植物约 1000 种。常见栽培种及品种如下：

① 西瓜皮椒草[*P. argyreia*（*sandersii*）] 别名西瓜皮、银白斑椒草。丛生型，植株低矮，株高 20～25cm。茎极短。叶近基生，心形；叶脉浓绿色，脉间为白色，半月形，似西瓜皮；叶片厚而光滑，叶背为紫红色，叶柄红褐色。多作小型盆栽（图 9-27）。

② 皱叶椒草（*P. caperata*） 别名皱叶豆瓣绿。丛生型，植株低矮。高 20cm 左右。茎极短。叶片心形，多皱褶，似波浪起伏，暗褐绿色，具天鹅绒般的光泽；叶柄狭长，红褐色。穗状花序白色，长短不一。一般夏季开花。多作小型盆栽。

图 9-27　西瓜皮椒草

③ '乳纹'椒草（*P. magnoliflia* 'Varriegata'） 别名花叶豆瓣绿、花叶椒草。直立型。茎褐绿色，短缩。叶片宽卵形，长 5～12cm，宽 3～5cm，绿色，具黄白色斑纹。可做小型盆栽或吊挂摆放。

④ '垂椒草'（*P. scandens* 'Variegata'） 别名'蔓生'豆瓣绿。蔓生草本。茎匍匐状，红色，圆形，肉质。叶心形，先端尖；嫩叶黄绿色，表面蜡质，成熟叶淡绿色，上有白色斑纹。穗状花序长 10～15cm。多作悬挂栽培。

（5）园林应用

豆瓣绿类株型小巧玲珑或直立健壮，叶片肉质肥厚，青翠亮泽，丛生型作室内小型盆栽观叶植物，可点缀案头、茶几、窗台。蔓生型的植株可攀缘绕柱，或垂吊观赏。

9. 朱蕉 *Cordyline terminalis*

别名：铁树、红竹、红叶铁树、千年木　　　　　　科属：百合科朱蕉属

（1）形态特征

常绿亚灌木，株高可达 3m。茎单干，很少分枝。叶披针状椭圆形至矩圆形，端尖，绿色，长 30～50cm，宽 7～10cm，叶柄长 10～16cm，有深沟；叶中脉明显，侧脉密生；叶斜上伸展，聚生于茎中上部，呈两列状旋转排列，叶面有绿、紫红、粉红等各种彩纹，为主要观赏部位。圆锥花序长约 30cm，花长 1～1.5cm，带有黄、白、紫或红色（图 9-28）。

（2）分布与习性

原产于大洋洲北部和中国热带地区。广泛栽种于亚洲温暖地区，中国广东、广西、福建、台湾等地常见栽培。喜温暖、湿润和阳光充足环境。不耐寒，怕涝，忌烈日暴晒。生长适温为 20～25℃，冬季不低于 10℃。以肥沃、疏松及排水良好的沙质壤土为宜，不耐盐碱及酸性土。

（3）繁殖方法

扦插、分株、压条、播种和组培繁殖。以扦插繁殖为主。茎插 6～10 月进行，温度保持在 20～25℃，30d 左右可生根。高空压条在 5～6 月进行，室温保持 20℃以上，约 40d 后发根，60d 后剪下盆栽。种子 9 月成熟，种子较大，常用浅盆点播，发芽适温为 24～27℃，播后 2 周发芽。大量生产采用组培繁殖。

（4）常见栽培品种变种与同属栽培种

同属植物约 15 种。常见品种变种及栽培种如下：

① '三色'朱蕉（'Tricolor'）　叶阔椭圆形，端尖，叶长 30cm，宽 10cm，新淡绿色，具乳黄、浅绿色条斑，叶缘具红、粉红色条斑。

② '小'朱蕉（'Baby Ti'）　别名红朱蕉。植株低矮，叶片窄小，大部分为红色，中部少量为铜绿色。

图 9-28　朱 蕉

③ '七彩'朱蕉（'Kiwi'）　常绿灌木。是朱蕉属常见的观赏品种。株高 40～60cm。叶宽，长披针形，边缘红色，中央有数条鲜黄绿色纵条纹，叶柄鞘状，抱茎。

④ '彩虹'朱蕉（'Lord Robertson'）　叶宽披针形，具黄白色斜条纹，叶缘红色。

⑤ '红边'朱蕉（'Red Edge'）　叶缘红色，中央为淡紫红色和绿色的斜条纹相间。

⑥ 锦朱蕉（*C. terminalis* var. *amabilis*）　叶宽，幼嫩时深绿色，有光泽，后出现白色及红色条斑。

⑦ 巴氏朱蕉（*C. terminalis* var. *baptistii*）　叶宽，反曲，深绿色有淡红色和黄色条纹，叶柄有黄斑。

⑧ 细叶朱蕉（*C. terminalis* var. *bella*）　叶小，紫色，

有红边。

⑨ 库氏朱蕉（*C. terminalis* var. *cooperi*）　叶暗葡萄红色，背曲。

⑩ 圆叶朱蕉（*C. terminalis* var. *rainbow*）　叶宽，阔卵圆形，老叶深绿色，缘红色，新叶淡红色，乳黄绿色，色美。

⑪ 云氏朱蕉（*C. terminalis* var. *yongii*）　叶宽，开展，幼叶鲜绿色，有暗红色和粉红色条纹，后变成青铜色，有光泽。

⑫ 小叶朱蕉（*Cordyline nanacompacta*）　比细叶朱蕉更细小，叶长 10cm，宽 1～1.5cm，叶密生。

（5）园林应用

小、中、大型盆栽。朱蕉株形美观，叶色华丽高雅，叶形多变，是优良的室内观叶植物。适于点缀办公室、居室几架、窗台，优雅别致；成片摆放会场、公共场所、厅室出入处，端庄整齐，清新悦目。

（6）其他经济用途

朱蕉也是药用植物，其花、叶、根均可入药。新西兰的毛利人有食用朱蕉属植物根系的习惯。

10. 龟背竹 *Monstera deliciosa*

别名：蓬莱蕉、电线兰、穿孔喜林芋　　　　　　科属：天南星科龟背竹属

（1）形态特征

多年生常绿藤本。茎粗壮，伸长后呈蔓状。幼叶心形，无孔，成熟叶广卵形、羽状深裂，叶脉间有椭圆形的穿孔，极像龟背；叶具长柄，深绿色，叶长可达 60～80cm。佛焰花序顶生，舟形，白色，质厚；花淡黄色。花期 8～9月（图 9-29）。

（2）分布与习性

原产于墨西哥，常附生于热带雨林的大树上。喜温暖湿润和半阴环境，忌强光暴晒和干燥，不耐旱。要求疏松肥沃、吸水量大、保水性好的微酸性壤土。

（3）繁殖方法

扦插、播种、分株、压条、组培繁殖。扦插繁殖，春、秋两季都能采用茎节扦插，以春季 4～5 月和秋季

图 9-29　龟背竹

9～10 月扦插效果最好，温度保持在 25～30℃ 条件下，20～30d 生根。人工授粉可获得种子，播种前 40℃温水浸种 10～12h，点播，保持 25～30℃，25～30d 发芽。分株在夏秋进行，将大型的龟背竹的侧枝整段劈下，带部分气生根，直接栽植于木桶或钵内。

（4）常见栽培品种、变种与同属栽培种

同属植物约有 25 种，常见品种、变种及栽培种如下：

① '花叶'小龟背竹（*M. adansonii* 'Variegata'）　叶片绿色，叶面具黄白色斑纹。

② 迷你龟背竹（*M. deliciosa* var. *minima*） 叶片长仅 8cm。

③ 小龟背竹（*M.adansonii*） 植株矮小，直立性强，叶片多羽裂，孔裂少，光泽度好。

（5）园林应用

龟背竹株形优美，叶片形状奇特，叶色浓绿，且富有光泽，整株观赏效果较好，是极好的室内观叶植物。大型盆栽或大型图腾柱用于厅堂和会场，夏季置于池畔、石旁，清幽雅致；中、小型盆栽可置于室内客厅、卧室和书房的一隅。

（6）花文化

龟背竹象征健康长寿。

11. 金钱树 *Zamioculcas zamiifolia*

别名：金币树、雪铁芋、金松、泽米叶天南星、龙凤木　　　　科属：天南星科雪芋属

（1）形态特征

多年生常绿草本，株高 50～80cm。茎基部膨大呈球状，贮藏有大量水分。大型复叶，小叶肉质呈羽状螺旋着生于肉质茎上，呈椭圆形，具短小叶柄，墨绿色，有光泽。花为佛焰状花序，从基部抽生。

（2）分布与习性

原产于热带非洲。性喜暖热略干、半阴及年均温度变化小的环境。比较耐干旱，但畏寒冷，忌强光暴晒，怕土壤黏重和盆土内积水，要求疏松、肥沃、排水良好、富含有机质的酸性土壤。

（3）繁殖方法

分株、扦插繁殖。分株繁殖在 4 月进行，当室外的气温达 18℃以上时，将大的金钱树植株脱盆，抖去绝大部分宿土，从块茎的结合薄弱处掰开，并在创口上涂抹硫黄粉或草木灰，另行上盆栽种。用叶轴或叶轴带叶片作插穗进行扦插，基质可用一般的细沙，也可用泥炭土、珍珠岩和河沙按 3∶1∶1 的比例混合后配制成基质，插穗入土深度为穗长的 1/3～1/2，只留叶片于基质外，喷透水后置于庇荫处，保持 25～27℃的环境温度。

（4）园林应用

金钱树是颇为流行的室内大型盆栽植物，尤其在较宽阔的客厅、书房、起居室内摆放，格调高雅、质朴，并带有南国情调，是世界著名的新一代室内观叶植物。

（5）花文化

金钱树的花语为招财进宝，荣华富贵。

12. 富贵竹 *Dracaena sanderiana*

别名：白边龙血树、山德氏龙血树、仙达龙血树、丝带树、叶仙龙血树　　　科属：百合科龙血树属

（1）形态特征

常绿直立灌木、亚灌木。株高 4m 左右，植株细长。根状茎横走。叶互生或近对生，长披针形，浓绿色，常具黄白条纹。伞状花序生于叶腋或与上部叶对生，小花 3～10 朵，花

冠紫色。浆果黑色。

（2）分布与习性

原产于非洲西部。性喜荫蔽及温暖湿润的环境。忌烈日暴晒，较喜散射光。越冬温度应保持在10℃以上。喜疏松透气、肥沃的土壤。

（3）繁殖方法

扦插、播种繁殖。扦插极易成活。茎段扦插，插于沙床中，一般25～30d可生根，或将茎段插于水盘中，茎干基部可生根。

（4）常见栽培品种

①'金边'富贵竹（'Virescens'）叶缘具黄色宽条纹。

②'银边'富贵竹（'Margaret'）别名镶边朱蕉。植株小巧，叶边缘有银白色纵条纹。

（5）园林应用

中、小型盆栽或水养。茎秆挺拔，叶色浓绿，四季常青，是优良的室内观叶植物。茎秆及叶片极似竹子，可编扎成各种造型，不论盆栽或剪取茎秆瓶插或加工"开运竹"、"黄金宝塔"、"弯竹"，均显得疏挺高洁，柔美优雅。可布置于窗台、书桌、几架上，悠然洒脱，给人富贵吉祥之感。另外，茎秆光滑翠绿，已广泛应用于切枝，高雅美丽。

（6）花文化

富贵竹的花语为花开富贵、竹报平安、大吉大利、富贵一生。

① 开运竹：又叫富贵塔、竹塔、塔竹，其层次错落有致，造型高贵典雅，节节高升，层层吐绿，形似宝塔。

② 弯竹：又叫转运竹，有螺旋型、心型、8字型等组合，意为转来好运。

③ 竹笼：是在培植时人工编织成笼状，取富贵缠绵、竹笼入水、财源广进之意。

13. 网纹草类 *Fittonia* spp.

科属：爵床科网纹草属

（1）形态特征

多年生宿根花卉。植株低矮，茎匍匐状，节处易生根。叶片卵形、椭圆形，十字对生；叶脉网状，多为红色或银白色，因品种不同，多变色泽。茎、叶柄、花梗均被有茸毛。穗状花序顶生，小花黄色（图9-30）。

（2）分布与习性

原产于秘鲁和南美洲热带雨林。喜高温、多湿和半阴环境。怕寒冷，越冬温度不低于15℃，忌干燥，怕强光，要求疏松、肥沃、通气良好的沙质壤土。

（3）繁殖方法

春季进行扦插繁殖，保持25℃及较高空气相对湿度，15～20d生根。大规模生产采用组织培养繁殖。

图9-30 网纹草

（4）常见同属栽培种与变种

常见栽培种及品种如下：

① 红网纹草（*F. verchaffeltii*） 又名红费通花、红网目草、粉脉费通花。

叶片卵圆形，深绿色，网纹脉红色。

② 小叶白网纹草（*F. verchaffeltii* var. *minima*） 叶小，卵圆形，翠绿色，网纹脉银白色。

（5）园林应用

网纹草类花卉叶片花纹独特美丽，娇小，适宜小型盆栽。点缀书桌、茶几、窗台、案头等，美观别致；也可作吊盆悬挂观赏或用作组合栽培，网纹草类花卉是组合盆栽的主要辅助用材之一。

14. 白花紫露草 *Tradescantia fluminensis*

别名：白花水竹草、淡竹叶、白花紫鸭跖草　　　　　科属：鸭跖草科紫露草属

图 9-31　白花紫露草

（1）形态特征

多年生常绿草本。匍匐茎，细弱，节处膨大，茎贴地上易生根。叶抱茎，互生，矩圆形，叶表面绿色，叶背深紫堇色，具有白色条纹。伞形花序，花小，白色。花期长（图 9-31）。

（2）分布与习性

原产于巴西中部、巴拉圭和乌拉圭。性喜温暖湿润气候，适宜温度为 15～25℃；畏烈日，宜生于有明亮的散射光处；对土壤要求不高，但要求土壤排水良好。生长期水分要充足，冬季减少浇水。

（3）繁殖方法

扦插、分株、压条繁殖。扦插春、夏季均可进行，温度保持在 15℃左右，约 2 周可生根。

（4）常见同属栽培种

同属植物约 30 种，常见栽培种及品种有：

紫露草（*T. virgoniana*），茎直立，多弯曲，光滑或稍具毛。叶线形，淡绿色。顶生花序，由苞片包被，花蓝紫色，花萼淡绿色，花丝被蓝紫色念珠状长毛。花期 4～7 月。

（5）园林应用

白花紫露草叶色美观，宜盆栽观赏，是书橱、几架的良好装饰植物，夏季也可作吊挂廊下的观叶植物。

15. 绿巨人 *Spathiphyllum floribundum*

别名：苞叶芋、白鹤芋、万年青，白掌、一帆风顺　　科属：天南星科苞叶芋属

（1）形态特征

多年生常绿草本，株高 70～120cm。根茎短。叶革质，长椭圆形，端长尖，长 10～20cm，

宽 5~9cm；叶面深绿色，有光泽，叶脉明显，主脉和侧脉的夹角约 45°，叶柄下部鞘状。佛焰苞长圆状披针形，白色，稍向内翻卷，长 7.5~14cm；肉穗花序直立，黄绿或白色，芳香；具多花性。花期春季。

（2）分布与习性

原产于哥伦比亚。喜高温、高湿环境。夏季需放于适当遮阴处，避免直射阳光。生长适温为 22~28℃，冬季室温应保持 14℃以上，低于 10℃，则叶片会脱落或呈焦黄状。要求富含腐殖质的壤土。

（3）繁殖方法

常用分株、播种和组织培养繁殖。分株可在春天换盆时进行，由于萌蘖多，繁殖较快。也宜播种，发芽容易，但种子在北方不易成熟，取得种子困难。大量生产多用组织培养繁殖。

（4）园林应用

绿巨人株形丰满，叶色青翠，白色佛焰苞大而显着，高挺于叶面之上，如同高举的手掌，故又称'白掌'，是观叶、观花俱佳的优良室内观赏植物。此外，花与叶皆可作插花材料。

（5）花文化

绿巨人的花语为一帆风顺。在欧洲被视为"清白之花"。

16. 旱伞草 *Cyperus alternifolius*

别名：伞莎草、伞草、纸莎草、水棕竹、风车草、水竹草 科属：莎草科莎草属

（1）形态特征

多年生常绿宿根挺水草本。株高 60~120cm，具匍匐根状茎，茎单一，丛生，茎秆中下部呈三棱形，无分枝。叶丛生于茎基部，有时退化成鞘形。花序顶生，着生叶状总苞约 20片，苞片线状，呈螺旋状排列，向四周展开如伞；聚伞花序疏散，辐射枝发达。花期 5~7 月；果期 7~10 月（图 9-32）。

（2）分布与习性

原产于西印度群岛、马达加斯加。中国各地有栽培。性喜温暖、阴湿及通风良好的环境。耐阴性极强，不耐寒及干旱，冬季室温应保持 5~10℃。适应性强，对土壤要求不严，以保水性强的肥沃土壤最适宜，沼泽地及长期积水地也能生长良好。

（3）繁殖方法

分株、扦插、播种繁殖。分株繁殖在 3 月进行，挖起老株，分割成数块，每块带 2~3 个芽，直接栽入应用地。扦插以顶部伞状花序部分为插穗，在 20℃条件下，15~20d 可生根。播种繁殖 3~4 月播种，约 10d 发芽。

图 9-32 旱伞草

（4）常见同属栽培种

同属植物约 55 种，中国产约 30 种，常见栽培种及品种如下：

① 银条伞草（*C. arbostriatus*）　植株矮而密，叶鞘紫色，总苞片略窄，有 3 条明显浅脉。

② 畦畔莎草（*C. haspan*）　宿根挺水草本，秆丛生或散生，高 20～100cm，总苞条形，聚散花序具多数细长的辐射枝，最长的达 17cm，小穗通常 3～6 个，呈指状排列。

（5）经济用途

旱伞草叶具有清热、利尿、消肿、解毒之功效。还可用来制作凉席。叶榨汁后的汁液，可作浅绿色染料，用来画画。

（6）园林应用

旱伞草株丛繁密，叶形奇特，是室内良好的观叶植物。除盆栽观赏外，还可作盆景材料，也可水培或作插花材料。江南一带露地栽培，常置于溪流岸边、假山石的缝隙作点缀，别具天然景趣。

17. 菱叶葡萄 *Cissus rhombifolia*

别名：假提、白粉藤、葡萄吊兰、菱叶白粉藤　　　　　　科属：葡萄科白粉藤属

（1）形态特征

多年生常绿木质藤本。枝条柔软下垂或爬藤，小枝圆柱形，有纵棱纹，密被褐色长柔毛；卷须二叉分枝或不分枝，疏被褐色柔毛；掌状复叶，小叶 3 枚，叶片菱状卵形或菱状长椭圆形，形似葡萄叶，不分裂，有短柄，叶片嫩绿色或深绿色，有光泽。花期 4～5 月，果期 5～6 月。

（2）分布与习性

世界各地广泛栽培，原产于美洲热带，中国分布安徽、江西、浙江、福建。喜温暖湿润、半阴环境。

（3）繁殖方法

扦插、分株繁殖。春、夏季温度在 25℃左右进行扦插，10d 可以生根。也可水插。

（4）常见同属栽培种

同属植物 34 种，产于热带和亚热带地区。常见同属栽培种如下：

① 南极白粉藤（*C. antarctica*）　原产于澳大利亚。在室内可长至 2～3m 高；叶片尖椭圆形，有光泽，嫩绿色，长可达 10cm。

② 二色白粉藤（*C. discolor*）　木质藤本，细长，以美丽叶丛着称。叶片心形，长 10～20cm，叶面质地似天鹅绒，绿色，有银白色和紫红色的斑纹，分布在叶脉之间，叶背红色。

③ 条纹白粉藤（*C. striata*）　栽培种中植株最小的一种，嫩芽呈淡红色。有 5 枚小叶，呈辐射状展开，有淡淡的斑纹，背面粉红色。适于作小型垂吊观赏，也可作攀缘装饰用。

（5）园林应用

菱叶葡萄是优良的中、小型盆栽观叶植物。宜作垂吊盆花美化居室或客厅等。

18. 吊兰 *Chlorophytum comosum*

别名：挂兰、盆草、钩兰、折鹤兰　　　　　　科属：百合科吊兰属

（1）形态特征

多年生常绿宿根草本。具有簇生肥大的圆柱状肉质根，上有短根茎。叶基生，长 25～40cm，宽 1～2cm，呈宽线形、条形或长披针形，嫩绿色，着生于短茎，全缘或稍波状。总状花序长 30～60cm，弯曲下垂，小花白色；常在花茎上生出数丛由株芽形成的带根的小植株（图 9-33）。

（2）分布与习性

原产于南非。吊兰性喜温暖、湿润、半阴的环境。适应性强，较耐旱，但不耐寒。生长适温为 15～25℃，越冬温度为 10℃。对光线的要求不严，宜在半阴处生长，夏季忌阳光直射，亦耐弱光。在排水良好、疏松肥沃的沙质土壤中生长较好。

（3）繁殖方法

扦插、分株、播种等方法进行繁殖。扦插时，取长有新芽的匍匐茎 5～10cm 插入土中，约 7d 即可生根，20d 左右可移栽上盆。也可分株繁殖或将走茎上的小植株分离下来直接栽植。吊兰的播种繁殖可于每年 3 月进行。因其种子小，播种子后一般覆土 0.5cm 即可，在气温 15℃情况下，种子约 2 周可萌芽。

图 9-33　吊　兰

（4）常见栽培品种

同属植物约有 200 种。常见品种有：

① '银边'吊兰（'Marginatum'）　叶片边缘为白色。

② '金边'吊兰（'Variegatum'）　叶片边缘为淡黄色。

③ '金心'吊兰（'Medio-pictum'）　叶片中部为淡黄色条斑。

④ '美叶'吊兰（'Laxum'）　叶片极具光泽，秀美，植株较小。

另有花叶品种，如'银边'美叶吊兰。

（5）其他经济用途

吊兰全株可入药，具有清肺、止咳、凉血、止血等功效。

（6）园林应用

吊兰是典型的室内悬挂植物之一，是良好的室内净化空气的盆栽花卉，它叶片细长柔软，从叶腋中抽生的茎长有小植株，由盆沿向下垂，舒展散垂，似花朵，四季常绿；它既刚且柔，形似展翅跳跃的仙鹤，故古有"折鹤兰"之称。近年来水培吊兰较盛行，既可观叶，又可观根。

（7）花文化

吊兰的花语为无奈而又给人希望。

19. 绿萝 *Scindapsus aureus*

别名：黄金葛、魔鬼藤、石柑子　　　　　　科属：天南星科绿萝属

图9-34　绿　萝

（1）形态特征

常绿藤本。茎蔓生，茎长可达十米或更长，盆栽多为小型幼株；茎节有沟槽，有气生根，易萌生侧枝。叶片可长达60cm，叶椭圆形或长卵心形，叶基浅心形，老株叶片边缘具不规则深裂，幼叶全缘，鲜绿色，表面有淡黄色斑块，蜡质，有光泽（图9-34）。

（2）分布与习性

原产于马来西亚、西印度、新几内亚。喜温暖、湿润、庇荫的环境。稍耐寒，生长适温18～25℃，越冬温度10℃以上。忌强光直射，亦不可光线过弱，否则会使叶面色斑消失。要求疏松、肥沃、排水良好的沙质壤土。

（3）繁殖方法

扦插繁殖。茎段扦插宜在春夏季进行，茎节处容易生根，选取健壮的绿萝藤，剪成两节一段，注意不要伤及气生根，然后插入素沙或煤渣中，深度为插穗的1/3，淋足水放置于荫蔽处，每天向叶面喷水或盖塑料薄膜保湿，环境温度在20～25℃，3周可生根。绿萝也可用顶芽水插，剪取嫩茎蔓20～30cm长为一段，直接插于盛清水的瓶中，每2～3d换水一次，逾10d可生根成活。

（4）常见栽培品种与同属栽培种

同属植物约20种，常见栽培种及品种如下：

① 褐斑绿萝（*S. pictus*）　别名：彩叶绿萝。叶表面具淡褐色斑纹，叶柄较短。

② '白金葛'（*S. aureus* 'Marble Queeen'）　白色斑块占叶片2/3以上，叶和茎上也有白斑。

③ '银星'绿萝（*S. aureus* 'Argyraeus'）　别名：'银点'白金葛、'银叶'彩绿萝。叶表面具银白色斑点。

（5）园林应用

可用于小型吊盆、中型柱式栽培或室内垂直绿化。绿萝攀缘性强，生长繁茂，气生根发达，既可让其攀附于用棕扎成的圆柱上，摆于门厅、宾馆，又可培养成悬垂状置于书房、窗台，是优良的室内观叶花卉。绿萝是华南地区园林中垂直绿化的良好观叶植物。也可作瓶插。

（6）花文化

绿萝的花语为守望幸福。绿萝遇水即活，因其生命力顽强，被称为"生命之花"。

20. 吊竹梅 *Zebrina pendula*

别名：斑叶鸭跖草、水竹草、吊竹兰、甲由草　　　　科属：鸭跖草科吊竹梅属

（1）形态特征

多年生常绿蔓生草本。茎细弱柔软，具细毛，茎节膨大，多分枝，匍匐或下垂。叶互生，基部鞘状抱茎，无叶柄，卵圆形或长椭圆形，全缘，叶面绿色，具 2 条宽阔银白色纵条纹，叶背紫色。雌雄同株，花生于两片紫红色叶状苞内，花小，数多簇生，花色紫色、玫红或粉色。花期夏季（图 9-35）。

（2）分布与习性

原产于墨西哥。中国广东、四川可露地越冬。性喜温暖湿润，较耐阴，不耐寒，越冬温度需高于 10℃。怕炎热，较喜光也耐半阴，忌强光暴晒，但在过阴处时间较长，常会导致茎叶徒长，叶色变淡。也较耐瘠薄，不耐旱，对土壤 pH 值要求不严，要求土壤为肥沃、疏松的腐殖质土。

图 9-35　吊竹梅

（3）繁殖方法

扦插、分株繁殖。扦插全年都可进行，茎插温度保持 20～25℃，7～10d 可生根。

（4）常见栽培品种

同属植物有 4 种。常见栽培品种有四色吊竹梅（*Z. pendula* 'Quadricolor'），别名四色吊竹草。叶片小，叶面灰绿色，夹杂有粉红、红、银白色细条纹，叶缘有暗紫色镶边，叶背紫红。小花白色或玫瑰色。

（5）其他经济用途

具有药用价值，有清热解毒、凉血利尿功效。茎叶内含有草酸钙和树胶，可做化工原料。

（6）园林应用

一般可作小型盆栽和吊盆栽植，也是良好的地被植物和花架垂吊观赏花卉。吊竹梅株形丰满，枝叶匍匐悬垂，叶色紫、绿、银色相间，光彩夺目，置于高几架、柜顶端任其自然下垂，也可吊盆欣赏。或布置于窗台上方，使其下垂，形成绿帘。

21. 常春藤 *Hedera hellx*

别名：洋常春藤、欧洲常春藤、英国常春藤、旋常春藤　　　　科属：五加科常春藤属

（1）形态特征

常绿攀缘藤本。枝蔓细弱柔软，具气生根，嫩枝与芽具褐色星状毛。叶互生，革质，深绿色，有长柄，营养枝上的叶常 3～5 裂，心形，全缘或浅裂；花枝上的叶不裂，卵形至菱形；叶色有黄、白边或叶中部为黄、白色的彩叶，叶形变化丰富。球状伞形花序顶生，

图 9-36　常春藤

小花白色。果球形，黑色（图 9-36）。

（2）分布与习性

原产于欧洲至高加索，现分布世界各地，中国引种多年。喜温暖湿润的半阴环境，不耐寒，是典型的阴性藤本花卉，对土壤要求不严，喜湿润、疏松、肥沃的土壤，不耐盐碱及干燥。

（3）繁殖方法

采用扦插法、分株法和压条法进行繁殖。生长季扦插极易生根，适宜时期是 4～5 月和 9～10 月，切下具有气生根的半成熟枝条作插穗，其上要有一至数个节，插后要遮阴、保湿、增加空气湿度，3～4 周即可生根。匍匐于地的枝条可在节处生根并扎入土壤，因此，用分株法和压条法都可以繁殖常春藤。

（4）常见同属栽培种

同属植物有 5 种。常见栽培种有加拿利常春藤（*H.canariensis*），别名阿尔及利亚常春藤。爱尔兰常春藤。常绿藤本。茎具星毛状，茎和叶柄为棕红色。叶片较大，幼叶卵形，成叶卵状披针形，基部心形，长 5～25cm，宽 10～15cm，全缘或掌状 3～7 裂，革质，浅绿色，叶面常具有黄白、绿等各色花斑。总状或圆锥花序，果黑色。

（5）园林应用

常春藤是优美的攀缘植物，叶形、叶色变化丰富，叶片亮丽，适于室内垂直绿化，营建绿墙、绿柱或小型吊盆观赏，布置窗台、阳台等。在庭院中可用以攀缘假山、岩石，或在建筑阴面作垂直绿化材料。常春藤也是切花装饰的特色配材，也可作疏林下地被。

（6）其他经济用途

同属植物中的中华常春藤以全株入药，祛风利湿，活血消肿。

（7）花文化

常春藤代表结合的爱，忠实，友谊，情感。

22. 虎耳草 *Saxifraga stolonifera*

别名：金丝吊芙蓉、金丝荷叶、疼耳草　　　　　　　　科属：虎耳草科虎耳草属

（1）形态特征

多年生宿根常绿草本，株高 15～40cm，全株被疏毛。具丝状红紫色匍匐茎，且顶端生有一至数个小植株。叶基生或生于茎顶部，肉质，心状圆形，边缘波浪状，有钝齿，叶面绿色，具有白色网状脉纹，背面及叶柄紫红色。圆锥花序，花梗细长，直立，小花白色，具黄斑或紫斑。花期 4～5 月（图 9-37）。

（2）分布与习性

原产于亚洲东部，中国秦岭以南均有分布。性喜凉爽、半阴和空气湿度高的环境，忌强光直射，较耐寒，越冬温度不可低于 5℃。喜富含腐殖质的中性至微酸性的土壤。

（3）繁殖方法

分株繁殖，或将匍匐茎上的小植株分离栽植。

（4）常见栽培品种

‘花叶’虎耳草（*S.stolonifera* ‘Varigata’），叶较小、圆形、肥厚，叶边缘具不整齐的红、白、黄色斑块。叶形、叶色奇特，被视为珍奇的观叶植物。

（5）其他经济用途

虎耳草全草可入药，祛风清热，凉血解毒。

（6）园林应用

虎耳草植株小巧，茎长而匍匐下垂，茎尖着生小株，叶形美，室内可盆吊观赏。暖地宜岩石园、墙垣及野趣园中种植。也可作地被植物，种植在大乔木下。也可在建筑或岩石旁栽植，更显效果。

（7）花文化

虎耳草的花语为持续。

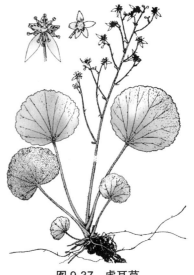

图 9-37　虎耳草

23. 文竹 *Asparagus setaceus*

别名：云片竹、芦笋山草、山草　　　　科属：百合科天门冬属

图 9-38　文　竹

（1）形态特征

多年生常绿直立或藤本植物。根细长，稍肉质，圆柱形，柔软丛生，多分枝，具攀缘性。茎、叶退化成鳞片状，淡褐色，着生于叶状枝的基部；叶状枝纤细、绿色，平展呈羽毛状。叶小形鳞片状，下部有三角形倒刺，主茎上鳞片叶多呈刺状。花小，两性，白色。花期多在 2～3 月或 6～7 月。浆果，球形，成熟时黑紫色（图 9-38）。

（2）分布与习性

原产于非洲南部。性喜温暖湿润，稍耐阴，不耐干旱，忌霜冻，生长适温为 15～25℃，冬季越冬温度不低于 5℃。喜疏松肥沃的沙质土壤。

（3）繁殖方法

播种、分株繁殖。播种采用大粒种子播种法，以室内盆播为主，先用温水浸种 24h，一般点播于浅盆，粒距 2cm，覆土 2～3cm，播种后温度保持 20℃左右，25～30d 即可发芽。分株繁殖在春季换盆时进行，将根扒开，不要伤根太多，根据植株大小，选盆栽植或地栽。

（4）常见栽培变种

同属植物约 300 种，常见栽培变种如下：

① 矮生文竹（*A.setaceus* var. *nanus*）　叶状枝细密而短小，生长缓慢。

② 大文竹（*A.setaceus* var. *robustus*）　生长势较强，整片叶状枝较长，小叶状枝较

短且排列不整齐。

③ 细叶文竹（*A.setaceus* var. *tenuissimus*） 叶片较文竹细，亮绿色。

（5）园林应用

文竹枝叶清秀，多以盆栽观叶为主，也是良好的插花、花束、花篮的陪衬材料。

（6）其他经济用途

根入药，具有润肺功能，治疗急性气管炎、止咳。

（7）花文化

文竹的花语为永恒，朋友纯洁的心，永远不变。

24. 天门冬 *Asparagus densiflorus* var. *spengeri*

别名：武竹、郁金山草、天冬草　　　　科属：百合科天门冬属

（1）形态特征

常绿宿根草本或亚灌木。具块根，茎丛生下垂，多分枝。叶状枝2～3个簇生，线形。叶鳞片状，褐色。花白色，有香气，1～3朵花簇生下垂。浆果球形，幼时绿色，熟时红色。花期6～7月；果期7～8月。

（2）分布与习性

原产于非洲南部。性喜温暖湿润、半阴、耐干旱和贫瘠，不耐寒，忌烈日，冬季最低温度不低于6℃。喜盆土湿润。

（3）繁殖方法

播种、分株繁殖。播种方法同文竹。分株繁殖选取根头大、芽头粗壮的健壮母株，将每株至少分成3簇，每簇有芽2～5个，带有3个以上的小块根。切口要小，并抹上石灰以防感染，摊晾1d后即可种植。

（4）常见同属栽培种与变种

同属植物约300种，常见栽培种和品种如下：

① 狐尾天门冬（*A. densiflorus*） 枝条从植株基部呈放射状向四面直立伸展，叶密生呈圆筒状，形似狐尾，颇为独特，观赏价值较高。

② 松叶天门冬（*A. myriocladus*） 直立性矮灌木，高1～2m，根肥大，具纺锤状的块根。枝短。新生叶状枝鲜绿色，花白色。

③矮天门冬（*A. sprengeri* var. *compactus*） 植株低矮。

④斑叶天门冬（*A. sprengeri* var. *variegatus*） 叶具白斑，作吊盆栽培。

（5）园林应用

天门冬以盆栽观叶为主，适用于厅堂、会场，也可做插花的陪衬材料。

（6）其他经济用途

天门冬的块根药用，具有养阴清热、润肺滋肾的功效。

25. 肾蕨 *Neottopteris cordifolia*

别名：蜈蚣草、排草、篦子草、圆羊齿、石黄皮　　　　科属：肾蕨科肾蕨属

（1）形态特征

多年生常绿草本植物，株高一般 30～70cm。根状茎有直立的主轴及从主轴向四面伸出的细长匍匐茎，并从匍匐茎的短枝上伸出球形块茎。叶簇生，披针形，宽 3～5cm，一回羽状复叶，羽片无柄，具羽片 40～80 对。孢子囊着生于小侧脉顶部，囊群肾形（图 9-39）。

（2）分布与习性

原产于热带与亚热带地区，分布于中国南方诸地。性喜温暖湿润和半阴环境。生长适温 20～22℃，冬季温度不低于 8℃，短时间能耐-2℃低温，也能忍耐 30℃以上高温。喜明亮的散射光，但也能耐较低的光照，切忌阳光直

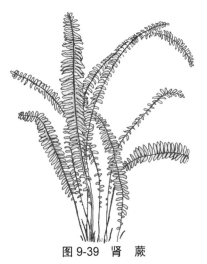

图 9-39　肾　蕨

射。不耐干旱，喜湿润土壤和较高的空气湿度，空气干燥时羽状小叶易发生卷边、焦枯现象。喜疏松透气的中性或微酸性土壤。

（3）繁殖方法

分株（匍匐茎、块茎）、孢子繁殖、组织培养。常用分株繁殖，全年均可，以 5～6 月为好。一般在春季室温 15～20℃时结合换盆进行。孢子繁殖选择腐叶土或泥炭土加砖屑为基质，装入播种容器，将收集的肾蕨成熟孢子均匀撒入播种盆内，喷雾保持土面湿润，播后 50～60d 长出孢子体。

（4）常见栽培品种与同属栽培种

常见栽培品种有：'皱叶'肾蕨（'Fluffy Ruffles'），又称矮剑蕨；'碎叶'肾蕨（'Whitmanii'）。

同属植物约 30 种，如高大肾蕨（*N. exlatata*），又称剑蕨，已培育出数百个品种。

（5）园林应用

肾蕨叶色翠绿，四季常青，为优良的观叶植物。肾蕨盆栽可点缀书桌、茶几、窗台和阳台。吊盆可悬挂于客室和书房。在园林中露地栽培可作阴性地被植物或布置在墙角、假山和水池边。叶片可作切花、插瓶的陪衬材料。意大利、荷兰、日本等国将肾蕨加工成干叶，成为新型干花配叶材料。

（6）其他经济用途

肾蕨是传统的中药材，以全草和块茎入药。

（7）花文化

肾蕨可吸附砷、铅等重金属，被誉为"土壤清洁工"。

26. 鸟巢蕨 *Neottopteris nidus*

别名：巢蕨、山苏花、王冠蕨　　　　科属：铁脚蕨科巢蕨属

（1）形态特征

多年生常绿大型附生草本，株高 100～120cm。株型呈漏斗状或鸟巢状。根状茎短，密生鳞片，并生有海绵状须根。叶阔披针形，辐射状丛生于根状茎顶部，革质，两面滑润，

图9-40　鸟巢蕨

锐尖头或渐尖头，向基部渐狭，全缘；有软骨质的边，干后略翻卷，叶脉两面稍隆起。孢子囊群长条状，生于叶脉两侧（图9-40）。

（2）分布与习性

鸟巢蕨原产于热带亚热带地区，中国广东、广西、海南和云南等地均有分布，亚热带其他地区也有分布。喜温暖、潮湿和较强散射光的半阴环境。在高温多湿条件下终年可以生长，其生长最适温度为20～22℃，不耐寒，冬季越冬温度为5℃。一般空气湿度以70%～80%较适宜。浇水时要注意盆中不可积水，否则容易烂根致死。由于鸟巢蕨是附生型蕨类，所以栽培时一般不能用普通的培养土，而要用蕨根、树皮块、苔藓、碎砖块拌和碎木屑、椰糠等为盆栽基质，同时用透气性较好的栽培容器，并在容器底部填充碎砖块等较大颗粒材料，以利通气排水。

（3）繁殖方法

孢子繁殖，分株繁殖、组织培养。孢子繁殖同肾蕨。一般可用分株繁殖。组培繁殖利用其顶生短茎、幼叶或孢子等作外植体，进行组织培养快繁，可在短时间内培育出大量统一规格的商品苗。

（4）常见栽培变种与同属栽培种

同属植物约30种，常见栽培变种和同属栽培种如下：

① 皱叶鸟巢蕨（*N. nidus* var.*plicatum*）　株高30～50cm，叶片较短，叶片呈波状皱纹。

② 狭基鸟巢蕨（*N. phyllitidis*）　株高40～50cm，叶片狭，倒披针形，近肉质，上部宽约5cm，从中部向下明显变狭，叶柄极短或无柄。

（5）园林应用

鸟巢蕨为大型阴生观叶蕨类，株型丰满，叶色葱绿光亮，潇洒大方，野味浓郁，深得人们的青睐，常作大型悬吊或壁挂盆栽，用于宽敞厅堂作吊挂装饰，别具热带情调；也可悬挂于室内或栽植于热带园林中树木之下或假山岩石上，可增添野趣。盆栽的小型植株用于布置明亮的客厅、会议室及书房、卧室，也显得小巧玲珑、端庄美丽。

27. 铁线蕨 *Adiantum capillus-veneris*

别名：铁丝草、少女的发丝、铁线草、水猪毛土、　　　　　科属：铁线蕨科铁线蕨属
　　　　过坛龙、黑脚蕨、乌脚枪、黑骨芒萁

（1）形态特征

宿根草本植物，株高15～40cm。根状茎横走，黄褐色，密被棕色披针形鳞片。叶互生，卵状三角形，2～4回羽裂，裂片斜扇状，薄纸质，深绿色，两面均无毛；柄长5～20cm，粗约1mm，纤细，叶柄紫黑色，油亮，细而坚硬，犹如铁丝，有光泽，叶脉多回二歧分叉，直达边缘，两面均明显；叶轴、各回羽轴和小羽柄均与叶柄同色，往往略向左右曲折。孢

子囊肾形，生于叶缘；囊群盖长形、长肾形或圆肾形，上缘平直，淡黄绿色，老时棕色，膜质，全缘，宿存（图9-41）。

（2）分布与习性

原产于热带及温带。中国多分布于长江以南各地，野生于溪边山谷湿石上。性喜温暖、湿润和半阴环境，耐寒，忌阳光直射。铁线蕨喜疏松透水、肥沃的石灰质沙壤土，盆栽时培养土可用壤土、腐叶土和河沙等量混合而成。

（3）繁殖方法

分株繁殖为主，也可以孢子繁殖。分株繁殖在室内四季均可，但一般在早春结合换盆进行。孢子繁殖的方法是：剪取有成熟孢子的叶片，收集孢子并均匀地撒播于播种浅盆，不需覆土，上面盖以玻璃片，从盆底浸水，保持盆土湿润，并置于20～25℃的半阴环境下，约一个月孢子可萌发为原叶体，待长满盆后便可分植。

图 9-41　铁线蕨

（4）常见同属栽培种

同属植物约 200 种，常见栽培种如下：

① 尾状铁线蕨（*A. capillus*）　株高 15～36cm，根茎直立。叶丛生，一回羽状复叶，叶轴顶部延伸成鞭状，小叶斜长方形或刀状楔形，上缘深裂，下缘全缘；质薄，两面生毛，叶柄栗色。孢子囊生于叶背外缘。

② 楔状铁线蕨（*A. capillus*）　全叶近三角形，2～3 回羽状复叶；小叶片楔形。

③ 团叶铁线蕨（*A. capillus-junonis*）　株高 10～20cm。根茎直立。叶丛生，一回羽状复叶近膜质；叶柄纤细，亮栗色小叶片团扇形，外缘 3～5 浅裂，裂片顶部生孢子囊群，边缘全缘，不育部分的边缘具浅波状锯齿。

（5）园林应用

铁线蕨叶片形似方片，叶柄乌黑纤细，株态秀丽多姿，是优良的室内盆栽观叶植物。小盆栽可置于案头、茶几上；较大盆栽可用以布置背阴房间的窗台、过道或客厅；也可悬吊观赏，还可以作山石盆景，以及背阴处作基础栽植。铁线蕨叶片还是良好的切叶材料及干花材料。

（6）其他经济用途

全株可入药，祛风、活络、解热、止血、生肌。

28. 波斯顿蕨 *Nephrolepis exaltata* ´Bostoniensis´

别名：高肾蕨、皱叶肾蕨　　　　　　　科属：骨碎补科肾蕨属

（1）形态特征

多年生常绿蕨类植物。根茎直立，有匍匐茎。叶丛生，长可达 60cm 以上，具细长复叶，叶片展开后下垂，叶片为二回羽状深裂，小羽片基部有耳状偏斜。孢子囊群半圆形，生于叶背近叶缘处。

（2）分布与习性

原产于热带及亚热带，中国台湾省有分布。性喜温暖、湿润及半阴环境，又喜通风，忌酷热。生长适温 15～25℃，冬季越冬温度不低于 10℃。喜散射光充足环境，忌强光直射。生长季节水分应供应充足。

（3）繁殖方法

分株、分走茎、组织培养繁殖。分株周年均可进行，以春、秋季为好。大规模商品化生产，用组织培养繁殖。

（4）常见同属栽培种

常见同属栽培种有细叶高肾蕨、粗裂高肾蕨、冠叶高肾蕨。

（5）园林应用

波斯顿蕨为下垂状的蕨类观叶植物，适于作室内吊挂观赏、盆栽及垂直绿化，也可用于庭院造景；匍匐枝剪下可作为插花中的配叶。

29. 散尾葵 *Chrysalidocarpus lutescens*

别名：黄椰子、子葵　　　　　　　　　　科属：棕榈科散尾葵属

（1）形态特征

丛生常绿小乔木或灌木，在热带地区可高达 3～8m。茎干光滑无尾刺，圆柱形，竹节状，基部略膨大；茎干和细长的叶柄金黄色，基部分蘖较多，故呈丛状生长在一起。叶平滑细长，羽状小叶及叶柄稍弯曲，叶轴光滑，黄绿色；叶片羽状全裂，扩展，拱形，嫩绿色，羽片披针形，先端柔软。肉穗花序生于叶鞘束下，多分枝，排列呈圆锥花序，雌雄同株，花小，金黄色，串状。花期 3～4 月（图 9-42）。

（2）分布与习性

原产于非洲马达加斯加，中国华南地区有栽培。喜温暖，潮湿，不耐寒，生长适温 25℃，冬季越冬温度不低于 10℃。喜阳光充足，忌夏季阳光直射，也较耐阴。要求疏松、肥沃、排水良好的土壤。

（3）繁殖方法

分株繁殖，也可播种繁殖。华北地区春季 4 月中下旬换盆时进行分株，分株时，用利刀剪开后，在伤口涂以木炭粉或硫黄粉消毒。华南地区用播种法大量繁殖，在气温 18℃以上时播种。

（4）园林应用

散尾葵株形优美，极富南国风光和大自然的气息，令人赏心悦目、心旷神怡，是优良的观叶树种。在中国北方地区常作大型盆栽或桶栽观赏，可布置客厅、书房、会议室、室内花园等，注意在室内布置时，要摆放在光线明亮处；在中国广东、云南等温暖地区，

图 9-42　散尾葵

可露地栽培，多栽于庭院、公园、花圃内供观赏。

（5）其他经济用途

散尾葵的叶鞘纤维具有药用价值，有收敛止血的功效。

（6）花文化

散尾葵的花语为柔美、优美动人，常用在庆典背景暗示蓬勃向上的业绩。

30. 袖珍椰子 *Chamaedorea elegans*

别名：矮棕、茶马椰子、矮生椰　　　　科属：棕榈科袖珍椰子属

（1）形态特征

常绿小乔木、矮灌木，株高 1～3m，盆栽 1m 以下。茎干细长直立，不分枝，深绿色，上有不规则环纹。叶片由茎顶部生出，羽状复叶，全裂。肉穗状花序腋生，雌雄异株，花黄色呈小球状。果为浆果，橙红色。春季开花（图 9-43）。

（2）分布与习性

原产于墨西哥和危地马拉。喜高温多湿半阴环境，不耐寒，不耐干旱，怕阳光直射。生长适温为 20～30℃，越冬温度不低于 10℃。要求排水良好、湿润肥沃的土壤。

（3）繁殖方法

播种繁殖。大粒种子播种，发芽适宜温度 25℃左右，播后 3～6 个月出苗。

图 9-43　袖珍椰子

（4）常见同属栽培种

同属植物约 120 种，常见栽培种如下：

① 大叶矮棕（*C. arenbergiana*）　茎高 2m，直立，大型羽状复叶，叶片亮绿色。

② 雪佛里矮棕（*C. seifrizii*）　产于墨西哥。

（5）园林应用

袖珍椰子小巧玲珑，株形优美，姿态秀雅，叶色浓绿光亮，耐阴性强，是优良的室内中小型盆栽观叶植物。小株宜用小盆栽植，置案头桌面，为台上珍品，亦宜悬吊室内，装饰空间。大型盆栽可供厅堂、会议室、候机室等处陈列，为美化室内的重要观叶植物。

31. 米兰 *Aglaia odorata*

别名：珠兰、米仔兰、树兰、鱼籽兰、四季米兰　　　　科属：楝科米仔兰属

（1）形态特征

多年生常绿灌木或小乔木，高 4～7m。多分枝，幼枝顶部具星状锈色鳞片，后脱落。奇数羽状复叶互生，小叶 3～5 枚对生，倒卵形至长椭圆形，两面无毛，革质，全缘，有光

图 9-44 米 兰

泽。圆锥花序腋生，花小而繁密，金黄色，极香，形似小米故得名。浆果。三季有花，花期 6～10 月或四季开花（图 9-44）。

（2）分布与习性

原产于中国南部和亚洲东南部。性喜阳光充足、温暖、湿润环境。耐半阴，怕干旱，不耐寒，在 12℃以下进入休眠期。忌阳光暴晒。冬季越冬温度应保持在 10～12℃。喜疏松、富含腐殖质的微酸性土壤或沙质壤土。

（3）繁殖方法

扦插、高空压条。扦插一般于 6～8 月进行，极易生根。高空压条于梅雨季节选用一年生木质化枝条，于基部 20cm 处作环状剥皮，宽 1cm，用苔藓或泥炭土敷于环剥部位，再用薄膜上下扎紧，2～3 个月可以生根。

（4）常见同属栽培种

同属植物有 130 种以上，常见栽培种如下：

① 大叶米兰（*A. odorata*） 枝叶粗大，开花较稀少，可做砧木。

② 四季米兰（*A. duperreana*） 四季开花，夏季开花最盛。

③ 台湾米兰（*A. taiwaniana*） 叶形较大，开花略小，其花常伴随新枝生长而开。

（5）园林应用

树姿秀丽，枝叶繁茂，花小而繁密，开花时节香气袭人，是颇受欢迎的花木。盆栽可布置客厅、书房、门廊及阳台等，在南方可庭院栽植。

（6）其他经济用途

米兰为食用花卉，可提取香精。

（7）花文化

米兰的花语为"有爱，生命就会开花"。

32. 榕类 *Ficus* spp.

科属：桑科榕属

（1）形态特征

常绿乔木或灌木。有乳汁。叶片互生，多全缘；托叶合生，包被于顶芽外，脱落后留一环形痕迹。花多雌雄同株，生于球形、中空的花托内。

（2）分布与习性

原产于热带和亚热带地区。中国分布于西南和东南一带。喜高温、多湿和散射光充足的环境。越冬温度在 5℃以上。要求土壤疏松、肥沃、排水良好的沙质壤土。

（3）繁殖方法

扦插、高枝压条繁殖。枝插和芽叶插，5～7 月进行，温度在 25～30℃条件下，约 1 个月生根。高空压条于 6 月中下旬进行，1 个月左右生根。

（4）常见同属栽培种

同属植物约有 1000 种。常见栽培种及品种如下：

① 印度橡皮树（*Ficus elastica*）　别名橡皮树、印度榕树、橡胶榕。树皮光滑，树冠卵形。叶互生，宽大具长柄，厚革质，椭圆形或长椭圆形，全缘，表面绿色；幼叶初生时内卷，外包被红色托叶，叶片展开即脱落。园艺品种较多，如花叶橡皮树（图 9-45）。

② 琴叶榕（*F.lyrata*）　别名琴叶橡皮树。常绿乔木。自然分枝少。叶片宽大，呈提琴状，厚革质，叶脉粗大凹陷，叶缘波浪状起伏，深绿色，有光泽。

③ 垂榕（*F. benjamina*）　别名垂叶榕、细叶榕、小叶榕、垂枝榕。自然分枝多，小枝柔软如柳，下垂。叶

图 9-45　印度橡皮树

片茂密丛生，革质，亮绿色，卵圆形至椭圆形，有长尾尖。常见栽培品种有'花叶'垂枝榕（'Gold Princess'），常绿灌木，枝条稀疏，叶缘及叶脉具浅黄色斑纹。

（5）园林应用

大、中、小型盆栽观叶花卉。橡皮树叶片肥厚而绮丽，叶片宽大美观且有光泽，红色的顶芽状似浮云，托叶裂开后恰似红缨倒垂，颇具风韵。橡皮树虽喜光但又耐阴，对光线的适应性强，极适合室内美化布置。中小型植株常用来美化客厅、书房；中大型植株适合布置在大型建筑物的门厅两侧及大堂中央，显得雄伟壮观，可体现热带风光。

33. 马拉巴栗 *Pachira aquatica*

别名：发财树、美国花生、瓜栗　　　　　　科属：木棉科马拉巴栗属

（1）形态特征

多年生常绿小乔木，原产地可高达 5～10m，盆栽可矮化株型。树干直立，呈纺锤形。掌状复叶互生，小叶 5～11 枚，小叶无柄，叶片长圆至倒卵圆形，全缘，叶前端尖。花单生于叶腋，有小苞片 2～3 枚，淡白绿色，花丝细长。蒴果卵圆形。

（2）分布与习性

原产于中美洲的墨西哥、哥斯达黎加等。性喜高温和半阴环境，具有抗逆、耐旱特性，耐阴性强，生长适温为 20～30℃，冬季最低温度 16～18℃。对土壤要求不严，以肥沃、排水良好的微酸性沙质壤土为佳。

（3）繁殖方法

扦插、播种繁殖。播种繁殖在 25～30℃ 下，20d 左右即可发芽，高 5～10cm 即可上盆。扦插繁殖方法较简单，也易生根，但扦插的植株不具膨大的根基，无商品价值，故多不采用。

（4）园林应用

马拉巴栗又名发财树，具美好寓意。其树姿优美，色彩鲜艳，幼苗时易编辫造型，还可通过嫁接进行鹿、狗、海狮等造型。可用于各大宾馆、酒店、商城及家庭室内绿化装饰。

在暖地可室外栽植。

34. 鹅掌柴 *Schefflera octophylla*

别名：鸭脚木、小叶手树、父母树　　　科属：五加科鹅掌柴属

（1）形态特征

常绿小乔木或灌木，高可达 2～3m。分枝多，枝条紧密。掌状复叶互生，小叶 5～9 枚；叶片浓绿，有光泽，长椭圆形或倒卵状椭圆形，全缘。伞形花序集成大圆锥花丛，花小，白色，芳香。花期 11～12 月（图 9-46）。

（2）分布与习性

产于中国西南至东南部森林中，日本、越南和印度也有分布。性喜温暖、湿润、半阴的环境，不耐寒，要求越冬温度高于 5℃。忌夏季强光直射，其他季节可充分光照。耐旱，喜疏松、肥沃、排水良好的微酸性土壤，稍耐贫瘠，生长迅速。

图 9-46　鹅掌柴

（3）繁殖方法

扦插、高空压条或播种繁殖。扦插于 4～9 月进行，室温 25℃条件下，30～40d 可生根。播种在 4～5 月室内盆播，发芽适温 20～25℃，15～20d 发芽。高空压条发根率极高。

（4）常见栽培品种与同属栽培种

常见同属栽培种及品种如下：

①'斑叶'鹅掌柴（*S. odorata* 'Variegata'）叶绿色，叶面具不规则乳黄色至浅黄色斑块。小叶柄也具黄色斑纹。

②鹅掌藤（*S. arboricola*）常绿灌木，藤本，分枝多，茎节处有气生根，掌状复叶互生。

（5）园林应用

四季常青，株型丰满优美，叶片光亮，适于大、中盆栽观赏。可以单株盆栽，也可数株捆绑于柱上观赏，用以布置客厅、书房、卧室等。华南园林中多于草地丛植。

（6）其他经济用途

鹅掌柴的根皮及树皮具有药用价值。

35. 香龙血树类 *Dracaena* spp.

科属：百合科龙血树属

（1）形态特征

常绿小乔木，高达 6m。根黄色或红色。茎干直立，少分枝。叶片长剑形，无叶柄，抱茎；叶簇生枝顶或生于茎上部；绿色或有黄白色斑纹。

（2）分布与习性

原产于热带和亚热带非洲，亚洲及亚洲与大洋洲之间的群岛。中国分布于云南、海南、台湾等地。喜光又耐阴，忌强光直射，喜高温多湿，不耐寒。生长适温 18～24℃，越冬温度 10℃以上。要求疏松、富含腐殖质的土壤。

（3）繁殖方法

扦插、压条繁殖。常以扦插繁殖，温度保持在 25～30℃，保持较高的空气湿度，30～40d 即可生根。

（4）常见栽培品种与同属栽培种

同属植物 150 种，常见栽培种及品种如下：

① 巴西木（*D. fragrans*）　别名巴西木、巴西铁树、幸福之树、缟千年木。常绿小乔木，高达 6m。茎干直立，少分枝，皮淡灰褐色。叶绿色，丛生茎顶，长披针形，边缘波状。伞形花序排成总状，花小，黄色，有香气。花期 6～8 月。

② '金边'香龙血树（'Lindenii'）　别名'金边'巴西铁。叶缘有宽的金黄色条纹，中间有窄的金黄色条纹。

③ '中斑'香龙血树（'Massangeana'）　别名'金心'巴西铁。叶中心有宽的金黄色条纹。

④ 龙血树（*D. angustifolia*）　别名马骡蔗树、狭叶龙血树、长花龙血树、不才树。常绿小灌木，高可达 4m，皮灰色。叶无柄，密生于茎顶部，厚纸质，宽条形或倒披针形，基部扩大抱茎，近基部较狭窄，中脉背面下部明显，呈肋状。顶生大型圆锥花序，长达 60cm，花白色，芳香。浆果呈球形黄色。

（5）园林应用

大、中型盆栽植物。香龙血树茎干粗壮，株型优美，叶片翠绿，是室内绿化装饰的理想材料，尤其适用于公共场所的大厅或会场布置，增添迎宾气氛。可组合盆栽，观赏效果更佳。香龙血树的叶也是良好的插花配材。

（6）其他经济用途

夏威夷的卡娜卡族少女利用龙血树的树叶作跳呼啦舞的草裙。

（7）花文化

香龙血树的花语为坚贞不屈，坚定不移，长寿富贵，吉祥如意。

 小　结

本节主要介绍常见室内观叶花卉种类、品种的主要形态特征、分布及习性、繁殖方法、园林应用、经济用途及有关花文化。室内观叶花卉种类、品种繁多，是室内花卉的重要组成部分。花卉的主要形态特征及园林应用是本章的难点。

 知识拓展

表 9-1　其他观叶花卉

序号	种名 （科名）	学名	形态特征	生态习性	繁殖方法	园林应用
1	桫椤 (莲座蕨科)	*Alsophila spinulosa*	茎直立，黑褐色，上部有残存的叶柄，向下密被交织的气生根	喜温暖、湿润气候，耐荫蔽，不耐寒冷，空气相对湿度要大	分株、孢子繁殖	大型喜阴室内观叶
2	凤尾蕨 (凤尾蕨科)	*Pteris multifida*	根状茎直立，顶端具钻形叶片，叶簇生，分为不育叶和孢子叶 2 种类型，叶柄细，具三棱，黄褐色，叶椭圆至卵形	喜温暖、潮湿及半阴环境	分株、孢子繁殖、组织培养	盆栽观叶、切叶
3	荚果蕨 (球子蕨科)	*Matteuccia struthiopteris*	根状茎直立，连同叶柄基部有密披针形鳞片	喜温暖、湿润及半阴环境，适应性强	分株、孢子繁殖	盆栽观叶
4	蒲葵 (棕榈科)	*Livistona chinensis*	多年生单干型常绿乔木，树冠近圆球形，冠幅可达 8m。茎干外披瓦棱状叶鞘，重迭排列整齐	喜温暖、多湿的环境，耐阴，忌烈日，不耐干旱	播种、分株	盆栽观叶、丛植或行植，作行道树及背景树
5	非洲茉莉 (马前科)	*Madagascarjasmine stephanotisfloribunda*	叶表面暗绿色，背面黄绿色。伞房状集伞花序直立顶生，有小花 1～3 朵，漏斗状，白色蜡质，具浓郁芳香	喜温暖、湿润、通风良好的环境，喜阳光充足，忌强光直射	播种、扦插、分株、压条	盆栽观叶，作庭院绿化树
6	孔雀木 (五加科)	*Dizygotheca elegantissima*	茎秆和叶柄上有白色斑点。叶条状披针形，边缘有锯齿或羽状分裂，幼叶紫红色，成熟后为深绿色，叶脉褐色，总叶柄细长	喜温暖、湿润、光照充足的环境	播种、扦插	盆栽观叶
7	福禄桐 (五加科)	*Polyscia* spp.	常绿灌木。茎干挺直生长，多分枝，枝条柔软，枝干密布皮孔	喜温暖、湿润的气候，喜较高的空气湿度和较多的光照	扦插、高空压条	盆栽观叶
8	观音棕竹 (棕榈科)	*Rhapis excelsa*	具褐色粗纤维质叶鞘，叶片集生茎顶，掌状深裂直达基部。肉穗花序腋生，雌雄异株，花淡黄色	喜温暖、阴湿环境，耐阴、耐湿、耐贫瘠	播种、分株	盆栽观叶，插花的配叶
9	变叶木 (大戟科)	*Codiaeum variegatum Var.pictum*	茎直立，光滑无毛，多分枝。叶互生，品种不同，叶的形状、大小、颜色均有很大变化	喜高温、湿润及阳光充足的环境，喜光，不耐寒	扦插、播种、压条	盆栽观叶，作插花材料
10	八角金盘 (五加科)	*Fatsia japonica*	树冠伞形。掌状单叶 7～9 深裂，成熟叶片浓绿色，光亮，背面有黄色短毛	喜温暖、阴湿、通风良好的环境，耐阴性强	扦插、播种、分株	盆栽观叶
11	酒瓶兰 (百合科)	*Nolina recurvata*	常绿木本植物，在产地高可达 10m。茎直立，基部膨大，酷似酒瓶，茎顶有时分枝，生长较缓慢	喜温暖、湿润、阳光充足的环境，喜肥，耐旱，不耐寒	播种、扦插	盆栽观叶

（续）

序号	种名 （科名）	学名	形态特征	生态习性	繁殖方法	园林应用
12	落地生根 （景天科）	*Kalanchoe pinnata*	宿根肉质草本。株高可达 1m。全株蓝绿色，被白粉。茎直立，叶对生，肉质，矩圆形，具锯齿，在缺刻处分生小植株，落地即可成小植株。花序圆锥状，花萼纸质筒状，花冠细管状，下垂，淡红色	喜光、耐旱、喜温暖、不耐寒	不定芽繁殖、扦插、播种	盆栽观叶、观花，可配置岩石园或花境
13	猪笼草 （猪笼草科）	*Nepenthes mirabilis*	常绿宿根草本。食虫植物，附生性，茎平卧或攀缘。叶互生，革质，椭圆状矩圆形，全缘，中脉延伸端部为 1 个食虫囊，绿色，有褐色或红色的斑点和条纹，内壁光滑	喜高温高湿及庇荫环境	播种、扦插	盆栽观叶
14	二叉鹿角蕨 （鹿角蕨科）	*Platyceriun bifurcatum*	多年生常绿附生类蕨类植物。植株灰绿色，有绢状细柔毛。根状茎短粗，有分枝，附在树干上。叶异形，裸叶，圆形凸起，缘波状，紧贴根茎上，嫩时绿色，老叶棕色；实叶丛生下垂，幼时灰绿色，成熟时深绿色，基部直立楔形，端部二或三回叉状分枝，舌形孢子囊群生于实叶叶背端部分叉以上部位	喜温暖湿阴，常附生树木上	孢子繁殖、分株、组织培养	盆栽观叶、壁挂或垂吊
15	紫鹅绒 （菊科）	*Gynura aurantiana*	宿根草本。植株直立，全株被堇紫色或紫红色茸毛。叶互生，卵形，叶紫红色或蓝紫色，有光泽，叶缘具粗齿。头状花序，金黄或橙黄色。花期 4～5 月	喜温暖，忌强光、干燥，不耐寒	扦插	盆栽观叶
16	彩叶草 （唇形科）	*Coleus blumei*	宿根草本。茎直立，四棱。叶对生，卵形，具齿，叶面绿色，有黄、红、紫等花纹。顶生总状花序，花小，淡蓝色或白色。花期 8～9 月	喜温暖、通风透光良好。宜排水良好的沙壤土	播种、扦插	盆栽观叶、花坛花卉或路边镶边、切叶
17	铁十字秋海棠 （秋海棠科）	*Begonia mason,z,ana*	常绿宿根草本。叶近心形，叶面皱，黄绿色，中部有一不规则的近十字形的紫褐色斑纹	喜温暖多湿、半阴	分株、扦插	盆栽观叶、吊盆
18	蟆叶秋海棠 （秋海棠科）	*Begonia rex*	常绿宿根草本。无地上茎。叶簇生，卵圆形，一侧偏斜，深绿色，具皱纹，有银白色环纹，叶背红色，叶脉叶柄多毛	喜温暖、湿润、荫蔽的环境	播种、分株、叶插	盆栽观叶、吊盆
19	虎斑秋海棠 （秋海棠科）	*Begonia.cv.Tiger*	叶片长卵圆形，叶面暗红色，有绿色不规则团块，背面紫红色，叶缘有白色的毛	喜温暖、湿润、半阴环境	分株、叶扦插	盆栽观叶、吊盆
20	虎尾兰 （百合科）	*Sansevieria trifasciata*	常绿草本。叶簇生，叶厚而直立，剑形，有白绿与深绿相间的横带纹	喜温暖、湿润	分株或叶插	室内观叶、插花切叶
21	短叶虎尾兰 （百合科）	*Sansevieria trifasciota var. harnii*	常绿草本。叶厚，短而宽，叶两面有横纹，有银边或金边	喜温暖、湿润	分株	盆栽观叶
22	龙舌兰 （百合科）	*Agave amencana*	常绿大型草本。茎短。叶片肥厚，莲座状簇生，叶倒披针形，灰绿色，带白粉，先端具硬刺，叶缘具钩刺	喜温暖、光照充足，耐干旱瘠薄	分株	盆栽、暖地庭院栽植
23	芦荟 （百合科）	*Aloe vera* var. *chinensis*	宿根肉质草本。茎不明显。全株被白粉。叶条状披针形，轮生，肥厚，缘有刺状小齿。花冠筒状，橙黄色	喜温暖、喜光	扦插、分株	盆栽观叶
24	一叶兰 （百合科）	*Aspidistra elatior*	常绿宿根草本。叶基生，长椭圆形，革质，基部狭窄形成钩状长叶柄	喜温暖潮湿、耐阴、耐贫瘠	分株	盆栽观叶、切叶，林荫下地被

（续）

序号	种 名 （科名）	学 名	形态特征	生态习性	繁殖方法	园林应用
25	短穗鱼尾葵 （棕榈科）	*Caryota mitis*	常绿乔木。叶长 3～4m，二回羽状复叶，全裂，裂片如鱼鳍	喜高温、强光，耐阴、耐旱	播种、分株	大型盆栽观叶，暖地作城市绿化树种
26	美丽针葵 （棕榈科）	*Phoenix roebelenii O'Brien*	常绿灌木。茎丛生，茎干具三角状叶柄基部残留物。叶羽状全裂，长 1～2m，裂片狭条形，柔软，二列排列，叶背、叶脉被灰白色鳞秕	喜光，耐阴、耐旱	播种	盆栽观叶
27	紫鸭趾草 （鸭趾草科）	*Setcreasea purpurea*	常绿宿根草本。全株深紫色，茎细长，下垂或匍匐。叶阔披针形，抱茎	喜温暖、充足散射光	分株、扦插、播种	盆栽观叶或吊盆
28	冷水花 （荨麻科）	*Pilea cadierei*	宿根草本或亚灌木。茎光滑，多分枝。叶交互对生，卵状椭圆形，上部叶缘有浅齿，基出三主脉，叶脉下陷，脉间有银白色斑块	喜温暖、湿润，耐阴性强	扦插、分株	盆栽观叶、作荫地地被
29	黑叶芋 （天南星科）	*Alocasia.× amazonica*	茎短缩，常生 4～6 枚叶片。叶箭形盾状，近全缘，叶深绿色，叶脉银白色；叶柄长，浅绿色	喜温暖、湿润、半阴环境	分株、组培	盆栽观叶
30	合果芋 （天南星科）	*Syngonium podophyllum*	常绿宿根蔓性草本。茎蔓生，具气生根。叶狭三角形，三深裂，中裂片大，深绿色，叶脉及周围呈黄白色	喜高温高湿及半阴	扦插	盆栽观叶或吊盆
31	异叶南详杉 （南洋杉科）	*Araucaria heterphylla*	常绿乔木。树皮暗灰色，呈片状剥落。树冠窄塔形，大枝平展、轮生，小枝下垂。叶片针形，深绿色，表面有多数气孔线和白粉	喜温暖、湿润和阳光充足的环境	播种、扦插	大型盆栽观叶，作圣诞树，暖地作绿化树种

自主学习资源库

1. 花卉中国：http://www.flowercn.net.
2. 中国园林花卉网：http://www.zgylhh.com.cn.
3. 中国花卉网：http://www.china-flower.com.
4. 花木在线：http://www.hmjyw.com.

自测题

1. 天南星科的观叶花卉主要有哪些属种？
2. 广东万年青类和花叶万年青类植物有何不同？
3. 肖竹芋属和竹芋属植物有何不同？
4. 观赏蕨类植物主要有哪些？它们如何繁殖？
5. 简述文竹的播种繁殖方法。
6. 简述豆瓣绿的扦插繁殖方法。

7. 简述橡皮树的高压繁殖方法。

8. 简述蕨类植物的孢子繁殖方法。

9. 简述绿萝的栽植形式有哪些。

10. 简述八角金盘的园林应用形式。

11. 调查当地花卉市场观果花卉种类，并列出其学名、原产地、主要繁殖方法及主要形态特征。

12. 室内木本观叶植物有哪些？

13. 室内悬垂类观叶植物有哪些？

9.4 室内观果花卉识别与应用

学习目标

【知识目标】

（1）了解常见室内观果花卉分布、用途及花文化。

（2）熟悉常见室内观果花卉的生态习性及繁殖方法。

（3）掌握常见室内观果花卉主要识别特征及在园林中的应用特点。

【技能目标】

（1）能识别常见室内观果花卉。

（2）能进行室内观果花卉的繁殖。

（3）能正确运用室内观果花卉布置园林。

花卉种类繁多，有些种类既可以观叶、观花、又可以观果。由于室内观果花卉种类较少，果实具有色彩鲜艳、形状奇特、挂果期长的特点，因此深受受人们的喜爱。一般在重要节日，为增加节日气氛，人们常选择观果花卉装饰室内，表达人们对幸福美好生活的向往。我国各地区室内观果花卉应用差异很大，下面介绍 2 种常见的室内观果花卉。

1. 金橘 *Fortunella margarita*

别名：罗浮、洋奶橘、牛奶橘、金枣、金弹　　　科属：芸香科金橘属

（1）形态特征

常绿灌木或小乔木，高 3m。通常无刺，分枝多。叶片披针形至矩圆形，全缘或具不明显的细锯齿，表面深绿色，光亮，背面绿色，有散生腺点；叶柄有狭翅。单花或 2～3 花集生于叶腋，具短柄；花两性，整齐，白色，芳香；萼片 5；花瓣 5，不同程度合生成若干束；雌蕊生于略升起的花盘上。果矩圆形或卵形，金黄色，果皮肉质且厚，平滑，有许多腺点，有香味。夏末开花，秋冬果熟。

（2）分布与习性

原产于中国南部，分布于我国广东、广西、江西、福建、浙江、台湾等地。喜温暖、湿润及阳光充足的环境，不耐寒冷，不耐旱，在强光暴晒、高温、干燥等环境下生长不利，

不耐积水，冬季需置于5℃以上的温度越冬。喜肥沃、疏松、微酸性的沙质壤土。

（3）繁殖方法

嫁接、播种繁殖。嫁接通常采用枝接法，以一、二年生实生苗为砧木，接穗采用隔年的春梢或夏梢，不宜用秋梢。3～4月用切接法枝接，也可于6～9月进行芽接或靠接，均易成活。金橘播种实生苗后代多变异，品种易退化，结果晚，一般不采用播种繁殖。

（4）常见栽培品种

在中国，著名的金橘品种有'遂川'金橘、'融安'金橘、'尤溪'金橘。

（5）园林应用

金橘碧叶金果，四季常青，秋冬果实金黄，且具清香味，是冬季观果佳品，盆栽可陈列厅堂或置于案头，既增添新意又显雅致，清幽宜人，是家庭盆栽名优花卉之一。

（6）其他经济用途

金橘果可生食或制作蜜饯，入药能理气止咳。果实含有丰富的维生素C、金橘甙等成分，对维护心血管功能，防止血管硬化、高血压等疾病有一定的作用。

（7）花文化

在粤语等语系中，"橘"、"吉"同音，"金吉"者，橘为吉，金为财，金橘也就有了吉祥招财的含义。

2. 佛手 *Citrus medica* var. *sarcodactylis*

别名：佛手橘、五指橘、佛手香橼、手橘　　　　科属：芸香科柑橘属

（1）形态特征

多年生常绿小乔木或灌木，盆栽结果植株高60～100cm。枝条具短硬棘，老枝灰褐色。叶互生，革质，椭圆形，先端钝，有时有凹缺。总状花序，白色，外缘略带紫晕。果实冬季成熟，色泽橙黄，基部圆形；上部分裂成指状或顶端微裂，不完全裂开的称"拳佛手"，完全分裂如指状的称"开佛手"。初夏开花，秋末果成熟。

（2）分布与习性

原产于中国广东、云南、福建、浙江等地，为亚洲热带树种，各地花圃盆栽较多。喜温暖气候，要求阳光充足、通风良好的环境。喜潮怕湿，不耐寒冷，温度不得低于13℃。宜生长于疏松、肥沃、排水良好、富含有机质的酸性沙质壤土，萌蘖性强。

（3）繁殖方法

嫁接、扦插、高枝压条繁殖。嫁接以枸橘、橘、柚的实生苗为砧木，时间以4～6月为宜，以靠接法较易成活。扦插于4～5月进行，插穗选取去年生的健壮枝条，长15～20cm，减除叶片保留叶柄，插于通气透水性好的沙土或蛭石中，适当遮阴，经常喷水，20～30d生根，极易成活。高压繁殖一般于5～7月进行，选生长旺盛的枝干高压，1个月后生根。

（4）园林应用

佛手果形如手指，颜色金黄，姿态奇特，且具芳香，是著名的色、香、形俱美的秋冬

观果花卉，盆栽是点缀室内环境的珍品。南方可植于庭院中。

（5）其他经济用途

佛手果实具有较高的药用价值，其根、茎、叶、花、果均可入药，有理气化痰、止咳消胀、舒肝健脾和胃等多种功能。佛手还具有较高的经济价值，可加工食品、饮料，酿制佛手酒等。

（6）花文化

佛手被称为"果中之仙品，世上之奇卉"，雅称"金佛手"。

 小　结

本节主要介绍2种常见室内观果花卉的主要形态特征、分布及习性、繁殖方法、园林应用、经济用途及有关花文化。室内观果花卉种类、品种较室内观花、观叶植物少，且各地区差异很大，需根据具体情况应用。

 知识拓展

其他室内观果花卉见表9-2。

表9-2　其他室内观果花卉

序号	种名（科名）	学　名	形态特征	生态习性	园林应用
1	石　榴（石榴科）	*Punica granatum*	嫩枝黄绿光滑，常呈四棱形，枝端多为刺状，无顶芽。果实为多籽浆果，球形，红黄色，顶端有宿萼	喜温暖、阳光充足的环境，耐寒、耐干旱、耐贫瘠，忌水涝	观花、观果
2	代　代（芸香科）	*Citrus aurantium* var. *amara*	叶革质，卵状椭圆形。果扁球形，直径7～8cm，当年冬季呈橙黄色，次年夏季又变为青色	喜温暖、湿润气候，喜光、喜肥	观果
3	南天竹（小檗科）	*Nandina domestica*	叶对生，2～3回羽状复叶，具长柄，小叶革质。浆果球形，成熟时鲜红色	喜温暖、湿润及阳光充足环境，较耐寒	观叶、观果，也是切花好材料
4	火　棘（蔷薇科）	*Pyracantha fortuneana*	枝条披散下垂，侧枝短刺状，短枝梢具枝刺。梨果扁圆形，呈穗状，每穗有果10～20个，直径约5mm，橘红或深红色	适应性强、耐旱、耐涝、耐瘠薄、耐盐碱，抗寒	观果，果枝可作插花材料
5	冬珊瑚（茄科）	*Solanum pseudocapsicum*	茎枝具细刺毛。浆果单生，球状，珊瑚红色或橘黄色	喜温暖、湿润，喜光，较耐阴	中、小型观果盆栽
6	无花果（桑科）	*Ficus carica*	落叶乔木，高10m。多分枝，小枝粗壮。叶广卵形，3～5掌状分裂，裂片卵形，缘具不规则钝圆齿，叶面粗糙，叶被黄褐色柔毛。聚花果梨形，单生于叶腋，熟时紫红色或黄色	喜温暖、湿润的环境，喜光、喜肥，耐干旱	室内观果
7	朱砂根（紫金牛科）	*Ardisia crenata*	常绿小灌木。单叶互生，叶革质，有光泽。伞形花序，侧生或腋生。核果圆球形，如豌豆大小，开始淡绿色，成熟时鲜红色，表面光亮，疏被黑点，经久不落。花期5～6月；果期9～10月	喜温暖、湿润、荫蔽的环境	室内观果，也可作地被或庭院栽植

（续）

序号	种名（科名）	学　名	形态特征	生态习性	园林应用
8	观赏椒 （茄科）	*Capsicum frutescens* var. *fasciculatum*	多年生草本，常作一年生栽培。根系发达。茎直立，茎基部木质化，分枝能力强。单叶互生，全缘，卵圆形，叶片大小、色泽与青果的大小色泽相关。花叶腋单生或枝梢聚生，花小，白色。浆果，果实直立或斜生，卵形、球形或扁球形，成熟过程由绿变白色转成黄、橙、红、紫、蓝等色。花期6～8月；果期8～10月	喜温暖气候，要求阳光充足及肥沃、湿润的土壤，不耐寒	盆栽观果，可布置花坛边缘
9	乳茄 （茄科）	*Solanum mammosum*	一年生草本，株高1m。茎被短柔毛及扁刺。叶卵形，常5裂。蝎尾状花序，花冠堇紫色，5裂。浆果倒梨状，黄色或橙色，长约5 cm，果实基部有5个乳头状突起。花、果期夏秋	喜温暖、湿润和阳光充足环境，喜肥，不耐干旱，可耐半阴	观果、插花切果
10	朱砂橘 （芸香科）	*Citrus erythrosa*	常绿小乔木，树冠广展。叶椭圆形，两端尖，绿色。花小，黄白色，单生。果实扁球形，顶端稍有凹入，果皮朱红色	喜温暖、湿润和阳光充足环境	室内观果

自主学习资源库

1. 花卉中国：http://www.flowercn.net.
2. 中国园林花卉网：http://www.zgylhh.com.cn.
3. 中国花卉网：http://www.china-flower.com.
4. 花木在线：http://www.hmjyw.com.

自测题

1. 常见室内观果花卉有哪些？
2. 调查当地花卉市场观果花卉种类，并列出其学名、原产地、主要繁殖方法及主要形态特征。

单元 10
仙人掌及多浆植物

学习目标

【知识目标】

（1）掌握仙人掌科植物的识别要点。

（2）掌握多浆植物的识别要点。

（3）掌握仙人掌和多浆植物的应用特点。

（4）掌握仙人掌和多浆植物的繁殖方法。

【技能目标】

（1）熟练识别常见的仙人掌科植物。

（2）熟练识别常见的多浆植物。

（3）了解仙人掌和多浆植物的繁殖方法。

（4）了解仙人掌和多浆植物的园林应用。

在秘鲁的沙漠地区，生长着一种会"走"的植物——"步行仙人掌"。这种仙人掌的根是由一些带刺的嫩枝构成的，它能够借助风的力量，"走"出很远的一段路程。"步行仙人掌"是一种植物，植物需要土壤的支持和养分、水分的供给才能正常生长，不从土壤里吸取营养，怎么活下来呢？要想知道"步行仙人掌"生存的奥秘，请学习下面的知识。

10.1　仙人掌及多浆植物概述

10.1.1　仙人掌及多浆植物的含义

1619 年瑞士植物学家琼·鲍汉提出多肉植物这一名词，意指这类植物具肥厚的肉质茎、叶或根。在植物学上多肉植物也称肉质植物或多浆植物，它包括了仙人掌科、番杏科的全部种类和景天科、大戟科、萝藦科、百合科等其他 50 余科的部分种类，总数逾万种。但由于仙人掌科种类众多，3000～5000 种，近年来不断有新的种出现，更重要的是仙人掌科植物有它独有的特征，所以大多数书籍都将仙人掌科独立出来。这样多浆植物就有了广义和狭义之分。广义上，多浆植物包括了仙人掌科和其他科的多浆植物，是指抗寒、耐热或抗旱的植物，主要生长于沙漠及海岸地区。它们的根或茎特别肥大，有些叶片退化，以利于储存大量的水分。狭义上，多浆植物不包括仙人掌科植物。在观赏园艺上，仙人掌科植物专称为仙人掌类植物或仙人掌类花卉。之所以分开是由于它们之间在习性、栽培繁殖上有区别。目前国内外专家基本上都是分开叙述的，因此，本教材提到的多浆植物也不包括仙人掌科植物，而主要指番杏科、景天科、大戟科、萝藦科、百合科等十几个科的肉质肥厚的种类。仙人掌科植物有刺座，其他的多浆植物无刺座，部分有硬刺的品种，多半是表皮特化的情形。

10.1.2 仙人掌及多浆植物的外部特征和生态习性

仙人掌类植物原产于南美洲和北美洲的热带、亚热带雨林和沙漠边缘干燥地带，有的可在冰天雪地越冬，有的则在森林、草原、湖沼等湿润地带与其他植物共同生长。仙人掌类花卉通常分为地生和附生两大类，地生种类原产于美洲热带或亚热带干旱沙漠或半沙漠地区，性喜强烈阳光及干燥环境，种类繁多，株体肥硕，表皮角质层厚，多棱、多刺，植株形状有扁圆、球、柱、掌、棒、鞭杖、剑、爪、指状、云座等。附生种类原产于热带雨林地区，株体平面较大，表皮角质层较薄，根系扎在枯朽树洞或树木近旁堆积的腐殖质中，要求环境湿润，有气生根，可攀缘，并可吸收养料和水分，如令箭荷花、量天尺、昙花、蟹爪兰、仙人指等，性喜温暖湿润和半阴的环境。地生种类的原产地每年有漫长的旱季，大都具有冬季休眠的习性。附生种类的产地无长时间的旱季，所以几乎没有休眠期。

仙人掌类花卉生长发育最适温度为 20～37℃，要求有昼夜温差，最适昼夜温差 15℃。地生种类对光照强度和光的质量大都有较高的要求；附生种类春秋季节要求疏荫，盛夏宜浓荫，冬季宜柔和而充足的光照，且保持较高的空气湿度。

多浆植物大部分生长在干旱地区或一年中有一段时间干旱的地区，每年有很长的时间根部吸收不到水分，仅靠体内贮藏的水分维持生命，植株的肉质部分主要在茎基部，形成膨大的形状不一的块状体、球状体或瓶状体。无节、无棱，而有疣状突起。有叶或叶早落，多数叶直接从根颈处或从突然变细的、几乎不肉质的细长枝条上长出。在极端干旱的季节，这种枝条和叶一起脱落。

按照贮水组织在多浆植物中的不同部位，分为三大类型：①叶多肉植物。叶高度肉质化，而茎的肉质化程度较低，部分种类的茎带一定程度的木质化。如番杏科、景天科、百合科和龙舌兰科的种类。②茎多肉植物。贮水组织主要分布在茎部，部分种类茎分节，有棱和疣突，少数种类具稍带肉质的叶，但一般早落。如大戟科和萝藦科的多肉植物。③茎干多肉植物。植物的肉质部分集中在茎基部，而且这一部位特别膨大，形状以球状或近似球状为主，有时半埋入地下，无节、无棱、无疣突，有叶或叶早落。

多浆植物叶的类型很多，大多数种类都是单叶，叶的排列方式有互生、对生、交互对生、两列叠生、簇生和排列成莲座状。形状有线形、匙形、椭圆形、卵圆形、心形、剑形、舌形、菱形等。有的全缘，有的具掌状、羽状浅裂，有的叶缘和叶尖带刺或毛。番杏科的一些小型种类几乎没有茎，叶的形状非常奇特，有的呈棒形，有的由对生叶组成球状、扁球状、元宝状等。

叶多肉植物的茎一般不肉质化，很多种类叶贴近地面生长，茎为短缩茎。茎多肉植物一般具直立的柱状茎；也有一些种类具球状、长球状或细长下垂的茎。柱状茎的截面通常是圆形，也有三角形或近方形的。大戟科和部分萝藦科种类的茎有明显的棱，棱数从 3 至 20 多个不等，少数种类还具疣突。茎干多肉植物膨大的茎形状多样，如大苍角殿为球状、酒瓶兰为长颈酒瓶状、佛肚树为纺锤状、龟甲龙为半球状、青紫葛为酒瓮状、孔雀球为陀螺状、笑布袋为扁球状、松球掌为卵圆状等。

仙人掌和多浆植物有很多不同之处，也有很多共同特征：

（1）具有鲜明的生长期及休眠期

地生种类的大部分仙人掌科植物具有生长期及休眠期交替的习性，在雨季中吸收大量的水分，并迅速生长、开花、结果；旱季为休眠期，借助贮藏在体内的水分来维持生命。很多多浆植物也是如此，如大戟科的松球掌。

（2）具有非凡的耐旱能力

① 仙人掌和多浆植物在生理上具有与一般植物不同的代谢途径——景天科酸代谢途径：它们夜间气孔张开，吸收并固定 CO_2，白天气孔关闭，以避免水分的过度蒸腾，最大限度地利用水分。②仙人掌和多浆植物植物体多呈球形，在相同的体积下，具有最小的表面积，最大限度地减少蒸腾，并且不影响贮水体积。③它们具棱，雨季时吸收水分可以迅速膨大，把水分贮存在体内，干旱时，体内水分消耗后及时皱缩，不影响美观，并且不会因水分的多寡而使表皮破裂。④它们还具有毛刺或白粉、蜡层等，可以减少水分的蒸发。

（3）具有较高的观赏价值

① 仙人掌和多浆植物的茎的棱形和条数多变。茎上的棱形有的上下贯通，有的螺旋状排列，有锐形、钝形、瘤状、锯齿状等十多种形状；条数也不同，有的只有 2～3 条棱，有的具有 5～20 条棱，非常壮观。②它们变态茎形态多变，有的扁，有的圆，有的呈多角形，有的不规则。③刺形多变，仙人掌类刺座的大小及排列方式依种类不同而有变化，刺座上着生刺、毛，有的着生子球、茎节或花朵；刺的形状有刚毛状、毛发状、针状、钩状、麻丝状、舌状、顶冠刺、突锥刺等。④花色艳丽，有白、黄、红等色，有些还有金属光泽。

10.1.3　仙人掌及多浆植物的园林应用

仙人掌和多浆植物生性强健，适应性强，对环境条件要求不严，最适合室外阳台、室内几案摆放。大型品种可单株观赏，小型品种可组合盆栽，妙趣横生。

应用在园林中可设置专类花园，向人们普及科学知识，使人们享受沙漠植物景观的乐趣；也可作篱垣，如云南傣族人民常将霸王鞭栽于竹楼前作高篱；量天尺在中国南方园林营造山野风光常有应用；可把一些矮小的多浆植物用于地被或花坛中，如垂盆草可作地被植物。

仙人掌及多浆植物大多有药用或食用价值，在墨西哥的农贸市场上，仙人掌类的果实和嫩茎是非常普通的水果和蔬菜，仙人掌汁的营养不亚于苹果汁，萝藦科水牛掌属的茎和番杏科某些种类的肉质叶可以食用，西番莲科的某些多浆植物的果实可制造清凉饮料，有几种龙舌兰科植物的肉质叶及茎轴可以酿酒。

10.2 常见仙人掌及多浆植物识别及应用

1. 仙人掌 *Opuntia dillenii*

别名：仙巴掌、霸王树、火焰、火掌、玉芙蓉、
牛舌头、团扇

科属：仙人掌科仙人掌属

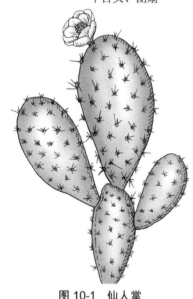

图 10-1 仙人掌

（1）形态特征

肉质多年生植物。根系纤细，纤维状，根浅而分布范围广。表面平滑，茎肥厚，含叶绿素，下部稍木质，近圆柱形，上部肉质，扁平，绿色，具节；茎每节卵形至矩圆形，长 15～30 cm，光亮，散生多数瘤体，每一小瘤体上密生黄褐色卷曲的柔毛，并有利刺，花、枝和叶（如果有叶的话）也由此生出。多数种类的叶消失或极度退化，花黄色，径达 7～8 cm，单生或数朵丛生于扁化茎顶部边缘。浆果肉质，卵圆形，长 5～7 cm，紫红色，被细硬毛；种子多数（图 10-1）。

（2）分布与习性

仙人掌原产于南美洲热带、亚洲热带大陆及附近一些岛屿，部分附生种类生长在森林中。中国许多地区都有引种。喜强烈光照，耐炎热、干旱、瘠薄。仙人掌生长适温为 20～30℃，生长期要有昼夜温差，白天 30～40℃，夜间 15～25℃，冬季白天温度应达到 9～15℃，夜间 5℃左右，喜疏松、肥沃、排水良好的土壤。

（3）繁殖方法

常用扦插或嫁接繁殖的方法。扦插繁殖，插穗选用较老而坚实的茎节，剪切后阴干 10 d 左右，待切口处长出一层愈伤组织后再扦插，插床用粗沙、锯末等透水透气的疏松基质，保持温度 25～35℃，以利于发根。嫁接繁殖一般以抗旱性强、易亲和的三棱箭作砧木，常用平接、劈接和斜接等方法，在 25～30℃的温度下，选择生长健壮的砧木，用消毒后的刀片，将砧木顶端约 2 cm 的头部水平切去，切口应平滑，再将接穗的基部水平切去，切口也应平滑，将接穗与砧木的维管束对正，压紧密合，用线绑牢。暴露于空气中的切口部分可薄薄地撒一层硫黄粉，避免细菌入侵，置于没有日光直射和强风的地方。

（4）常见栽培品种

在中国栽培的主要品种有'红花团扇'、'巨人团扇'、'无刺团扇'、'销练掌'、'白毛掌'、'黄毛掌'、'黄针'仙人掌、'长针'白毛掌等。

（5）园林应用

仙人掌在园林造景中主要用于营造沙漠景观;也可以布置植物园,体现生物多样性,还可以盆栽用于庭院观赏。

（6）其他经济用途

仙人掌的有些品种可食用，对金黄色葡萄球菌有明显的抑制效果。

（7）花文化

相传在上帝造物时，创造了一种极为柔美的植物——仙人掌，但是它没有任何自我保护的措施，上帝不忍心让这美丽的植物消亡，就为它创造了一件具有攻击性的外衣，使它更坚强，所以仙人掌的花语是刚毅、坚强。

2. 仙人球 *Echinopsis tubiflora*

　　别名：草球、长盛球　　　　　　　　　科属：仙人掌科仙人球属

（1）形态特征

　　多年生多浆草本。茎球形或椭圆形，绿色，高可达 25 cm；球体常侧生出许多小球；球体和小球体上有纵棱若干条；棱上着生刺座，刺座上密生长短不一的针刺，黄绿色，辐射状排列。花着生于刺座中，银白色或粉红色，长喇叭形，花被片长可达 20 cm，辐射状排列；花筒外被鳞片，鳞片腋部具长绵毛。浆果球形或卵形，无刺；种子细小，多数。花期 5～6 月（图 10-2）。

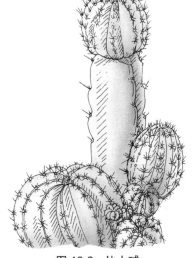

图 10-2　仙人球

（2）分布与习性

　　仙人球原产于南美洲高热、干燥、少雨的沙漠地带，现在中国各大植物园均有引种。喜干、耐旱、怕冷，喜欢排水良好的沙质土壤。

（3）繁殖方法

　　仙人球常用扦插和嫁接的方法繁殖。扦插繁殖容易生子球的品种可在生长季摘取子球晾几天，等伤口干燥后扦插。嫁接繁殖应选择接穗和砧木生长均旺盛的植株，在 4～5 月，气温稳定在 20～28℃时，采用平接、劈接、刺接的方法。平接是将砧木顶部削平，然后将削口四周的茎肉和外皮向斜下方成 30°～40°角削掉一部分，将作接穗的小球切去基部 1/3，切口要平滑，把切好的小球平放在砧木上，使双方肉质茎中央的髓部相吻合，再用棉线将砧木、接穗连同栽植盆一同扎紧，在扎线时，要保证砧木和接穗的连接处没有移位；接好后，罩塑料袋保湿，在半阴处养护，在嫁接口愈合期间，不能有水溅到嫁接口上，成活一周后解绑。

（4）常见栽培品种

仙人球常见栽培品种有‘草球’、‘花盛球’、‘仁王球’、‘金盛球’、‘短毛球’等。

（5）园林应用

仙人球的茎、叶、花均有较高观赏价值，在植物园种植仙人球可以营造沙漠景观。在庭院或办公室也可以盆栽观赏或水培。

（6）其他经济用途

仙人球具有清新空气的作用；还可以药用，具有行气活血、清热解毒、消肿止痛、健脾止泻、安神利尿等作用。

（7）花文化

相传仙人球不会开花，也没有刺，虽然有顽强的生命力，但常常被人忽视和讥讽，为此仙人球顽强地奋斗，长出了浑身的刺并开出了艳丽的鲜花。所以仙人球的花语是坚强，

将爱情进行到底。

3. 仙人指 *Schlumbergera russellianus*

别名：仙人枝、圣烛节仙人掌、圆齿蟹爪　　　　科属：仙人掌科仙人指属

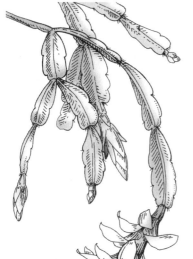

（1）形态特征

多年生附生仙人掌类。多分枝，枝丛下垂。茎节扁平，肉质；淡绿色，多节，节长圆形，叶状，有明显的中脉，每侧有1～2个钝齿，顶部平截。花为整齐花，单生枝顶，花冠整齐，有多种颜色。花期2月（图10-3）。

（2）分布与习性

仙人指原产于巴西和玻利维亚，现中国许多地方引种。喜温暖湿润气候，富含有机质及排水良好的土壤；略耐阴，生长适宜温度为19～32℃，越冬温度7～13℃。

（3）繁殖方法

仙人指宜采用扦插或嫁接繁殖。扦插繁殖，生长旺季取茎节1～4节（要带3～4个叶节）作插穗，在荫凉处晾两三天后插入基质中，扦插时把插穗和基质稍喷湿，很快就可长出根系和新芽。嫁接繁殖，3、4月花谢后，用仙人

图10-3　仙人指

掌、仙人球或量天尺作砧木，首先用干净刀片水平切去砧木顶端部分，再用刀尖插入顶端3～4 cm深，形成一个"V"形口，随后用刀片削去插穗茎节顶端的皮，使其成楔形后，立即插入砧木顶端的"V"形口内，深2～3 cm。插入后用手轻轻捏住切口片刻使两部分能紧紧黏合，液体互相浸润，用夹子夹住，置于荫凉避雨处养护，浇水时注意水不能浇入接口内。一般15 d左右即可成活。

（4）常见同属栽培种

仙人指属常见栽培种有华美仙人指、布里斯托尔、金魔、冬进等。

（5）园林应用

仙人指因原产于热带雨林边缘地区，花期在春节前后，所以在中国常盆栽观赏，作年宵花卉。

（6）其他经济用途

仙人指可药用，具清热解毒、散瘀消肿、健胃止痛、镇咳的作用，外用治流行性腮腺炎、乳腺炎、痈疖肿毒、蛇咬伤、烧烫伤等。

（7）花文化

仙人指的花语为藏在心底的爱。

4. 绯牡丹 *Gymnocalycium mostii*

别名：红灯、红牡丹、红球、瑞云球、牡丹玉　　　　科属：仙人掌科裸萼球属

（1）形态特征

多年生肉质植物。茎呈扁球形，直径3～5 cm，一般具8条棱，有突出的横脊，有鲜红、深红、橙红、黄、粉红或紫红等色；成熟的球体群生子球；刺座小，无中刺，辐射刺短或

脱落。花细长，漏斗形，粉红色，着生在顶部的刺座上。花期春、夏季（图10-4）。

（2）分布与习性

原产于南美洲巴拉圭干旱的亚热带地区，现中国多数地区有引种。喜温暖和阳光充足的环境，夏季高温时需稍遮阴，要求肥沃和排水良好的土壤。不耐高温不耐寒，生长适宜温度 16～30℃，昼夜温差有利于植株生长，越冬温度不可低于15℃。

（3）繁殖方法

绯牡丹主要用嫁接的方法繁殖。室温稳定在25～30℃时，选取粗壮且柔嫩的砧木（如量天尺、仙人掌、虎刺等），将顶部削平备用；再从母株上选取直径约 1 cm 的健壮子球作接穗，用消过毒的锋利刀具从母体上剥下并削平，将子球球心对准砧木中心柱，紧贴砧木切口，用棉质细线扎牢，松紧适宜。在庇荫处养护，7～10 d 解绑，再养护 15 d，若接口完好，则已成活。

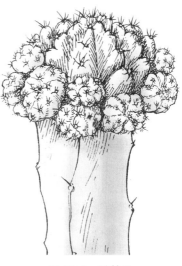

图 10-4　绯牡丹

（4）常见栽培品种

'黄体'绯牡丹是一个纯黄色的斑锦变异品种，除球体完全呈金黄色外，其他均同于绯牡丹。

（5）园林应用

常作盆栽，或配置于多浆植物专类园，也可作盆景材料。

（6）其他经济用途

绯牡丹有清血热、散瘀血的功能，常作药用。

5. 金琥 *Echinocactus grusonii*

别名：象牙球、金琥仙人球　　　　科属：仙人掌科金琥属

（1）形态特征

茎圆球形，单生或成丛，直径约 80 cm 或更大；球顶密被金黄色绵毛；有显著的棱 21～37 条；刺座大，密生硬刺，先金黄色，后变成褐色，有辐射刺 8～10 枚，中刺 3～5 枚，较粗，稍弯曲，长 5 cm。花着生在球顶部绵毛丛中，钟形，长 4～6 cm，黄色，花筒披尖鳞片。花期 6～10 月（图10-5）。

（2）分布与习性

金琥原产于墨西哥中部干燥炎热的沙漠地区。性强健、喜阳光充足、温暖的环境，喜肥沃并含石灰质的沙壤土。生长适宜温度为 10～25℃，需要有昼夜温差，越冬温度 8～10℃。

（3）繁殖方法

金琥繁殖多用播种方法，也可用嫁接方法。播

图 10-5　金琥

种繁殖用当年采收的种子在 5～9 月进行播种，发芽后 1～2 个月幼苗球体已有绿豆大小时，可移栽。嫁接繁殖是在早春用切顶的办法，促使滋生子球，子球长到 0.8～1 cm 时即可切下嫁接，砧木可选用一年生量天尺的茎段。等接穗长到一定大小或砧木支撑不了时"蹲盆"，促使其长出自身的根系，切下砧木重新栽植即可。

（4）常见同属栽培种

常见栽培种有白刺金琥、狂刺金琥、短刺金琥、金琥锦、金琥冠、弁庆、太平球大龙冠等，其中狂刺金琥刺呈不规则弯曲，颇为珍奇。

（5）园林应用

金琥是仙人掌类植物中最具魅力的一种。球体浑圆碧绿，刺色金黄，刚硬有力，成年金琥花繁球壮，盆栽可长成规整的大型标本球，点缀厅堂，是家庭绿化的理想材料。

（6）其他经济用途

金琥体内具有多种维生素和微量元素，可药用，具有行气活血、清热解毒、消肿止痛、润肠止血、健脾止泻、安神利尿的作用。金琥呼吸多在晚上进行，吸入二氧化碳，呼出氧气，成为夜间的氧吧。

（7）花文化

金琥球顶密被金黄色绵毛，民间誉为"生金"，同时金琥的名字中的"琥"与"护"谐音，迎合中国传统文化中好彩头之意。

6. 蟹爪兰 *Zygocactus truncactus*

别名：圣诞仙人掌、蟹爪莲、蟹足、蝎子莲、
仙指花、锦上添花

科属：仙人掌科蟹爪兰属

（1）形态特征

多年生附生仙人掌。节状茎扁平，嫩绿色，肥厚，新出茎节带红色，分枝多，常悬垂簇生，节间短，节部明显，茎节先端平截，长 4～4.5 cm，宽 1.5～2.5 cm，两端及边缘有尖齿 2～4 个，似螃蟹的爪子，刺座上有刚毛。花着生于茎节顶部刺座上，花筒淡褐色，有 4 个棱角，花被 3～4 轮，呈塔状叠生，花瓣张开反卷，长 6～8 cm，基部 2～3 轮为苞片，呈花瓣状，向四周平展伸出，花色有深红、粉红、橙、杏黄、白、双色等色（图 10-6）。

图 10-6 蟹爪兰

（2）分布与习性

蟹爪兰原产于巴西东部热带森林中，常附生在树干上或荫蔽潮湿的山谷里，性喜半阴、潮湿、通风凉爽的环境，要求排水、透气良好的微酸性肥沃的腐叶土和泥炭土，适宜生长的温度为 20～25℃，不耐寒，冬季越冬温度应不低于 10℃。

（3）繁殖方法

蟹爪兰可扦插或嫁接繁殖，操作方法同仙人指。

（4）常见栽培变种

常见栽培变种还有：

① 圆齿蟹爪兰 花红色，茎淡紫色。

② 美丽蟹爪兰 花芽白色，开放时粉红色。

③ 红花蟹爪兰　花洋红色。

（5）园林应用

蟹爪兰茎扁平肉质，色泽翠绿，花茎俱佳，又在冬春开花，可以弥补冬春淡花季，装饰居室、阳台，为节日增添喜庆的气氛。

（6）其他经济用途

蟹爪兰具有药用价值，可以解毒消肿。

（7）花文化

蟹爪兰的花语为鸿运当头、运转乾坤。

7. 量天尺 *Hylocereus undatus*

别名：霸王鞭、霸王花、剑花、仙人三角、三角火旺、　　　科属：仙人掌科量天尺属

　　　七星剑花、三棱柱、三棱箭

（1）形态特征

量天尺为附生性肉质植物，株高 30～60 cm。茎粗壮，深绿色，三棱柱形，多分枝，边缘具波浪状，长成后呈角形，具小凹陷，长 1～3 枚不明显的小刺，具气生根。花大型，白色，有芳香。浆果长圆形，红色（图 10-7）。

（2）分布与习性

广泛分布于美洲热带和亚热带地区，中国广东、广西、福建也有栽培。性强健，喜温暖，宜半阴，生长适宜温度 25～35℃，喜含腐殖质的肥沃壤土。

（3）繁殖方法

多用扦插繁殖，在生长季节剪取生长充实的茎节，在阴凉处放置 2～3 d，插于沙床中，30 d 左右可生根，根长 3～4 cm 时可移栽定植。

图 10-7　量天尺

（4）园林应用

宜地栽于展览温室边缘地带以展示热带雨林风光，也可盆栽，或作为篱垣植物；还可以作其他肉质植物的砧木。

（5）其他经济用途

量天尺鲜花的干制品是蔬菜中佳品；入药有清肺热和滋补的功效。

（6）花文化

量天尺的花语为无尽的未来。

8. 山影拳 *Piptanthocereus peruranus* var. *monstrous*

别名：山影、仙人山、岩石狮子、神代柱　　　科属：仙人掌科天轮柱属

（1）形态特征

多年生肉质植物。植株芽上的生长锥分生不规则，整个植株肋棱错乱，不规则地增殖成参差不齐的岩石状。变态茎暗绿色，具褐色刺，整个植株郁郁葱葱，起伏层叠状如山石。20 年以上的植株开花，花大型，喇叭状或漏斗形，白或粉红色，夜开昼闭。花期夏、秋季节。

（2）分布与习性

山影拳原产于西印度群岛、南美洲北部及阿根廷东部，现各地广泛引种。耐干旱，也耐半阴，喜温暖干燥和阳光充足的环境，宜排水良好、肥沃的沙壤土。

（3）繁殖方法

常用扦插繁殖，4～5月进行，选取山影拳的小茎，用消过毒的利刀割下后晾1～2 d，待切口收干后扦插土中，盖土压实，喷少许水保持湿润，保持15～25℃的温度，约20 d可生根。

（4）常见同属栽培种

山影拳因品种不同，其峰的形状、数量和颜色各不相同，常见同属栽培种及品种还有：

① 岩石山影　植株高大，为粗码品种。

② '小狮子'　分枝和茎棱既密又细小，全身布满毛状短刺，为密码品种。

③ '狮子头'　植株不高，分枝多，毛刺也多，为细码品种。

此外还有'冲天柱'等。

（5）园林应用

山影拳为参差不齐的岩石状，形如怪石奇峰，常作盆景观赏。也可用山影拳作砧木，嫁接各种彩色仙人掌球体，构成多彩盆栽。

（6）其他经济用途

山影拳可以作其他多肉植物的砧木。

（7）花文化

山影拳的花语为坚强。

9. 令箭荷花 *Nopalxochia ackermannii*

别名：孔雀仙人掌、孔雀兰、荷令箭、红孔雀、荷花令箭　　　　科属：仙人掌科令箭荷花属

（1）形态特征

图10-8　令箭荷花

多年生附生肉质植物。高50～100 cm，茎直立，多分枝。植株基部主干细圆，分枝扁平呈令箭状，绿色；茎的边缘呈钝齿形，齿凹入部分有刺座，具0.3～0.5 cm长的细刺；扁平茎中脉突出。花从茎节两侧的刺座中开出，花筒细长，喇叭状，花色有紫红、大红、粉红、洋红、黄、白、蓝紫等，白天开花。花期5～7月（图10-8）。

（2）分布与习性

原产于美洲热带地区，以墨西哥为多。中国各地以盆栽为主。喜温暖湿润的环境，忌阳光直射，耐干旱，耐半阴，怕雨淋，要求肥沃、疏松、通透的中性或微酸性土壤。生长适宜温度20～25℃，冬季越冬温度不低于5℃。

（3）繁殖方法

常用扦插和嫁接的方法繁殖。扦插繁殖在每年3～4月进行，剪取10 cm长的健康扁平茎节作插

穗，剪下后晾 2～3 d，插入湿润沙土中，插入深度为插穗长度的 1/3，保温保湿，约一个月可生根。嫁接繁殖宜在温度稳定在 25℃时进行，在砧木上用刀切一个楔形口，再取 6～8 cm 长的健康令箭荷花茎段作接穗，在接穗两面各削一刀，露出茎髓，使之成楔形，立即插入砧木楔形口内，用棉线绑扎好，置于荫凉处养护，约 10 d 嫁接部分可长合，除去棉线，进行正常养护。多年生老株下部萌生形成很多枝丛的，也可进行分株繁殖。

（4）常见同属栽培种

同属栽培种还有小花令箭荷花，其特点是花小，着花繁密。

（5）园林应用

令箭荷花以盆栽观赏为主，在温室中多采用品种搭配。也用来点缀客厅、书房的窗前、阳台、门廊等。

（6）其他经济用途

令箭荷花茎可入药，具有活血止痛的功效。

（7）花文化

令箭荷花的花语为追忆、回忆爱情。

10. 昙花 *Epiphyllum oxypetalum*

别名：琼花、昙华、月下美人、韦陀花、月来
　　　美人、夜会草、鬼仔花

科属：仙人掌科昙花属

（1）形态特征

多年生附生仙人掌类植物，高 1～2 m。灌木状主茎木质，直立，圆柱形；不规则分枝呈扁平叶状，多具 2 棱，少具 3 翅，长 15～60 cm，宽约 6 cm，绿色，边缘波状圆齿，中肋粗厚，没有叶片；刺座生于圆齿缺刻处，幼枝有刺毛状刺，老枝无刺。花大，单生于叶状茎上的凹凸处，夏秋季晚间开放，白色，漏斗状，两侧对称，有芳香。浆果长圆形，红色，具纵棱多汁；种子多（图 10-9）。

（2）分布与习性

原产于墨西哥，现全球均有栽培。喜温暖湿润和半阴环境，不耐霜冻，忌强光暴晒。
要求排水良好、富含腐殖质的沙质土壤。生长适宜温度为 15～24℃，越冬温度保持 10℃以上为宜。

图 10-9　昙　花

（3）繁殖方法

常用扦插的方法繁殖。方法同令箭荷花。

（4）常见栽培品种

常见栽的品种还有'孔雀昙花'，其叶退化成为扁平肥厚的二棱形叶状茎，叶状茎较长，边缘对称着生粗锯齿状刺，刺座生于锯齿状缺刻处，嫩茎上有少量细刺，老茎刺脱落，留有刺痕。

（5）园林应用

昙花常作盆栽观赏，装点阳台和庭院。

（6）其他经济用途

昙花性微寒、味甘淡，常作药用，药用部分主要是花，嫩茎也可入药。具有软便去毒，清热疗喘的功效，兼治高血压及高血脂等症。

（7）花文化

昙花的花语为刹那间的美丽，一瞬间的永恒。

11. 虎皮兰 *Sansevieria trifasciata*

别名：虎尾兰、锦兰、千岁兰、虎尾掌　　　　　科属：龙舌兰科虎尾兰属

（1）形态特征

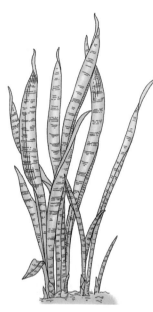

多年生肉质草本植物。地下茎无枝。叶似直接从地下伸出，簇生，下部筒形，中上部扁平，像宝剑，刚劲直立，叶长50～70 cm，宽3～5 cm，全缘，表面乳白、淡黄、深绿相间，呈横带斑纹。花从根茎处抽出，总状花序，花淡白色、浅绿色等，3～5朵一束，着生在花序轴上（图10-10）。

（2）分布与习性

虎尾兰原产于非洲西部，现很多地方都有引种。耐干旱，忌水涝，喜阳光，也耐阴，不耐寒，越冬温度10℃以上，喜排水良好的沙质壤土。

（3）繁殖方法

可用分株、扦插的方法繁殖。所有品种都可用分株的方法繁殖，在春季换盆时，将生长过密的叶丛切割成若干丛，每一丛上都要带叶片、根状茎和吸芽，分别上盆种植即可。普通品种的虎皮兰可用扦插的方法繁殖，选取健壮充实的叶片，剪成5～6 cm长，插于沙土中1/2，用塑料薄膜覆盖，保持潮湿，约30 d生根。扦插的方法不适合叶片上有黄色和白

图10-10　虎皮兰

色斑纹的品种。

（4）常见栽培品种

①‘金边’虎尾兰　叶缘具有黄色带状细条纹，中部浅绿色，有暗绿色横向条纹。

②‘短叶’虎尾兰　植株低矮，株高不超过20 cm。叶片短而宽，长卵形，叶端渐尖，具有明显的短尾尖，叶色浓绿，叶缘两侧有较宽的黄色带，叶面有不规则的银灰色条斑；叶片簇生，繁茂，由中央向外回旋而生，彼此重叠。

③‘银短叶’虎尾兰　株形和叶形与短叶虎尾兰相似，叶短，银白色，具不明显横向斑纹。

④‘金边短叶’虎尾兰　叶缘黄色带较宽，约占叶片宽度的1/2，叶短，阔长圆形，莲座状排列。

⑤‘石笔’虎尾兰　叶圆筒形，上下粗细差异小，叶端尖细，叶面有纵向浅凹沟纹；叶长1～1.5 m，叶筒直径约3 cm。

（5）园林应用

可用于盆栽观赏及花坛布置。

（6）其他经济用途

虎皮兰可入药，性凉，味酸，清热解毒，可治感冒、支气管炎、跌打、疮疡等。

（7）花文化

虎尾兰叶形耸立如利剑，叶片斑纹如虎尾，如绿色的斗士，是坚强和勇敢的象征，给人激进奋发之感。花语为坚定、刚毅。

12. 翡翠珠 *Senecio rowleyanus*

别名：一串珠、一串铃、绿串珠、绿铃、佛珠、　　　科属：菊科千里光属

绿葡萄、情人泪、珍珠吊兰

（1）形态特征

多年生常绿肉质草本植物。茎纤细，匍匐下垂，全株被白色皮粉。叶圆珠形，直径 0.6～1 cm，有微尖的刺状凸起，叶色深绿或淡绿，上有一条透明的纵条纹，互生，排列稀疏。头状花序顶生，花白色至浅褐色。

（2）分布与习性

翡翠珠原产于南非干旱的亚热带地区。性喜温暖、空气湿度大、强散射光的环境，喜富含有机质、疏松、肥沃的土壤。生长适宜温度为 10～25℃。

（3）繁殖方法

常用扦插繁殖，在春、秋两季进行，插穗长度 8～10 cm，插入疏松的沙质土壤中，保持 50%～60% 的湿度，15 d 左右可生根。

（4）常见栽培品种

翡翠珠常见栽培的有叶子为圆球形的和叶子有微尖刺状突起的椭圆球形的品种。

（5）园林应用

翡翠珠常用小盆悬吊栽培，装饰家庭或办公环境。

（6）花文化

翡翠珠的花语为朴素淡雅、无邪宁静，倾慕、神秘浪漫。

13. 虎刺梅 *Euphorbia milii*

别名：铁海棠、麒麟刺、麒麟花、虎刺　　　　　　科属：大戟科大戟属

（1）形态特征

多刺直立或稍攀缘性小灌木，株高 1～2 m。多分枝，干枝密被锥形尖刺；茎和小枝有棱，棱沟浅；体内有白色乳汁。倒卵形或匙形叶片密集着生新枝顶端，叶面光滑，鲜绿色。小花着生枝端，有长柄和 2 枚红色苞片，蒴果扁球形。花期冬春季。

（2）分布与习性

原产于非洲马达加斯加岛。喜温暖、湿润和阳光充足环境，耐高温，不耐寒；喜疏松、排水良好的腐叶土，适宜生长温度 15～25℃，越冬温度不低于 12℃。

（3）繁殖方法

主要用扦插繁殖。5～6 月进行成活率高。选取前一年成熟枝条，剪顶端枝条长 6～10 cm，用温水清洗或涂以草木灰，晾干后，插入沙床浇透水，保持稍干燥，插后约 30 d 可生根。

（4）常见栽培品种及变种

常见栽培品种有'大叶'虎刺，叶片较大、多；'大花'虎刺梅。还有园艺突变种白花虎刺梅。

（5）园林应用

常盆栽观赏，或作刺篱等。虎刺梅幼茎柔软，常用来绑扎美丽的动物造型，成为公共场所摆设的精品。

（6）其他经济用途

茎、花、枝叶均可入药，性凉，味苦，有小毒，有拔毒泻火、凉血止血的功效。

（7）花文化

虎刺梅名字中有虎的威猛、刺的锐利、梅的风韵，倔强而又坚贞，温柔又忠诚，勇猛又不失儒雅。

14. 生石花 *Lithops pseudotruncatella*

别名：石观、石头花、石头草、象蹄、元宝、曲玉   科属：番杏科生石花属

（1）形态特征

图 10-11　生石花

多年生小型多肉植物。茎很短，呈球状。变态叶肉质肥厚，对生联结，形似倒圆锥体，有蓝灰、淡灰棕、灰绿、灰褐等颜色，顶部近卵圆，平或凸起，上有树枝状凹纹，半透明，外观很像卵石。3～4年生者秋季从对生叶的中间缝隙中开出黄、白、粉等色花朵，一株通常只开1朵花，也有少数开2～3朵，花径3～5 cm，多在下午开放，傍晚闭合，次日午后又开，单朵花可开7～10 d（图10-11）。

（2）分布与习性

原产于非洲南部，喜阳光，生长最适温度为 20～24℃，喜温暖干燥和阳光充足的环境，越冬温度不低于12℃。

（3）繁殖方法

可用扦插和播种繁殖。扦插繁殖是在生长旺季，剪下叶片放在阴凉处，待伤口晾干后，插入基质中，保持湿润即可。播种繁殖，常在 4～5 月播种，因种子细小，采用室内盆播，温度保持 22～24℃，播后 7～10 d 发芽。

（4）常见栽培品种

常见栽培品种有'紫勋'、'日轮玉'、'福寿玉'、'琥珀玉'等。

（5）园林应用

生石花外形和色泽都酷似彩色的卵石，小巧玲珑，品种繁多，色彩丰富，常用来盆栽供室内观赏。

（6）花文化

生石花的外形、大小和花纹使它和周围自然环境中的石头几乎一模一样，被喻为"有生命的石头"、"盛开的石头"、"活的宝石"等，是一种典型的拟态植物。正是通过这种将自身藏身于石头之间的生存方式，使它们避免了被食草动物吞噬的悲惨命运。

15. 长寿花 *Kalanchoe blossfreldiana* 'Tomthumb'

别名：矮生伽蓝菜、圣诞伽蓝菜、寿星花、假川莲　　　　科属：景天科伽蓝菜属

（1）形态特征

多年生常绿草本，多浆植物。茎直立，株高 10～30 cm。单叶交互对生，肉质，卵圆形，叶长 4～8 cm，宽 2～6 cm，叶片先端叶缘具波状钝齿，下部全缘，叶色亮绿，有光泽，叶边缘略带红色。圆锥聚伞花序，直立，花序长 7～10 cm，每株着花序 5～7 个，着花较多；花小，高脚碟状，花径 1.2～1.5 cm，花瓣 4 枚，也有重瓣，粉红、绯红或橙红等色。花期 1～4 月。

（2）分布与习性

长寿花原产于非洲。喜温暖、湿润和阳光充足的环境和肥沃的沙壤土，不耐寒，生长适宜温度为 15～25℃，越冬温度不低于 12℃。

（3）繁殖方法

常用扦插的方法繁殖，可用茎插和叶插的方法。在晚春或早秋进行均可，茎插的方法是选择稍成熟的肉质茎，剪取 5～6 cm 长的顶芽，插于基质中，用塑料薄膜覆盖，保持温度 15～20℃，插后 20 d 生根。叶插的方法是选取健壮充实的大叶片从叶柄处剪下，放在荫凉处晾干伤口，将叶柄和叶片的一部分完全插入湿润的基质中，保持温度 20～25℃，保持湿度，10～15 d，可从叶片基部生根，并长出新植株。

（4）常见栽培品种

常见栽培的有：

①'卡罗琳'　叶小，花粉红。

②'西莫内'　大花种，花纯白色。

③'米兰达'　大叶种，花棕红色。

④'武尔肯'　四倍体，冬春开花，矮生种。

⑤"块金"系列　花有黄、橙、红等色。

另外还有两个彩叶品种'玉吊钟'、'褐斑伽蓝'。

（5）园林应用

长寿花花期在冬春少花季节，花期长，是优良的室内盆花。

（6）花文化

长寿花由于名字中有"长寿"二字，所以其花语是大吉大利、长命百岁、福寿吉庆。

16. 石莲花 *Echeveria glauca*

别名：宝石花、石莲掌、莲花掌　　　　科属：景天科石莲花属

（1）形态特征

多年生肉质草本花卉。多数品种植株呈矮小的莲座状，也有少量品种植株有短的直立茎或分枝。叶片肉质化程度不一，形状有匙形、船形、披针形、倒披针形、圆形、圆筒形等，大部分品种叶片被有白粉或白毛；叶色有绿、褐、红、紫黑、白等，有些叶面上还有美丽的花纹，叶尖或叶缘呈红色。花序有总状花序、穗状花序和聚伞花序等，花小，钟状或瓶状（图 10-12）。

图 10-12 石莲花

（2）分布与习性

原产于墨西哥，现世界各地均栽培。适应能力极强，喜温暖、干燥和通风的环境，喜光和富含腐殖质的沙壤土。

（3）繁殖方法

常用叶插，将完整的成熟叶片平铺在潮润的沙土中，叶面朝上，叶背朝下，不需覆土，放置阴凉处，两周左右可从叶片基部长出小叶丛和新根。

（4）常见本属栽培种

本属常见栽培种有玉蝶。

（5）园林应用

石莲花叶片莲座状排列，四季碧翠。在热带、亚热带地区可露地配置或点缀在花坛、花境边缘，岩石孔隙间；北方则盆栽观赏，是室内绿化装饰的佳品。

（6）其他经济用途

石莲花味甘淡、性凉，有平肝、凉血之功效，更是治疗高血压的生鲜食物，亦可促进新陈代谢、美容养颜。

（7）花文化

石莲花肉质厚实，叶片莲座状重叠簇生在一起，酷似一朵盛开的莲花，被誉为"永不凋谢的花朵"。

17. 龙舌兰 *Agave Americana*

别名：龙舌掌、番麻、世纪树　　　　　　科属：龙舌兰科龙舌兰属

（1）形态特征

多年生常绿草本，植株高大。无茎。叶子坚硬，倒披针形，叶色灰绿或蓝灰，底部叶片较软，匍匐在地，较大的叶片经常向后反折，少数叶片的上半部分会向内折，叶长可达 1.0～1.7 m，宽约 20 cm，基部排列成莲座状；叶缘有向下弯曲的疏刺，最初为棕色，后来呈灰白色，末梢有 1 枚硬刺，刺长可达 3 cm。花梗由莲座中心抽出，大型圆锥花序高达 4.0～8.0 m，上部多分枝；花簇生，铃状，黄绿色，有浓烈的臭味。蒴果长圆形，长约 5 cm（图 10-13）。

（2）分布与习性

龙舌兰原产于美洲。在中国西南、华南均有分布。喜温暖干燥、光线充足的环境，稍耐寒，较耐阴，耐旱力强。要求排水良好、肥沃的沙壤土。生长适宜温度为 15～25℃。越冬温度 5℃以上。

（3）繁殖方法

常用分株和播种繁殖。分株繁殖在早春换盆时进行，将母株取出，剥下蘖芽另行栽植。播种繁殖，龙舌兰 10 年生以上老株才能开花结实，需通过异花授粉才能结果，

图 10-13　龙舌兰

采种后于 4～5 月播种，约 15 d 后发芽，幼苗生长缓慢，成苗后生长迅速。

（4）常见栽培品种

① '维多利亚女王' 龙舌兰　是龙舌兰中最美丽的品种，株高约 20 cm。叶深绿色，长三角形，厚肉质，长约 15 cm，叶面上有不规则微凸的内线纹，多集中在边缘；叶全缘，先端坚硬锐利。

② '金边' 龙舌兰　茎短，稍木质。叶多丛生，长椭圆形，大小不等，质厚，平滑，绿色，边缘有黄白色条带镶边，有紫褐色刺状锯齿。

③ '银边' 龙舌兰　叶片灰绿色，边缘具有银白色镶边，叶缘生有细小针刺。

（5）园林应用

龙舌兰常用于盆栽或栽植在花坛中心、草坪一角，适用于布置小庭院和厅堂，增添热带风情。

（6）其他经济用途

龙舌兰具有药用价值，性平，味甘，微辛，能润肺、化痰、止咳。

（7）花文化

龙舌兰有些种类在原产地要数十年才能开花，巨大的花序可达 7～8 m 长，是世界上最长的花序，白色或浅黄色的铃状花多达数百朵，花后植株即枯死，所以龙舌兰被称为 "世纪植物"，其花语为为爱付出一切。

18. 芦荟 *Aloe arboreacens* var. *netalensis*

别名：劳伟、油葱、卢会、讷会、象胆、奴会、
象鼻草、龙角、龙舌草

科属：百合科芦荟属

（1）形态特征

多年生常绿草本植物。叶簇生，呈座状或生于茎顶，大而肥厚、狭长披针形，边缘有尖齿状刺。花序为伞形、总状、穗状、圆锥形等，花红、黄或具赤色斑点，花瓣 6 片、雌蕊 6 枚，花被基部多联合成筒状(图 10-14)。芦荟各个品种性质和形状差别很大，有的高达 20 m，有的不及 10 cm，其叶子和花的形状也有许多种。

（2）分布与习性

原产于非洲北部、南部地区，南美洲西印度群岛广泛栽培，中国亦有栽培。喜高温、湿润气候，喜光，耐旱，忌积水，不耐寒，对土壤要求不严，生长适宜温度为 15～35℃，适宜湿度为 45%～85%。

（3）繁殖方法

芦荟主要采用分株或扦插的方法繁殖。分株繁殖以春秋两季最为适宜，将芦荟茎基或根部的幼株直接从母体上剥离下来，移栽。芦荟的扦插主要采用茎插，具体做法是用 2～3 年生具有 8～10 片的植株，在其茎中部的节位处细心切断，上段留有 5～7 片叶，下段留 3～4 片叶，切下后晾 10 d 左右，然后

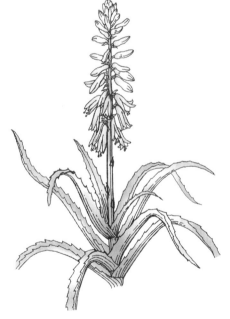

图 10-14　芦　荟

去掉离切口最近的两片叶，插入苗床。

（4）常见栽培品种

'库拉索'芦荟，叶子宽大多汁，深绿色；'好望角'芦荟，叶子细小而宽短；'中华'芦荟，'库拉索'芦荟的变种，枝叶宽大，浅绿色叶子上有斑点。

（5）园林应用

芦荟常作盆栽观赏，在华南地区城市道路的绿化带及城市广场、公园、生活小区、学校和工厂周边可露地栽种。

（6）其他经济用途

芦荟的利用价值很大，凝胶原汁主要用于饮料、食品或添加剂等；叶皮原汁则主要用于护肤、护发、化妆品和制造药品等。

（7）花文化

芦荟的花语为青春之源，洁身自爱，不受干扰。

19. 燕子掌 *Crassula portulacea*

别名：豆瓣掌、燕子景天、玉树、景天树、八宝、　　　科属：景天科青锁龙属
看青、冬青、肉质万年青

（1）形态特征

常绿小灌木，株高 1～3 m。茎肉质，圆柱形，多分枝。叶对生，肉质，无柄，倒卵形或长圆状匙形，长 3～5 cm，宽 2～3 cm，浓绿色，有光泽，有红边。伞状花序，花径 2 mm，花瓣 5 枚，白色或淡粉色，花丝较长。

（2）分布与习性

原产于南非南部，现中国各地均有引种。喜温暖、干燥和阳光充足环境，不耐寒，耐半阴；喜肥沃、排水良好的沙质壤土。最适生长温度为 15～32℃，越冬温度在 7℃以上。

（3）繁殖方法

常用扦插繁殖，茎插和叶插均可。茎插，在生长旺季剪取肥厚充实的顶端枝条，长 8～10 cm，带有 3～4 个节，伤口稍晾干后插入沙床，插后约 20 d 生根；叶插，切取健康叶片，晾干伤口插入沙床，插后约 30 d 生根。不论叶插还是茎插，都要把插穗和基质稍加喷湿，保持基质不过分干燥或水渍。

（4）园林应用

燕子掌常盆栽，也可培养成古树老桩的姿态；还可配以盆架、石砾加工成小型盆景。

（5）其他经济用途

燕子掌汁液中含有大戟脂素，有毒，不可误食。有研究表明用特殊生物化学技术从燕子掌中提取的燕子掌多糖具有抗凝血、抗血栓的功能。

（6）花文化

燕子掌的花语是如意、吉祥。

20. 条纹十二卷 *Haworthia fasciata*

别名：条纹蛇尾兰、锦鸡尾、雉鸡尾、十二卷　　　科属：百合科十二卷属

（1）形态特征

多年生肉质草本植物。无明显的地上茎。根生叶簇生，叶片紧密轮生在茎轴上，呈莲座状；叶三角状披针形，先端细尖呈剑形，截面呈"V"字形；叶表光滑，暗绿色。叶背绿色，着生整齐的白色瘤状突起，瘤状突起排列成横条纹，与叶面的深绿色形成鲜明的对比。总状花序从叶腋间抽生，花梗直立而细长，花小，蓝紫色。

（2）分布与习性

原产于非洲南部热带干旱地区，现世界各地广泛栽培。喜温暖、干燥、阳光充足的环境，耐干旱，宜排水良好、营养丰富的土壤，生长适温为 15～30℃，越冬温度不低于 5℃。

（3）繁殖方法

常用分株和扦插的方法繁殖。分株法，常在 4～5 月换盆时，把母株周围的幼株剥下，直接盆栽。扦插法于 5～6 月将叶片切下，基部带半木质化部分，插于沙床，约 25 d 可生根。

（4）常见栽培变种与品种

条纹十二卷园艺变型有大叶条纹十二卷，叶片大而宽，叶背瘤点多而散生；凤凰，大型种，叶宽而下垂，叶背瘤点密集。还可以根据星点的大小和排列方式不同有'点纹'十二卷、'无纹'十二卷和'斑马条纹'十二卷等品种；还有'水晶掌'，叶片肥厚，牛舌状，叶面翠绿色，具不太明显的白色纵条纹，叶肉内充满水分，呈半透明状。

（5）园林应用

条纹十二卷常配造型美观的盆钵，装饰桌案、几架等。

（6）花文化

条纹十二卷的叶片极似锦雉的尾羽，生动美丽，是极受欢迎的微型观赏花卉。其花语为开朗、活泼。

21. 玉米石 *Sedum album* var. *teretifolia*

别名：白花景天 　　　　　　　　　　　科属：景天科景天属

（1）形态特征

多年生草本，肉质植物，植株低矮丛生。叶片膨大为卵形或圆筒形，互生，长 0.5～1.3 cm，先端钝圆，亮绿色，光滑。伞形花序下垂，花白色。花期 6～8 月。

（2）分布与习性

原产于欧洲、西亚和北非，现中国有引种。喜温暖和阳光充足的环境，也耐半阴，有较强的耐旱力，忌湿涝，生长适宜温度 10～28℃，越冬温度 10℃以上，要求排水良好的沙质壤土。

（3）繁殖方法

用分株和扦插的方法繁殖。扦插可用小枝或叶片为插穗，极易生根。

（4）常见栽培品种

常见栽培品种有'虹之玉'，又叫耳坠草、玉米粒、葡萄掌等，叶片肉质互生，叶尖处略呈透明状，长椭圆形，长约 1cm，花黄色，星形。

（5）园林应用

株丛小巧清秀，叶晶莹如翡翠珍珠，常盆栽点缀书桌、几案。

22. 松鼠尾 *Sedum morganianum*

别名：玉米景天、串珠草、翡翠景天、玉缀景天、白菩提　　　　科属：景天科景天属

（1）形态特征

松鼠尾因植株常匍匐或平卧于盆面,像松鼠的尾巴而得名。宿根多浆植物。茎干柔软修长，肉质，圆柱形，直径约 0.2cm。叶片纺锤形或长圆状披针形，先端略尖，长 1~2cm，宽 0.2cm，肉质，黄绿色，叶面被一层蓝白色粉霜，互生，排列紧密，穗状向下弯曲似松鼠尾巴，叶柄短而且脆弱。伞房花序顶生，花小，深玫瑰色。

（2）分布与习性

原产于美洲、亚洲和非洲的温热带地区。喜阳光充足及干燥、通风环境，能耐半阴。生长适宜温度 15~20℃，冬季越冬温度 10℃以上。要求疏松、排水良好及富含腐殖质的土壤。

（3）繁殖方法

常扦插法繁殖，可以叶插，也可以茎插。茎插剪取健壮的嫩茎插入土中，直插或斜插均可，插后将插穗周围盆土压实，浇足定根水即可；叶插将叶片摘下，插入盆土 1/3，将叶片周围泥土压实，不久便能生长成小植株。

（4）常见同属栽培种

① 佛甲草　茎幼时直立，后下垂，肉质，柔软，呈丛生状；叶呈线状披针形，常 3 叶轮生。

② 白景天　别名白万天。匍匐状；花白色；夏季开花。

③ 玉蛋白　别名姬星美、叶状景天。茎丛生；花白色，花瓣的中脉呈粉红色。

④ 花叶垂盆景天　茎为黄绿色，柔软呈下垂状；叶片宽卵形，周边绿色，中部为明黄色。每个节上长出 3~4 片簇生叶，形似花瓣。

（5）园林应用

姿态优美，叶绿色期长，肥厚多汁，观赏性强，适宜作垂吊花卉观赏，也可以制作盆景。

（6）花文化

松鼠尾的花语为绿色之尾。

23. 大叶落地生根 *Kalanchoe daigremontiana*

别名：宽叶落地生根、花蝴蝶、灯笼花　　　　科属：景天科伽蓝菜属

（1）形态特征

多年生肉质草本花卉。株高 40~100 cm，全株蓝绿色。茎直立，圆柱状，光滑无毛，中空，褐色。叶肉质、交互对生，披针状椭圆形至三角形，边缘具不规则的锯齿，其缺刻处长有小植株状的不定芽，似蝴蝶状。圆锥花序顶生，花冠钟形，稍向外卷，花粉红色、橙色，下垂。花期 12 月~翌年 4 月。

（2）分布与习性

在中国南部和东印度及非洲马达加斯加岛的热带地区均有分布。喜温暖、湿润及阳光充足、通风良好的环境，耐干旱，喜排水良好的肥沃沙质壤土；生长适温 13~20℃，越

冬温度 5～10℃。

（3）繁殖方法

常用扦插法繁殖，也可用不定芽繁殖。扦插繁殖常采用叶插，在 5～6 月进行。较大的不定芽可直接上小盆。

（4）常见同属栽培种

常见同属栽培种有棒叶落地生根、花叶落地生根、疏叶落地生根等。

（5）园林应用

大叶落地生根株型匀称，常盆栽观赏，是窗台、阳台绿化的好材料。也可点缀书房和客房。

（6）其他经济用途

大叶落地生根具有凉血止血、清热解毒的作用；根及全草均可入药。

（7）花文化

落地生根叶片肥厚，边缘长出整齐美观的不定芽，形似一群小蝴蝶，轻触即落，遇土生根，这种特点常让人新奇。

 小　结

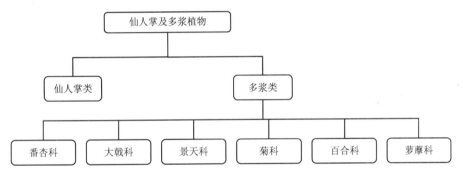

 知识拓展

仙人掌类植物如何养护

常常会听到卖花人说仙人掌可以防辐射，买一盆回去放在计算机前或其他电器前，可以减少电器的辐射对人体的伤害。乍一听觉得有些道理，他们的解释是仙人掌原产在日照很强的沙漠地区，所以抗辐射的能力强。其实耐强光和抗辐射是两码事，辐射主要是电磁波，而电磁波沿直线传播，除非用仙人掌把电器团团围住，否则仙人掌无法把辐射吸过来；另外，电器大多放在太阳照射不到的地方，时间久了，仙人掌就会因为得不到太阳的照射而死亡。那么在家庭中仙人掌和多浆植物该放到什么地方，又该如何养护呢？

通过正文，我们知道仙人掌和多浆植物的共同特点是耐旱，但它们因自己的原产地不同而有自己的适生环境，有的需要阳光多，有的耐阴，有的适生温度高，有的耐寒性强一些。我们在家庭中种植它们要根据其具体特点合理放置。一般表皮有刺、毛、白粉、蜡质的都喜强光，要把它们放在光照充足的地方；叶子大，薄的需光较少，但也不能不见光照。夏天一般都尽量不照直射光，冬天要求全光照。在室内种植时还要考虑到，光常常从一个方向照过来，为保持植株株型美观，要经常转盆。

家庭养仙人掌和多浆植物浇水最简便的方法是"干透浇透"，那么如何判断干透了呢？经验是在土、盆透水透气的情况下，4～5 d 为一个周期，盆内的土即可干透；还可以根据盆的分量来判断，干土较轻，湿土较重；根据土的颜色，湿土颜色深；根据植株的饱满度，失水时植株比较软弱；也有人将干燥的竹签插在花盆边缘，深入到接近盆底处，再将竹签抽出，若竹签颜色变深、带有黏土，说明土没干透；若竹签仍是干的，则说明土已干透，可放心浇水了。

怎样才是浇透了呢？多余的水从盆底排水孔流出，即为浇透。

家庭养仙人掌和多浆植物时一般应 1～2 年更换一次盆土，一是为了松土，二是为了追肥。常常选用的盆土有泥炭土、腐叶土、粗沙等，可混合使用。关于施肥，花市上销售的固体和液体花肥都可以按说明使用，安全起见，一般都施薄肥。

 自主学习资源库

1. 仙人掌类植物. 黄献胜，林颖，李东. 中国林业出版社，2003.

2. 多肉植物栽培与鉴赏. 谢维苏. 上海科学技术出版社，2003.

3. 多浆花卉. 谢维苏，徐民生. 中国林业出版社，1999.

4. http://www.drlmeng.com.

5. http://www.durouzhiwu.com.

 自测题

1. 请描述仙人掌的形态特征。

2. 仙人掌科植物的主要类型有哪些？

3. 仙人掌和多浆植物的繁殖方法有哪些？

4. 仙人掌和多浆植物在园林应用中有哪些特点？

单元 11

兰科花卉

学习目标

【知识目标】

（1）掌握地生兰的含义、形态特征、生态习性和繁殖方法。

（2）掌握洋兰的含义、形态特征、生态习性和繁殖方法。

（3）掌握兰科花卉在园林中的应用特点。

【技能目标】

（1）熟练区分常见的兰科植物。

（2）掌握兰科植物基本的繁殖方法。

（3）掌握兰科花卉的园林应用方法。

很多动物为了保护自己，躲避天敌，在形态、行为上模拟植物，从而使自己不受侵害的生态适应现象常称为拟态。事实上有些植物为了保护自己，繁衍后代，会模拟动物的形态，如兰科花卉中就有"骗婚高手"。想要了解这种有趣的现象，下面的一些知识或许会对您有所帮助。

11.1　兰科花卉概述

11.1.1　兰科花卉的含义和形态特点

兰科花卉常称为兰花，是高等植物中最大的科之一，全世界约有 700 个属 20 000 多种，依据其野生状态时的生态习性大致可以分为四大类：地生兰类、附生兰类（又称气根兰、热带兰）、半附生兰类、腐生兰类。野生状态下根系生于地表松土层的为地生兰，它们的根为地生根，短圆且质嫩，地生的中国兰有春兰、蕙兰、建兰、寒兰、墨兰、落叶兰等；野生状态下根群附着于树干或岩石表面的为附生兰，它们的根长圆且质硬，依空气中的水分、养分为生，所以又称气生根，中国的附生兰类有石斛兰属、卡特兰属、文心兰属、蝴蝶兰属、万代兰属、贝母兰属、虾脊兰属、构兰属等；野生状态下既能依附于岩石、树干，也可嵌入土中生长的称为半附生兰，如兔耳兰、独占春、兜兰属、独蒜兰属等；植株只有发达的根状茎，没有绿叶，不能自己制造营养，靠与真菌共生而获取养分的是腐生兰，有观赏价值的较少。

兰科植物种类繁多，千姿百态、异彩纷呈。其叶片因种类不同而叶形、质地和大小相互差异很大，形状从宽阔的圆形到狭窄的条形，甚至针状，质地从薄纸质到厚革质，长度从几毫米到一两米；还有一些兰科花卉的叶子有美丽的镶嵌图案。叶子的差异让兰科花卉具有"有花观花，无花观叶"的观赏价值，也向人类展示了自然界生物的多样性。兰科花卉叶子的巨大差异是因为它们的原产地各不相同，这也是它们长期适应自然的结果，因此叶片形状和数量也是兰科花卉分类的依据，如春兰、建兰的叶片呈细长的条形，卡特兰的叶片是肥厚硬革质的长椭圆形，万代兰的叶片呈棍棒状。

兰科花卉的茎形态变化也较大，有直立茎、根状茎和假鳞茎。

兰科花卉的花有 3 个共同特征：①雌蕊和雄蕊合生成一个柱状体表，称为合蕊柱；②单花有一个形态、色彩特异的特化唇瓣（又称舌）；③花粉呈黏合成团的块状体。具体说花朵由 3 枚萼片、2 枚花瓣和 1 枚唇瓣组成，古籍中把中央的一枚萼片称为"主瓣"，侧面的两枚萼片（侧萼片）称为"副瓣"，把两枚花瓣称为"捧心"，唇瓣称为"舌"，合蕊柱称为"鼻头"。其"主瓣"、"副瓣"、"捧心"、"舌"的变化使兰花的形态千变万化，丰富了大自然。

11.1.2　兰科花卉的生态习性

兰科花卉大多数种类产于亚洲、南美洲和非洲的热带和亚热带地区，原产于热带的附生兰，大都有耐旱的结构，如气生根、肉质假鳞茎、肥厚而角质的叶片，所以它们喜润而怕湿。也有一些种类能适应寒冷与高山气候。

在种植兰科花卉时应注意，兰科花卉绝大多数都生活在湿润、温暖、有散射光且排水良好的地方，所以兰科花卉形成了喜润怕湿、喜光怕灼晒、喜暖怕炎热、喜通风怕强风的特点。它们的种子没有子叶和胚乳，从一开始萌发就依靠真菌供给养分，在一生中或生命中的某个阶段需要依赖有益真菌对根部的感染以获取营养，真菌也有了生息之地，这种与真菌共生的根就是菌根，正是因为兰科花卉有与真菌共生的现象，所以栽培兰科花卉的土壤相对特殊。

11.1.3　兰科花卉有趣的生理现象

有近 1/3 的兰科花卉都依赖于欺骗性传粉而完成繁殖后代的任务。兰科植物欺骗性传粉机制很多，大致有以下几种方式：①食源性拟态，即拟态同期开花的花朵；②性欺骗拟态，一些兰花拟态雌性蜂，吸引雄性蜂去交配，从而达到传粉的目的；③产卵地拟态，有些兰花拟态昆虫产卵的地方；④栖息地拟态，有些兰花形态像昆虫的栖息地；⑤求偶地拟态，有些兰科植物拟态大型子实体的真菌，为昆虫提供交配的场所；⑥拟态蜜蜂的报警激素，吸引黄蜂传粉。

11.1.4　兰科花卉园林应用特点

兰科花卉是具有人格化的花卉，具有浓重的东方文化特色，文化底蕴很深，比如新加坡的国花"卓锦万代兰"，花名的含义是"卓越锦绣、万代不朽"，此花不仅艳丽多彩、清丽端庄，而且生命力很强，在各种恶劣条件下都能争娇斗艳，而且蕴含寓意：花瓣上 4 片娇美的花唇，象征着新加坡各民族平等；中间的蕊柱，雌雄合体象征幸福的根源；唇片后方隐藏有蜜汁的袋形角，象征着财富的聚敛积蓄；蕊柱上的两个花粉盖块，喻示着高瞻远瞩；上攀的花茎体现了向上向善的勃发英姿。中国兰以"芝兰生于幽谷，不以无人而不芳；君子修道立德，不为困穷而改节"的精神气质，为古今人们所钟爱。

人们喜爱用兰花作为名贵高雅的礼物，装饰宾馆、酒店等旅游场所，作为迎接外宾的高贵礼仪用花；还有许多人把朵朵鲜花采摘下来，经过干燥处理，镀金银或与其他饰物组合在一起，制作成精美的工艺品；在婚庆场合，兰花是吉祥如意的象征。这些都是兰花的礼仪用途。兰花在现代园林中应用较多的是建立兰圃、兰园。其实兰花还可以在公园、街道的绿化中应用，因为兰花的种类繁多，适生环境非常广泛，只要选对合适的气候带，完全可以在公园、街道的绿化中应用，在热带地区应用热带兰更有得天独厚的优势。在园林中应用兰花要建造丰富多彩的兰花种植形式，不仅要有地生兰，还要有附生兰。

兰花在园林中应用主要可以采用以下几种形式：①花坛花境形式，可以以地生兰为主，结合其他植物种类进行合理的配置，彰显兰花有花观花、无花观叶的特点，以及"常绿斗严寒，含笑度盛夏"的品德；②在热带地区营造风格独特、形式多样的附生兰景观，创造自然的生态环境；③大型兰花品种可与乔木和灌木结合，增加植被层次。

11.2　常见兰科花卉识别及应用

北宋黄庭坚"每莛一花为兰，每莛多花为蕙"为分类的依据，以地生，叶带形，苞片较长，花莛直立，花单生的为兰，以地生或附生、半附生，叶带形，苞片较短，花莛直立或倾斜、俯垂，花多数的为蕙。很多人都把地生的小花型的兰属的兰花归为中国兰，而把大花型的其他兰花纳入洋兰之中。

11.2.1　中国兰常见的栽培品种

中国的兰科植物有 170 多属 1200 多种，中国人民从唐代开始种植兰花，是世界上最早种植兰花的国家。中国兰是指原产于中国的或由中国人民培育的兰花，包括中国的地生兰、附生兰、半附生兰和腐生兰在内的所有兰科植物。传统上中国兰是指原产于中国的兰科兰属的花有香味的地生兰，常见栽培的有春兰、蕙兰、建兰、墨兰、寒兰、春剑兰、莲瓣兰、果香兰等。这些兰花在中国栽培历史悠久，它们品格超脱、幽香怡人、体态娴雅、色彩秀丽、花叶俱佳，在中国的花文化中有着独特的地位。

中国兰是中国人民最喜爱的传统名花之一。它植株婀娜多姿，叶片四季常绿，花形优美绰约，香气高洁幽雅，其色、香、姿、韵均属花中上品，素有"香祖"、"王者香"、"天下第一香"之称。与茉莉、桂花合称为"香花三元"，兰花是观赏花卉中的状元，茉莉是薰茶花卉中的状元，桂花是食品花卉中的状元；与竹、松、梅又合称为"花中四友"；与梅、竹、菊则称为"花中四君子"；与菊花、水仙、菖蒲合称为"花中四雅"；与银杏、牡丹合称为"园林三宝"。由此可见人们对兰花的喜爱程度。

中国传统赏兰常从气味、色泽、花形、叶态 4 个方面进行。气味要芳香、醇正、幽远；色泽以素心为贵，彩心兰以素雅为上，色彩对比鲜明、润亮为上；花形要端庄匀称、富有内涵；叶态要或情态柔媚，或俊伟刚劲；植株要苗壮秀美，叶片厚实润泽，叶色嫩绿油亮。

中国人民对兰花的欣赏常常和传统的民族文化联系起来，形成兰艺，兰艺包括叶艺和花艺。

俗话说"观花一时，赏叶经年"，兰叶的观赏价值是不可小觑的。叶艺就是对叶的形态、色泽、斑纹的艺术欣赏与评价。如在形态上，叶姿有立叶、半立叶、垂叶、半垂叶、卷叶和旋转叶之分，叶尖有燕尾、钝尾和尖尾之分。色泽方面，兰花叶片上出现黄色、白色或橙色的斑块、线条或缟纹等色泽具有观赏价值者，称为艺色，艺色不同于病虫为害或营养不良，而是光鲜晶亮、美观可爱。斑纹方面，斑纹常常有"曙斑"、"并斑"和"麻斑"；缟可以分为"缟线"和"缟纹"，"缟线"又可以分为"半边"、"半边出尾"、"中斑"、"中透"等；斑缟可分为"纯斑缟"和"块状斑缟"；"爪"是指叶尖的色斑，分为"干性爪"和"湿性爪"。

花艺在中国兰花专著中讨论较多的是春兰，涉及花形、花色、花姿等方面。根据春兰和蕙兰的萼片形状分为梅瓣、荷瓣、水仙瓣；根据侧萼片的伸展姿态分为"平肩"、"飞肩"和"落肩"，其中"平肩"又称"一字肩"，是花中佳品，具"飞肩"的是花中奇品，具"落肩"者是花中次品。花瓣的形状和姿态也各有美观之处，如"观音捧"、"蚕蛾捧"、"硬捧"、"剪刀捧"、"蚌壳捧"、"猫耳捧"、"挖耳捧"等。唇瓣俗称"舌"，一般以短圆、美观为上品。花的色泽随民族习惯而不同，中国人喜欢翠碧素雅的春兰，因此有"素心"的品种。

其实仅仅兰属植物就约有 44 个原生种，中国有 29 种，多为附生或地生，其中大根兰为腐生兰。兰属花卉通常具有卵球形假鳞茎，少数梭形或不明显，大多包藏于叶基中；根系发达，肥厚肉质，黄白色；叶带状，数枚成簇，近基生，顶端渐尖，纸质或革质；花莛通常侧生于假鳞茎，直立、外弯或下垂；花大多聚生为总状花序，少数是单花（如春兰）。

栽培兰属植物要选择通风透气、排水良好、具有吸水和保持水分能力的基质，常见的有泥炭土、树皮、珍珠岩、岩棉、海绵等，pH 值一般在 5.5～6.0。一般在早春或花后新生长开始前换盆或分栽，从旧盆中小心取出植株，清理黄叶、病叶和老花梗，摘除烂根、干瘪的假鳞茎等，选择合适的兰花盆定植，注意让根系周围充满基质，保持土面离盆沿 1～2cm并形成一个凸面，刚好埋住假鳞茎的一半。换盆后 2～4 周内要控水，以免烂根，还能激发根系找水的能力。

兰属花卉最常用的繁殖方式是分株，就是在早春或花后分开假鳞茎的方法繁殖。一般两个具叶的成熟假鳞茎加一个当年生的假鳞茎即可组成一棵新的植株，切分假鳞茎的刀具要消毒，伤口也要涂抹硫黄粉等以防止病菌感染。上盆后置于温暖而半阴的环境，几周后可成活。

兰属花卉是喜清洁的花卉，喜生活在微风中，最好的水源是没有污染的雨水，掌握"干透浇透"的原则，生长季浇水频率略高，休眠期浇水频率低。与其他的兰花比，兰属花卉喜肥，掌握的原则是"薄肥勤施"。下面详细介绍几种兰属花卉。

1. 春兰 *Cymbidium goeringii*

别名：兰草、山兰、朵朵香、双飞燕、草兰、草素、山花、兰花　　　　科属：兰科兰属

（1）形态特征

植株较矮小，有肉质根及球形的假鳞茎，假鳞茎很小常包存于叶基之内。叶丛生而韧性强，狭带形，4～6 枚集生，长 20～60cm，少数可达 100cm，狭长而尖，叶缘有细齿。花

单生，少数 2 朵，直径 4～5cm，常有浅黄绿色、绿白色、黄白色等色，清香；萼片长 3～4cm，宽 0.6～0.9cm，狭矩圆形，先端急尖或圆钝，中脉基部有紫褐色条纹；花瓣卵状披针形，稍弯，比萼片稍宽、稍短，基部中间有红褐色条斑，唇瓣 3 裂不明显，比花瓣短，先端反卷或短而下挂，色浅黄，有或无紫红色斑点，唇瓣有 2 条褶片；花莛直立且短，有鞘 4～5片。花期 2～3 月（图 11-1）。

图 11-1　春　兰

（2）分布与习性

春兰原产于中国长江中下游地区，日本、中国台湾有少量分布。性喜凉爽、湿润和通透环境，忌酷热、干燥和阳光直晒。要求土壤含腐殖质丰富，排水良好，呈微酸性。最适宜的生长温度是 15～25℃，冬季可耐 0℃ 的低温，但越冬温度最好不低于 5℃。

（3）繁殖方法

常用分株繁殖、播种繁殖和组织培养的繁殖方法。分株繁殖常在春兰的休眠期进行，即 3 月中旬至 4 月底和 9～10 月。选择栽培 2～3 年，有 8～9 束叶的健壮植株作母体，在分株前停止浇水，进行晾盆，使兰根发白变软，取出兰苗，对叶片和老根进行修剪，找出两假鳞茎相距较宽，用手摇动时容易松动的"马路"，3～5 束叶为一丛，用利刀剪开，伤口用硫黄粉消毒，即可上盆。

春兰种子细小，发芽率低，常采用培养基繁殖。采种后立即把种子用双氧水浸泡 15～20min，在无菌条件下将种子播种于配置好的兰花专用培养基。接着将培养瓶放置在温度 20～25℃，湿度 60%～70% 的培养箱内培养，3 个月后种子相继发芽。待幼苗在培养瓶内长有 2～3 片小叶时，从瓶内移植到消过毒的泥炭藓中培养，待兰苗生长健壮后再移植到小盆中。

（4）常见栽培变种

① 雪兰　俗称白草。叶 4～5 枚，直立性较强，长 50～55cm，宽 0.9～1cm，叶面光滑，边缘有锯齿。花莛高约 20cm，有花 2 朵（极少数 1 朵），色嫩绿带纸白色，花被披针状长圆形，唇瓣长，反卷，有 2 条紫红色条纹。

② 线叶春兰　别称豆瓣兰。假鳞茎集生成丛。叶簇生，线形，宽 2～5mm，边缘具细齿，质地较硬。花莛直立，短于叶，花单朵，罕见 2 朵，通常无香气，浅黄绿色，唇瓣具紫红色斑点。

（5）园林应用

春兰叶态优美，花香幽雅，是珍贵的盆花。

（6）其他经济用途

根、茎、叶、花均可入药。

（7）花文化

春兰的历史文化极其丰厚，已融入中华民族传统文化之中，是中国传统名花。我们所说的"天下第一香"常指春兰。

2. 蕙兰 *Cymbidium faberi*

别名：中国兰、九子兰、夏兰、九华兰、九节兰、一茎九花　　　科属：兰科兰属

（1）形态特征

假鳞茎小或不明显。5～8 枚，带形，直立性强，长 25～80cm，宽 7～12mm，基部常对折而呈"V"形，叶脉透亮，边缘常有粗锯齿。花莛从叶丛基部最外面的叶腋抽出，近直立或稍弯曲，长 35～50cm，披多枚长鞘；总状花序具 5～11 朵或更多的花，花径 6cm，常为浅黄绿色，唇瓣有紫红色斑，有香味；花苞片线状披针形；萼片近披针状长圆形或狭倒卵形；花瓣与萼片相似，常略短而宽；唇瓣长圆状卵形，侧裂片直立，具小乳突或细毛；中裂片较长，外弯，边缘常皱波状。蒴果近狭椭圆形。花期 3～5 月。蕙兰在传统上通常按花茎和鞘的颜色分成赤壳、绿壳、赤绿壳、白绿壳等；在花形上也和春兰一样，分为荷瓣、梅瓣和水仙瓣等；花上无其他颜色的也称为"素心"。

（2）分布与习性

蕙兰是兰属中在中国分布最北的种，原产于中国西南部，尼泊尔、印度也有分布。喜生于温暖湿润、开阔且排水良好的透光处；喜冬季温暖和夏季凉爽气候，生长适温为 10～25℃，耐寒能力较强。

（3）繁殖方法

通常用分株法繁殖。分株多于植株开花后的休眠期进行。2～3 年分株一次，分株在适当干燥，根略发白、绵软时操作，选择生长健壮的母株，分切成每丛兰苗都带有 2～3 枚假鳞茎，其中 1 枚必须是前一年新形成株丛。伤口涂抹硫黄粉放干燥处 1～2d 再上盆，即成新株。分栽后放半阴处，不可立即浇水，发现过干可向叶面及盆面喷少量水，以防叶片干枯、脱落及假鳞茎严重干缩，待新芽基部长出新根后可浇水。

（4）常见栽培品种

主要品种有'极品'、'金岙素'、'温州素'、'解佩梅'、'老上海梅'、'翠萼'、'大一品'等。蕙兰新八种有'楼梅'、'翠萼'、'老极品'、'庆华梅'、'江南新极品'、'端梅'、'荣梅'、'崔梅'等。

蕙兰极品有新极品和老极品之分。老极品为绿壳类绿蕙梅瓣，叶长 40～50cm，宽 1cm左右，叶质厚，直立性强，从叶柄到中幅略有叶沟，中幅到叶尾逐渐平整。花莛浅绿色，粗壮挺拔，成熟的花莛高 40～50cm，一般着花 8～12 朵不等，小花柄长，外三瓣圆头、紧边、瓣肉厚，瓣端起兜呈匙形，长脚收根，五瓣分窠，硬兜捧心，唇瓣为龙吞大舌，舌面布满鲜艳的红点，肩平。老极品从花芽、花茎、小花梗，到花瓣，全是翠绿色。新极品则是赤壳转绿梅瓣，花芽上带有紫晕，小花梗为浅紫色，新极品的花莛细长浑圆，叶色与老极品相比要淡些，叶子显得短而细些，叶形弯曲度大些。

'金岙素'　绿蕙，素心，青茎。叶细且直立，叶色翠绿，叶尖尖锐。花莛细长，高 50～60cm，一茎常着 6～12 朵花，花期长，约十余天，3 枚萼片为淡绿乳白色，呈荷型，肩平，花瓣较小，前端微狭，紧抱蕊柱；唇瓣与花瓣、萼片同色或稍淡，无任何红色斑纹，向后卷曲，上面有黄色与绿色的粉状物。

'温州素'　柳叶水仙式素荷瓣。叶束外叶多数半垂，叶质厚硬，叶幅宽阔，叶形刚劲，叶缘锯齿粗，叶色深绿，有光泽。花梗粗壮，高 40cm 以上，绿白色；花外三瓣长脚，呈大柳叶状，紧边，质厚，花久开微落肩；剪刀捧，大卷舌；花色淡黄绿色，白卷舌。

'翠萼'　绿壳梅瓣。叶半下垂，浓绿色。三瓣短圆，紧边，捧心花瓣起硬兜，分窠，小如意舌，唇瓣有红斑，肩平。

（5）园林应用

蕙兰姿态优美，花香幽雅，是珍贵的盆花，也可作盆景，还可作切花。

（6）其他经济用途

花可食用，还可以熏制兰花茶。

（7）花文化

当今所称的中国兰，古代称之为"蕙"，"蕙"是中国的香草，蕙心就是"中国心"；蕙兰是兰蕙同心的代表。"蕙质兰心"常形容心地善良、品质高尚的女子。

3.　建兰 *Cymbidium ensifolium*

别名：雄兰、骏河兰、剑蕙、四季兰、秋兰、秋蕙　　　　科属：兰科兰属

（1）形态特征

叶片宽厚，直立如剑，叶 2～6 枚，带形，薄革质，较柔软，弯曲而下垂，长 30～50cm，宽 1～1.7cm，顶端渐尖，边缘有不明显的钝齿。花莛直立，高 20～35cm，通常有花 4～7 朵；花瓣较宽，形似竹叶，萼片狭矩圆状披针形，花瓣较短，唇瓣不明显 3 裂，唇盘中央具 2 条半月形褶片，中裂片反卷；花浅黄绿色，有清香气。7～9 月开花。

（2）分布与习性

广泛分布于东南亚和南亚各国。喜温暖、湿润和半阴环境，耐寒性差，怕强光直射，不耐水涝和干旱，喜疏松、肥沃和排水良好的腐叶土。

（3）繁殖方法

常用分株繁殖。一般 2～3 年分株一次，在春、秋季均可进行，用刀将密集的假鳞茎丛株切开分栽，每丛至少 3 束叶片，将根部适当修整后盆栽即可。

（4）常见栽培品种

常见栽培的有'小桃红'、'桃琳'、'红娘'、'绿鸟嘴'、'彩凤'、'金丝马尾'等。

①'小桃红'　假鳞茎小，根系发达。每株有 3～6 片叶，叶片狭长，叶片尖端带有线艺。花清香，花莛较矮，一般不会高出叶片。

②'金丝马尾'　也称马尾。叶片稍往下垂，叶上有金黄色的丝线，故取名金丝马尾。花清香，黄白色，花朵较小，花莛短，每支花有 5～10 朵。

③'素心'　株型较小，假鳞茎小。叶片宽 1cm 左右，稍下垂，叶片上无任何的斑点。花莛短，每莛有 5～8 朵花，全花是素心花，花色为黄白色，没有任何异色的点、线、斑块等。

（5）园林应用

建兰是珍贵的盆花，常设置兰圃进行专类栽培。还可以作切花。

（6）其他经济用途

花、叶均可药用；花可食用，并用以熏制兰花茶。

（7）花文化

"花中真君子，风姿寄高雅"，建兰有秀雅的色彩、浓郁的清香、美妙的形态、高雅的神韵，叶态多矗立，少弯垂，株丛蓬勃，刚劲有力，轩昂挺秀，一派英姿，彰显了其耿直、自律、福禄、富贵的品德。

4. 墨兰 *Cymbidium sinense*

别名：中国兰、报岁兰、入岁兰、宽叶兰　　　　　科属：兰科兰属

（1）形态特征

根肉质，假球茎卵圆形、慈姑形或荸荠形，少数为纺锤形。叶丛生，线状披针形叶，深绿色，革质，有光泽。花茎通常高出叶面，花序直立，花朵较多，达 20 朵左右，香气浓郁，花色多变；唇瓣明显或不甚明显呈三裂，甚至多裂状，唇瓣的前端称为前裂片或中裂片，一般会向下反卷，前裂片后方两侧的裂片称为侧裂片，两侧裂片之间的中部称为唇盘，唇盘中央有两条平行纵向排列的褶片；花瓣一般都有几条红褐色的条纹，唇瓣则有艳丽的红斑点，一些变种全朵花皆呈青绿色或黄色及白色。花期 2～3 月。

（2）分布与习性

墨兰原产于中国、越南和缅甸。是典型的阴性植物，喜阴忌强光，喜温暖忌严寒，生长适温为 25～28℃，休眠期适温为白天 12～15℃、夜间 8～12℃。喜湿忌燥，喜肥忌浊。

（3）繁殖方法

常用分株繁殖。8～9 月将株丛较大的植株从盆内托出，分割成 3～4 束一丛盆栽。

（4）常见栽培品种与变种

常见品种有'秋香'、'小墨'、'徽州墨'、'金边墨兰'、'银边墨兰'等，还有变种秋榜。

秋榜有'白墨'、'紫墨'、'绿墨'3 个品种，花期在 8～10 月，是墨兰的一个变异种。叶直立而长尾垂弯，叶尾也较尖。花香稍逊，花色较鲜丽、明亮，常有线艺和色花的好品种。

（5）园林应用

新春佳节，正是墨兰开花时节，其清艳含娇，幽香四溢，满室生春，是主要的礼仪盆花；花枝也用于插花观赏。

（6）其他经济用途

根、茎、叶、花均可入药。

（7）花文化

墨兰的花语是娴静，青春永驻，象征淡泊高雅。

5. 寒兰 *Cymbidium kanran*

别名：冬兰　　　　　　　　　　　　　　　　科属：兰科兰属

（1）形态特征

假鳞茎狭卵球形，长 2～4cm，宽 1～1.5cm，包藏于叶基之内；叶脚高，叶柄环明显；叶 3～5(～7) 枚，狭带形，薄革质，暗绿色，略有光泽，叶面较平展而光亮，叶背粗糙，叶

脉明显向叶背突起，中脉和侧脉沟明显，叶渐尖或长尖，长 40～70cm，宽 0.9～1.7cm，前部边缘常有细齿，叶端多披拂下垂。花莛直，从假鳞茎基部鞘叶内侧生出，通常高出叶面，长 25～60（～80）cm；总状花序疏生 5～12 朵花；花苞片狭披针形，最下面 1 枚长可达 4cm，中部与上部的长 1.5～2.6cm；花常为淡黄绿色，常有浓烈香气；萼片狭如鸡爪，即鸡爪瓣，花开足后萼片常反卷，萼片长 3～9cm，宽 0.4～0.8cm，捧短宽，前伸或耸起，萼捧缘嵌白覆轮，唇 3 裂不明显，中裂长椭圆形，常反卷花苞片最下面的长 3～4cm，中上的与子房等长。蒴果狭椭圆形，长约 4.5cm，宽约 1.8cm。花期 8～12 月。

（2）分布与习性

寒兰分布在中国福建、浙江、江西、湖南、广东等地，日本也有分布。喜气温温和、光照柔和的环境，忌热怕冷，生长最适气温 20～25℃，对空气湿度要求较高，相对湿度 80%左右利于生长，要求环境通风透光，培养土疏松有机质含量多，不喜浓肥。

（3）繁殖方法

常用分株的方法繁殖，在休眠期进行，方法同春兰。

（4）常见栽培类型

细叶寒兰赏韵致，阔叶寒兰赏气势，各有各的美艳。中国寒兰通常以花被颜色来区分变型，有以下四型：青寒兰、青紫寒兰、紫寒兰、红寒兰等，其中以青寒兰和红寒兰为珍贵。

（5）园林应用

寒兰匀称，协调，修长，美艳，疏密有致，柔中带刚，叶花共雅，是优良的盆花。

（6）其他经济用途

花、叶均可药用。

（7）花文化

寒兰的最大特点是整体修长，修长、清瘦构成了寒兰叶型的整体形象，寒兰的花瘦而长、匀称、飘逸，充满生机和神秘色彩。

11.2.2 洋兰常见栽培品种

相对于中国兰而言，洋兰的种类要丰富得多，根据其生长习性不同，又可分为地生兰和附生兰，地生兰是指生长在土地上的兰花，同中国兰一样；而附生兰则是指附着于其他物体，如大树、岩石等，这类兰花一般生长在热带，具有气生根，也常常称其为热带兰或气根兰。洋兰种类多，名字也很美丽，如蝴蝶兰、文心兰、万代兰、蕾丽兰、卡特兰、柏拉兰、兜兰等。

洋兰植物体由根、茎、叶、花、果和种子构成，其根不论地生还是附生，均具有肉质粗大的特征，圆柱形或扁圆形。洋兰的茎起到支撑叶片和花序及输送水分和养分的作用，也有一些具有假鳞茎（如卡特兰、石斛兰等）。叶子因种类不同而有各种变化，有的呈椭圆形，有的呈圆柱形；有的呈硬革质，有的柔软；有的浓绿，有的黄绿；这些特点为我们栽培洋兰，给予洋兰合适环境条件提供参考依据。

洋兰的花是观赏价值最高的部位，花朵的大小依种类不同差异很大，花色绚丽多彩，其花和其他兰科植物一样由花瓣、花萼和蕊柱构成。花瓣 3 片，位于内轮，两侧对称的一对为花瓣；位于中央下方，外形不同于两侧花瓣的称为唇瓣，唇瓣的形状千变万化，是主要特色部位，有的如少女的裙子，有的像拖鞋；花萼 3 枚，呈花瓣状，外形与花瓣相似，具有美丽的色彩，位于上部的称为上萼片，位于两侧的称为侧萼片。洋兰花的千变万化吸引了昆虫为其传粉，从而繁衍后代。

洋兰喜高温、多湿的环境，一般都要求 15～30℃的温度和 60%～80%的湿度，喜半阴、通风透气的环境。下面详细介绍几种洋兰。

6. 蝴蝶兰 *Phalaenopsis amabilis*

别名：蝶兰 　　　　　　　　　　科属：兰科蝴蝶兰属

（1）形态特征

附生。茎短、叶大，叶片稍肉质，常 3～4 枚或更多，正面绿色，背面紫色，椭圆形、长圆形或镰刀状长圆形，长 10～20cm，宽 3～6cm，先端锐尖或钝，基部楔形或有时歪斜，

图 11-2　蝴蝶兰

具短而宽的鞘。花序侧生于茎的基部，花茎长，达 50cm，粗 4～5mm，绿色，一至数枚，拱形，常具数朵由基部向顶端逐朵开放的花；花大，蝶状，密生，花苞片卵状三角形；花梗绿色，纤细；中萼片近椭圆形，先端钝，基部稍收狭，具网状脉；侧萼片歪卵形，先端钝，基部收狭并贴生在蕊柱足上，具网状脉；花瓣菱状圆形，先端圆形，基部收狭呈短爪，具网状脉；唇瓣 3 裂，基部具爪，侧裂片直立，倒卵形，先端圆形或锐尖，基部收狭，具红色斑点或细条纹，在两侧裂片之间和中裂片基部相交处具 1 枚黄色肉突；中裂片似菱形，先端渐狭并具 2 条卷须，基部楔形；蕊柱粗壮，长约 1cm，具宽的蕊柱足。花期 4～6 月（图 11-2）。

（2）分布与习性

蝴蝶兰常野生于热带高温、多湿的中低海拔的山林中。喜热、多湿、半阴和通风透气的环境。生长适温白天 25～28℃、夜间 18～20℃，越冬温度不低于 15℃。

（3）繁殖方法

蝴蝶兰繁殖方法主要有花梗催芽繁殖法、断心催芽繁殖法、切茎繁殖法和组织培养法等。

花梗催芽繁殖法的做法是：先将花梗中已开完花的部分剪去，然后用刀片或利刃仔细地将花梗上部 1～3 节节间的苞片切除，露出节间中的芽点；用棉签将吲哚丁酸等激素均匀地涂抹在裸露的节间节点上，处理后置于半阴处，温度保持在 25～28℃，2～3 周后可见芽体长出叶片，3 个月后长成具有 3～4 片叶并带有气生根的蝴蝶兰小苗；切下小苗上盆，便可成为一棵新的兰株。

（4）常见栽培变种与同属栽培种

① 栽培变种

小花蝴蝶兰　花朵稍小。

台湾蝴蝶兰　叶大，扁平，肥厚，绿色，并有斑纹。花茎分枝。

② 同属栽培种

斑叶蝴蝶兰　叶大，长圆形，长 70cm，宽 14cm，叶面有灰色和绿色斑纹，叶背紫色。花多达 170 余朵，花径 8～9cm，淡紫色，边缘白色。花期春、夏季。

曼氏蝴蝶兰　叶长 30cm，绿色，叶基部黄色。萼片和花瓣橘红色，带褐紫色横纹；唇瓣白色，3 裂，侧裂片直立，先端截形，中裂片近半月形，中央先端处隆起，两侧密生乳突状毛。花期 3～4 月。

阿福德蝴蝶兰　叶长 40cm，叶面主脉明显，绿色，叶背面带有紫色。花白色，中央常带绿色或乳黄色。

菲律宾蝴蝶兰　花茎长约 60cm，下垂，花棕褐色，有紫褐色横斑纹。花期 5～6 月。

滇西蝴蝶兰　萼片和花瓣黄绿色，唇瓣紫色，基部背面隆起呈乳头状。

（5）园林应用

蝴蝶兰花期较长，色彩艳丽，是优良的盆花，也可作切花。

（6）花文化

蝴蝶兰花姿优美、颜色华丽，为热带兰中的珍品，有"兰中皇后"之美誉。花语是高洁、大福大贵、清雅、我爱你、美丽夺目等。

7. 大花蕙兰 *Cymbidium hybrida*

别名：虎头兰、喜姆比兰、蝉兰、西姆比兰、东亚兰、新美娘兰　　　　科属：兰科兰属

（1）形态特征

附生。根系发达，根多为圆柱状，肉质，灰白色，无主根与侧根之分，前端有明显的根冠。假鳞茎粗壮，长椭圆形，稍扁；假鳞茎上通常有 12～14 节。叶片 2 列，6～8 枚，长披针形，叶片长度、宽度不同品种差异很大；叶色受光照强弱影响很大，可由黄绿色至深绿色。花茎近直立或稍弯曲，花序较长，小花数一般大于 10 朵，花被片 6；外轮 3 枚为萼片，花瓣状；内轮为花瓣，下方的花瓣特化为唇瓣；花大型，直径 6～10cm；花色有白、黄、绿、紫红或带有紫褐色斑纹。果实为蒴果。

（2）分布与习性

喜冬季温暖和夏季凉爽气候，喜高湿强光的环境。生长适温为 10～25℃，夜间温度以 10℃左右为宜。

（3）繁殖方法

常用分株的方法繁殖，操作方法同其他兰属花卉。

（4）常见栽培品系与品种

当今流行的大花蕙兰主要有红色系列、粉色系列、绿色系列、黄色系列和白色系列等。

① '红霞'（C.Royal Red 'Princess Nobuko'）　红色系列。植株直立，株高 70～80cm。叶短而阔，叶宽 2.5～3cm。花径 9～10cm，花被片粉紫色；唇瓣有较长的爪，中部边缘略卷，呈耳状；唇瓣边缘微波状皱；唇瓣前缘为密集的粉紫色纵条纹镶边，中后部为白色覆盖黄色，并有少量粉紫色纵纹；唇瓣基部褶片 2，黄色；蕊柱内侧色白，外侧色深；每莛着花 10～15 朵。

② '贵妃'（C.Lucky Flower 'Anmitsu Hime'）　粉色系列。植株中度开张，株高 90～

100cm。叶宽 2.5～3.5cm。花径 8～9cm，花被片淡粉色，有深色纵条纹；唇瓣有较长的爪，边缘较为圆整；唇瓣前缘中央有一块粉色斑块，中后部粉白色；唇瓣基部有褶片 2，褶片及褶片周围的唇瓣为黄色，蕊柱内外侧皆为粉白色，内侧有少量粉色斑点；花莛直立，每莛着花 15～22 朵。

③'碧玉'（C.Lunagrad 'Etrnal Green'） 绿色系列。植株中度开张，株高 80～90cm。叶宽 3～3.5cm。花径 10～11cm，花被片绿色；唇瓣有较长的爪，边缘有轻微波状皱；唇瓣边缘黄绿色的底色上分布红色斑点，中后部底色黄白；唇瓣基部有褶片 2，褶片黄色，上有红色斑点；蕊柱外侧绿色，内侧黄绿色有少量稀疏红色斑点；花莛直立，每莛着花 13～15 朵。

④'黄金岁月'（C.Lovely Moon 'Crescent'） 黄色系列。植株健壮，株形直立，株高 90～100cm。叶宽 2.5～3.5cm。花径 8～9cm，花被片黄色；唇瓣有较长的爪，边缘较圆，中部有一轻微缺刻；唇瓣前缘有宽 0.5～0.8cm 的密集红色纵条纹组成的镶边；唇瓣中后部的斑点分布很少；唇瓣基部褶片 2，黄色；蕊柱内侧基部散生红色斑点；每莛着花 15～18 朵。

⑤'冰川'（C.Sarah Jean 'Ice Cascade'） 白色系列。植株开展，株高 60～70cm。叶宽 1.5～2cm。花径 5～6cm，花被片白色，有隐隐的淡绿色条纹；唇瓣有较长的爪，边缘有微微的波状皱，且具有水红色斑块；唇瓣中后部白色，有非常细碎的水红色斑点；唇瓣基部有褶片 2，黄色；蕊柱外侧为黄色，内侧颜色较浅，密布水红色斑点；花莛自然下垂，每莛着花 18～22 朵。

（5）园林应用

大花蕙兰植株挺拔，花茎直立或下垂，花大色艳，主要用作盆栽观赏。也可作切花。

（6）花文化

大花蕙兰被称为和美富贵之花，在国际兰花市场销售总额目前仅次于蝴蝶兰，和蝴蝶兰、红掌和凤梨一齐被称作四大年宵盆花。大花蕙兰的花语是丰盛祥和、高贵雍容。

8. 石斛兰 *Dedrobium nobil*

别名：石斛、石兰、吊兰花、金钗石斛、枫斗　　　　　　　科属：兰科石斛属

（1）形态特征

附生。茎丛生、肉茎、直立或下垂，扁的圆柱形，长 10～60cm，粗达 1.3cm，基部明显收狭，不分枝，具多节，节有时稍膨大，节间稍呈倒圆锥形。叶革质，互生，扁平，圆柱状或两侧压扁，基部具抱茎的鞘。总状花序从具叶或落了叶的老茎中部以上发出，直立或下垂；具少数花，花通常大而艳丽；萼片离生，长圆形，侧萼片宽阔的基部着生于蕊柱足上，形成萼囊，萼囊圆锥形；花瓣比萼片狭或宽，斜宽卵形，唇瓣着生于蕊柱足末端，3 裂或不裂，基部收狭为短爪；蕊柱粗短，绿色。

（2）分布与习性

分布于亚洲热带和亚热带，澳大利亚和太平洋岛屿，中国大部分分布于西南、华南、台湾等地。喜温暖气候和多湿环境，忌阳光直射暴晒，在明亮、半阴处生长良好，要求排水良好与通风环境。

（3）繁殖方法

用分株和组织培养法繁殖。分株法可在秋季进入休眠期时进行，用利刃将大丛植株分

割成每丛带有 2～4 个老枝的植株，定植即可。

（4）常见栽培品种

①'金钗'石斛　多年生草本。茎丛生，上部稍扁而稍弯曲上升，高 10～60cm，具槽纹，节略粗，基部收窄。叶近革质，长圆形或长椭圆形，先端 2 圆裂。总状花序有花 1～4 朵；花大，下垂，直径达 8cm，花被片白色带浅紫色，先端紫红色；唇瓣倒卵状矩圆形，长 4～4.5cm，宽 3～3.5cm，先端圆形，唇盘上面具 1 紫斑。蒴果。花期 4～6 月。

②'密花'石斛　茎粗壮，通常棒状或纺锤形，长 25～40cm，下部常收狭为细圆柱形，不分枝。具数个节和 4 个纵棱，有时棱不明显。叶常 3～4 枚，近顶生，革质，长圆状披针形，先端急尖，基部不下延为抱茎的鞘，总状花序从 2 年生具叶的茎上端发出，下垂，密生许多花。花期 4～5 月。

③'鼓槌'石斛　茎直立，肉质，纺锤形，具多数圆钝的条棱，干后金黄色，近顶端具 2～5 枚叶。叶革质，长圆形，先端急尖而钩转，基部收狭。总状花序近茎顶端发出，斜出或稍下垂，长达 20cm；花序轴粗壮，疏生多数花。花期 3～5 月。

④'蝴蝶'石斛　常绿附生草本植物。植株具假鳞茎，茎粗壮，直立，有纵沟。叶互生，矩圆形至披针形，顶端尖锐，叶长约 20cm，宽约 2.5cm，革质，绿色。花序稍弯曲，由成熟的假鳞茎顶端及附近的节处伸出，每枝花序着花 20～30 朵，自下而上逐渐开放；其花瓣厚实，瓣型短而宽阔，平展而不扭曲，很像蝴蝶兰的花，色彩丰富，有白、粉、红、紫和各种复色；单朵花的寿命在一个月左右，每个花序都能开放 2 个月以上。在适宜的条件下，一年四季都可开放，是兰科中最重要的切花种类。

（5）园林应用

石斛兰常作切花、也可作盆花，还可以在植物园中布置专类园。

（6）其他经济用途

石斛茎可入药，其药用价值在《神农本草经》中就有记载，素有"千金草"之称，被国际药用植物界称为"药界大熊猫"。现代药理研究表明，石斛对咽喉疾病、肠胃疾病、心血管疾病、白内障、糖尿病和抑制肿瘤生长具有显著疗效，对增强免疫力、抗疲劳、提高人身体应激能力、延缓衰老、美容养颜、美发有明显作用。

（7）花文化

石斛兰的花语是人性美人、父亲之花、欢迎光临等。

9. 卡特兰 *Cattleya hybrida*

别名：阿开木、嘉德利亚兰、加多利亚兰、卡特利亚兰　　　科属：兰科卡特兰属

（1）形态特征

附生。茎通常膨大呈假鳞茎状，呈棍棒状或圆柱状，顶部生有叶 1～3 枚。叶厚而硬，革质或肉质，长卵形，中脉下凹。花单朵或数朵排成总状花序，着生于假鳞茎顶端，花大而美丽，花径约 10cm，色泽鲜艳而丰富；花萼与花瓣相似，唇瓣 3 裂，基部包围雄蕊下方，中裂片伸展而显著；每朵花能连续开放很长时间，有"兰花之王"的称号（图 11-3）。

图 11-3　卡特兰

（2）分布与习性

原产于美洲热带。性喜温暖、潮湿和充足的光照。生长时期需要较高的空气湿度，适当施肥和通风。越冬温度 15～18℃。

（3）繁殖方法

卡特兰常用分株、组织培养或无菌播种的方法繁殖。花后先将植株从盆内倒出，去掉根部附着的基质，将根茎切成两半，每部分应有 3 个或 3 个以上的芽，剪去腐烂和折断的根，分别上盆即可。

（4）常见栽培品种

①'大花'卡特兰　多年生草本花卉。根茎短，假鳞茎较长，直立，顶端着生 1～2 枚叶片。叶条形。花莛较短，花瓣离生，唇瓣较大，喇叭形，常起皱，蕊柱长而粗，先端较宽，花色有红、黄及间色等。

②'蕾丽'卡特兰　假鳞茎呈棍棒状或圆柱状，顶部生有 1～3 枚叶片；叶厚而硬，中脉下凹。花单朵或数朵着生于假鳞茎顶端，花大而美丽，色泽鲜艳而丰富。

③'橙黄'卡特兰　假鳞茎向下生长，顶端有 2 片灰绿色叶片。花黄绿色，花大而芳香；唇瓣管状，先端圆形，橙黄色边常带白色。4～5 月开花，花期长。

④'两色'卡特兰　假鳞茎细长，达 58～80cm，顶端有 2 枚叶片。每花序有花 5～6 朵，花铜绿色，唇瓣玫瑰红色，也有白色和桃红色变种。花期 9～10 月。

（5）园林应用

卡特兰花形千姿百态、花色绚丽夺目，常出现在喜庆的场合，也可用作切花。

（6）其他经济用途

卡特兰全草均可入药。其性平，味辛、甘，无毒，有养阴润肺、利水渗湿、清热解毒等功效。

（7）花文化

卡特兰是国际上最有名的兰花之一，与蝴蝶兰、大花蕙兰和石斛兰并称四大洋兰。是巴西、阿根廷、哥伦比亚等国国花。象征敬爱、倾慕，女性的魅力等。

10. 兜兰 *Paphiopedilum insigne*

别名：拖鞋兰、仙履兰、芭菲尔鞋兰、囊兰　　　　　科属：兰科兜兰属

（1）形态特征

附生或地生。根状茎不明显或有细长、横走的根状茎，无假鳞茎，有稍肉质的根；茎短，包藏于两列的叶基内。叶基生，多枚，叶片带形或长圆状披针形，二列，对折，绿色或带有红褐色斑纹，基部叶鞘互相套叠。花莛从叶丛中长出，有单朵花或数朵花；花苞片较小，中萼片较大，直立或稍向前倾斜，两枚侧萼片合生，位于唇瓣下方；花瓣较狭，形状多样，水平伸展或下垂，唇瓣大，呈口袋形；花瓣较厚，花寿命长。

（2）分布与习性

主要分布于亚洲热带和亚热带林下。喜温暖、湿润、半阴和通风的环境，怕强光暴晒，生长适温为 12~18℃，能忍受的最高温度约 30℃，越冬温度 10~15℃以上为宜。

（3）繁殖方法

常用分株繁殖，在花后暂短休眠期进行，有 5~6 个以上叶丛的兜兰都可以分株，可结合换盆进行。厚而大的新芽自己分成一株；小的新芽和旧芽分成一株；开过花的旧芽单独种成一株。

（4）常见同属栽培种

同属常见栽培种有卷萼兜兰、杏黄兜兰、彩云兜兰、紫纹兜兰、硬叶兜兰、美丽兜兰、带叶兜兰、飘带兜兰、麻栗坡兜兰、虎斑兜兰等。

① 卷萼兜兰　叶绿色具暗紫色斑块，花紫褐色。

② 杏黄兜兰　兜杏黄色，花径 6~10cm。

③ 硬叶兜兰　花粉红色，兜长 5cm、宽 4cm，花径 7~8cm。

④ 美丽兜兰　叶宽线形，长约 20cm，灰绿色，花单生，黄绿色，有褐红色条斑。

（5）园林应用

兜兰株形娟秀，花形奇特，很适于盆栽观赏，是高档的室内盆栽观花植物。也可以布置兰科专类园。

（6）其他经济用途

根可入药，具调经活血、消炎止痛的功效。

（7）花文化

传说兜兰是仙女遗落的拖鞋，是美丽的化身。兜兰的花语和象征意义为美人、勤俭节约。

 小　结

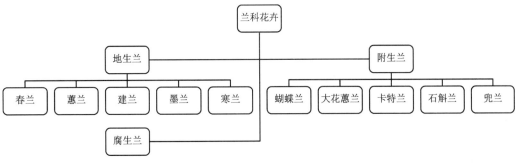

 知识拓展

野生兰花植物资源急需保护

2007年4月13日,中央电视台一套节目《今

日说法》话题:"兰花劫",说云南省曲靖市沾益县的兰花养殖户张先生养了 150 盆兰花,总价值达到 500 万元。一种名为'馨海蝶'的兰

花价值在 60 万~80 万元。张先生几乎把自己所有的积蓄和精力都放在了名贵兰花上，为了防止丢失，他在自家屋顶特意做了一个特殊的花房把花保护起来，进出花房还必须经过一道非常坚固的防盗门，但是，他最担心的事还是发生了，2006 年 11 月 29 日 3 个从四川来的男子盯上了这些价值连城的兰花，入室将兰花抢走。

兰科是单子叶植物中的第一大科，自然界中尚有许多有观赏价值的野生兰花有待开发、保护和利用。中国在世界兰科植物分布上具有独特的地位，并且具有从原始类型到高级类型演化的高度多样性，其中中国特有种达 500 种左右。兰花除了供观赏外，其药用价值也不可低估。如天麻为民间常用的中医要药，具舒筋活血、散风止痛的功效。羊耳兰属的见血清全株有止血凉血、清热解毒的功能。在《神农本草经》中，石斛被列为上品，是极好的防病、治病、保健良药。兰花具有重要的生态、经济和科学研究价值。兰科植物在中国还具有源远流长的文化价值，是中华民族道德情操的象征物种。20 世纪 80 年代末期、90 年代中期、90 年代末至 21 世纪初，中国兰花遭受了 3 次冲击波式的乱采滥挖高潮，21 世纪也已有过一次力度更大的乱采滥伐。兰科植物资源的过度开发，造成兰科植物资源生境破坏严重，且兰科植物资源的利用仍处于直接利用的低级阶段。中国许多兰科植物目前处于濒危状态。掠夺式偷采滥挖使一些有重要经济价值的兰科植物遭到毁灭性破坏，森林过度采伐和土地开

垦等使许多兰科植物分布区收缩并破碎化，失去了必要的生存环境。中国兰科植物一些特有种和珍贵种正在消失，18 种野生兜兰几乎全部流失到国外，野生资源遭到毁灭性打击。

兰科植物全科都是国际公约保护植物，占保护植物总数的 90%以上，中国是全球兰科植物资源最丰富的国家之一。为保护好这些濒危植物，中国在 2001 年专门将兰科植物列入 15 大重点保护物种之一。

很多专家和兰科界人士一致呼吁国家采取有力的措施，对野生兰科植物进行抢救性保护。①国家要实行全面的兰科植物就地保护；对现有的野生兰科植物及生境，都要建立保护区、保护小区和保护点；立法保护兰科植物。②除了《野生植物保护条例》等现有有关法律法规外，要尽快制定专门的兰科植物保护法规，尽快将兰科植物列入国家重点保护野生植物名录，坚决打击一切破坏野生兰科植物资源行为。③加强兰科植物出口监管。严格履行《濒危野生动植物种国际贸易公约》，把住野生兰科植物出口关，防止中国特有种和珍贵种的流失。④发展健康的兰科植物产业。加强兰科植物市场管理，探索兰科植物管理标志制度。加快经济利用兰科植物资源的人工培育步伐，实现兰科植物由主要利用野生资源向主要利用人工培育资源的转变。⑤广泛动员社会力量参与兰科植物保护。在全社会开展兰科植物知识的科学普及和宣传教育，形成多种力量参与的兰科植物保护局面。

 自主学习资源库

1. 中国兰花全书. 陈心启, 吉占和. 中国林业出版社, 1998.

2. 世界观赏兰花. 张毓, 张佐双, 赵世伟. 辽宁科学技术出版社, 2004.

3. 热带兰花. 胡松华. 中国林业出版社, 2002.

4. 兰花新谱. 黄泽华. 广东科技出版社, 2003.

5. 中国兰花网: http://www.guolan.com.

自测题

1. 列表说明地生兰和附生兰外部形态上有何异同。

	根	茎	叶	花
地生兰				
附生兰				

2. 中国兰与地生兰、洋兰与附生兰在含义上有何异同？
3. 洋兰在园林应用中有哪些特点？
4. 中国兰在园林应用中有哪些特点？
5. 中国兰的生态习性有哪些特点？
6. 洋兰的生态习性有哪些特点？

学习目标 【知识目标】

(1) 掌握常用花卉的形态特征。

(2) 熟悉当地常见花卉种类并能进行应用。

【技能目标】

(1) 能对常见花卉进行识别、分类。

(2) 能对常见花卉进行园林应用。

实训 *1-1*　当地花卉市场调查

一、实训目的

了解当地花卉市场发展经营情况，包括花卉种类、进货渠道、营销状况等。

二、材料及工具

数码相机、速记本、记录笔。

三、方法及步骤

1. 学生分成调查小组，每组 4～5 人，每组至少调查 2～3 个花卉市场。

2. 做好调查记录表。

3. 调查当地花卉市场经销的花卉种类、花卉来源（进货渠道）、营销情况。

4. 调查当地人们对花卉的需求情况及应用情况。

5. 调查当地花卉市场的发展及人才需求情况。

四、考核评估

1. 调查当地花卉市场的数量，2 个以上为合格。

2. 考核评价调查的真实情况。

3. 对当地花卉市场的调查分析情况。

五、作业

以调查报告的形式对调查结果进行分析，并提出合理建议。

实训 4-1　实地调查分析园林花卉应用形式及特点

一、实训目的

通过实地调查，使学生了解花卉的各种应用形式（包括花丛、花坛、花境、花台与花钵、篱垣与棚架、专类园、盆花、切花），不同应用形式花卉的配置、应用特点，并能进行基本的花卉应用设计。

二、材料及工具

数码相机、记录本、记录笔、皮尺、卷尺、绘图纸、绘图笔。

三、方法及步骤

（一）园林花卉地栽应用形式调查

1. 调查了解不同季节地栽花卉常见的花卉种类。
2. 调查地栽花卉应用的主要形式，分析不同应用形式的设计理念、体现主题、花卉配置的特点。
3. 调查花丛、花坛、花境、花台与花钵、篱垣与棚架、专类园等花卉应用的位置和特点，各种应用形式常用的花卉种类。

（二）园林花卉盆栽应用形式调查

1. 调查盆栽花卉室外应用形式，应用季节，常用花卉种类及特点。
2. 调查盆栽花卉室内应用形式，常用花卉种类及特点。

（三）鲜切花应用形式调查

1. 调查当地鲜切花应用形式，主要鲜切花种类。
2. 调查了解鲜花店经营的主要模式。

四、考核评估

1. 考核调查的真实性。
2. 考核各种花卉应用形式调查的全面性。
3. 调查报告的质量。
4. 花卉应用设计的合理性、实用性、创新性。

五、作业

1. 调查结束后，撰写调查报告。包括花卉各种应用形式调查结果，主要应用的花卉种类，不同应用形式的异同点，花卉应用中存在的问题、建议等。
2. 根据调查获得的信息和学习掌握的知识，任选其中一种花卉应用形式，进行设计。

要求绘制设计项目的平面图、效果图、花卉配置表、设计说明书。

实训 5-1　一、二年生花卉识别

一、实训目的

能熟练识别一、二年生花卉至少 40 种，并能描述其主要形态特征、分类、园林用途。

二、材料及工具

实训场所：花卉实训基地、花卉生产企业、室外花坛、花卉市场。

工具：数码相机、记录本、记录笔、放大镜。

三、方法及步骤

1．以小组为单位，到花卉实训基地、花卉生产企业或花卉市场，针对一、二年生花卉进行识别。

2．对识别的一、二年生花卉进行拍照。

3．归纳整理识别的一、二年生花卉的形态特征、分类、园林用途。

四、考核评估

1．考核一、二年生花卉照片质量。

2．考核一、二年生花卉识别数量，至少 40 种。

3．考核所识别的一、二年生花卉特征、分类、园林用途描述的准确性。

4．现场随机指定花卉进行考核，每名学生至少熟练识别 20 种。

五、作业

1．40 种以上一、二年生花卉数码照片，并有正确标记。

2．记录 40 种以上一、二年生花卉的形态特征、分类、园林用途（表 12-1）。

表 12-1　一、二年生花卉识别表

花卉名称	别　名	分　类				主要形态特征	园林用途
		科属	喜光	阴性	中性		

实训 5-2　常见花卉种子的采集、处理、包装、贮藏

一、实训目的

种子达到形态成熟后必须及时采收并及时处理，以防散落、霉烂或丧失发芽力。通过

实训，让学生了解不同花卉种子的采集方法以及贮藏方法。

二、材料及工具

材料：进入种子采收期的不同种类花卉。

工具：种子袋、桶、筐等采种容器以及网筛、簸箕等净种工具。

三、方法及步骤

1. 花卉种子成熟的特征

一般在种子充分成熟后采收，但有一些花卉的果实容易开裂，如荚果、角果等，应提前在成熟开裂前于清晨空气湿度较大时采收。许多花卉的种子是陆续成熟的，应随熟随收。采收种子后，要及时记录花卉品种的名称、收种时间和地点以及品种特性等，以免造成混乱。

2. 常见花卉种子成熟后的采集方法

（1）干果类种子的采收与贮藏

干果包括蒴果、荚果、角果、瘦果、坚果、分果等，果实成熟前自然干燥，开裂而散出种子，或种子与干燥的果实一同脱落。这一类种子应在果实充分成熟后，即将开裂或脱落时采收。某些花卉，如半枝莲、凤仙花、三色堇等，开花结实期延续很长，果实随开花早迟而陆续成熟散落，必须从尚在开花的植株上陆续采收种子。干果类种子采收后，宜放于通风处 1～3 周使其尽快风干；将含水量控制在 8%～15%。在多雨高湿季节，需加热促其快干。含水量高的种子，烘烤温度不要超过 32℃；含水量低的种子，也不宜高过 43℃。种子含水量达到标准后，将种子去除杂质，装入纱布缝制的袋内。如果种子品种多，要在袋上贴上标签，以免混淆，然后把种子袋挂于室内阴凉、通风处。

（2）肉质果类种子的采收与贮藏

肉质果常见的有浆果、核果、梨果、柑果等，如君子兰、石榴、忍冬属、女贞属、冬青属、李属，肉质果成熟的指标是果皮的变色和变软，未成熟的一般为绿色并较硬，成熟时逐渐转变为白、黄、橙、红、紫、黑等颜色。肉质果熟后要及时采收，过熟会自落或遭鸟虫啄食。若果皮干燥后才采收，会加深种子的休眠或受霉菌侵染。肉质果采收后，先在室内放置几天使种子充分成熟，腐烂前用清水洗净，并去除浮于水面的不饱满种子，果肉必须洗净，否则易滋生霉菌。洗净后的种子干燥后再贮藏。

3. 花卉种子的净种

（1）风选

风选适用于中小粒种子，利用风、簸箕或簸扬机净种。少量种子可用簸箕扬去杂物。

（2）筛选

筛选指用不同大小孔径的筛子，将大于和小于种子的夹杂物除去，再用其他方法将与种子大小等同的杂物除去。筛选可以清除一部分小粒的杂质，还可以用不同筛孔的筛子把不同大小的种粒分级。由于种子的大小和发芽出苗能力不同，幼苗的生长势也不同。种子分级播种，即把大小一致的种子分别播种，可保证花卉的幼苗发芽出苗整齐、生长势一致，便于管理。实践证明，在同一来源的种子中，种粒越大越重者，幼苗越健壮，苗木的素质越好。将同级的种子进行播种，出苗的速度整齐一致，苗木的生长发育均匀，分化现象少。

不合格率降低，对生产的意义很大。分级工作通常与净种同时进行，亦可采用风选、筛选及粒选方法等进行。

（3）水选

水选一般适用大而重的种子，如栎类、豆科植物的种子，利用水的浮力，使杂物及空瘪种子漂出，饱满的种子留于下面。水选一般用盐水或黄泥水。水的比重为 1.1～1.25 g / cm³，把漂浮在上面的瘪粒和杂质捞出。水选后可进行浸种。水选后不能暴晒，要阴干。水选的时间不宜过长。

（4）粒选

对于大粒种子或少量的种子，用其他净种方法效果不明显的，可以用粒选法进行。

4. 花卉种子的包装、贮藏

（1）选择正确的包装方法

花卉种子一般数量较少，寿命短且价格昂贵，大多数情况下采用聚乙烯铝箔复合薄膜袋，外套一般为纸质种子袋。含芳香油的花卉种子宜装在金属罐、木盒或有色玻璃瓶中贮藏。罐装、铝箔袋在封口时还可抽成真空或半真空状态，以减少容器中的氧气量。种子袋外应正确标明种子名称以及采收的年、月、日及使用年限。

（2）低温防潮贮藏

经过清洗干燥至安全含水量并包装在铝箔袋或金属罐的种子要放在干燥、密封、低温（2～5℃）的条件下保存。种子袋或罐要放在距离地面约 50 cm 的架子或台上，切忌种子袋直接接触地面，以防止受潮。少量的种子可贮于干燥器内。干燥器可采用玻璃瓶、小口有盖的罐瓮、塑料桶等，底部盛放生石灰、硅胶、干燥的草木灰、木炭等作干燥剂，上放种子袋，然后加以密闭，放置于低温干燥处。

花卉种子贮藏要把握以下几个关键措施：

① 清仓消毒　将仓库内垃圾以及化肥、农药等清除，库内铺设油毡纸等作防潮层，以减少地面潮气被种子吸收。用 80%敌敌畏乳油稀释后喷洒，门窗紧闭 48～72 h 后通风 24 h。注意不要用烟熏。

② 合理堆放　花卉种子品种繁多，等级不一，但一般种子数量并不多。在仓库中要放置在距离墙壁及地面均约 50 cm 的架台上，做好标牌，标明其位置、数量、包装等，以防混杂。

③ 适时通风　种子呼吸产生很多热量，适时通风可降温散湿。一般以"晴通雨闭雪不通，滴水成冰可以通，早开晚开午少开，夜有雾气不能开"为原则。通风多采用自然通风，有条件的可用机械通风。

④ 勤于检查　仓库要及时检查，在种子越夏或越冬后都要对种子的含水量和发芽率进行检验。在仓库不同部位多点设置温、湿度测量计，定人定时测量，做好记录。一定要保持花卉种子贮藏的低温、低湿环境，以防种子霉变或发芽率降低。

四、考核评估

以一、二年生草本花卉为例进行花卉种子采收考核。考核目标如下：

1. 至少采集 3 种以上草花种子，每种不少于 10 g。

2. 种子处理干净，方法得当。

3．包装规范。

4．选择的贮藏方法正确。

五、作业

1．如何对一串红、波斯菊、黑心菊、君子兰、仙客来等花卉种子进行采收、处理及贮藏？

2．花卉种子采收后如何处理延长其寿命？

实训 5-3　一、二年生花卉种子的识别及品质鉴定

一、实训目的

识别常见的一、二年生花卉种子，掌握其种子品质鉴定的基本方法。

二、材料与工具

材料：常见的露地花卉种子，如一串红、鸡冠花、波斯菊、百日草、醉蝶花、藿香蓟等。

工具：放大镜、解剖镜、镊子、培养皿、种子瓶、硬纸板、透明胶布、直尺、记录本、记录笔等。

三、方法及步骤

1．借助放大镜，观察花卉种子的外观形态特征，并做记录。

（1）大小

按粒径大小分类（以长轴为准）：

大粒种实：粒径在 5.0 mm 以上者。

中粒种实：粒径在 2.0～5.0 mm。

小粒种实：粒径在 1.0～2.0 mm。

微粒种实：粒径在 0.9 mm 以下者。

（2）形状

有球形（如紫茉莉）、卵形（如金鱼草）、椭圆形（如四季秋海棠）、肾形（如鸡冠花）以及线形、披针形、扁平状、舟形等。

（3）色泽

以种实颜色及有无光泽为分类依据。

（4）附属物

按种实有无附属物及附属物的不同而分类：附属物有毛、翅、钩、刺等。通常与种实营养及萌发条件的关系不大，但有助于种实传递。

（5）质感

按种皮厚度及坚韧度分类。

种实表皮厚度常与萌发条件有关。为了促进种实萌发可采用浸种、刻伤种皮等处理方法。种实分类的目的在于正确无误地识别种实，以便正确实施播种繁殖和进行种实交换；

正确地计算出千粒重及播种量；防止不同种类及品种种实的混杂，清除杂草种子及其他夹杂物，保证栽培工作顺利进行。

2. 借助解剖镜，观察种子微观特征并作记录。

在解剖镜下观察各类种子的微观结构特征。特别要注意细小种子显微镜放大的倍数。

3. 种子品质鉴定

（1）外观观察。观察花卉种子的纯净度、饱满度、有无机械损伤和病虫害感染。

（2）种子千粒重测定，并与标准对比。

（3）发芽率测定。

四、考核评估

1. 种子识别：依据对花卉种子的描述进行判定。

2. 品质鉴定：依据其对花卉种子外观观察记录、种子千粒重测定的准确度、种子发芽率进行评估。

五、作业

1. 除实训用花卉种子外，每组再采集至少 20 种花卉种子，并描述种子的形态特点。

2. 通过观察指出，带有附属物的常见花卉种子有哪些？

实训 6-1　宿根花卉识别

一、实训目的

能熟练识别常见宿根花卉至少 20 种，并能描述其主要形态特征、分类、园林用途。

二、材料与工具

实训场所：花卉实训基地、花卉生产企业、室外花坛、花卉市场。

工具：数码相机、记录本、记录笔、放大镜、铁锹。

三、方法及步骤

1. 以小组为单位，到花卉实训基地、花卉生产企业或花卉市场，针对宿根花卉进行识别。

2. 对识别的宿根花卉进行拍照。

3. 归纳整理识别的宿根花卉的形态特征、分类、园林用途。

四、考核评估

1. 考核常见宿根花卉识别数量，至少 20 种。

2. 考核所识别的宿根花卉形态特征、分类、园林用途描述的准确性。

3. 现场随机指定花卉进行考核，每名学生至少熟练识别 20 种。

五、作业

1. 完成 20 种以上宿根花卉数码照片，并有正确标记。

2. 记录 20 种以上宿根花卉的形态特征、分类、园林用途（表 12-2）。

表 12-2　常见宿根花卉形态、分类表

花卉名称	别名	科属	分类		主要形态特征	园林用途
			耐寒性宿根类	常绿性宿根类		

实训 7-1　球根花卉识别

一、实训目的

能熟练识别常见球根花卉至少 20 种，并能描述其主要形态特征、分类、园林用途。

二、材料与工具

实训场所：花卉实训基地、花卉生产企业、室外花坛、花卉市场。

工具：数码相机、记录本、记录笔、放大镜、铁锹。

三、方法及步骤

1. 以小组为单位，到花卉实训基地、花卉生产企业或花卉市场，针对球根花卉进行识别。

2. 挖掘几种不同类型的球根花卉的地下球根进行比较并拍照。

3. 对识别的球根花卉进行拍照。

4. 归纳整理识别的球根花卉的形态特征、分类、园林用途。

四、考核评估

1. 考核常见球根花卉识别数量，至少 20 种。

2. 考核所识别的球根花卉地上部分与地下球根的特征、分类、园林用途描述的准确性。

3. 现场随机指定球根花卉进行考核，每名学生至少熟练识别 20 种。

五、作业

1. 完成 20 种以上球根花卉数码照片，并有正确标记。

2. 记录 20 种以上球根花卉的形态特征、分类、园林用途（表 12-3）。

表 12-3　常见球根花卉形态、分类表

花卉名称	别名	科属	地下球根分类					主要形态特征	生态习性	园林用途
			球茎类	鳞茎类	根茎类	块茎类	块根类			

实训 8-1　当地水生花卉调查及识别

一、实训目的

调查当地水生花卉植物的情况，了解它们在园林中的应用，并对常见种类进行识别。

二、材料与工具

实训场所：水体、湿地、沼泽、水生植物生产企业、有水生花卉的园林绿化场所等。

工具：数码相机、记录本、记录笔、耙子。

三、方法及步骤

1．以小组为单位，深入适合水生花卉生长的环境中进行实地调查。在水体、湿地、沼泽等环境中调查时一定要注意安全。

2．对水生花卉进行拍照。

3．记录所调查的水生花卉生长环境，并记录其生态类型（挺水类、浮水类、漂浮类、沉水类）、应用特点。

4．观察并记录其主要形态特征。

四、考核评估

1．考核调查水生花卉植物的种类数量，要求至少 15 种。

2．考核对水生花卉植物的形态特征、生态类型、园林应用特点描述的准确性。

五、作业

1．记录水生花卉的形态特征及园林应用特点（表 12-4）。

表 12-4　常见水生花卉植物形态、分类表

花卉名称	别名	科属	生态类型				主要形态特征	园林应用特点
			挺水类	浮水类	漂浮类	沉水类		

实训 9-1 室内观花花卉识别

一、实训目的

能熟练识别常见室内观花花卉 30 种以上，并描述其主要形态特征、分类、园林用途。

二、材料与工具

实训场所：花卉实训基地、花卉生产企业、花卉市场。

工具：数码相机、记录本、记录笔、放大镜。

三、方法及步骤

1．以小组为单位，到花卉实训基地、花卉生产企业或花卉市场，针对室内观花花卉进行识别。

2．对识别的室内观花花卉进行拍照。

3．记录室内观花花卉的主要形态特征、分类、园林应用特点。

四、考核评估

1．考核常见室内观花花卉识别数量，至少 30 种。

2．考核所识别的室内观花花卉的形态特征、分类、园林应用特点描述的准确性。

3．现场随机指定室内观花花卉进行考核，每名学生熟练识别 20 种以上。

五、作业

1．完成 30 种以上室内观花花卉数码照片，并有正确标记。

2．记录 30 种以上室内观花花卉的形态特征、分类、园林应用特点（表 12-5）。

表 12-5　常见室内观花花卉形态、分类表

花卉名称	别　名	科　属	生态类型				主要形态特征	园林应用特点
			一、二年生花卉	宿根类	球根类	木本类		

实训 9-2 室内观叶花卉识别

一、实训目的

能熟练识别常见室内观叶花卉至少 40 种，并能描述其主要形态特征、分类、园林用途。

二、材料与工具

实训场所：花卉实训基地、花卉生产企业、花卉市场。

工具：数码相机、记录本、记录笔、放大镜。

三、方法及步骤

1. 以小组为单位，到花卉实训基地、花卉生产企业或花卉市场，针对室内观叶花卉进行识别。

2. 对识别的室内观叶花卉进行拍照。

3. 记录室内观叶花卉的主要形态特征、分类、园林应用特点。

四、考核评估

1. 考核常见室内观叶花卉识别数量，至少 40 种。

2. 考核所识别的室内观叶花卉的形态特征、分类、园林应用特点描述的准确性。

3. 现场随机指定室内观叶花卉进行考核，每名学生至少熟练识别 30 种。

五、作业

1. 完成 40 种以上室内观叶花卉数码照片，并有正确标记。

2. 记录 40 种以上室内观叶花卉的形态特征、分类、园林应用特点（表 12-6）。

表 12-6　常见室内观叶花卉形态、分类表

花卉名称	别　名	科　属	生态类型				主要形态特征	园林应用特点
			一、二年生花卉	宿根类	球根类	木本类		

实训9-3　室内观果花卉识别

一、实训目的

能熟练识别常见室内观果花卉至少 5 种，并能描述其主要形态特征、分类、园林用途。

二、材料与工具

实训场所：花卉实训基地、花卉生产企业、花卉市场。

工具：数码相机、记录本、记录笔、放大镜。

三、方法及步骤

1. 以小组为单位，到花卉实训基地、花卉生产企业或花卉市场，针对室内观果花卉进行识别。

2．对识别的室内观果花卉进行拍照。

3．记录室内观果花卉的主要形态特征、分类、园林应用特点。

四、考核评估

1．考核常见室内观果花卉识别数量，至少 5 种。

2．考核所识别的室内观果花卉的形态特征、分类、园林应用特点描述的准确性。

3．现场随机指定室内观果花卉进行考核，每名学生至少熟练识别 5 种。

五、作业

1．完成 5 种以上室内观果花卉数码照片，并有正确标记。

2．记录 5 种以上室内观果花卉的形态特征、分类、园林应用特点（表 12-7）。

表 12-7　常见室内观果花卉形态、分类表

花 卉 名 称	别　名	科　属	主要形态特征	园林应用特点

实训 *10-1*　仙人掌及多浆植物识别

一、实训目的

能熟练识别常见仙人掌及多浆植物至少 20 种，并能描述其主要形态特征、分类、园林用途。

二、材料与工具

实训场所：花卉实训基地、花卉生产企业、花卉市场。

工具：数码相机、记录本、记录笔、放大镜。

三、方法及步骤

1．以小组为单位，到花卉实训基地、花卉生产企业或花卉市场，针对仙人掌及多浆植物进行识别。

2．对识别的仙人掌及多浆植物进行拍照。

3．记录仙人掌及多浆植物的主要形态特征、分类、园林应用特点。

四、考核评估

1．考核常见仙人掌及多浆植物识别数量，至少 20 种。

2．考核所识别的仙人掌及多浆植物的形态特征、分类、园林应用特点描述的准确性。

3．现场随机指定仙人掌及多浆植物进行考核，每名学生至少熟练识别 20 种。

五、作业

1. 完成 20 种以上仙人掌及多浆植物数码照片，并有正确标记。
2. 记录 20 种以上仙人掌及多浆植物的形态特征、分类、园林应用特点（表 12-8）。

表 12-8　常见仙人掌及多浆植物形态、分类表

花卉名称	别名	科属	主要形态特征	园林应用特点

实训 *11-1*　兰科花卉识别

一、实训目的

能熟练识别常见兰科花卉至少 10 种，并能描述其主要形态特征、分类、园林用途。

二、材料与工具

实训场所：花卉实训基地、花卉生产企业、花卉市场。
工具：数码相机、记录本、记录笔、放大镜。

三、方法及步骤

1. 以小组为单位，到花卉实训基地、花卉生产企业或花卉市场，针对兰科花卉进行识别。
2. 对识别的兰科花卉进行拍照。
3. 记录兰科花卉的主要形态特征、分类、园林应用特点。

四、考核评估

1. 考核常见兰科花卉识别数量，至少 10 种。
2. 考核所识别的兰科花卉的形态特征、分类、园林应用特点描述的准确性。
3. 现场随机指定兰科花卉进行考核，每名学生至少熟练识别 10 种。

五、作业

1. 完成 10 种以上兰科花卉数码照片，并有正确标记。
2. 记录 10 种以上兰科花卉的形态特征、分类、园林应用特点（表 12-9）。

表 12-9　常见兰科花卉形态、分类表

花卉名称	别名	科属	分类		主要形态特征	园林应用特点
			中国兰类	洋兰类		

综合实训　按照花卉不同分类方法对花卉进行分类识别

一、实训目的

通过对实训基地、花卉市场、花卉生产企业、鲜花店、室内外花卉应用形式等调查，对常见花卉进行识别。要求掌握 200 种以上园林花卉，并按照不同的分类方法进行分类，掌握每种花卉的名称、别名、形态特征、生态习性、园林用途等，达到熟练认知的目的。

二、材料及工具

数码相机、记录本、记录笔。

三、方法及步骤

1．以小组为单位，每组 5～6 人。
2．现场识别、记录。
3．归纳整理现场记录，并进行分类。花卉形态、分类表学生也可自行设计。
4．反复识别练习，达到熟练识别花卉的目的。

四、考核评估

1．考核识别花卉的数量。
2．考核花卉分类、形态特征、生态习性、园林用途描述的准确性。
3．现场考核。随机指定花卉，要求学生能熟练识别至少 50 种花卉。

五、作业

完成 200 种以上花卉形态、分类表（表 12-10）。

表 12-10　花卉形态、分类表

序号	花卉名称	别名	分类						主要形态特征	生态习性	园林用途
			按科属	按生物学性状	按观赏部位	按生境	按自然花期	按栽培方式			

附　录

附录1　常见花卉花色、花期表

月　份	花卉名称	花　色	花　期
1月	山　茶	红、玫瑰红、淡红、白、黄、紫等	1～3月
	四季报春	玫瑰红、深红、白	1～5月
	水　仙	白、浅黄	1～2月
	墨　兰	白色带紫褐色条纹	1～2月
	兜　兰	橙黄带紫褐色斑点、条纹、晕	1～3月
2月	报春花	淡红、粉红	2～3月
	藏报春	粉红、深红、淡青、白	2～4月
	旱金莲	红、橙、黄、乳白、紫或复合色	2～5月
	蒲包花	黄、乳白、淡黄、橙红	2～5月
	蓬蒿菊	白	2～4月
	马蹄莲	白、粉红、黄、浅黄、淡绿等	2～4月
	垂兰水塔花	苞片红色，花瓣黄绿具蓝边	2～5月
	春　兰	黄绿、白、紫	2～3月
	台　兰	外轮花瓣赤褐色，内轮边缘黄色	2～3月
	迎　春	黄、浅黄、金黄	2～3月
	梅　花	纯白、桃红、红、粉、紫、浅绿、红白二色	1～3月
3月	白　芨	淡紫红色	3～5月
	金盏菊	淡黄至深橙	3～6月
	雏　菊	白、淡红、黄、浅红	3～6月
	木樨草	橙黄、橘红	3～5月
	诸葛菜	紫	3～5月
	香雪球	白、淡紫	3～6月
	大花三色堇	白、蓝、黄、紫	3～5月
	三色松叶菊	白、淡青、粉	3～5月
	蟹爪兰	白、桃红、深红、橙黄	3～5月
	雪花莲	白	3～4月
	郁金香	白、粉、黄、橙、褐、红、紫及复合色	3～5月
	血滴花	白	3～4月
	葡萄风信子	青紫、淡蓝、白色等	3～5月
	风信子	白、黄、粉、红、蓝、淡紫	3～4月
	大岩桐	白、玫瑰红、洋红、深红、紫	3～7月
	香叶天竺葵	玫瑰红、紫红有紫色条纹	3～4月
	盾叶天竺葵	白、粉、紫	3～5月
	豆蔻天竺葵	白	3～4月

（续）

月　份	花卉名称	花　色	花　期
3月	香水草	白、淡紫、紫	3～4月
	君子兰	橘红、黄、橙、粉、红、柠檬色等	3～4月
	小苍兰	白、黄、粉	3～5月
	白玉兰	白	3月
	木兰	内白外紫	3月
	贴梗海棠	白、玫瑰红、朱红	3～4月
	日本海棠	砖红	3～4月
	杏	白至粉红，萼绛红	3～4月
	桃	纯白、淡红色、粉、深红	3～4月
	樱花	白至淡红	3～4月
	李	白	3～4月
	榆叶梅	粉红、红、深红	3～4月
	紫荆	紫红	3～4月
	瑞香	纯白	3～4月
4月	石竹	白、粉、红、紫红	4～5月
	羽衣甘蓝	白、黄，冬季观叶	4月
	霞草	白、玫瑰红	4～6月
	桂竹香	白、黄、黄褐、橙、玫瑰红、紫	4月
	紫罗兰	红、紫，变种白、淡红、玫瑰红、深紫	4～5月
	幌菊	白花黑心、蓝花白心	4～6月
	勿忘草	蓝，有白、粉红变种	4～6月
	美女樱	白、粉红至蓝色	4～10月
	矮牵牛	白、各种红及深紫	4～10月
	智利喇叭花	黄、红近紫	4～6月
	蛾蝶花	雪青、紫、白、粉、深红、杏黄	4～6月
	锦花沟酸浆	花冠黄，带红、紫、褐斑点	4～6月
	龙面花	白、黄及紫红	4～6月
	蓝目菊	白、淡紫、蓝紫、乳黄、橙红	4～6月
	矢车菊	浅蓝、深蓝、雪青、淡红、玫瑰红	4～5月
	三色菊	蓝、白、雪青、深红、淡红、褐黄	4～6月
	异果菊	橙黄、深紫，变种杏黄、乳白	4～6月
	芍药	白、黄、粉、红、紫	4～5月
	白头翁	蓝紫、暗紫红，有黄花变种	4～5月
	花毛茛	白、黄、橙、红、紫	4～5月
	石菖蒲	黄绿（观叶地被）	4～5月
	铃兰	乳白	4～5月
	地中海蓝钟花	蓝紫	4～5月
	大花天竺葵	白、淡红、紫、淡紫，有斑点	4～5月
	扶郎花	红、粉、淡黄、橘黄	4～5月
	蕙兰	淡黄，唇瓣绿白具红紫斑	4～5月
	喇叭水仙	白、黄	4月
	明星水仙	黄	4月
	红口水仙	白、黄，缘带红色	4月
	丁香水仙	黄、橘黄	4月
	令箭荷花	黄、粉红至红紫各色	4～5月
	鸳鸯茉莉	紫蓝、淡蓝至白	4～6月

（续）

月 份	花卉名称	花 色	花 期
4月	白兰花	白	4～9月
	含 笑	淡黄，边缘带紫晕	4～5月
	刺 桐	橙红、紫红	4～5月
	海仙花	初开淡玫瑰红或黄白，后变深红	4～6月
	木 瓜	粉红	4～5月
	棣 棠	金黄	4～5月
	垂丝海棠	红	4～5月
	海 棠	粉红	4～5月
	西府海棠	粉红	4～5月
	白鹃梅	白	4～5月
	紫叶李	水红	4月
	郁 李	粉红或近白色	4～5月
	麦 李	粉红白色	4月
	日本晚樱	粉红	4月
	麻叶绣球	白	4～6月
	玫 瑰	紫红、白	4～6月
	紫 藤	淡紫、白	4～5月
	枸 骨	花黄绿，果鲜红（常观果）	4～5月
	云南黄馨	黄	4～5月
	丁 香	蓝紫、白、淡蓝、堇紫	4月
	牡 丹	红、紫、白、黄、绿、粉各色	4～5月
	石岩杜鹃	各种深浅不同的红与紫、白色	4～5月
	映山红	淡红、深红、玫瑰红	4～6月
	云锦杜鹃	紫红、玫瑰红	4月
	羊踯躅	金黄色	4～5月
5月	飞燕草	淡紫、蓝紫	5～6月
	黑种草	浅蓝色	5～6月
	花菱草	亮黄，基部橙黄	5～6月
	虞美人	白经红至紫	5～6月
	矮雪轮	粉红、淡白、雪青、玫瑰红	5月
	花 葵	红、玫瑰红	5～6月
	马络葵	深红，微带紫	5～6月
	锦 葵	紫红	5～6月
	轮锋菊	白、淡红、玫、蓝、紫、黑紫	5～6月
	香屈曲花	白	5～6月
	香豌豆	紫、淡紫、红	5～6月
	山字草	紫红、玫瑰红	5～6月
	古代稀	紫红、淡紫红，变种白、雪青等	5～6月
	大花亚麻	玫瑰红	5～6月
	蓝亚麻	浅蓝	5～6月
	三色介代花	玫瑰红、淡紫、白	5～6月
	福禄考	玫瑰红、白、鹅黄、紫	5～6月
	金鱼草	白、黄、红、紫、间色	5～6月
	毛地黄	紫红，变种白、黄、红	5～6月
	柳穿鱼	雪青、玫瑰红、洋红、青紫等	5～6月
	毛蕊花	黄、紫、玫瑰红，少有白	5～6月
	风铃草	白、淡红、蓝紫	5～6月

（续）

月 份	花卉名称	花 色	花 期
5月	耧斗菜	蓝、紫、白	5～6月
	翠雀	蓝，变种白、深蓝	5～6月
	荷包牡丹	鲜红	5～6月
	落新妇	红、紫	5～6月
	多叶羽扇豆	白、红、青	5～6月
	钓钟柳	白、淡紫、紫、玫	5～6月
	除虫菊	白	5～6月
	朱顶红	红带白色条纹	5～6月
	鸢尾类	蓝、紫、白、黄、淡红等	5月
	香石竹	红、黄、粉、白、紫、洒金各色	5～10月
	马银花	浅紫、粉红、近白	5～6月
	珠兰	黄	5～6月
	米兰	黄	5～11月
	南天竹	花白色，浆果鲜红、白紫（观果）	5～7月
	木槿	紫、白、红、淡紫	5～10月
	金银花	白、黄，有红花变种	5～7月
	斗球	白	5～6月
	蝴蝶花	白	5～6月
	荚蒾	白	5～6月
	锦带花	紫、玫瑰红	5～6月
	溲疏	白有粉红晕	5～7月
	火棘	花白，果橘红（观果）	5～6月
	木香	白或黄	5～7月
	香水月季	白、粉或带黄	5～9月
	月季	园艺变种及种有各种红、黄、白、紫、粉、橙、双色等	5～11月
	光叶绣线菊	淡红至深红	5月
	狭叶绣线菊	粉红	5月
	石榴	橙红，有白、黄、红及红带黄白条纹变种	5～8月
	探春	黄	5～8月
	锦绣杜鹃	紫红至浅蓝、紫红	5月
6月	半枝莲	白、黄、红、紫	6～8月
	蜀葵	粉红	6月
	凤仙	白、粉、玫瑰红、大红、雪青	6～8月
	牵牛花	白、浅红、紫、浅蓝、红褐	6～10月
	蛇目菊	黄、褐红、暗紫	6～8月
	黑心菊	黄色，有棕色环带	6月
	万寿菊	黄、淡黄、金黄、橙黄、橙红	6～10月
	剪夏罗	红至砖红，变种白、深红	6～7月
	芙蓉葵	白、紫、粉	6～8月
	沙参	蓝	6～7月
	桔梗	蓝紫，变种白、深紫	6～8月
	千叶蓍	白，变种红或淡红	6～7月
	珠蓍	白	6～7月
	香叶蓍	黄	6～7月
	松果菊	紫、橙黄	6～7月
	一枝黄花	黄	6～7月
	百合类	白、橙红、褐红等	6～8月

（续）

月 份	花卉名称	花 色	花 期
6月	玉簪	白	6～7月
	紫萼	淡紫	6～7月
	萱草	橘红至橘黄	6～7月
	万年青	花淡绿白色（观叶）	6～7月
	文殊兰	白	6～7月
	韭莲	玫瑰红、粉红	6～9月
	美人蕉	粉红、大红、橘红、黄、乳白、红紫	6～10月
	观赏辣椒	白色，果显绿、白、紫、橙、红各色（观果）	6～7月
			（8～9月果熟）
	睡莲	白、黄、粉红	6～9月
	荷花	粉红至白色	6～8月
	网球花	血红，有白花品种	6～7月
	朱蕉	淡红至紫，叶缘带紫红、粉红条斑	6～7月
	龙舌兰	黄绿（主要全年观叶）	6～7月
	球根秋海棠	白、淡红、红、黄及复色	6～9月
	虎刺	花绿色，总苞片鲜红	6～7月
	叶子花	苞片鲜红、紫红，变种砖红、橙黄、紫	6～12月
	扶桑	鲜红，变种玫瑰红、红、粉、橙黄等	6～10月
	广玉兰	白	6～7月
	天女花	白	6月
	黄兰花	橙黄	6～7月
	金丝桃	鲜黄	6～9月
	八仙花	绿白至粉红、蓝紫	6～7月
	十姐妹	淡红、朱红、粉白	6月
	合欢	粉红	6～7月
	夹竹桃	粉红、深红、白	6～10月
	美国凌霄	橘黄	6～7月
	栀子	白	6～8月
	凤尾兰	乳白	6～7月
	丝兰	白	6～7月
	西洋山梅花	乳白	6月
7月	醉蝶花	白色至淡紫色	7～10月
	蓟罂粟	淡黄或橙色	7～9月
	黄蜀葵	淡黄紫心	7～10月
	夜落金钱	大红	7～10月
	含羞草	淡红	7～10月
	待霄草	黄，后转带红	7～9月
	月光花	白	7～10月
	长春花	深玫瑰红、白	7～10月
	罗勒	淡紫、白、淡黄	7～10月
	冬珊瑚	花白色，果深橙红、黄（主要观果）	7～10月
			（秋果熟）
	蓝猪耳	淡紫	7～10月
	藿香蓟	蓝，变种白色	7～10月
	翠菊	白、淡红至深红、雪青、蓝紫	7～10月
	一点缨	深红	7～10月
	天人菊	紫、金黄、红	7～10月
	向日葵	金黄	7～9月

（续）

月　份	花卉名称	花　色	花　期
7月	桂圆菊	黄褐带绿渐变褐	7～10月
	百日草	紫、黄、橙、蓝、黑等	7～10月
	槭葵	深红	7～9月
	荷兰菊	暗紫或白	7～10月
	紫菀	蓝或紫	7～9月
	大丽花	白、黄、橙、粉、红、紫各色	7～11月
	硫黄菊	黄、淡黄、金黄	7～10月
	百枝莲	鲜蓝、白、紫	7～8月
	石蒜	鲜红、粉红、黄	7～9月
	晚香玉	白	7～11月
	葱兰	白，略带紫红晕	7～11月
	射干	橙至橘黄	7～8月
	银边翠	白	7～10月
	彩叶草	蓝、淡紫，叶面绿，杂有红、黄、紫斑点或镶边	7～10月（全年观叶）
	非洲紫罗兰	深蓝紫	7～12月
	昙花	瓣纯白，萼红	7～8月
	垂盆草	黄	7～8月
	建兰	黄绿至淡黄褐，有暗紫条纹	7～9月
	唐菖蒲	黄、红、紫、白、蓝、乳白、深红	7～8月
	吊钟海棠	红、白、紫	7～10月
	蓝雪花	淡蓝	7～8月
	硬骨凌霄	橙红	7～10月
	紫薇	红、紫、白	7～9月
	醉鱼草	紫堇	7～8月
	凌霄	鲜红、橘红	7～8月
8月	紫茉莉	红、紫、黄白	8～11月
	雁来红	灰白，顶部叶红（秋观叶）	8～10月
	鸡冠花	黄、白、红、紫	8～10月
	千日红	紫红，变种白	8～10月
	茑萝	大红	8～10月
	一串红	大红，变种白、紫	8～10月
	红花烟草	深玫瑰红、深红	8～10月
	麦秆菊	淡红、黄，变种白、暗红	8～10月
	乌头	白、堇、蓝、紫	8～10月
	打破碗花花	红紫	8～10月
	宝塔花	白、紫蓝	8～10月
	千屈菜	暗紫、紫红	8～10月
	凤眼莲	丁香紫、蓝紫	8～10月
	麦冬	淡紫、近白（观叶地被）	8～9月
	沿阶草	白、淡紫（观叶地被）	8～9月
	吉祥草	紫红（观叶）	8～9月
	长春花	玫瑰红、白	8～10月
9月	波斯菊	白、粉、红紫	9～10月
	泽兰	白带紫	9～11月
	美国紫菀	深紫，有粉红变种	9～10月
	九里香	白	9～10月

（续）

月份	花卉名称	花色	花期
9月	木芙蓉	白、淡粉红、紫红	9～10月
	桂花	黄白、黄、淡黄、橙、橘红	9～10月
10月	仙客来	白、绯红、玫瑰红、紫红、大红	10～翌年5月
	红花酢浆草	深玫瑰红，有白、紫变种	10～翌年3月
	天竺葵	红、桃红、玫瑰红、肉红、白	10～翌年6月
	菊花	白、粉、雪青、玫瑰红、紫红至墨红、各种黄及淡绿、红面粉背、红面黄背等多色	10～12月（亦有夏、冬开花种）
	红花油茶	红	10～12月
11月	狗尾红	鲜红、紫红色	11～翌年1月
	茶梅	白或红	11～翌年1月
12月	瓜叶菊	墨红、红、玫瑰红、淡红、白、紫、蓝和复色	12～翌年4月
	寒兰	黄、白、青、红、紫	12月
	一品红	花黄色，苞叶朱红、乳黄，变种白、淡红	12～翌年2月
	蜡梅	蜡黄或外淡黄内具红紫条纹边缘	12～翌年3月
	云南山茶	白、粉、桃红至深紫、红白相间等	12～翌年4月
	银柳	冬芽银白色	12～翌年2月
全年观叶	文竹	叶绿（观叶）	全年
	武竹	叶绿（观叶）	全年
	变叶木	叶绿，杂以白、黄、红色斑纹（观叶）	全年
	红桑	叶古铜色，常杂以紫红色（观叶）	全年
	吊兰	叶绿，或中心、边缘具白色纵条纹（观叶）	全年
	八角金盘	叶绿，叶片硕大，叶形优美（观叶）	全年

注：（1）表中"月份"指花卉的始花期；
　　（2）表中"花期"指花卉的始花期—末花期，一般以上海地区开花物候期为主。

附录 2　花卉园艺工职业标准

一、综合实训（花卉工实际操作部分）

以下为花卉工鉴定试题库中的实际操作部分。为了满足不同层次的需要，仍然分为初、中、高 3 个级别，并保持原题型，供大家选用。

（一）初级工

1. 题目：整地作畦（考核项目及评分标准）

序号	测定标准	评分标准	满分	检测点					得分
				1	2	3	4	5	
1	考核时间	60 min，超时扣分，每超过 1min 扣 3 分							
2	苗床规格	畦面：7 m（长）×1.2 m（宽）×0.2 m（深） 沟：7 m（长）×0.7 m（宽）×0.2 m（深）	30						
3	平面要求	平整，表面土粒均匀，如黄豆大小，畦面不积水	30						
4	对边要求	畦与沟边要直，要平行	20						
5	沟底要求	无砖、石块、草根，沟底不积水	20						
	总　分	100		实际得分					

2. 题目：秧苗（考核项目及评分标准）

序号	测定标准	评分标准	满分	检测点					得分
				1	2	3	4	5	
1	考核时间	30 min 60 棵（苗高 1 cm 以上），每超 3 min 扣 3 分							
2	土壤准备	用于秧苗的盆或容器清洁，装土由排水孔、粗土、细土逐渐上升，表面平整，有积水余地，压紧	25						
3	起苗要求	起苗前要湿润土壤，起出的小苗植株完整，不伤根系	25						
4	种植要求	深度适宜，忌过深，不伤根茎，排列整齐、均匀，间距适当	25						
5	浇水要求	用盆底吸水法，浇水要适当，不宜过湿，浇后土面无裂缝，苗不倒、不歪、不露根	25						
	总　分	100		实际得分					

3. 题目：翻盆（考核项目及评分标准）

序号	测定标准	评分标准	满分	检测点					得分
				1	2	3	4	5	
1	考核时间	40 min 完成（6～7 寸）20 盆，每超 1min 扣 3 分							
2	垫盆装土	用粗糙砖瓦覆盖盆底排水孔，种后浇水能顺利留出盆底孔，加土由粗至细，中间高、周边低	20						
3	脱　盆	用手托花盆基部，翻转花盆，防止盆土散裂和植株损伤，除去部分旧土，修去枯根、烂根	30						
4	种　植	保持根系伸展，种植后植株不动摇，忌种植过深	30						
5	排　盆	排列整齐平整，中间高、周边低，留距适当	10						
6	浇　水	浇水需浇透，浇后植株不歪	10						
	总　分	100		实际得分					

4. 题目：月季修剪——定型修剪（考核项目及评分标准）

序号	测定标准	评分标准	满分	检测点 1	2	3	4	5	得分
1	工 效	15 min 完成 3 棵，每超 1min 扣 3 分	10						
2	疏枝短截留枝	疏去徒长枝、交叉枝、并生枝及其他病虫枝、枯枝，留枝分布均匀，长度适宜	30						
3	剪 口	剪口要靠节，剪口芽向外，剪口平整，略倾斜	15						
4	树 势	修剪后分枝均匀，通风透光，遵循强枝弱剪、弱枝强剪的原则	25						
5	文明操作与安全	修剪操作熟练，无遗漏，无枯枝烂叶，工完场清，严格执行安全操作规范	20						
	总 分	100				实际得分			

（二）中级工

1. 题目：花卉、植物识别（考核内容及评分标准）

考核内容、要求	考核时间：30 min 考核内容：乔木类 20 种（20%）；花灌木类 20 种（20%）；宿根、球根花卉类 20 种（20%），一、二年生花卉类 20 种（20%）；温室花卉类 20 种（20%）				
答题表					
		乔木类			
1	2	3	4	5	
6	7	8	9	10	
11	12	13	14	15	
16	17	18	19	20	
		花灌木类			
1	2	3	4	5	
6	7	8	9	10	
11	12	13	14	15	
答题表					
		花灌木类			
16	17	18	19	20	
		宿根、球根花卉类			
1	2	3	4	5	
6	7	8	9	10	
11	12	13	14	15	
16	17	18	19	20	
		一、二年生花卉类			
1	2	3	4	5	
6	7	8	9	10	
11	12	13	14	15	
16	17	18	19	20	

（续）

温室花卉类				
1	2	3	4	5
6	7	8	9	10
11	12	13	14	15
16	17	18	19	20

2. 题目：花卉应用——插花（考核内容及评分标准）

考核内容、方法		考核时间：30 min 规格、要求：50 cm左右作品一件，统一命题 形式：盆插、瓶插、花篮、花束（选择一种）							
序号	测定标准	评分标准	满分	检测点					得分
				1	2	3	4	5	
1	立意	作品能充分表达命题的内涵	15						
2	构图	能运用常用的几何形构图的原理，作品造型均衡	30						
3	色彩	作品中花材的色彩运用较好，能体现命题的含义	10						
4	技巧	操作过程中手法较熟练，能运用插花艺术的主次分明、变化统一等一般原理	30						
5	创新	作品有新意，模仿痕迹少	15						
	总分	100		实际得分					

3. 题目：芽接——月季（考核内容及评分标准）

序号	测定标准	评分标准	满分	检测点					得分
				1	2	3	4	5	
1	考核时间	30 min 接 10 个芽，成活率 60% 以上							
2	接穗	接芽饱满，无病虫害和损伤，选芽适当	20						
3	砧木	砧木生长正常，无病虫害，摘除有碍作业的枝叶	10						
4	芽盾片	要求削面平滑，在芽的部位要稍带一薄层木质部	30						
5	切口	切口部位适当，形状、大小与芽盾片相符，形成层对准形成层	20						
6	绑扎	绑扎松紧合适，切面绑严，但叶柄外露，芽部不得损伤及覆盖	20						
	总分	100		实际得分					

4. 题目：花坛种植（考核内容及评分标准）

考核要求		整地放样后开始计时，60 min 20 m²							
序号	测定标准	评分标准	满分	检测点					得分
				1	2	3	4	5	
1	种植顺序	单面观赏花坛由后向前种植；四周观赏由内向外种植	20						
2	种植方法	选择花卉整齐，除去烂根、枯叶、残花，种植深度适宜，排列整齐均匀，种植浇足水分	30						

（续）

考核要求		整地放样后开始计时，60 min　20 m²						
序号	测定标准	评分标准	满分	检测点					得分
				1	2	3	4	5	
3	种植效果	花坛内花卉整齐美观，不同品种间的界限分明，图案清晰，充分符合设计效果	30						
4	清场	不浪费材料，完工清场，种植、浇水等工具整齐、完好、无损，严格执行安全操作规范	20						
总分		100				实际得分			

（三）高级工

1. 题目：花坛（花镜）布置（考核内容及评分标准）

序号	测定标准	评分标准	满分	检测点					得分
				1	2	3	4	5	
1	设计	图纸齐全	20						
2	材料准备	土壤测试及改良符合要求	20						
3	放样	参考"绿化工"（开始计时）	20						
4	种植	指挥种植为主，种植要求同"中级工"	20						
5	文明操作	不浪费材料	10						
6	工效	20 m²左右 3h 完成	10						
总分		100				实际得分			

注：本项目考核时，考生按花坛规格配备1～2名参加中级花坛种植考核的考生同时进行。

2. 题目：花卉培育技术专长（考核内容及评分标准）

序号	测定标准	评分标准	满分	检测点					得分
				1	2	3	4	5	
1	技术专长	采用方法的科学性、合理性、先进性	30						
2	作品效果	达到预期效果，作品质量高	30						
3	技术小结	资料积累完整，小结内容正确	20						
4	文明操作	针对技术专长性而定	10						
5	工效	针对效益而定	10						
总分		100				实际得分			

注：本项目考核时，先由考生提供100～200盆成果作品，并上交技术专长小结一份。

3. 题目：花卉栽培先进技术应用（考核内容及评分标准）

序号	测定标准	评分标准	满分	检测点					得分
				1	2	3	4	5	
1	性 质	分地区领先、国内领先、国际领先三大类型	20						
2	应用过程中本人的作用	分主导性的、辅助性的两类	30						
3	成 果	分优秀、良好、一般三等	30						
4	文明操作与安全	针对先进技术的性质而定	10						
5	工 效	针对成果而定	10						
	总 分	100		实际得分					

注：本项目考核时，先由考生上交先进技术应用的小结一份。

4. 题目：花卉（木）培育（考核内容及评分标准）

序号	测定标准	评分标准	满分	检测点					得分
				1	2	3	4	5	
1	种类数量	（1）一般花坛花卉 3000 株（盆）以上 （2）名贵盆花类 300 盆以上	10						
2	花卉株形质量	花卉的株高、蓬径合适，基部分枝稠密	15						
3	花卉花朵质量	花径/花量、花色、花期符合预定要求	15						
4	病虫危害情况	轻微：扣 5 分 轻度：扣 15 分 中等：扣 20 分	25						
5	介质、施肥	介质良好，符合要求；施肥合理	10						
6	管 理	生产计划完整，工作安排合理，场地整齐卫生	15						
7	工 效	生产成品（产品）率 70%； 节约高效，成本合理	10						
	总 分	100		实际得分					

注：本项目考核前需交一份生产计划，注明生产的种类、品种、数量、规格、供应日期。考生必须是本项目（生产计划）的执行者。

二、花卉工职业技能岗位标准

1. 专业名称：园林绿化。

2. 岗位名称：花卉工。

3. 岗位定义：从事花卉的繁殖、栽培、管理和应用。

4. 使用范围：花卉栽培、管理和应用。

5. 技能等级：初、中、高。

6. 学徒期：两年。其中培训期一年，见习期一年。

（一）初级花卉工

知识要求（应知）

1. 了解花卉在园林绿化中的作用和意义。

2. 了解本岗位技术操作规程和规范。

3. 了解常见花卉的形态特征，并掌握繁殖和栽培管理操作规程及方法。

4. 了解当地土壤的性状和介质配制的要求。

5. 了解常见花卉病虫害的种类、防治方法和常用农药及肥料的安全使用与保管。

操作要求（应会）

1. 识别常见花卉（50种以上）及花卉病虫害。

2. 从事常见花卉的繁殖和栽培技术工作。

3. 在中、高级技术工的指导下，进行常用农药的配制和使用。

4. 正确操作和保养常用的花卉。

（二）中级花卉工

知识要求（应知）

1. 掌握常见花卉的生态习性及环境因子对花卉生长的影响和作用。

2. 掌握土壤分类及其特性、常用肥料的性能及施用方法，并了解常用微量元素对花卉生长的作用。

3. 掌握常见花卉病虫害的发生时间、部位和防治方法。

4. 了解常用花卉栽培设备及设施。

5. 掌握一般花坛配置和花卉室内布置、展出及切花的应用等知识。

6. 了解常见花卉选育的一般知识。

操作要求（应会）

1. 识别常见花卉80种以上。

2. 掌握常见花卉的各种繁殖技术，并能培育有一定技术难度的花卉品种。

3. 掌握各种花卉培养土的配制，并能根据花卉的生长发育阶段进行合理施肥和病虫害防治。

4. 掌握花坛配置和插花制作以及室内花卉布置。

（三）高级花卉工

知识要求（应知）

1. 掌握不同类别花卉的生物学特性和所需的生态条件。

2. 了解防止品种退化、改良花卉品种及人工育种的理论和方法。

3. 掌握无土栽培在花卉生产中的应用。

4. 掌握常见花卉病虫害的发生规律及有效防治措施。

5. 了解国家植物检疫的一般常识，掌握花卉产品及用具消毒的主要操作方法。

6. 了解国内外先进技术在花卉培育上的应用。

7. 掌握建立中、小型花圃的一般知识。

操作要求（应会）

1. 正确选择花卉品种，采取有效方法控制花期，达到预期开花的效果。

2. 掌握几种名贵花卉的培育，具有一门以上花卉技术特长并总结成文。

3. 应用国内外花卉栽培的先进技术。

4. 对初、中级工进行示范操作、传授技能，解决本岗位技术上的关键性及疑难问题。

三、花卉工技能鉴定规范的内容

（一）初级工

项 目	鉴定范围	鉴定内容	鉴定比重	备注
知识要求			100%	
基本知识（25%）	1.花卉管理技术操作规程、规范（6%）	国家及地方已颁布的花卉技术操作规程、规范	6%	了解
	2.植物学和花卉学基础知识（19%）	（1）植物六大器官的形态特征	10%	掌握
		（2）花卉分类的基本概念	6%	掌握
		（3）影响花卉生长的环境因子	3%	了解
专业知识（65%）	1.园林花卉的概论（5%）	（1）花卉在园林绿化中的作用与意义	3%	了解
		（2）花卉主要工作的内容及特点	2%	了解
	2.花卉的繁殖知识（15%）	（1）花卉常用繁殖方法的基本概念	5%	掌握
		（2）花卉有性繁殖的特点	5%	掌握
		（3）花卉无性（营养）繁殖的特点	5%	掌握
	3.园林花卉栽培知识（20%）	（1）当地土壤的特性	3%	了解
		（2）介质的配制要点	3%	掌握
		（3）花卉栽培所需的设备	7%	掌握
		（4）花卉栽培工作的基本内容及质量要求	7%	掌握
	4.园林花卉的养护知识（25%）	（1）园林花卉养护的意义	5%	了解
		（2）园林花卉养护的内容及质量要求	10%	掌握
		（3）常用肥料的使用和保管	5%	掌握
		（4）常见病虫害的防治方法	5%	掌握
相关知识（10%）	园林绿化知识（10%）	（1）园林绿化的养护与施工	5%	掌握
知识要求			100%	
相关知识（10%）	园林绿化知识（10%）	（2）园林绿化设计基础知识	5%	掌握
操作要求			100%	掌握
操作技能（80%）	1.常见园林花卉和病虫害的识别（25%）	（1）常见花卉识别（50种）	15%	掌握
		（2）常见病虫害识别（50种）	10%	掌握
	2.花卉繁殖（20%）	（1）花卉播种育苗技术	10%	掌握
		（2）花卉扦插育苗技术	5%	掌握
		（3）花卉嫁接育苗技术	5%	掌握
	3.花卉栽培技能（25%）	（1）花卉露地苗床制作	10%	掌握
		（2）花卉苗木的上盆、翻盆	10%	掌握
		（3）常见花灌木的修剪	5%	掌握
	4.花卉病虫害防治（10%）	（1）花卉的病虫害基本情况	2%	了解
		（2）花卉病虫害防治方法	4%	掌握
		（3）常见药剂的基本操作	4%	掌握

（续）

工具设备的使用和维修（10%）	常用工具设备的使用和维护（10%）	（1）常用器具的使用与维修	3%	掌握
		（2）栽培工具的保养方法	3%	掌握
		（3）温室维护的基本知识	2%	了解
		（4）塑料大棚设置的基本方法	2%	了解
安全及其他（10%）	1.安全生产（7%）	（1）有害药剂使用中的有关安全防护知识	3%	了解
		（2）按操作规程工作	4%	掌握
	2.文明生产（3%）	爱护生产工具和生产材料	3%	了解

（二）中级工

项　　目	鉴定范围	鉴定内容	鉴定比重	备注
知识要求			100%	
基本知识（25%）	1.花卉植物学知识（10%）	（1）花卉的生长习性与生态习性的基本概念	3%	掌握
		（2）花卉生长与环境因子的关系	4%	掌握
		（3）花卉育种的基本知识	3%	了解
	2.花卉保护知识（7%）	（1）植物保护学的基本知识	2%	掌握
		（2）常见花卉病虫害的发生时期、危害部位及防治办法	3%	掌握
		（3）常见药剂的性能及使用方法	2%	掌握
	3.土壤肥料知识（8%）	（1）花卉栽培土壤中的主要元素与花卉生长的关系	2%	了解
		（2）盆栽花卉培养土的基本配制要求	4%	掌握
		（3）常见肥料的性能及使用方法	2%	了解
专业知识（65%）	1.花卉繁殖知识（15%）	（1）花卉种子的类型	3%	了解
		（2）花卉容器播种繁殖的特点	5%	掌握
知识要求			100%	
	1.花卉繁殖知识（15%）	（3）花卉无性（营养）繁殖成活的原理	5%	掌握
		（4）花卉组织培养知识	3%	了解
	2.花卉栽培知识（30%）	（1）园林花卉的栽培管理要点	8%	掌握
		（2）常见盆栽花卉的栽培管理要点	8%	掌握
		（3）常见观叶类花卉的养护要点	4%	了解
		（4）花卉栽培中常用的设备与设施的特点	6%	了解
		（5）常用切花栽培与生产要点	4%	了解
专业知识（65%）	3.花卉应用知识（15%）	（1）花坛的基本概念	6%	掌握
		（2）花坛设计施工、养护的技术要求	10%	掌握
		（3）室内花卉布置的原则	3%	了解
		（4）室内花卉养护要点	3%	掌握
	4.常见工具和仪器的知识（5%）	（1）花卉栽培中常用工具与仪器的使用方法	3%	掌握
		（2）园林机具的操作规程	2%	了解

（续）

项 目	鉴定范围	鉴定内容	鉴定比重	备注
相关知识（10%）	1.园林绿化知识（6%）	（1）园林绿化中常用的树木种类	2%	了解
		（2）花卉在园林绿地中的应用形式	2%	了解
		（3）花卉设施栽培的基本知识	2%	了解
	2.班组管理（4%）	（1）班组管理的内容、范围	1%	了解
		（2）根据季节，合理安排生产计划	2%	掌握
		（3）质量管理与安全管理	1%	掌握
操作要求			100%	
操作技能（80%）	1.常见花卉的识别（10%）	常见花卉识别，包括科名（80种以上）	10%	掌握
	2.花卉育苗技能（15%）	（1）花卉容器播种技术操作（细小种子播种、秧苗）	8%	掌握
		（2）花卉无土介质的扦插育苗技术（运用激素扦插）	5%	掌握
		（3）组培苗的转苗移栽技术（试管苗移栽）	2%	掌握
	3.花卉栽培技能（30%）	（1）土壤常规测试（pH值、EC值测试）	6%	了解
		（2）常见花卉盆栽技术（包括根据季节计划用盆、配土、盆花培育、上盆、肥水、防病虫、养护、出圃）	10%	掌握
		（3）常见切花生产技术（包括品种选择、用地、切花培育，土壤改良、种植，肥水管理、养护、收花）	8%	掌握
		（4）花灌木整形修剪	6%	掌握
	4.花卉应用技能（25%）	（1）组织花坛布置（花坛布置）	10%	掌握
		（2）中小型室内花卉布置（室内布置）	8%	掌握
		（3）运用鲜切花制作常用的花艺装饰	7%	掌握
工具设备的使用和维护（10%）	常用工具与设备的使用及维护（10%）	（1）塑料大棚的安置与维护	5%	掌握
		（2）温室的维护	2%	掌握
		（3）常用工具、设备一般故障的排除方法	2%	了解
安全生产及其他（10%）	1.安全生产（5%）	（1）有害性药剂使用时有良好的防护措施	2%	了解
		（2）按操作规程工作	3%	了解
	2.文明生产（5%）	（1）工作现场整洁、文明	2%	了解
		（2）爱护生产工具和生产材料	3%	了解

（三）高级工

项 目	鉴定范围	鉴定内容	鉴定比重	备注
知识要求			100%	
基本知识（20%）	植物生理与植物生态知识（20%）	（1）植物生理基础知识	5%	了解
		（2）生态环境知识	5%	了解
		（3）树木、花卉与生态环境的关系	10%	掌握

（续）

项　目	鉴定范围	鉴定内容	鉴定比重	备注
专业知识（70%）	1.花卉品种保存知识（10%）	（1）基础遗传、育种理论知识	2%	了解
		（2）草本花卉防治品种退化的技术措施	5%	掌握
		（3）花卉引种、驯化的繁育技术及检疫知识	3%	了解
	2.花卉栽培知识（40%）	（1）一、二年生花卉的繁殖、栽培管理措施	10%	掌握
		（2）宿根花卉繁殖、栽培管理措施	5%	掌握
		（3）球根花卉繁殖、栽培措施	5%	掌握
		（4）常见温室花卉的繁殖、栽培管理措施	5%	掌握
		（5）观叶类花卉的养护管理措施	5%	掌握
		（6）花卉无土栽培的应用特点与发展趋势	5%	了解
		（7）常见栽培管理中先进技术的应用	5%	了解
	3.花卉应用知识（15%）	（1）根据绿地特点运用各类花卉种类，采用合理的花卉布置形式	5%	了解
		（2）各绿地中各种形式的花卉布置的养护要点（花坛、花境、地被）	5%	掌握
		（3）大型花坛等绿地花卉布置、施工	5%	掌握
	4.花卉信息（5%）	国内外花卉先进技术信息	5%	了解
相关知识（10%）	管理知识（10%）	（1）队组技术管理知识	5%	了解
		（2）小型花圃及花店管理知识	5%	了解
操作要求			100%	
操作技能（80%）	1.花卉应用（20%）	（1）大型花坛（直径50m以上）的施工、养护	10%	掌握
		（2）中大型室内花卉布置	10%	掌握
	2.培育新品种（10%）	（1）成功培育本地区首次栽培的品种，或培育的传统品种获省、市级奖	5%	了解
		（2）植株良好，花型整齐	3%	掌握
		（3）生产成本合理	2%	了解
	3.花期控制（10%）	（1）采用先进技术措施	1%	了解
		（2）达到预定的开花日期	5%	掌握
		（3）植株生长、开花质量符合要求	2%	掌握
		（4）措施合理，独立操作，节约高效	2%	掌握
	4.技能特长（15%）	（1）具有一门以上花卉栽培或应用技术专长	3%	掌握
		（2）能针对技术专长收集相关的技术资料	4%	掌握
		（3）运用技术专长解决实际工作中的问题	3%	了解
		（4）能写出书面技术专长小结（论文）	5%	掌握
	5.技能传授（5%）	正确指导初级工以下的技术工作	5%	掌握
操作要求			100%	

（续）

项　目	鉴定范围	鉴定内容	鉴定比重	备注
操作技能（80%）	6.花卉生产技能（20%）	（1）具体负责生产中的技术操作、措施，效果明显	2%	了解
		（2）能提出生产过程中的栽培技术要点、方法，效果明显	4%	掌握
		（3）盆花（含一、二年生草花）生产量有一定规模和批量，优良率80%以上	10%	掌握
		（4）规格整齐，生产场地整洁，生产成本合理	4%	掌握
工具设备的使用与维护（10%）	1.塑料大棚与荫棚（5%）	（1）熟悉塑料大棚的安置与维护	2%	掌握
		（2）熟悉荫棚的安置与维护	3%	掌握
	2.其他设备（5%）	（1）常用栽培管道的维护保养技术	2%	了解
		（2）熟练应用花卉栽培的常用工具	3%	掌握
安全及其他（10%）	1.安全生产（5%）	（1）指导共同工作人员严格按技术规程操作	3%	了解
		（2）有害性药剂肥料的防范措施落实	2%	了解
	2.文明生产施工（5%）	（1）工完场清，文明生产施工	3%	掌握
		（2）爱护工具和材料	2%	掌握

参 考 文 献

1. 栢玉平，陶正平，王朝霞．2009．花卉栽培技术[M]．北京：化学工业出版社．
2. 包满珠．2012．花卉学[M]．北京：中国农业出版社．
3. 北京林业大学园林系花卉教研组．1990．花卉学[M]．北京：中国林业出版社．
4. 北京林业大学园林学院花卉教研室．1995．花卉识别与栽培图册[M]．合肥：安徽科学技术出版社．
5. 北京林业大学园林学院花卉教研室．1999．中国常见花卉图鉴[M]．郑州：河南科学技术出版社．
6. 曹春英．2012．花卉栽培[M]．北京：中国农业出版社．
7. 陈俊愉，程绪珂．1990．中国花经[M]．上海：上海文化出版社．
8. 陈俊愉．1980．园林花卉[M]．上海：上海科学技术出版社．
9. 陈俊愉．2001．中国花卉品种分类学[M]．北京：中国林业出版社．
10. 陈荣道．2002．怎样画植物[M]．北京：中国林业出版社．
11. 陈有民．1990．园林树木学[M]．北京：中国林业出版社．
12. 戴志棠．1998．室内观叶植物及装饰[M]．北京：中国林业出版社．
13. 杜莹秋．2002．宿根花卉的栽培与应用[M]．北京：中国林业出版社．
14. 傅玉兰．2012．花卉学[M]．北京：中国农业出版社．
15. 古润泽．2006．高级花卉工培训考试教程[M]．北京：中国林业出版社．
16. 郭强，张鲁归．2010．浓情蜜意节庆花卉100种[M]．上海：上海科学技术出版社．
17. 何济钦，唐振缔．2007．园林花卉900种[M]．北京：中国建筑工业出版社．
18. 江劲武．2004．常见野生花卉[M]．北京：中国林业出版社．
19. 江荣先，董文柯．2009．花园林景观植物花卉图典[M]．北京：机械工业出版社．
20. 金波．1998．常用花卉图谱[M]．北京：中国农业出版社．
21. 金波．1999．花卉资源原色图谱[M]．北京：中国农业出版社．
22. 康亮．1999．园林花卉学[M]．北京：中国建筑工业出版社．
23. 克里斯托费·布里克尔．2004．世界园林植物花卉百科全书[M]．杨秋生，李振宇，译．郑州：河南科学技术出版社．
24. 李天来．2003．中国工厂化农业的现状与展望[J]．中国科技成果，2003（24）：27-31．
25. 李以镔．1995．江西野生观赏植物[M]．北京：中国林业出版社．
26. 林萍．2008．观赏花卉[M]．北京：中国林业出版社．
27. 刘金海．2009．观赏植物栽培学[M]．北京：高等教育出版社．
28. 刘师汉．2000．实用养花技术手册[M]．北京：中国林业出版社．
29. 刘延江，王洪力，等．2008．园林观赏花卉应用[M]．沈阳：辽宁科学技术出版社．
30. 刘延江．2010．花卉[M]．沈阳：辽宁科学技术出版社．
31. 刘燕．2003．园林花卉学[M]．北京：中国林业出版社．
32. 刘奕清，王大来．2009．观赏植物[M]．北京：化学工业出版社．
33. 鲁涤非．1998．花卉学[M]．北京：中国农业出版社．
34. 鲁涤非．2002．花卉学[M]．北京：中国农业出版社．
35. 南京林业大学．2000．园林树木学[M]．北京：中国林业出版社．
36. 彭东辉．2009．园林景观花卉学[M]．北京：机械工业出版社．
37. 施振周，刘祖祺．1999．园林花木栽培新技术[M]．北京：中国农业出版社．
38. 石万方．2003．花卉园艺工（中级）[M]．北京：中国社会劳动保障出版社．
39. 唐祥宁．2003．花卉园艺工（高级）[M]．北京：中国社会劳动保障出版社．
40. 吴棣飞，尤志勉．2010．常见园林植物识别图鉴[M]．重庆：重庆大学出版社．

41. 吴志华．2005．花卉生产技术[M]．北京：中国林业出版社．

42. 夏春森，刘忠阳．1999．细说名新盆花 194 种[M]．北京：中国农业出版社．

43. 谢国文．2005．园林花卉学[M]．北京：中国农业科学技术出版社．

44. 熊丽．2003．观赏花卉的组织培养与大规模生产[M]．北京：化学工业出版社．

45. 张建新，许桂芳．2011．园林花卉[M]．北京：科学出版社．

46. 张树宝，王淑珍．2013．花卉生产技术 [M]．3 版．重庆：重庆大学出版社．

47. 赵兰勇．1999．商品花卉生产与经营[M]．北京：中国农业出版社．

48. 郑诚乐．2010．花卉装饰与应用[M]．北京：中国林业出版社．